高等职业教育人才培养创新教材出版工程

# 电子设计与制作技术

主　编　程远东　曾宝国
副主编　陈　纬　弥　锐
主　审　杨清学

科学出版社
北　京

## 内 容 简 介

本书的内容编排按照循序渐进原则，从简单到复杂、从单元电路到综合应用，遵循知识递增的规律。全书共 11 章，包括电子设计概述、元器件的检测与常用的电子测量仪器、电子电路图的识读与印制电路板的制作、电子产品整机装配工艺文件设计、放大电路设计、信号发生电路设计、电源电路设计、数字逻辑电路设计、单片机控制电路设计、综合电路设计、全国大学生电子设计竞赛作品评析。

本书可作为高职院校电子信息工程技术、应用电子技术、通信技术等专业学生学习电子电气信息类课程、进行毕业设计和课程设计，以及参加各类电子及创新设计竞赛的教材和参考书，也可供相关工程技术人员参考。

**图书在版编目(CIP)数据**

电子设计与制作技术/程远东，曾宝国主编．—北京：科学出版社，2011
(高等职业教育人才培养创新教材出版工程)
ISBN 978-7-03-031901-2

Ⅰ.①电…　Ⅱ.①程…②曾…　Ⅲ.①电子电路-电路设计-高等职业教育-教材　Ⅳ.①TN702

中国版本图书馆 CIP 数据核字(2011)第 144362 号

责任编辑：毛　莹　张丽花/责任校对：林青梅
责任印制：徐晓晨/封面设计：迷底书装

科 学 出 版 社 出版
北京东黄城根北街 16 号
邮政编码：100717
http://www.sciencep.com

北京厚诚则铭印刷科技有限公司 印刷
科学出版社发行　各地新华书店经销
*
2011 年 8 月第 一 版　开本：720×1000　1/16
2017 年 1 月第五次印刷　印张：21
字数：430 000

**定价：58.00 元**

(如有印装质量问题，我社负责调换)

# 高等职业教育人才培养创新教材出版工程

# 前　言

近年来,全国职业院校技能大赛(电子产品设计与制作项目)都以“通过竞赛,检验参赛选手在模拟真实的工作环境与条件下实现对电子产品在规定设计方案(规定原理图与结构要求)下的工艺能力和职业素质”为指导原则,既反映了社会对电子信息类高素质技能型人才的要求,也指明了高职高专院校电子信息类专业的发展方向。

为推动电子信息类专业开展面向电子产品设计与制作的课程与教学改革,我们特编写了这本教材,以加快电子信息类专业高素质技能型人才的培养,并增强技能型人才的就业竞争力。对于高职院校电子信息类专业而言,开设“电子设计与制作技术”等课程的重点是培养学生的电路知识综合应用能力,包括对常用电子产品制作工具的应用、电子产品的加工方法和工艺的操作、电子仪器仪表的使用、现场问题的分析与处理、团队协作和创新能力、质量管理与成本控制、安全与环保等意识的培养。

本书共11章,首先从电子系统的定义出发,简要介绍了现代电子设计的理念、步骤,常用基本元器件的识别及检测方法,电子电路图的识读及常用工艺文档的编写与管理等知识,然后用23个典型设计任务全面介绍了放大电路、信号发生器电路、电源电路、数字逻辑电路、单片机应用电路及综合电路系统的设计方法。为突出实用性,每个任务都从任务分析、方案选择、硬件设计、软件设计及装配调试等角度全面介绍了设计过程。

本书第1章、第2、5、6章部分内容由四川信息职业技术学院程远东编写,第2章部分内容、第3章由四川信息职业技术学院杨波、蒋雪琴编写,第4、8章由四川信息职业技术学院弥锐编写,第5章部分内容由泸州职业技术学院刘慰平编写,第6章部分内容由四川信息职业技术学院刘雪亭编写,第7章由成都纺织高等专科学校陈纬编写,第9、10、11章由四川信息职业技术学院曾宝国、曾妍、黄建新编写。绵阳职业技术学院李川、宜宾职业技术学院罗德雄参与了本书的部分编写工作。四川信息职业技术学院的蒋雪琴老师、甘彬又等同学承担本书的图形绘制工作。程远东、曾宝国负责全书统稿工作,并担任主编,陈纬、弥锐担任副主编。成都职业技术学院杨清学副教授对本书进行了审阅,并提出了许多宝贵意见,在此致以衷心的感谢。

限于作者水平,书中难免存在不妥之处,诚恳希望专家、读者批评指正,意见请致gycydgood@163.com。

作　者

2011年春

# 目　录

# 第1章　电子设计概述

**【学习目标】**

本章主要介绍电子系统的定义与组成、电子电路设计的理念与方法、电子电路设计的一般步骤、电子设计的文档整理及报告撰写等。具体的学习目标如下：

(1) 理解电子系统的定义与组成，掌握电子电路设计的理念与方法；

(2) 理解电子电路设计的一般步骤、电子设计的文档整理及报告撰写，掌握利用互联网搜索电子设计所需资料的方法。

## 1.1　电子系统的定义与组成

### 1.1.1　电子系统的定义

系统即由两个以上各不相同且互相联系、互相制约的单元组成，在给定的环境下能够完成一定功能的综合体，在功能与结构上具有综合性、层次性和复杂性的特点。所谓电子系统，就是由电子元器件或部件组成的能够产生、传输或处理电信号及信息的客观实体。控制系统、测量系统、通信系统、雷达系统、计算机系统等都属于电子系统范畴。

组成电子系统的主要部件包括大量多种类型的电子元器件和电路。因此，"网络"和"电路"是研究、设计、分析电子系统时常涉及的两个重要概念。电路有时也称为电网络或网络。"网络"一词多用于研究一般的抽象规律，而电路主要是讨论一些指定的具体问题。一般来说，系统是比网络更复杂、规模更大的组合体。然而，在实际应用中常常将一些简单的网络或电路称为系统。同一个事物作为系统问题研究时应注意其全局，而作为网络问题研究时则关心其局部。例如，仅由一个电阻和一个电容组成的简单电路，在网络分析中研究各支路、回路的电流或电压；从系统的观点来看，可以研究它如何构成具有微分或积分功能的运算器(系统)，这样的系统常称为方法学系统。又如，两个实际的物理元器件，如电阻或电容，在工作频率不高时，它们均为一个集中参数的元器件；当工作频率很高时，须考虑引线及元器件本体的分布参数影响，它们及由它们组成的电路构成了比较复杂的网络或系统。

### 1.1.2　电子系统的组成

电子系统有大有小，有简单有复杂，通常由信号获取、预处理、信号处理、控制电路等几部分组成。

信号获取电路主要通过传感器或输入电路，将外界信息转换为电信号或实现系统与信号源间的耦合匹配。预处理电路主要解决信号的放大、衰减、滤波等，即通常所说的“信号调理”，经预处理的信号在幅度和其他诸多方面都比较适合于进一步的分析和处理。信号处理电路主要完成信号和信息的采集、分析、计算、变换、传输和决策等。信号执行部分主要包括处理信号显示负载的驱动及输出电路等。控制电路主要完成对各部分动作的控制，使各部分能协调有序地工作。电源是电子系统中必不可少的部分，目前电源基本上都采用标准化电路，有许多成品可供选择。

当前的电子系统有以下特点。

1. 模拟电路和数字电路并存

由于自然界的物理量大多以模拟量的形式存在，所以系统中模拟电路一般必不可少，特别是输入电路部分、信号调理部分和输出电路部分。数字化具有诸多优点，故数字电路在电子系统中占有极为重要的地位。从模拟量到数字量，或从数字量重新回到模拟量，A/D 和 D/A 转换作为两者的桥梁已成为电子系统中的重要环节。对于规模较大的数字电路，固定的中小规模器件几乎已被可编程器件（CPLD 和 FPGA 等）所代替。

2. 微处理技术和软件所占的分量越来越重

嵌入式系统、微处理器（CPU）或 DSP 已成为系统中控制和信号处理的核心。软件设计可使系统的自动化、智能化、多功能化变得容易实现，软件可使硬件简化，成本降低。

## 1.2 电子电路设计的理念与方法

传统的电子系统设计只能对电路板进行设计，通过设计电路板实现系统功能。随着半导体技术、集成技术和计算机技术的发展，电子系统的设计方法和设计手段发生了很大的变化，特别是 EDA（电子设计自动化）技术的发展和普及给电子系统的设计带来了革命性的变化。利用 EDA 工具，采用可编程器件，可通过设计芯片实现系统功能。将原来由电路板设计完成的大部分工作放在芯片的设计中进行，这样不仅可以通过芯片设计实现系统功能，而且大大减轻了电路图设计和电路板设计的工作量和难度，从而有效地增强了设计的灵活性，提高了工作效率。同时，基于芯片的设计可以减少芯片的数量，缩小系统体积，降低能源消耗，提高系统的性能和可靠性。

数字、模拟、可编程器件、EDA 技术为硬件系统设计者提供了强有力的工具，使得电子系统的设计方法发生了质的变化。传统的设计方法正逐步被新的设计方法所取代，而基于芯片的设计方法正在成为现代电子系统设计的主流。

电子产品设计的基本思路一直是先选用通用集成电路芯片，再由这些芯片和其他元器件自下而上地构成电路、子系统和系统。这样设计出来的电子系统所用元器件的种类和数量均较多，体积与功耗大，可靠性差。随着集成电路技术的不断进步，可以把数以亿计的晶体管及几万门、几十万门甚至几百万门的电路集成在一块芯片上。半导体集成电路已由早期的单元集成、部件电路集成发展到整机电路集成和系统电路集成阶段。电子系统的设计方法也由过去集成电路厂家提供通用芯片，整机系统用户采用这些芯片组成电路系统的“自底向上”设计方法改变为一种新的“自顶向下”设计方法。在这种新的设计方法中，由整机系统用户对整个系统进行方案设计和功能划分，系统的关键电路用一片或几片专用集成电路 ASIC 实现，且这些专用集成电路是由系统和电路设计师亲自参与设计的，直至完成电路到芯片版图的设计，再交由 IC 工厂投片加工，或者是用可编程 ASIC(如 CPLD、FPGA 和 ISP 等)现场编程实现。

1. “自顶向下”设计方法

在“自顶向下”的设计中，首先需要进行行为设计，确定该电子系统或 VLSI 芯片的功能、性能及允许的芯片面积和成本等。接着进行结构设计，根据该电子系统或芯片的特点，将其分解为接口清晰、相互关系明确、尽可能简单的子系统，从而得到一个总体结构。这个结构可能包括算术运算单元、控制单元、数据通道、各式各样的算法状态等。下一步把结构转换成逻辑图，即进行逻辑设计。在这一步中，希望尽可能采用规则的逻辑结构或采用已经过考验的逻辑单元或模块。接着进行电路设计，逻辑图将进一步转换成电路图，在很多情况下须进行硬件仿真，以最终确定逻辑设计的正确性。最后进行版图设计，即将电路图转换成版图。

2. “自底向上”设计方法

“自底向上”的设计一般是在系统划分和分解的基础上先进行单元设计，在单元的精心设计后逐步向上进行功能块设计，然后再进行子系统的设计，最后完成系统的总体设计。

所谓片上系统的设计，是将电路设计、系统设计、硬件设计、软件设计和体系结构设计集合于一体的设计。因此，可以说 EDA 转向片上系统是一次系统设计的革命。

对于电子系统设计自动化而言，现代设计方法和现代测试方法是至关重要的。当前，EDA 包含单片机、ASIC(专用集成电路)和 DSP(数字信号处理)等主要方向。无论哪一种方向都需要一个功能齐全、处理方法先进、使用方便和高效的开发系统。目前，世界上一些大型 EDA 软件公司已开发了一些著名的软件，如 Protel 和 PSpice 等。各大半导体器件公司也推出了一些开发软件，如 Altera 公司的 Max Plus II、Xilinx 公司的 Fundation 等。随着新器件和新工艺的出现，这些开发软件也在不断更新或升级。

每个开发系统都有各自的描述语言，为了便于各系统之间的兼容，IEEE 公布了几种标准语言，最常用的有 VHDL 和 Verilog。由于 VHDL 和 Verilog 语言的优越性，各大半导体器件公司纷纷将它们作为开发本公司产品的工具，IEEE 也于 1995 年将其定为协会的标准。这两种语言已成为从事 EDA 的工程师必须掌握的工具。

与开发工具同样重要的是器件，就 ASIC 方向而言，所使用的集成方式有全定制、半定制和可编程逻辑器件等。CPLD、ISP和FPGA普及的另一个重要原因是知识产权越来越被高度重视,带有IP内核的功能块在ASIC设计平台上的应用日益广泛。越来越多的设计人员采用设计重用,将系统设计模块化,为设计带来了方便,并可以使每个设计人员充分利用软件代码,提高开发效率,降低研发费用,缩短开发周期,减少上市时间,降低市场风险。

同时,通用集成电路和分立元器件的种类、功能、性能指标的发展也为现代电子设计提供了更大的选择余地和便利。

总之,基于现代电子器件和现代电子开发系统的现代电子设计理念是每个从事电子设计的工程技术人员必须掌握的。

## 1.3 电子电路设计的一般步骤

### 1.3.1 模拟电子电路的设计步骤

由于模拟电子系统种类繁多,功能和应用千差万别,故设计一个模拟电子系统的方法和步骤也不尽相同。对于要设计的实际电子系统,一般首先根据电子系统的设计任务选择总体方案;然后对组成系统的单元电路进行设计,计算参数,确定元器件,并进行实验调试;最后绘出用于指导工程的电路图。

1. 总体方案确定

在全面分析电子系统任务书所下达的系统功能和技术指标后,根据已掌握的知识和资料将总体系统按功能合理地分解成若干个子系统(单元电路),并画出由各个单元电路框图相互连接而形成的系统原理框图。电子系统总体方案的选择直接决定电子系统设计的质量。因此,在进行总体方案设计时要多思考,多分析,多比较,要从性能稳定性、工作可靠性、电路结构、成本、功耗和调试维修等方面选出最佳方案。

2. 单元电路设计

在进行单元电路设计时,必须明确对各单元电路的具体要求,详细拟定出单元电路的性能指标,认真思考各单元之间的相互联系,注意前后级单元之间信号的传递方式和匹配,尽量少用或不用电平转换之类的接口电路,并应使各单元电路的供电电源尽可能地统一,以便使整个电子系统简单可靠。另外,应尽量选择现有成熟的电路实现单元电路的功能。如果找不到完全满足要求的现成电路,则可在与设计要求比较接近的电路基础上适当改进,或进行创造性设计。为使电子系统的体积小而可靠性高,单元电路尽可能用集成电路组成。

3. 参数计算

在进行电子电路设计时,应根据电路的性能指标要求决定电路元器件的参数。如根据电路放大倍数的大小决定反馈电阻的值;根据振荡器要求的振荡频率,利用公式可算出决定振荡频率的电阻和电容值等。但是，一般满足电路性能指标要求的理论参数值不是唯一的，设计者应根据元器件的性能、价格、体积、通用性和货源等方面灵活选择。计算电路参数时应注意以下几点。

(1) 在计算元器件的工作电流、电压和功率等参数时，应考虑工作条件最不利的情况，并留有适当的余量。

(2) 对于元器件的极限参数必须留有足够的余量，一般取额定值的1.5～2倍。

(3) 对于电阻、电容参数的取值，应选计算值附近的标称值。电阻值的取值范围为0～1MΩ；非电解电容的取值范围为100pF～1.47F；电解电容的取值范围为1～2000μF。

(4) 在保证电路达到性能指标要求的前提下，尽量减少元器件的品种、价格及体积等。

4.元器件选择

在确定电子元器件时，应全面考虑电路处理信号的频率范围、环境温度、空间大小和成本高低等诸多因素。

(1) 一般优先选择集成电路。由于集成电路体积小、功能强，可使电子电路可靠性增强，方便安装调试，并可大大简化电子电路的设计。随着模拟集成技术的不断发展，适用于各种场合下的集成运算放大器不断涌现，只要外加极少量的元器件，利用运算放大器就可构成性能良好的放大器。目前，在进行直流稳压电源设计时，已很少采用分立元器件进行设计了，取而代之的是性能更稳定、工作更可靠、成本更低廉的集成稳压器。

(2) 正确选择电阻器和电容器。这是两种最常见的元器件，种类很多，性能相差很大，应用的场合也不同。因此，对于设计者来说，应熟悉各种电阻器和电容器的主要性能指标和特点，以便根据电路的要求正确地选择电阻器和电容器。

(3) 选择分立半导体元器件。首先要熟悉这些元器件的性能，掌握它们的应用范围；再根据电路的功能要求和元器件在电路中的工作条件，如通过的最大电流、最大反向工作电压、最高工作频率和最大消耗的功率等，确定元器件型号。

5.模拟仿真

随着计算机技术的飞速发展，电子系统的设计方法发生了很大的变化。目前，EDA技术已成为现代电子系统设计的必要手段。在计算机平台上，利用EDA软件可对各种电子电路进行调试、测量和修改，这样大大提高了电子设计的效率和精确度，同时节约了设计费用。

6.实验验证

电子设计要考虑的因素和问题很多，由于电路在计算机上进行模拟时所采用的元器件参数和模型与实际的元器件有差别，所以对通过计算机仿真的电路还应进行实验验证。通过实验可以发现问题，解决问题。若性能指标达不到要求，应深入分析问题出在哪些单元或元器件上，再对它们重新设计和选择，直到性能指标完全满足要求为止。

7. 总体电路图绘制

总体电路图是在总框图、单元电路设计、参数计算和元器件选择的基础上绘制的，它是组装、调试及印制电路板时设计和维修的依据。目前，一般利用绘图软件绘制电路图。绘制电路图时要注意以下几点。

(1) 总体电路图尽可能画在同一张图上，同时注意信号的流向，一般从输入端画起，由左至右或由上至下按信号的流向依次画出各单元电路。对于比较复杂的电路图，应将主电路图画在一张或数张图纸上，并在各图所有端口两端标注上标号，依次说明各图纸之间的连线关系。

(2) 注意总体电路图的紧凑和协调，要求布局合理，排列均匀。图中元器件的符号应标准化，元器件符号旁边应标出型号和参数。集成电路通常用方框表示，在方框内标出它的型号，在方框的两侧标出每根连线的功能和管脚号。

(3) 连线一般画成水平线或垂直线，并尽可能减少交叉和拐弯。对于相互交叉的线，应在交叉处用圆点标出；对于连接电源负极的连线，一般用接地符号表示；对于连接电源正极的连线，仅须标出电压值。

### 1.3.2 数字电子电路的设计步骤

数字系统的规模差异很大，对于比较小的数字系统可采用所谓的经典设计，即根据设计任务的要求，用真值表和状态表求出简化的逻辑表达式，画出逻辑图和逻辑电路图，最后用各类逻辑电路实现。随着中大规模集成电路的发展，实现比较复杂的数字系统变得比较方便，且便于调试、生产和维护，其设计方法也比较灵活。例如，目前正迅速普及的 ISP(在系统编程)可编程逻辑器件为数字系统设计带来了革命性的变化，硬件设计变得像软件一样易于修改，如要改变一个设计方案，通过设计工具软件在计算机上花费数分钟即可完成。这不仅扩展了器件的用途，缩短了系统的设计周期，而且还去除了对器件单独编程的环节，省去了器件编程设备。

1. 系统功能要求分析

数字电路系统一般包括输入电路、控制电路、输出电路、被控电路和电源等。数字系统设计首先要明确系统的任务、技术性能、精度指标、输入输出设备、应用环境及一些特殊的要求等。设计者有时接到的课题比较笼统，有些技术问题要靠设计者的分析与理解，特别要和课题提出者及系统使用者反复磋商，并在应用现场进行实地考察以后才能确定下来。

2. 总体方案确定

明确了系统性能以后，就应考虑如何实现这些技术功能，即采用哪种电路以实现这些技术功能。对于比较简单的系统，可采用中小规模集成电路实现；对于输入逻辑变量比较多、逻辑表达式比较复杂的系统，可采用大规模可编程逻辑器件完成；对于需要完成复杂的算术运算，进行多路数据采集、处理及控制的系统，可采用单片机系统实现。

目前,处理复杂数字系统的最佳方案是采用大规模可编程逻辑器件加单片机,这样可大大节约设计成本,提高可靠性。

3. 逻辑功能划分

任何一个复杂的大系统都可以逐步划分成不同层次较小的子系统。一般先将系统划分为信息处理和控制电路两部分,然后根据信息处理电路的功能要求将其分成若干个功能模块。控制电路是整个数字系统的核心,它根据外部输入信号及来自受其控制的信息处理电路的状态信号产生受控电路的控制信号。常用的控制电路有3种:移位型控制器、计数型控制器和微处理器控制器。一般可根据完成控制对象的复杂程度灵活选择控制器类型。

4. 单元电路设计

在全面分析各模块功能类型后,应选择出合适的元器件并设计出电路。在设计电路时,应充分考虑能否用ASIC(专用集成电路)器件实现某些逻辑单元电路,这样可大大简化逻辑设计,提高系统的可靠性,并减小印制电路板(PCB)的体积。

5. 系统综合测试

在各单元模块和控制电路达到预期要求以后,可把各个部分连接起来,构成整个电路系统,并对该系统进行功能测试。

测试主要包含3部分的工作:系统故障诊断与排除、系统功能测试,以及系统性能指标测试。若这3部分的测试有一项不符合要求,则必须修改电路设计。

6. 设计文件撰写

在整个系统实验完成后,应整理出包含如下内容的设计文件:完整的电路原理图、详细的程序清单、所用元器件的清单、功能与性能测试结果及使用说明书等。

## 1.4 电子设计的文档整理及报告撰写

### 1.4.1 文档整理

电子设计文档包括:设计要求、指标、合同或协议、总体方框图、各功能块电路图、计算机仿真波形图或曲线图、完整的电路图、PCB图、元器件清单、软件流程图、执行程序及源程序(源程序各部分要注释清楚,以免遗忘)、重要的理论分析与算法、调试步骤及测试结果。

### 1.4.2 报告撰写

电子设计报告一般分两部分,一部分是技术报告,或称研制报告;另一部分是使用报告。

使用报告告诉用户如何用和操作电子系统,比较简单。技术报告十分重要,它是电子系统设计的总结和升华。技术报告一般应包含以下部分:系统设计目标及性能要求,方案论证及选择,理论分析、算法研究及参数计算,系统组成、各子系统的指标分配,系统的实现(硬件设计和 EDA 仿真),系统的实现(软件设计),系统调试、出现的问题及解决的途径与方法,测试结果(包括测试仪器,测试的曲线、数据和波形等),误差分析、结论及必要的附件文档(如电路原理图、PCB 图、元器件清单、原程序清单等)。

## 1.5　利用互联网搜索电子设计所需的资料

随着互联网应用不断渗入日常生活和工作,充分利用网络上的资源、各种技术文献、各大公司的器件手册,所下载的各种设计软件及设计者之间的相互交流已经成为电子设计过程中的重要手段。网络上的资源浩如烟海,用户必须利用搜索引擎才能快速地从网络中找到所需要的资料和信息。

常用的搜索引擎有 Google(www.google.com)、百度(www.baidu.com)等众多网站。各个搜索引擎网站的使用方法不尽相同,但基本的方法大同小异。以百度网站为例,仅需登录网站,在查询框内输入查询内容并按回车(Enter)键,或单击“百度一下”按钮,即可得到相关资料。

网络搜索严谨细致,能帮助用户找到最重要最相关的内容。例如,当百度对网页进行分析时,它会考虑与该网页链接的其他网页上的相关内容,还会先列出那些与搜索关键词相距较近的网页。搜索出的内容通常很多,由于百度只搜索包含全部查询内容的网页,所以缩小搜索范围的简单方法就是添加词语。这样,搜索结果的范围就会比原来“过于宽泛”的搜索小得多,便于查找。

当然,各个搜索引擎网站具体的操作略有不同,请参阅各网站的帮助内容。

下面推荐几个常用的电子工程类搜索引擎和设计网站。

电子产品世界　http://www.eepw.com.cn

电子设计应用网　http://www.eaw.com.cn

电子发烧友　http://www.elecfans.com

可编程逻辑器件中文网站　http://www.fpga.com.cn

电子元器件网　http://www.dianziw.com

电子创新网　http://www.eetrend.com

21IC 中国电子网　http://cn.21ic.com

老古开发网　http://www.laogu.com

周立功单片机网　http://www.mcustudy.com

电子工程专辑网站　http://www.eet-china.com

中国 PCB 技术网　http://www.pcbtech.net

中国电子顶级开发网　http://www.eetop.cn

# 第2章　元器件的检测与常用的电子测量仪器

**【学习目标】**

本章主要介绍常用元器件的分类、识别方法、检测方法及常用电子测量仪器的介绍和使用方法。具体的学习目标如下：

(1) 能判别常用元器件；

(2) 能检测常用元器件；

(3) 会使用常用电子测量仪器。

电子元器件是组成电子电路的基本单元，在电路中具有独立的电气功能，其性能和质量对电子产品的品质影响很大。因此，对于从事电子产品设计、管理和生产的人员来说，熟悉和掌握各类元器件的性能和特点，以及正确使用与利用仪器仪表检测元器件和电路的性能指标，就显得十分重要。

电子元器件一般分为无源元器件和有源元器件两大类。无源元器件不需要电源即可工作，如电阻器、电容器、电感器、开关和接插件等，无源元器件也常称为元件，并可分为耗能元件、储能元件和结构元件。电阻器属耗能元件；电容器存储电能，电感器存储磁能，属于储能元件；开关和接插件属于结构元件。工作时不仅需要输入信号，同时需要电源支持的元器件被称为有源元器件，如晶体管和集成电路等。有源元器件也常称为器件。无源的电子元件和有源的电子器件统称为电子元器件。本章将主要介绍各种常用电子元器件的基本知识、性能和测量方法。

## 2.1　阻抗元件的识别与测试

物体对通过电流的阻碍作用称为电阻。利用这种阻碍作用制成的元件称为电阻器(Resistor)，简称电阻，在电路中用英文符号 $R$ 表示。不同材料的物体对电流的阻碍作用是不同的，它与物体材料的性质有关。电阻分为固定电阻器、可变电阻器和敏感电阻器，在电路中起分压、分流和限流等作用，是一种应用非常广泛的电子元件。

### 2.1.1　电阻器

电阻器的种类很多，按组成材料可分为碳膜、金属膜、合成膜和线绕等电阻器；按用途可分为通用型和精密型等电阻器；按工作性能及电路功能分为固定电阻器、可变电阻器和敏感电阻器三大类。此外，还可按引脚引出线的方式、结构形状和功率大小等分类。电阻器的图形符号如图2-1所示。

图 2-1　电阻器的图形符号

根据实际的应用情况，下面重点介绍几种常用电阻器的结构、特点和应用，如表 2-1 所示。

**表 2-1　常用电阻器的结构、特点和应用**

| 名　称 | 材　料 | 特　点 | 应　用 |
|---|---|---|---|
| 碳膜电阻器 | 由结晶碳沉积在磁棒上或瓷管上制成，改变碳膜的厚度和用刻擦的办法变更碳膜长度可以得到不同的阻值 | 高频特性好，价格低，但精度差 | 广泛用于收音机、电视机及其他电子设备中，也是最早使用的电阻 |
| 金属膜电阻器 | 在真空条件下，在瓷介质基体上沉积一层合金粉制成，通过金属膜的厚度或长度获得不同的电阻值 | 耐热性能好，工作频率较宽，高频特性好，精度高，但成本稍高，温度系数小 | 在精密仪表和要求较高的电子系统中使用 |
| 合成膜电阻器 | 合成漆膜电阻器是由炭黑、石墨和填充料用树脂漆作黏结剂经加热聚合而成的浸涂在陶瓷基体表面的漆膜 | 因其导电层呈现颗粒状结构，故噪声大 | 主要用做高阻电阻器和高压电阻器 |
|  | 合成碳质实心电阻器是由炭黑、石墨、填充料和黏结剂混合压制并经加热聚合而成的实心电阻体 | 实心电阻性能不如薄膜电阻，但可靠性高 | 作为普通电阻器用在电路中 |
|  | 金属玻璃釉电阻器是在陶瓷或玻璃基体上主要用金属和金属氧化物，以玻璃釉作黏结剂并加上有机黏结剂混合成经烘干、高温烧结而成电阻膜，又称为厚膜电阻器 | 耐潮湿、高温、湿度系数小 | 主要应用于厚膜电路 |
| 线绕电阻器 | 由康铜丝或锰铜丝绕在绝缘骨架上制成，其外面涂有绝缘的釉层 | 功率大，耐高温，噪声小，精度高，但分布电感大，高频特性差 | 在低频、高温和大功率等场合中使用 |
| 保险电阻器 | 由电阻率较小而熔点较低的铅锑合金制成 | 具有双重功能：正常情况下具有普通电阻的电气特性；一旦电路电压升高，电流增大或某个电路元件损坏，保险电阻就会在规定的时间内熔断，从而达到保护其他元器件的目的 | 主要用于供电电路、接口等电路中 |

续表

| 名　称 | 材　料 | 特　点 | 应　用 |
|---|---|---|---|
| NTC 和 PTC 热敏电阻器 | 以锰、钴、镍和铜等金属氧化物为主要材料，采用陶瓷工艺制造而成 | 其阻值随温度的升高而减小 | 用于稳定电路的工作点 |
| | 由半导体陶瓷材料组成 | 在达到某个特定的温度前，电阻值随温度升高而缓慢下降；超过这个温度时，其阻值急剧增大，这个特定的温度称为居里点。居里点可通过改变组成材料中各成分的比例而实现 | PTC 热敏电阻在家电产品中应用较广泛，如彩电中的消磁电阻和电饭煲中的温控器等 |

1. 电阻器主要技术参数

1）标称阻值和允许偏差

标称阻值是指在电阻器表面所标示的阻值。阻值范围一般应符合国标规定的阻值系列，目前电阻器标称阻值系列有三大系列，即 E6、E12 和 E24 系列，其中 E24 系列最全。三大标称阻值系列如表 2-2 所示。在应用电路时要尽量选择标称阻值系列，无标称系列数时应选近似值。

**表 2-2　电阻器标称阻值系列**

| 标称阻值系列 | 允许偏差 | 电阻器、电位器和电容器标称 | | | | | | | |
|---|---|---|---|---|---|---|---|---|---|
| E24 | Ⅰ级（±5%） | 1.0 | 1.1 | 1.2 | 1.3 | 1.5 | 1.6 | 1.8 | 2.0 |
| | | 2.2 | 2.4 | 2.7 | 3.0 | 3.3 | 3.6 | 3.9 | 4.3 |
| | | 4.7 | 5.1 | 5.6 | 6.2 | 6.8 | 7.5 | 8.2 | 9.1 |
| E12 | Ⅱ级（±10%） | 1.0 | 1.2 | 1.5 | 1.8 | 2.2 | 2.7 | 3.3 | 3.9 |
| | | 4.7 | 5.6 | 6.8 | 8.2 | — | — | — | — |
| E6 | Ⅲ级（±20%） | 1.0 | 1.5 | 2.2 | 3.3 | 4.7 | 6.8 | — | — |

注：表 2-2 中的数值乘以 $10^n$（$n$ 为整数）即为系列阻值。

对于具体的电阻器而言，实际阻值与标称阻值之间有一定的偏差，这个偏差与标称阻值的百分比称为电阻器的误差。误差越小，电阻器的精度越高。电阻器的误差范围有明确的规定：对于普通电阻器，允许误差通常分为三大类，即±5%、±10%、±20%；精密电阻的精度要求更高，允许误差为±2%、±1%、±0.5%～±0.001%等。

2）额定功率

额定功率是指电阻器在正常大气压力及额定温度条件下，长期安全使用所能允许消耗的最大功率值。它是选择电阻器的主要参数之一。额定功率越大，电阻器的体积越大。常用的额定功率有 1/8W、1/4W、1/2W、1W、2W、5W、10W 和 25W 等。电阻器的额定功率有两种表示方法：一是 2W 以上的电阻，直接用阿拉伯数字标注在电阻体上；二是 2W 以下的碳膜或金属膜电阻，可以根据其几何尺寸判断额定功率的大小。

各种功率的电阻器在电路图中采用不同的符号表示，如图 2-2 所示。

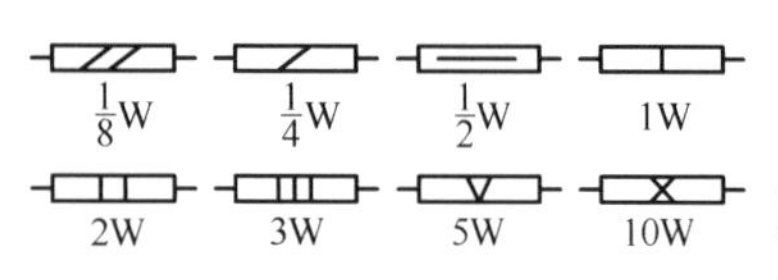


图 2-2 电阻器额定功率在电路图中的表示方法

3）温度系数

温度系数是指温度每升高（或降低）1℃所引起电阻值的相对变化。温度系数越小，电阻器的稳定性越好。

此外，电阻器的参数还有绝缘电阻、绝缘电压、稳定性、可靠性、非线性度等。

2. 电阻器的标识

1）电阻的单位

电阻的单位是欧姆，用 Ω 表示。规定：在电阻两端加 1V 的电压，通过它的电流为 1A，则定义该电阻的阻值为 1Ω。除欧姆外，实际应用中常用的还有千欧（kΩ）和兆欧（MΩ）。其换算关系表示为

$$1\text{M}\Omega = 10^3\text{k}\Omega = 10^6\Omega \tag{2-1}$$

用 $R$ 表示电阻的阻值时，应遵循以下原则：

（1）若 $R<1000\Omega$，用 Ω 表示；

（2）若 $1000\Omega\leqslant R<1000\text{k}\Omega$，用 kΩ 表示；

（3）若 $R\geqslant 1000\text{k}\Omega$，用 MΩ 表示。

2）电阻值的标识方法

大部分电阻器只标注标称阻值和允许偏差，电阻器的标识方法主要有直标法、文字符号法、色标法和数码表示法。

（1）直标法。直标法是用阿拉伯数字和单位符号在电阻器的表面直接标出标称阻值和允许偏差的方法。其优点是直观，易于判读。

（2）文字符号法。文字符号法是将阿拉伯数字和字母符号按一定规律的组合来表示标称阻值及允许偏差的方法。其优点是认读方便、直观，可提高数值标记的可靠性，多用在大功率电阻器上。

文字符号法规定：用于表示阻值时，字母符号 Ω（R）、K、M、G 和 T 之前的数字表示阻值的整数值，之后的数字表示阻值的小数值，字母符号表示小数点的位置和阻值单位。

例：Ω33→0.33Ω　3K3→3.3kΩ　33M→3.3MΩ　3G3→3.3GΩ

（3）色标法。色标法是用色环或色点在电阻器表面标出标称阻值和允许误差的方法，颜色规定如表 2-3 所示，特点是标志清晰，易于辨认。色标法又分为四色环色标法和五色环色标法。普通电阻器大多用四色环色标法来标注，四色环的前两条色环表示阻值的有效数字，第 3 条色环表示阻值倍率，第 4 条色环表示阻值允许误差的范围；精密电阻器大多用五色环色标法来标注，五色环的前 3 条色环表示阻值的有效数字，第 4 条色环表示阻值倍率，第 5 色环表示允许误差的范围。

**表 2-3　色 标 符 号**

| 颜色 | 有效数字 | 倍率 | 允许误差 | 颜色 | 有效数字 | 倍率 | 允许误差 |
|---|---|---|---|---|---|---|---|
| 棕色 | 1 | $10^1$ | ±1% | 灰色 | 8 | $10^8$ | — |
| 红色 | 2 | $10^2$ | ±2% | 白色 | 9 | $10^9$ | +50%～−20% |
| 橙色 | 3 | $10^3$ | — | 黑色 | 0 | $10^0$ | — |
| 黄色 | 4 | $10^4$ | — | 金色 | — | $10^{-1}$ | ±5% |
| 绿色 | 5 | $10^5$ | ±0.5% | 银色 | — | $10^{-2}$ | ±10% |
| 蓝色 | 6 | $10^6$ | ±0.25% | 无色 | — | — | ±20% |
| 紫色 | 7 | $10^7$ | ±0.1% | | | | |

例：色标为黄紫橙金色的电阻阻值为：$47\times10^3\Omega\pm5\%=47\text{k}\Omega\pm5\%$。

四色环和五色环电阻读法如图 2-3 所示。

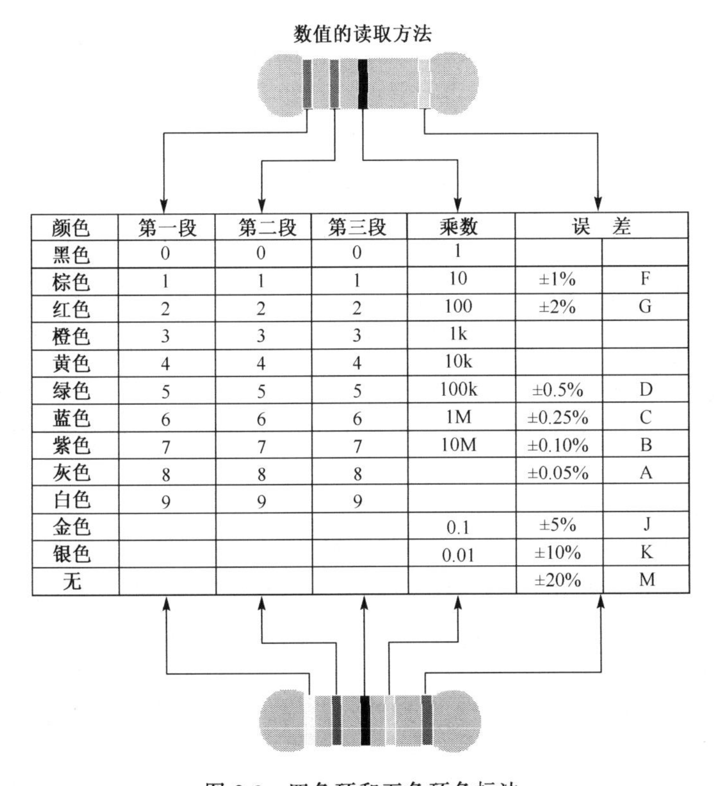


| 颜色 | 第一段 | 第二段 | 第三段 | 乘数 | 误　差 | |
|---|---|---|---|---|---|---|
| 黑色 | 0 | 0 | 0 | 1 | | |
| 棕色 | 1 | 1 | 1 | 10 | ±1% | F |
| 红色 | 2 | 2 | 2 | 100 | ±2% | G |
| 橙色 | 3 | 3 | 3 | 1k | | |
| 黄色 | 4 | 4 | 4 | 10k | | |
| 绿色 | 5 | 5 | 5 | 100k | ±0.5% | D |
| 蓝色 | 6 | 6 | 6 | 1M | ±0.25% | C |
| 紫色 | 7 | 7 | 7 | 10M | ±0.10% | B |
| 灰色 | 8 | 8 | 8 | | ±0.05% | A |
| 白色 | 9 | 9 | 9 | | | |
| 金色 | | | | 0.1 | ±5% | J |
| 银色 | | | | 0.01 | ±10% | K |
| 无 | | | | | ±20% | M |

图 2-3　四色环和五色环色标法

（4）数码表示法。用 3 位数表示电阻器标称阻值的方法称为数码表示法。数码表示法规定：第 1～2 位数表示阻值的有效数字，第 3 位数表示阻值倍率，单位为欧姆(Ω)。

数码表示法一般用于片状电阻的标注，一般只将阻值标注在电阻表面，其余参数予以省略。

例如：$103 \rightarrow 10 \times 10^3 = 10000\Omega = 10\text{k}\Omega$

$182 \rightarrow 18 \times 10^2 = 1800\Omega = 1.8\text{k}\Omega$

3. 常用的电阻器简介

1）碳质电阻器

碳质电阻器由碳粉和填充剂等压制而成，价格低但性能较差，现在已不常用。

2）线绕电阻器

线绕电阻器由电阻率较大且性能稳定的锰铜和康铜等合金线涂上绝缘层，在绝缘棒上绕制而成。阻值 $R=\rho L/S$，其中 $\rho$ 为合金线的电阻率，$L$ 为合金线长，$S$ 为合金线的截面积。当 $\rho$ 和 $S$ 为定值时，电阻值和长度具有很好的线性关系，精度高，稳定性好，但具有较大的分布电容，多用在需要精密电阻的仪器仪表中。

3）碳膜电阻器

碳膜电阻器是由结晶碳沉积在磁棒或瓷管骨架上制成的，稳定性好，高频特性较好，并能工作在较高的温度下，目前在电子产品中得到了广泛的应用，其涂层多为绿色。

4）金属膜电阻器

与碳膜电阻器相比，金属膜电阻器只是用合金粉替代了结晶碳，除具有碳膜电阻器的特性外，还能耐更高的工作温度，其涂层多为红色。

5）热敏电阻器

热敏电阻器的电阻值随着温度的变化而变化，一般用于温度补偿和限流保护等。热敏电阻器从特性上可分为两类：正温度系数电阻器和负温度系数电阻器。正温度系数电阻器的阻值随温度升高而增大，负温度系数电阻器则相反。热敏电阻器在结构上分为直热式和旁热式两种。直热式热敏电阻器利用电阻体本身通过电流产生热量，使其电阻值发生变化；旁热式热敏电阻器由两个电阻组成，一个电阻为热源电阻，另一个为热敏电阻。

6）贴片电阻器

该类电阻器目前常用在高集成度的电路板上，体积很小，分布电感和分布电容都较小，适合在高频电路中使用。它一般用自动贴片机安装，对电路板的设计精度有很高的要求。

7）电阻排

电阻排又称为集成电阻器，即在一块基片上制成的多个参数和性能一致的电阻，常用在计算机电路中。

8）熔断电阻器

熔断电阻器又称为水泥电阻器，常用陶瓷或白水泥封装，内有热熔断性电阻丝，当工作功率超过其额定功率时，会在规定时间内熔断，主要起保护其他电路的作用。在电视和音响电路中常用做大功率限流电阻。

9）电位器

电位器实际上是一种可变电阻器，可采用上述各种材料制成。电位器通常由两个固定输出端和一个滑动抽头组成，作用是调节分电路电压和电阻的作用。

电位器按结构可分为单圈、多圈、单联、双联、带开关、锁紧和非锁紧电位器。按调节方式可分为旋转式电位器和直滑式电位器。在旋转式电位器中，按照电位器的阻值与旋转角度的关系可分为直线式、指数式和对数式。

4. 常用的电位器简介

1）合成碳膜电位器（WHS-1）

合成碳膜电位器的特点是阻值范围宽（可达 100Ω～47MΩ），分辨率高，滑动噪声大，对温度和湿度的适应性差，但成本低，广泛应用于收音机、电视机和音响等家电产品中。

2）有机实心电位器（WS）

有机实心电位器的特点是阻值范围宽（可达 100Ω～47MΩ），分辨率高，耐高温，体积小，可靠性高，但噪声较大，主要用于对可靠性和耐高温有较高要求的电器上。

3）线绕电位器（WX）

线绕电位器的相对额定功率大，耐高温，性能稳定，精度易于控制，但阻值范围小（47～100Ω），分辨率低，高频特性差。

4）多圈电位器

多圈电位器属于精密型电位器，转轴每转一圈，滑动臂触点在电阻体上仅改变很小的一段距离，因而精度高，阻值调整需转轴旋转多圈（可达 30～40 圈），常用于精密调节电路中。

接触型电位器除以上几种之外，还有高耐磨导电塑料电位器、带驱动马达的电位器（常用于遥控调节音量）及用于微电子和计算机领域的小型贴片电位器等，另外一类非接触型电位器因克服了接触型电位器滑动噪声大的缺陷而被大量采用，如光敏电位器和磁敏电位器等。常用的电位器形状如图 2-4 所示。

图 2-4　常用电位器的外形图

5. 电阻器的检测与选用

1）电阻器好坏的判断与检测

电阻器的质量好坏比较容易鉴别。

对新的电阻器先要进行外观检查，看外形是否端正，引线是否折断，标志是否清晰，保护漆层是否完好。然后，可以用万用表的电阻挡测量一下阻值，看其阻值与标称值是否一致，相差之值是否在电阻器的误差范围之内。

对安装在电器装置上的电阻器，可以从外观上初步判定其是否损坏。通常，表面漆层发棕黄或变黑是电阻器过热甚至烧毁的征兆，可以对此重点检查。注意，用万用表测量电路中的电阻时，应把电阻器的一端与电路断开，以免电路元件的并联影响测量的准确性。测量高阻值的电阻器时，不允许用两只手同时接触表笔两端，测量时应避免测量误差。要精确测量某些仪表的电阻值时可以使用电阻电桥。

2）电位器的检测

选取指针式万用表合适的电阻挡，用表笔分别连接电位器的两固定端，测出的阻值即为电位器的标称阻值；然后，将两表笔分别接电位器的固定端和活动端，缓慢转动电位器的轴柄，电阻值应平稳地变化，如发现有断续或跳跃现象，说明该电位器接触不良；然后，再测量电位器各端子与外壳及旋转轴之间的绝缘电阻，观察阻值是否足够大(正常应接近∞)。

3）电阻器的选用

(1) 按不同的用途选择电阻器的种类：在一般的收音机和电视机等电路中，选择普通的碳膜电阻器即可，它廉价而且容易买到。对于要求较高的电路或电路中的某些部分，要依据有关的说明选用适当种类的电阻器。

(2) 正确选取阻值和允许误差：电阻器应选择接近计算值的一个标称值。一般的电路对精度没有要求，选Ⅰ和Ⅱ级的允许误差即可。

(3) 额定功率的选择：选用电阻的额定功率值应高于电阻在电路工作中实际功率值的0.5～1倍。

(4) 考虑温度对电路工作的影响，应根据电路特点来选择正负温度系数的电阻。

(5) 电阻的允许偏差、非线性及噪声应符合电路要求。

(6) 考虑工作环境与可靠性和经济性。

4）使用中注意的问题

(1) 电阻器安装时，它的两条引出线不要从根部打弯，必须留出一定的距离，否则容易折断。

(2) 焊接时不要使电阻器长时间受热以免引起阻值的变化，功率大于10W的电阻器应保证有散热空间。

(3) 电阻器代用时应注意，如果不考虑价格和体积，则大功率的电阻器可以取代同阻值的小功率电阻器；金属膜电阻器可以取代同阻值同功率碳膜电阻器。如果电路需要调节的机会极少，那么固定电阻器也可以取代调定阻值的等值的半可调电阻器。

(4) 电阻器在装入电路前，要核实一下阻值，安装时标志应处于醒目的位置。

### 2.1.2　电容器

1. 常用的电容器概述

1) 电容器的构成

电容器是由两个金属电极中间夹一层绝缘材料构成的。

2) 电容器的作用

电容器是一种储能元件，在电子电路中起到耦合、滤波、隔直流和调谐等作用。

3) 电容量的单位

电容量的基本单位为 F(法)，还有 mF(毫法)、μF(微法)、nF(纳法)和 pF(皮法)，它们之间的关系表示为

$$1\text{F} = 10^3\text{mF} = 10^6\mu\text{F} = 10^9\text{nF} = 10^{12}\text{pF} \tag{2-2}$$

4) 电容器的种类

电容器按结构可分为固定电容器、可变电容器和微调电容器；按绝缘介质可为空气介质电容器、云母电容器、瓷介电容器、涤纶电容器、聚丙烯电容器、金属化纸电容器、电解电容器、玻璃釉电容器和独石电容器等。

5) 电容器的电路符号

各类固定电容器的常用电路符号如图 2-5 所示。

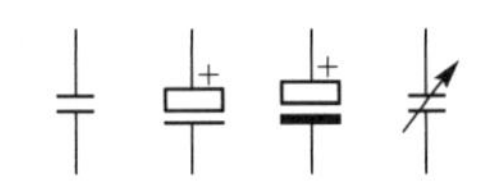

图 2-5　电容器的常用电路符号

6) 电容器的型号命名

根据国家标准 GB2470—1981，电容器的型号由 4 个部分组成。各部分的功能如下：

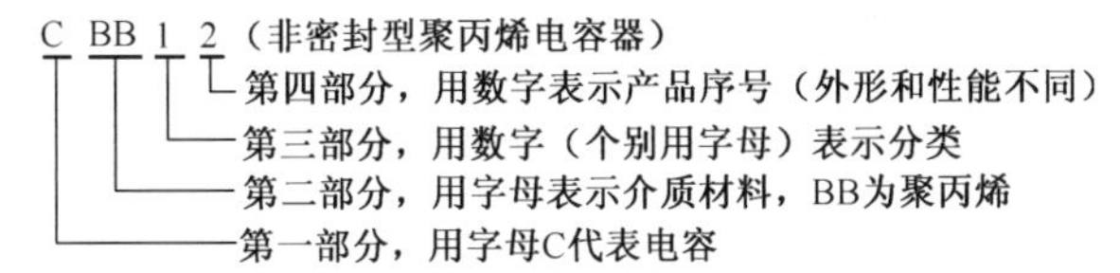


7) 常用电容器的特点及外形

常用电容器的特点及外形见表 2-4。

8) 主要技术参数

(1) 标称容量。电容器的标称容量是指在电容器的外壳表面上标出的电容量值。

(2) 允许偏差。标称容量和实际容量之间的偏差与标称容量之比的百分数称为电容器的允许偏差。

标称容量和允许偏差常用的是 E6、E12 和 E24 系列。

(3) 额定电压。额定电压通常也称为耐压，表示电容器在使用时所允许加的最大电压值。通常，外加电压最大值取额定工作电压的 2/3 以下。

(4) 绝缘电阻。绝缘电阻表示电容器的漏电性能，绝缘电阻越大，电容器质量越好。电解电容的绝缘电阻一般较低，漏电流较大。

表 2-4　常用电容器的特点及外形

| 名　称 | 外　形 | 特　点 |
|---|---|---|
| 金属化纸介质电容器(CJ) | | 耐压高(几十伏至一千伏),容量大,具有“自愈”能力 |
| 涤纶电容器(CL) | | 体积小,容量大,耐热耐湿性好,寄生电感小 |
| 云母电容器(CY) | | 精确度高,耐高温,耐腐蚀,介质损耗小,缺点是容量较小 |
| 独石电容器 | | 容量大,体积特别小,耐高温,可靠性好,成本低 |
| 瓷介电容器<br>高频(CC)<br>低频(CT) | | 体积小,性能稳定,耐腐蚀,耐热性好,损耗小,绝缘电阻高,用于低损耗及高频电路中。缺点是机械强度低,易碎易裂 |
| 铝电解电容器(CD) | | 电容量特别大,体积小,容量偏差大,漏电大,介质损耗大,价格低廉 |

9）电容器的标识法

电容器的标识方法有直标法、文字符号法、数码表示法和色标法四种。

(1) 直标法。直标法是指在电容体表面直接标注主要技术指标的方法。标注的内容一般有标称容量、额定电压及允许偏差这 3 项参数,体积太小的电容仅标容量一项。

(2) 文字符号法。文字符号法是指在电容体表面上用阿拉伯数字和字母符号有规律地组合起来表示标称容量的方法。标注时应遵循以下规则：

① 不带小数点的数值,若无标志单位,则表示皮法(pF)。

② 凡带小数点的数值,若无标志单位,则表示微法(μF)。

(3) 数码表示法。在一些磁片电容器上,常用 3 位数字表示电容的容量。其中,第 1～2 位为电容值的有效数字;第 3 位为倍率,表示有效数字后面零的个数,电容量的单位为皮法(pF)。

(4) 色标法。电容器的色标法与电阻器色标法基本相似,标志的颜色符号与电阻器采用的相同,其单位是皮法(pF)。

10）电容器误差的标注方法

(1) 将允许误差直接标注在电容体上，如±5%、±10%、±20%等。

(2) 用相应的罗马数字表示，定为Ⅰ级、Ⅱ级、Ⅲ级。

(3) 用字母表示：G 表示±2%、J 表示±5%、K 表示±20%、N 表示±30%、P 表示+100%和−10%、S 表示+50%和−20%、Z 表示+80%和−20%。

2. 可变电容器和微调电容器

可变电容器是一种容量可连续变化的电容器；微调电容器的容量变化范围较小，一经调好后一般不需变动。

可变电容器的分类：按介质可分为空气介质和固体介质可变电容器；按联数可分为单联、双联和多联可变电容器。可变电容器和微调电容器的外形和电路符号如表 2-5 所示。

表 2-5　常见电容器的外形及电路符号

| 固定电容器 | | 微调电容器 | 可变电容器 |
|---|---|---|---|
|  |  | 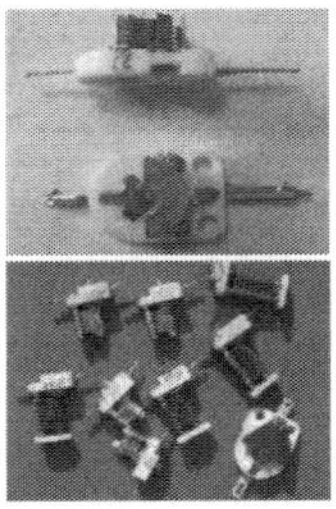 |  |
|  |  + |  |  |

可变电容器的主要技术参数如下：

(1) 最大电容量与最小电容量。动片全部旋进定片时的电容量为最大电容量，动片全部旋出定片时的电容量为最小电容量。

(2) 容量变化特性。容量变化特性指可变电容器的容量随动片旋转角度变化的规律，常用的有直线电容式、直线频率式、直线波长式和电容对数式。

(3) 容量变化平滑性。容量变化平滑性指动片转动时容量变化的连续性和稳定性。

3. 电容器的检测与选用

1）电容器质量的判断与检测

用普通的指针式万用表就能判断电容器的质量和电解电容器的极性，并能定性比较电容器容量的大小。

(1) 质量判定。用万用表 R×1k 挡,将表笔接触电容器(1μF 以上的容量)的两引脚,接通瞬间,表头指针应向顺时针方向偏转,然后逐渐逆时针回复,如果不能复原,则稳定后的读数就是电容器的漏电电阻,阻值越大表示电容器的绝缘性能越好。在上述的检测过程中,若表头指针不摆动,说明电容器开路;若表头指针向右摆动的角度大且不回复,说明电容器已击穿或严重漏电;若表头指针保持在 0Ω 附近,说明该电容器内部短路。

(2) 容量判定。检测过程同上,表头指针向右摆动的角度越大,说明电容器的容量越大,反之则说明容量越小。

(3) 极性判定。将万用表打在 R×1k 挡上,先测量电解电容器的漏电阻值,而后将两表笔对调,再测一次漏电阻值。两次测试中漏电阻值小的一次,黑表笔接的是电解电容器的负极,红表笔接的是电解电容器的正极。

(4) 可变电容器碰片检测。用万用表的 R×1k 挡,将两表笔固定接在可变电容器的定片和动片端子上,慢慢转动可变电容器的转轴,如表头指针发生摆动说明有碰片,否则说明是正常的。

2) 电容器的选用

(1) 额定电压。所选电容器的额定电压一般为线电容工作电压的 1.5～2 倍。在选用电解电容器(特别是液体电介质电容器)时应特别注意:一是使线路的实际电压相当于所选额定电压的 50%～70%;二是存放时间长的电容器不能选用(存放时间一般不超过一年)。

(2) 标称容量和精度。对电容器的容量要求在多数情况下并不严格。但在振荡回路、滤波、时延电路及音调电路中,对容量的要求则非常精确。

(3) 使用场合。根据电路的要求合理选用电容器。

(4) 体积。一般希望使用体积小的电容器。

### 2.1.3 电感元件

凡是能产生电感作用的元件统称为电感元件,也称为电感器,又称为电感线圈。在电子整机中,电感器主要指线圈和变压器等。

1. 电感线圈

1) 电感线圈的作用

电感线圈有通直流、阻交流,通低频和阻高频的作用。

2) 电感线圈的种类

按电感的形式可分为固定电感和可变电感线圈;按导磁性质可分为空心线圈和磁心线圈;按工作性质可分为天线线圈、振荡线圈、低频扼流线圈和高频扼流线圈;按耦合方式可分为自感应和互感应线圈;按绕线结构可分为单层线圈、多层线圈和蜂房式线圈等。常用的电感线圈外形如图 2-6 所示,常用的电感线圈电路符号如图 2-7 所示。

图 2-6　常用的电感线圈外形

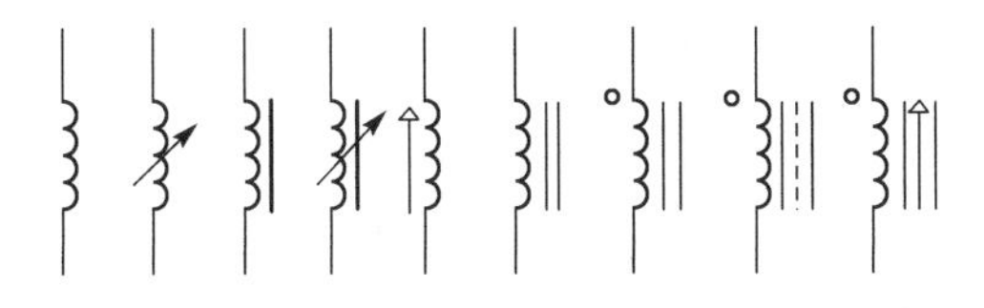

图 2-7　常用的电感线圈电路符号

2. 电感线圈的主要技术参数

1）电感量

电感量也称为自感系数($L$)，是表示电感元件自感应能力的一种物理量。$L$ 的单位为 H(亨)、mH(毫亨)和 μH(微亨)，三者的换算关系表示为

$$1\mathrm{H} = 10^3\mathrm{mH} = 10^6\mu\mathrm{H} \tag{2-3}$$

2）品质因数

品质因数是表示电感线圈品质的参数，也称为 $Q$ 值或优值。$Q$ 值越高，电路的损耗越小，效率越高。

3）分布电容

线圈匝间、线圈与地之间、线圈与屏蔽盒之间及线圈的层间都存在着电容，这些电容统称为线圈的分布电容。分布电容会使线圈的等效总损耗电阻增大，品质因数 $Q$ 降低。

4）额定电流

额定电流是指允许长时间通过线圈的最大工作电流。

5）稳定性

电感线圈的稳定性主要指参数受温度、湿度和机械振动等影响的程度。

3. 常用电感线圈的特点及用途

1）空心线圈

用导线绕制在纸筒和塑料筒等上组成的线圈或绕制后脱胎而成的线圈称为空心线圈。

2）磁心线圈

用导线在磁心和磁环上绕制而成的线圈或者在空心线圈中插入磁心组成的线圈均称为磁心线圈，如单管收音机电路中的高频扼流圈。

3）可调磁心线圈

在空心线圈中旋入可调的磁心组成可调磁心线圈。电视机的频调谐电路就采用这种可调磁心线圈。

4）铁心线圈

在空心线圈中插入硅钢片组成铁心线圈。例如，电子管收音机和扩音机电路就选用了铁心线圈。

### 2.1.4　变压器

1. 变压器的作用

变压器主要用于交流电压变换、交流电流变换和阻抗变换。

2. 变压器的种类

1）按使用的工作频率

可以分为高频、中频、低频和脉冲变压器等。

2）按磁心

可以分为铁心（硅钢片或坡莫合金）变压器、磁心（铁氧体心）变压器和空气心变压器等几种。

3. 变压器常用的铁心

变压器的铁心通常由硅钢片、坡莫合金或铁氧体材料制成，其形状有 EI 形、口形、F 形和 C 形等，如图 2-8 所示。

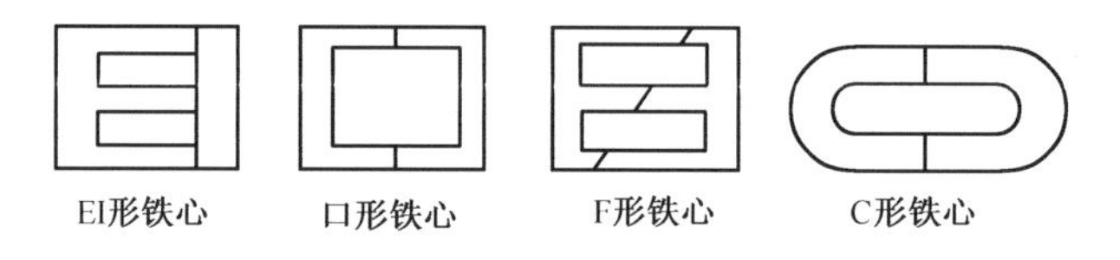


图 2-8　变压器常用的铁心

常见的变压器外形如图 2-9 所示，常见的变压器电路符号如图 2-10 所示。

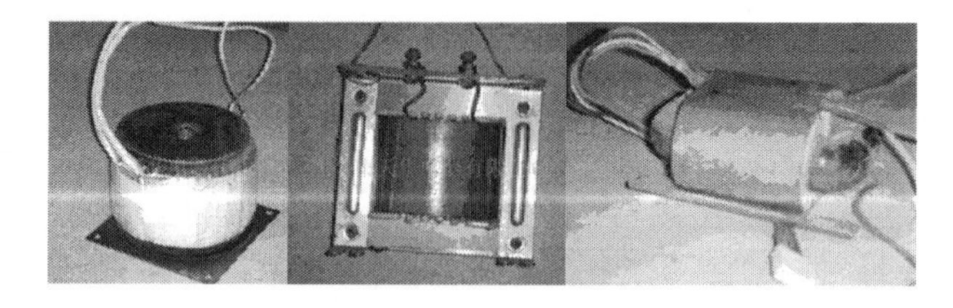

图 2-9　常见的变压器外形

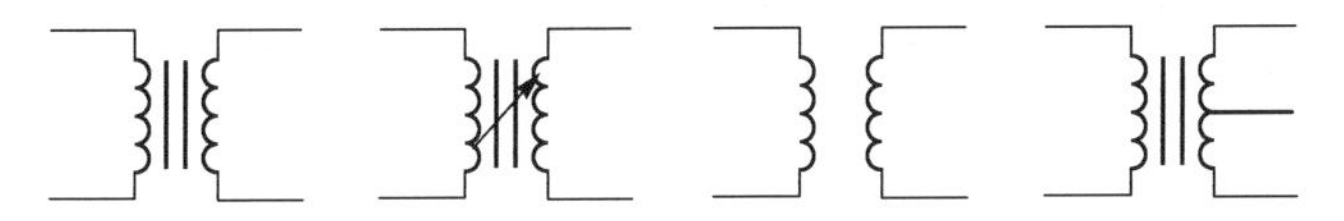

图 2-10　常见的变压器电路符号

4. 变压器的主要技术参数

1) 额定功率

额定功率是指变压器能长期工作而不超过规定温度的输出功率。变压器输出功率的单位用瓦(W)或伏安(VA)表示。

2) 变压比

变压比是指次级电压与初级电压的比值或次级绕组匝数与初级绕组匝数的比值。

(1) 变压器的变压比。变压器的变压比为

$$\frac{U_1}{U_2}=\frac{N_1}{N_2} \tag{2-4}$$

(2) 变压器电流与电压的关系。不考虑变压器的损耗,则变压器电流与电压的关系为

$$\frac{U_1}{U_2}=\frac{I_2}{I_1} \tag{2-5}$$

(3) 变压器的阻抗变换关系。设变压器次级阻抗为 $Z_2$,反射到初级的阻抗为 $Z_2'$,则变压器的阻抗变换关系为

$$\frac{Z_2}{Z'_2}=\left(\frac{N_1}{N_2}\right)^2 \tag{2-6}$$

因此,变压器可以用做阻抗变换器。

3) 效率

效率是变压器的输出功率与输入功率的比值。一般而言,电源变压器和音频变压器要注意效率,而中频和高频变压器不考虑效率。

4) 温升

温升是当变压器通电工作后,其温度上升到稳定值时相对于周围环境温度升高的数值。

5) 绝缘电阻

绝缘电阻是在变压器上施加的试验电压与产生的漏电流之比。

6) 漏电感

由漏磁通产生的电感称为漏电感,简称漏感。变压器的漏感越小越好。

5. 变压器的故障及检修

变压器的故障有开路和短路两种。

1) 开路故障的检测

开路故障用万用表欧姆挡测电阻进行判断。直流电阻工作正常并不表示变压

器就完好无损，而且用万用表也不易测量中高频变压器的局部短路，一般需用专用仪器。

2）短路故障的检测

电源变压器内部短路可通过空载通电进行检查。

3）变压器的检修

变压器引出端若断线可以重新焊接，若内部断线则需要更换或重绕。

# 2.2　半导体分立器件的识别与检测

半导体是指导电性能介于导体和绝缘体之间的物质，是一种具有特殊性质的物质。它的种类繁多，这里仅介绍最常用的半导体器件。

## 2.2.1　半导体二极管

二极管的结构：半导体二极管由一个 PN 结、电极引线外加密封管壳制成，具有单向导电性。其结构及电路符号如图 2-11 所示。

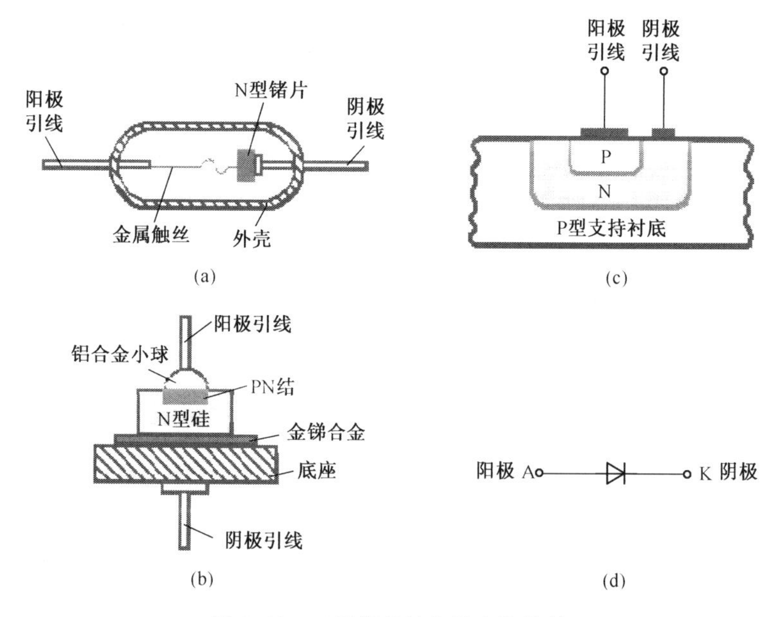


图 2-11　二极管的结构及电路符号

1. 二极管的分类

1）按二极管结构分

二极管可分为点接触型和面接触型两种：点接触型二极管常用于检波和变频等电路；面接触型主要用于整流等电路中。

2）按二极管材料分

二极管可分为锗二极管和硅二极管：锗二极管正向压降为0.2～0.3V，硅二极管正向压降为0.5～0.7V。

3）按二极管用途分

二极管可分为普通二极管、整流二极管、开关二极管、发光二极管、变容二极管、稳压二极管和光电二极管等。常见二极管的外形如表2-6所示。

表2-6　常见的二极管外形

| 名称 | 普通二极管 | 整流二极管 | 开关二极管 | 发光二极管 |
|---|---|---|---|---|
| 外形 | 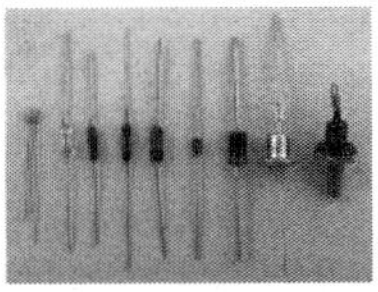 |  | 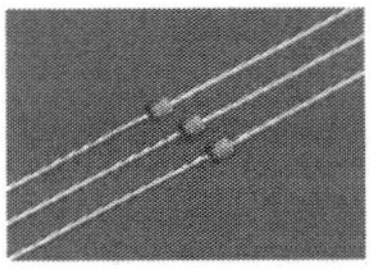 | 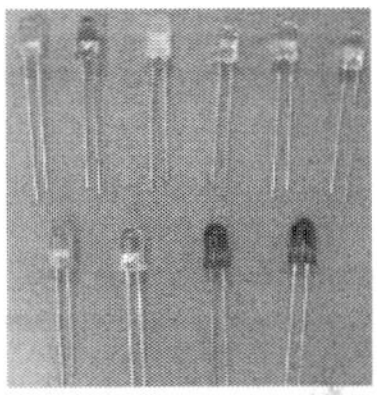 |
| 名称 | 变容二极管 | 稳压二极管 | 光电二极管 | 激光二极管 |
| 外形 | 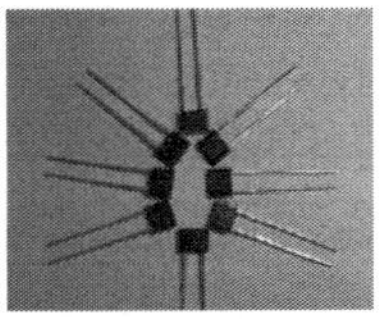 |  | 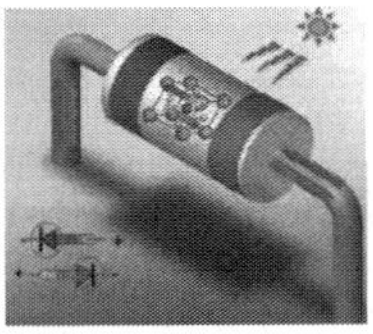 |  |

2.二极管的主要技术参数

不同类型的二极管有不同的特性参数，二极管的主要技术参数如下。

(1) 最大正向电流 $I_F$。指二极管长期运行时，允许通过的最大正向平均电流。

(2) 最高反向工作电压 $U_{RM}$。指正常工作时，二极管所能承受的反向电压的最大值。一般手册上给出的最高反向工作电压约为击穿电压的一半，目的是确保二极管安全运行。

(3) 最高工作频率 $f_M$。指晶体二极管能保持在良好工作性能条件下的最高工作频率。

(4) 反向饱和电流 $I_S$。指在规定的温度和最高反向电压的作用下，二极管没有击穿时流过二极管的反向电流。反向饱和电流越小，二极管的单向导电性能越好。

3.二极管的检测

用指针式万用表R×100或R×1k挡测其正反向电阻，由二极管的单向导电性可知，测得阻值小时与黑表笔相接的一端为正极；反之，为负极。

4. 常用二极管的特点

常用二极管的特点如表 2-7 所示。

表 2-7 常用二极管的特点

| 名 称 | 特 点 | 名 称 | 特 点 |
|---|---|---|---|
| 整流二极管 | 能利用 PN 结的单向导电性,把交流电变成脉动的直流电 | 开关二极管 | 利用二极管的单向导电性,在电路中对电流进行控制,可以起到接通或关断的作用 |
| 检波二极管 | 把调制在高频电磁波上的低频信号解调出来 | 发光二极管 | 一种半导体发光器件,在家用电器中常用于指示装置 |
| 变容二极管 | 它的结电容会随加到二极管上的反向电压的大小而变化,利用这个特性取代可变电容器 | 高压硅堆 | 它是把多只硅整流器件的芯片串联起来,外面用塑料装成一个整体的高压整流器件 |
| 稳压二极管 | 它是一种齐纳二极管,当二极管反向击穿时,其两端的电压固定在某一数值,基本上不随电流的大小变化 | 阻尼二极管 | 多用于黑白或彩色电视机行扫描电路中的阻尼、整流电路里。它具有类似高频高压整流二极管的特性 |

### 2.2.2 晶体三极管

晶体三极管又称为双极型三极管,简称三极管。晶体三极管具有电流放大作用,是信号放大和处理的核心器件,广泛用于电子产品中。

晶体三极管由两个 PN 结(发射结和集电结)组成。它有三个区:发射区、基区和集电区,各自引出一个电极称为发射极 e(E)、基极 b(B)和集电极 c(C)。

1. 晶体三极管的分类

(1) 以内部三个区的半导体类型分类,有 NPN 型和 PNP 型;

(2) 以工作频率分类,有低频($f_\alpha$<3MHz)和高频($f_\alpha$≥3MHz)两种;

(3) 以功率分类,有小功率($P_C$<0.1W)和大功率($P_C$≥1W)两种;

(4) 以用途分类,有普通三极管和开关三极管等;

(5) 以半导体材料分类,有锗三极管和硅三极管等。

常见三极管的外形及电路符号如表 2-8 所示。

2. 三极管的主要技术参数

1) 交流电流放大系数

交流电流放大系数包括共发射极电流放大系数 $\beta$ 和共基极电流放大系数 $\alpha$,它是表明晶体三极管放大能力的重要参数。

2) 集电极最大允许电流 $I_{CM}$

集电极最大允许电流指放大器的电流放大系数明显下降时的集电极电流。

3）集-射极间反向击穿电压（$BV_{ceo}$）

集-射极间反向击穿电压指三极管基极开路时，集电极和发射极之间允许加的最高反向电压。

4）集电极最大允许耗散功率（$P_{CM}$）

集电极最大允许耗散功率指三极管参数变化不超过规定允许值时集电极的最大耗散功率。

**表 2-8　常见晶体三极管的外形及电路符号**

| | | |
|---|---|---|
| 以功率分类 | 小功率三极管 | 大功率三极管 |
| |  |  |
| 以封装分类 | 塑料封装三极管 | 金属封装三极管 |
| |  | 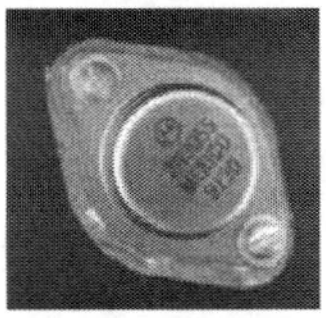 |
| 以半导体材料分类 | 锗晶体三极管 | 硅晶体三极管 |
| |  |  |
| 电路符号 | NPN | PNP |
| | 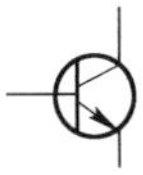 | 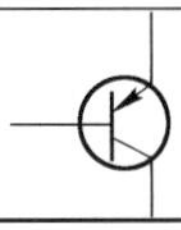 |

3. 晶体三极管的检测

1）三极管类型和基极的判别

将指针式万用表置于 R×100 或 R×1k 挡，用黑表笔碰触某一极，红表笔分别碰触另外两极，若两次测量的电阻都小（或都大），黑表笔（或红表笔）所接的管脚为基极且为 NPN 型（或 PNP 型）。

2）发射极和集电极的判别

若已判明基极和类型，任意设另外两个电极为 e 和 c，判别 c 和 e 时按图 2-12 所示进行。以 PNP 型为例，将万用表红表笔假设接 c 端，黑表笔接 e 端，用潮湿的手指捏住基极 b 和假设的集电极 c 端，但两极不能相碰（潮湿的手指代替图中 100kΩ 的电阻）。

再将假设的 c 和 e 电极互换，重复上面的步骤，比较两次测得的电阻大小。测得电阻小的那次，红表笔所接的管脚是集电极 c，另一端是发射极 e。

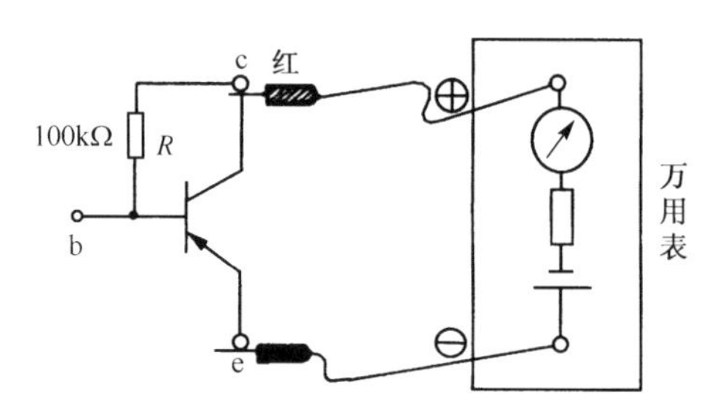


图 2-12　用万用表判别 PNP 型三极管的发射极和集电极

### 2.2.3　场效应晶体管

场效应晶体管为单极型(只有一种载流子参与导电)三极管，简称场效应管，属于电压控制型半导体器件。

特点：场效应管具有输入阻抗很高、功耗小、安全工作区域宽和易于集成等特点，因此广泛用于数字电路、通信设备和仪器仪表等方面。

分类：常用的有结型和绝缘栅型(即 MOS 管)两种，每一种又分为 N 沟道和 P 沟道。场效应管的三个电极为源极(S)、栅极(G)与漏极(D)。

场效应晶体管的电路符号如图 2-13 所示。其中，图 2-13(a)是 N 沟道结型场效应管，图 2-13(b)是 P 沟道结型场效应管，图 2-13(c)是 P 沟道增强型绝缘栅管，图 2-13(d)是 N 沟道增强型绝缘栅管，图 2-13(e)是 P 沟道耗尽型绝缘栅管，图 2-13(f)是 N 沟道耗尽型绝缘栅管。

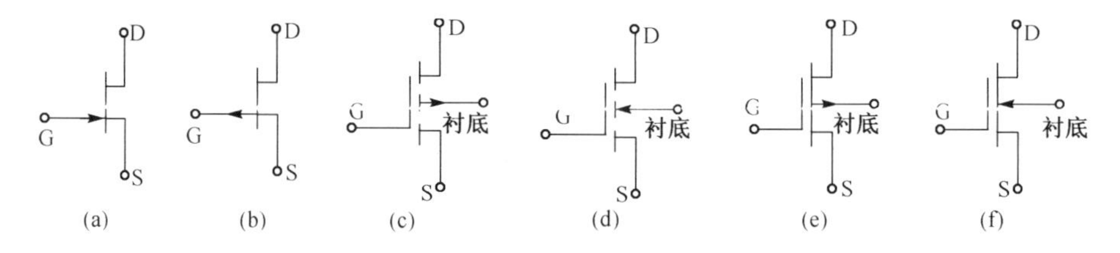


图 2-13　场效应管的电路符号

1. 场效应晶体管的技术参数

场效应晶体管的技术参数主要有夹断电压 UP(结型)、开启电压 UT(MOS 管)、饱和漏极电流 $I_{DSS}$、直流输入电阻、跨导、噪声系数和最高工作频率等。

2. 使用注意事项

(1) MOS 器件保存时应将三个电极短路放在屏蔽的金属盒中，或用锡纸包装。

(2) 取出的 MOS 器件不能在塑料板上滑动，应用金属盘盛放待用的器件。

(3) 焊接用的电烙铁必须接地良好或断开电源用余热焊接。

(4) 在焊接前应把电路板的电源线与地线短接，待 MOS 器件焊接完成后再分开。

(5) MOS 器件各引脚的焊接顺序是漏极、源极和栅极。拆下时顺序相反。

(6) 不能用万用表测 MOS 管的各极，检测 MOS 管要用测试仪。

(7) MOS 场效应晶体管的栅极在允许的条件下，最好接入保护二极管。

(8) 使用 MOS 管时应特别注意保护栅极(任何时候不得悬空)。

### 2.2.4　单结晶体管

单结晶体管有一个 PN 结(所以称为单结晶体管)和三个电极(一个发射极和两个基极)，所以又称为双基极二极管。单结晶体管有三个引脚，一个是发射极(e)，另外两个是基极($b_1$ 和 $b_2$)。它具有负阻特性，广泛应用于振荡电路、定时电路及其他电路中。

单结晶体管的结构、等效电路及电路符号如图 2-14 所示。

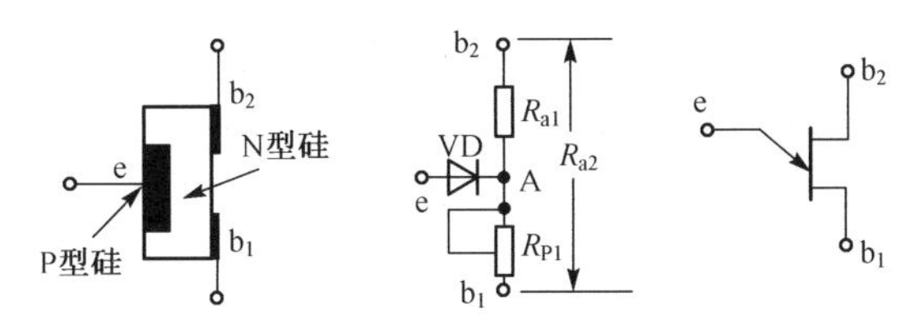


图 2-14　单结晶体管的结构、等效电路及电路符号

### 2.2.5　晶闸管

1. 晶闸管的特点

晶闸管又称为可控硅(SGR)，可用微小的信号对大功率的电源进行控制和变换。

2. 晶闸管的结构、外形及电路符号

晶闸管的结构、外形及电路符号如图 2-15 所示。

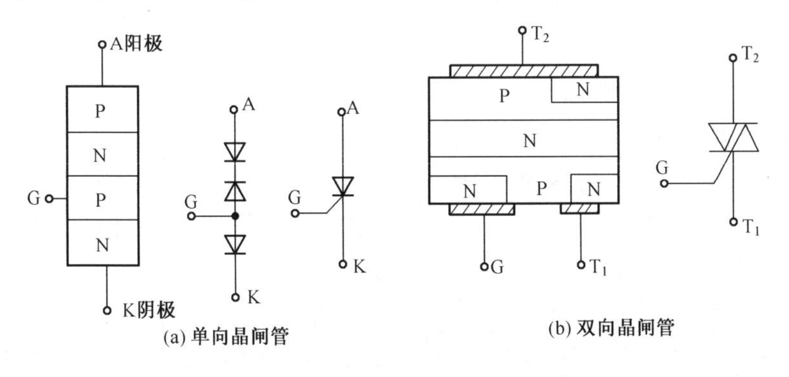


图 2-15　晶闸管的结构、外形及电路符号

3. 晶闸管的分类

晶闸管有单向、双向、可关断、快速和光控等类型，目前应用最多的是单向晶闸管和双向晶闸管。

1）单向晶闸管

（1）结构及特点。单向晶闸管有三个 PN 结，共有三个电极，分别称为阳极（A）和阴极（K）及中间的 P 极引出一个控制极（G）。用一个正向的触发信号触发它的控制极，一旦触发导通，即使触发信号停止作用，晶闸管仍然维持导通状态。若要关断，只要把阳极电压降低到某一临界值或者反向即可。

（2）极性及质量的检测。用指针式万用表的 R×100 挡测各电极间的正反向电阻，若测得其中两个电极间阻值较大，调换表笔后其阻值较小，此时黑表笔所接触的电极为控制极，红表笔所接触的为阴极，剩下的为阳极；若测量两电极间正反向电阻无上述现象时，应更换电极重测。质量判断：黑表笔接阳极，红表笔接阴极，黑表笔在保持和阳极接触的情况下再与控制极接触，即给控制极加上触发电压。此时，晶闸管导通，阻值较小。然后，黑表笔保持和阳极接触，并断开与控制极的接触。断开控制极后，若晶闸管仍维持导通状态，即表针偏转情况不变，则晶闸管基本正常。

2）双向晶闸管

（1）结构及特点。双向晶闸管也有三个电极：第一阳极（$T_1$）、第二阳极（$T_2$）与控制极（G）。双向晶闸管的第一阳极和第二阳极无论加正向电压或反向电压，都能触发导通。同理，当它一旦触发导通，即使触发信号停止作用，晶闸管仍然维持导通状态。

（2）极性的检测。

① 极性的检测。

$T_2$ 判断：由图 2-15 可知，G 靠近 $T_1$，与 $T_2$ 距离较远。因此，G-$T_1$ 之间的正反向电阻都很小（仅为几十欧），而 G-$T_2$ 和 $T_1$-$T_2$ 之间的正反向电阻均较大。这表明，如果测出某脚和任意两脚之间的电阻呈现高阻，则一定是 $T_2$；个别双向晶闸管 G-$T_2$ 与 G-$T_1$ 间的电阻相差不大，只要确定控制极即可。

② G 和 $T_1$ 判断。

假定余下的两个脚分别为 G 和 $T_1$。将黑表笔接 $T_1$，红表笔接 $T_2$，电阻为无穷大。接着用红表笔将 $T_2$ 与 G 短路，给 G 加上负触发信号，电阻值应为 10Ω 左右，这表明双向晶闸管已经导通，导通方向为 $T_1$ 到 $T_2$。再将红表笔与 G 脱开（但仍接 $T_2$），若电阻值保持不变，证明双向晶闸管触发后能维持导通状态。

将红表笔接 $T_1$，黑表笔接 $T_2$，然后使 $T_2$ 与 G 短路，给 G 加上正触发信号，如果晶闸管也能导通并维持，则双向晶闸管正常且假定管脚是正确的，否则需重新测定。

在识别 G 和 $T_1$ 的过程中，也检测了双向晶闸管的触发能力。在测试过程中，如果双向晶闸管都不能触发导通，说明它已损坏。

## 2.2.6 光电器件

1. 发光二极管

发光二极管也由半导体材料制成，能直接将电能转变为光能，与普通二极管一样具有单向导电性，但它的正向压降较大，红色的为 1.6～1.8V，绿色的约为 2V。

图 2-16 为发光二极管外形及电路符号。

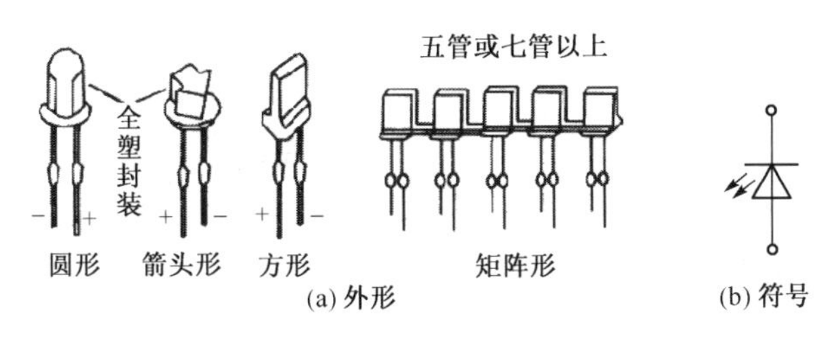


图 2-16　发光二极管外形及电路符号

使用注意事项：

(1) 若用电源驱动，要选择好限流电阻。

(2) 交流驱动时，应并联整流二极管进行保护。

(3) 发光二极管的正负极可以通过查看引脚(长脚为正)或内芯结构识别。检测发光二极管正负极要用设有 R×10k 挡且内装 9V 或 9V 以上电池的万用表进行测量，用 R×1k 挡测正向电阻，用 R×10k 挡测反向电阻。

2. 光电二极管和光电三极管

光电二极管和光电三极管均为红外线接收管，能把光能转变成电能，主要用于各种控制电路。

1) 光电二极管

光电二极管又称为光敏二极管，其构成和普通二极管相似，它的管壳上有入射光窗口，可以将接收到的光线强度的变化转换成为电流的变化。

光电二极管的检测：用指针式万用表 R×1k 挡测试。

2) 光电三极管

光电三极管也是靠光的照射以控制电流的器件，一般只引出集电极和发射极，所以具有放大作用，其外形和发光二极管相似。

光电三极管可以用指针式万用表 R×1k 挡测试。光电三极管的简易测试方法见表 2-9。

3) 光电耦合器

光电耦合器以光为媒介，用来传输电信号，能实现“电→光→电”的转换。输入电信号与输出电信号间既可用光传输，又可通过光隔离，从而提高电路的抗干扰能力。光电耦合器通常是由一只发光二极管和一只受光控的光敏晶体管(常见的为光敏三极管)组成的。

表 2-9 光电三极管的简易测试方法

<table>
<tr><th></th><th>接 法</th><th>无光照</th><th>在白炽灯光照下</th></tr>
<tr><td rowspan="2">测电阻 R×1k</td><td>黑表笔接 c<br>红表笔接 e</td><td>指针微动接近∞</td><td>随光照变化而变化,光照强度增大时,电阻变小,其阻值可降到 10 kΩ 以下</td></tr>
<tr><td>黑表笔接 e<br>红表笔接 c</td><td>电阻为∞</td><td>电阻为∞(或微动)</td></tr>
<tr><td>电流 50μA 或 5mA 挡</td><td>电流表串在电路中,工作电压为 10V</td><td>小于 0.3μA<br>(用 50μA 挡)</td><td>随光照增加而加大,在零点几毫安至 5mA 之间变化(用 5mA 挡)</td></tr>
</table>

光电耦合器的工作过程:当发光二极管加上正向电压时,使光敏三极管因内阻减少而导通;反之,当发光二极管不加正向电压或所加正向电压很小时,光敏三极管因内阻增大而截止。光电耦合器的检测:光电耦合器的发射管和接收管可以用万用表分别进行检测。

# 2.3 半导体集成电路的识别与测试

集成电路是利用半导体工艺或厚薄膜工艺将电路的有源器件、无源器件及其连线制作在半导体基片上或绝缘基片上,形成具有特定功能的电路,并封装在管壳之中,英文缩写为 IC,也俗称为芯片。

集成电路具有体积小、重量轻、功耗低、成本低、可靠性高和性能稳定等优点。

## 2.3.1 集成电路的种类

1. 按制作工艺分

按制作工艺可分为半导体集成电路、薄膜集成电路、厚膜集成电路和混合集成电路四类。

(1) 半导体集成电路是在硅片上制作的电阻、电容、二极管和三极管等元器件。

(2) 薄膜和厚膜集成电路是在玻璃或陶瓷等绝缘基体上制作的元器件。

(3) 混合集成电路由半导体集成工艺和薄厚膜工艺结合而制成。

2. 按功能分

按功能可分为模拟集成电路、数字集成电路和微波集成电路。

(1) 以电压和电流为模拟量进行放大、转换和调制的集成电路称为模拟集成电路。模拟集成电路分线性和非线性集成电路两种。

(2) 以“开”和“关”两种状态或以高低电平来对应“1”和“0”二进制数字量,并进行数字的运算、存储、传输及转换的集成电路称为数字集成电路。

(3) 工作在 100MHz 以上的微波频段的集成电路称为微波集成电路,在微波测量、微波地面通信和电子对抗等重要领域得到了广泛的应用。

3. 按集成规模分

按集成度高低可分为小规模(SSI)、中规模(MSI)、大规模(LSI)及超大规模(VLSI)集成电路四类。

4. 按电路中晶体管的类型分

按电路中晶体管的类型可分为双极型和单极型集成电路两类。

### 2.3.2　集成电路的封装

1. 封装的形式

封装的形式是指安装半导体集成电路芯片用的外壳。

2. 封装的作用

封装起着安装、固定、密封和保护芯片等作用。

3. 集成电路常用的封装材料

集成电路常用的封装材料有金属、陶瓷及塑料 3 种。

(1) 金属封装:这种封装散热性好,可靠性高,但安装使用不方便,成本高。一般而言,高精密度集成电路或大功率器件均以此形式封装。按国家标准有 T 型和 K 型两种。

(2) 陶瓷封装:这种封装散热性差,但体积小,成本低。陶瓷封装的形式可分为扁平型和双列直插式型。

(3) 塑料封装:这是目前使用最多的封装形式。

集成电路的封装形式如图 2-17 所示。

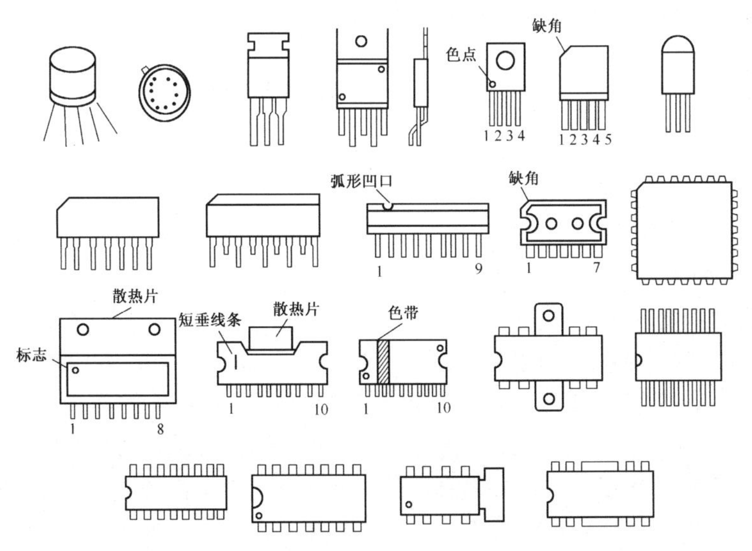


图 2-17　集成电路的封装形式

### 2.3.3　集成电路的使用常识

1. 引脚识别

（1）圆形封装：将集成电路管底正对自己，引脚编号按顺时针方向排列（现应用较少）。

（2）单列直插式封装（SIP）：集成电路引脚朝下，以缺角、凹口或色点作为引脚参考标记，引脚编号顺序一般从左到右排列。

（3）双列直插式封装（DIP）：集成电路引脚朝上，以缺角或色点等为参考标记，引脚编号按顺时针方向排列；反之，引脚按逆时针方向排列。

（4）三脚封装：正面（印有型号商标的一面）朝向自己，引脚编号顺序自左向右排列。

2. 使用注意事项

（1）集成电路在使用情况下的各项性能参数不得超出该集成电路所允许的最大使用范围；

（2）安装集成电路时要注意方向不出错；

（3）在焊接时，不得使用功率大于45W的电烙铁；

（4）焊接CMOS集成电路时要采用漏电流小的烙铁或焊接时暂时拔掉烙铁电源；

（5）遇到空的引出脚时，不应擅自接地；

（6）注意引脚承受的应力与引脚间的绝缘；

（7）功率集成电路需要有足够的散热器，并尽量远离热源；

（8）切忌带电插拔集成电路；

（9）集成电路及其引线应远离脉冲高压源；

（10）防止感性负载的感应电动势击穿集成电路。

## 2.4　常用的电子测量仪器仪表简介

### 2.4.1　数字万用表简介

1. 电压的测量

1）直流电压的测量

电池和随身听电源的直流电压的测量方法如下：首先将黑表笔插进“COM”孔，红表笔插进“VΩ”。把旋钮旋到比估计值大的量程（注意，表盘上的数值均为最大量程，“V－”表示直流电压挡，“V～”表示交流电压挡，“A”是电流挡），接着把表笔接电源或电池两端，保持接触稳定。数值可以直接从显示屏上读取，若显示为“1.”，则表明量程太小，那么就要加大量程后再测量工业电器。如果在数值左边出现“－”，则表明表笔极性与实际的电源极性相反，此时红表笔接的是负极。

2）交流电压的测量

表笔插孔与直流电压的测量一样，不过应该将旋钮旋到交流挡“V～”处所需的量程即可。交流电压无正负之分，测量方法跟前面相同。无论测交流还是直流电压，都要注意人身安全，不要随便用手触摸表笔的金属部分。

2. 电流的测量

1）直流电流的测量

先将黑表笔插入“COM”孔。若测量大于200mA的电流，则要将红表笔插入“10A”插孔并将旋钮旋到直流“10A”挡；若测量小于200mA的电流，则将红表笔插入“200mA”插孔，将旋钮旋到直流200mA以内的合适量程。调整好后就可以测量了。将万用表串进电路，保持稳定，即可读数。若显示为“1.”，那么就要加大量程；如果在数值左边出现“－”，则表明电流从黑表笔流进万用表。

2）交流电流的测量

测量方法与直流电流的测量相同，不过挡位应该旋到交流挡位，电流测量完毕后应将红笔插回“VΩ”孔。

3. 电阻的测量

将表笔插进“COM”和“VΩ”孔中，把旋钮旋到“Ω”中所需的量程，用表笔接在电阻两端金属部位，测量中可以用手接触电阻，但不要把手同时接触电阻两端，这样会影响测量精确度，因为人体是电阻很大但是有限大的导体。读数时，要保持表笔和电阻有良好的接触。注意：在“200”挡时单位是Ω，在“2k”到“200k”挡时单位为kΩ，“2M”挡以上的单位是MΩ。

4. 二极管的测量

数字万用表可以测量发光二极管和整流二极管等。测量时，表笔位置与电压测量一样，将旋钮旋到“二极管”挡；用红表笔接二极管的正极，黑表笔接负极，这时会显示二极管的正向压降。肖特基二极管的压降是0.2V左右，普通硅整流管（1N4000和1N5400系列等）约为0.7V，发光二极管为1.8～2.3V。调换表笔，显示屏显示“1.”则为正常，因为二极管的反向电阻很大，否则二极管已被击穿。

5. 三极管的测量

表笔插位同上，其原理同二极管。先假定A引脚为基极，用黑表笔与该引脚相接，红表笔与其他两引脚分别接触其他两引脚，若两次读数均为0.7V左右，则再用红表笔接A引脚，黑表笔接触其他两引脚，若均显示“1.”，则A引脚为基极，否则需要重新测量，且此为PNP管。那么，集电极和发射极如何判断呢？数字万用表不能像指针万用表那样利用指针摆幅来判断，因此可以利用“hFE”挡来判断：先将挡位旋到“hFE”挡，可以看到挡位旁有一排小插孔，分为PNP管和NPN管的测量。前面已经判断出管型，将基极插入对应管型“b”孔，其余两引脚分别插入“c”和“e”孔，此时可以读取数值，即$\beta$值；再固定基极，其余两引脚对调；比较两次读数，读数较大的管脚位置与表面“c”和“e”相对应。

6. MOS 场效应管的测量

N 沟道的有国产的 3D01 和 4D01，日产的 3SK 系列。G 极（栅极）的确定：利用万用表的二极管挡。若某引脚与其他两引脚间的正反压降均大于 2V，即显示“1.”，此引脚即为栅极。再交换表笔，测量其余两引脚，压降小的那次中，黑表笔接的是 D 极（漏极），红表笔接的是 S 极（源极）。

1）电压挡

在检测或制作时，可以用来测量器件各引脚的电压，与正常时的电压比较，即可得出是否损坏；还可以用来检测稳压值较小的稳压二极管的稳压值。

2）电流挡

将万用表串入电路中，对电流进行测量和监视，若电流远偏离正常值（凭经验或原有正常参数），必要时可以调整电路或者检修。还可以利用该万用表的 20A 挡测量电池的短路电流，即将两表笔直接接在电池两端。切记，时间绝对不要超过 1s。注意，此方法只适用于干电池及 5 号和 7 号充电电池，且初学者要在熟悉维修的人员指导下进行，切不可自行操作。根据短路电流即可判断电池的性能，在满电的同种电池的情况下，短路电流越大越好。

3）电阻挡

可用于判断电阻、二极管和三极管的好坏。对于电阻，若实际的阻值偏离标称值过多，则已损坏。对于二极管和三极管，若任意两引脚间的电阻值都在几百千欧姆以上，则可认为性能下降或者已击穿损坏。电阻挡也可用于测量集成块，须要说明的是，集成块的测量只能和正常的参数作比较。

### 2.4.2 低频信号发生器简介

低频信号发生器面板如图 2-18 所示。

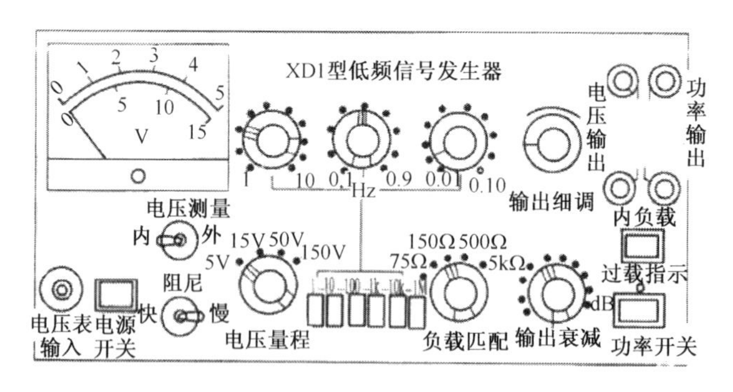


图 2-18　XD1 型低频信号发生器面板

1. 使用前的准备工作

接通仪器的电源之前，应先检查电源电压是否正常，电源线及电源插头是否完好无损。通电前将输出细调电位器旋至最小，然后接通电源，打开 XD1 型低频信号发生器的开关。

2. 频率的调节

频率的调节包括频段的选择和频率细调。

1）频段的选择

根据所需的频段（即频率范围）可通过按面板上的琴键开关选择所需的频率。例如，需输出信号的频率为 6200Hz，该频率在 1～10kHz 的频段上，故应按下 10kHz 的按键（从左向右第五个键）。

2）频率细调

频段按键的上方有三个频率细调旋钮，1～10 旋钮为整数，0.1～0.9 旋钮为第一位小数，0.01～0.10 旋钮为第二位小数。选择频率时，信号频率的前三位有效数字由这三个旋钮确定。例如，需要信号的频率为 3550Hz，则频段选择按下 10kHz 按键后应将三个细调旋钮分别旋至 3、0.5 和 0.05 的位置。

3）输出电压的调节

XD1 型低频信号发生器设有电压输出和功率输出两组端钮，这两组输出共用一个输出衰减旋钮，可做 10dB/步的衰减。但需要注意，在同一衰减位置上，电压与功率的衰减分贝数是不相同的，面板上已用不同的颜色区别表示。输出细调是由同一电位器连续调节的，这两个旋钮适当配合便可在输出端上得到所需的信号输出幅度。

调节时，首先将负载接在电压输出端钮上，然后调节输出衰减旋钮和输出细调旋钮，即可得到所需的电压幅度信号。输出信号电压的大小可从电压表上读出，然后除以衰减倍数即得实际的输出电压值。

4）电压级的使用

由电压级可以得到较好的非线性失真系数（<0.1%）、较小的输出电压（200μV）和较好的信噪比。电压级最大可输出 5V 电压，其输出阻抗是随输出衰减分贝数的变化而变化的。为了保持衰减的准确性及输出波形不失真（主要是在 0dB 时），电压输出端钮上的负载应在 5kΩ 以上。

5）功率级的使用

使用功率级时应先将功率开关按下，以便将功率级输入端的信号接通。

（1）阻抗匹配。功率级共设有 50Ω、75Ω、150Ω、500Ω 和 5kΩ 五种额定负载值，如欲得到最大的功率输出，应使负载阻抗等于这五种数值之一，以达到阻抗匹配。若不能完全相同，一般也应使实际的负载阻抗值大于所选用的功率级的额定阻抗数值，以减小信号失真。当负载为高阻抗，且要求工作在频率输出频段的两端，即在接近 10Hz 或几百千赫时，为了输出足够的幅度，应将功放部分内负载按键按下，接通内负载，否则在功放级工作频段的两端输出幅度会下降。当负载值与面板上负载匹配旋钮所指的数值不相符时，步进衰减器指示将产生误差，尤其是 0～10dB这一挡。当功率输出衰减放在 0dB 时，信号发生器内阻比负载值要小；当衰减放在10dB以后的各挡时，内阻与面板上负载匹配旋钮指示的阻抗值相符，可使负载与信号发生器内阻匹配。

(2) 保护电路。刚开机时，过载指示灯亮，经5～6s后熄灭，表示功率级进入工作状态。当输出衰减旋钮开得过大或负载阻抗值过小时，过载指示灯亮，表示过载。此时应减小输出幅度，指示灯过几秒钟后熄灭，自动恢复正常工作。若减小输出幅度后仍过载，则灯闪亮。在高频端，有时因信号幅度过大，指示灯会一直亮，此时应减小信号幅度或减轻负载，使其恢复正常。当保护指示不正常时，需要关机进行检修，以免烧坏功率管。不使用功率级时，应把功率开关按键复位，以免功率保护电路的动作影响电压级输出。

(3) 对称输出。功率级输出可以不接地，当需要这样使用时，只要将功率输出端与接地端的连接片取下即可。

(4) 功率输出。功率级在10Hz～700kHz(5kΩ负载时在10～200Hz)范围的输出符合技术条件的规定。在5～10Hz和700kHz～1MHz(或5kΩ负载在200kHz～1MHz)范围仍有输出，但输出功率减小。功率级输出频率在5Hz以下时不能输出信号。

(5) 电压表的使用。当用作外测仪表时，需将电压测量开关拨向外，此时根据被测量电压选择电压表的量程，测量信号从输入电缆上输入。当电压测量开关拨向内时，电压表接在电压输出级细调电位器之后，量程为5V挡。当功率输出衰减旋钮挡位改变时，电压表指示不变，而实际的输出电压在改变。这时的实际输出电压值＝电压表指示值/电压衰减倍数。此电压表与地无关，因此可测量不接地的输出电压。

### 2.4.3　高频信号发生器简介

标准信号发生器的种类很多，功能都大同小异，下面以ZN1061A标准信号发生器为例简单介绍高频信号发生器的使用方法。

1. 标准信号发生器的功能介绍

ZN1061A标准信号发生器是一种全数字显示的产品，它的优点是输出频率和输出电压调节方便。仪器具有频率计，可对输出频率进行显示，提高了输出频率的准确度；仪器内部采用了自动电平控制电路，使整个输出频率范围内输出电平的频率响应特性十分平稳。它适用于工厂、学校和科研单位等进行科学研究，也用于调试测试各种接收设备和放大器系统。

2. ZN1061A标准信号发生器的工作特性

(1) 载波频率范围为100kHz～35MHz，分6个波段。频率分段为0.1～0.32MHz、0.32～1MHz、1～2MHz、2～5MHz、5～15MHz、15～35MHz。

(2) 频率显示误差，四位数码管频率计显示±1个字。

(3) 输出电压有效范围为0～120dB(1$\mu$V～1V)，终端匹配负载电阻50Ω。

(4) 衰减器范围及误差，10dB 挡：0～110dB 共分 11 挡；1dB 挡：0～10dB 共分 10 挡。

3. ZN1061A 标准信号发生器面板介绍

ZN1061A 标准信号发生器实物图如图 2-19 所示。

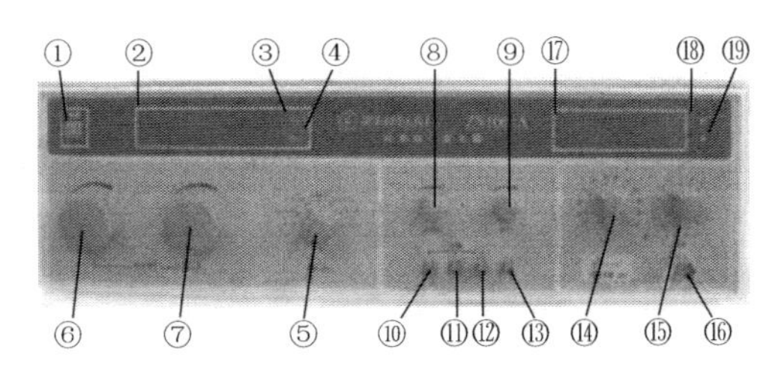


图 2-19　ZN1061A 标准信号发生器面板图

① 电源开关：它用于接通和关断仪器的电源，按入为接通，弹出为关断。

② 频率显示屏：LED 可显示 100kHz～35MHz 频率，显示精确，无须测量。

③ kHz 频率单位指示灯：该指示灯亮，表示显示屏上显示的频率以 kHz 为单位。

④ MHz 频率单位指示灯：该指示灯亮，表示显示屏上显示的频率以 MHz 为单位。

⑤ 波段选择旋钮：调节输出信号频率范围，共有 6 个波段，即 0.1～0.32MHz、0.32～1MHz、1～2MHz、2～5MHz、5～15MHz、15～35MHz。

⑥ 频率细调旋钮：调节输出信号频率，使显示屏上的频率显示与要求一致。

⑦ 频率粗调旋钮：频率粗调旋钮与频率细调旋钮组成联动旋钮，在调节时一定要注意只能用一只手调节一个旋钮，以免损坏设备。

⑧ 调幅度旋钮：调幅度旋钮又称为调幅系数旋钮，用于产生调幅信号时调节输出信号的调幅系数大小，此时在右上方显示屏上显示调幅系数大小。

⑨ 电平调节旋钮：调节输出信号电平。

⑩ 400Hz 调制频率按钮：按下则表示输出为调幅波，且调制频率为 400Hz。

⑪ 1kHz 调制频率按钮：按下则表示输出为调幅波，且调制频率为 1kHz。

⑫ 调幅外接按钮：按下则表示外接输入调制信号。

⑬ 载波按钮：按下表示输出为载波信号。

⑭ 衰减粗调：10dB 递增，0～110dB 共分 11 挡，衰减旋钮增加一格，输出电压则衰减 10dB。

⑮ 衰减细调：1dB 递增，0～10dB 共分 10 挡，衰减旋钮增加一格，输出电压则衰减 1dB。

⑯ 信号输出接口：输出信号发生器产生的信号。

⑰ 内部电平/调幅度显示屏：可显示内部电平和产生调幅波时的调幅系数。

⑱ 内部电平指示灯(单位为 V)：指示灯亮则表示此时产生的为载波，且屏幕上显示的数字为内部电平，与输出信号电压无关。

⑲ 调幅度指示灯：指示灯亮则表示此时产生的信号为调幅波，且屏幕上显示的数字即为调幅波的调幅系数。

### 2.4.4　示波器简介

1. 示波器的功能

示波器是一种用途十分广泛的电子测量仪器。它能把肉眼看不见的电信号变换成看得见的图像，便于人们研究各种电现象的变化过程。示波器利用狭窄的由高速电子组成的电子束打在涂有荧光物质的屏面上，就可产生细小的光点。在被测信号的作用下，电子束就好像一支笔的笔尖可以在屏面上描绘出被测信号瞬时值的变化曲线。利用示波器能观察各种不同的信号幅度随时间变化的波形曲线，还可以用于测试各种不同的电量，如电压、电流、频率、相位差和调幅度等。下面以 XJ4318 型示波器为例简述示波器的使用方法。

2. 示波器面板简介

示波器面板图如图 2-20 所示。

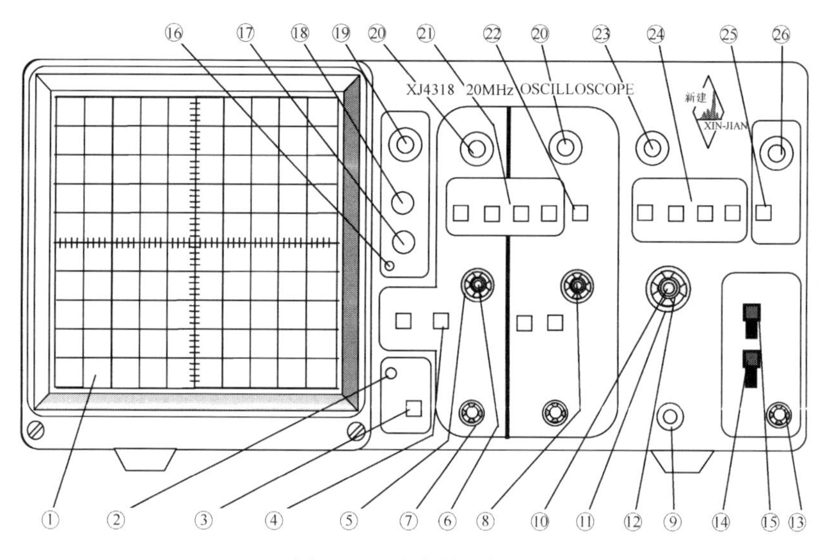


图 2-20　示波器面板图

① 内刻度坐标线：它消除了光迹和刻度线之间的观察误差，测量上升时间的信号幅度和测量点位置在左边指出。

② 电源指示器：它是一个发光二极管，在仪器电源通过时发红光。

③ 电源开关：它用于接通和关断仪器的电源，按入为接通，弹出为关断。

④ AC、⊥和 DC 开关：可分别使输入端成为交流耦合、接地和直流耦合。

⑤ 偏转因数开关：改变输入偏转因数 5mV/DIV～5V/DIV，按一—二—五进制共分 10 个挡级。

⑥ PULL×5：改变 $Y$ 轴放大器的发射极电阻，使偏转灵敏度提高5倍。

⑦ 输入：作为垂直被测信号的输入端。

⑧ 微调：调节显示波形的幅度，顺时针方向增大，顺时针方向旋足并接通开关为“标准”位置。

⑨ 仪器测量接地装置。

⑩ PULL×10：改变水平放大器的反馈电阻，使水平放大器放大量提高10倍，相应地也使扫描速度及水平偏转灵敏度提高10倍。

⑪ t/DIV 开关：为扫描时间因数挡级开关，由0.2μs/DIV～0.2s/DIV 按一—二—五进制共分19挡，当开关顺时针旋足是 $X$-$Y$ 或 $X$ 状态。

⑫ 微调：用以连续改变扫描速度的细调装置。顺时针方向旋足并接通开关为“校准”位置。

⑬ 外触发输入：供扫描外触发输入信号的输入端用。

⑭ 触发源开关：选择扫描触发信号的来源，内为内触发，触发信号来自 $Y$ 轴放大器；外为外触发，信号来自外触发输入；电源为电源触发，信号来自电源波形。当垂直输入信号和电源频率成倍数关系时这种触发源是有用的。

⑮ 内触发选择开关：选择扫描内触发信号源。

CH1——加到 CH1 输入连接器的信号是触发信号源。

CH2——加到 CH2 输入连接器的信号是触发信号源。

VERT——垂直方式内触发源取自垂直方式开关所选择的信号。

⑯ CAL0.5：探极校准信号输出，输出 $0.5U_{p\text{-}p}$ 幅度方波，频率为1kHz。

⑰ 聚焦：调节聚焦可使光点圆而小，使波形清晰。

⑱ 标尺亮度：控制坐标片标尺的亮度，顺时针方向旋转为增亮。

⑲ 亮度：控制荧光屏上光迹的明暗程度，顺时针方向旋转为增亮。光点停留在荧光屏上不动时，宜将亮度减弱或熄灭，以延长示波器使用寿命。

⑳ 位移：控制显示迹线在荧光屏上 $Y$ 轴方向的位置，顺时针方向迹线向上，逆时针方向迹线向下。

㉑ 垂直方式开关：五位按钮开关，用来选择垂直放大系统的工作方式。

CH1——显示通道 CH1 输入信号。

ALT——交替显示 CH1 和 CH2 输入信号，交替过程出现于扫描结束后回扫的一段时间里，该方式在扫描速度在0.2μs/DIV～0.5ms/DIV 范围内同时观察两个输入信号。

CHOP——在扫描过程中，显示过程在 CH1 和 CH2 之间转换，转换频率约为500kHz。该方式在扫描速度在1ms/DIV～0.2s/DIV 范围内同时观察两个输入信号。

CH2——显示通道 CH2 输入信号。

ALL OUT ADD——使 CH1 信号与 CH2 信号相加（CH2 极性“+”）或相减（CH2 极性“−”）。

㉒ CH2 极性：控制 CH2 在荧光屏上显示波形的极性“+”或“−”。

㉓ $X$ 位移:控制光迹在荧光屏 $X$ 方向的位置,在 $X$-$Y$ 方式上用作水平位移。顺时针方向光迹向右,逆时针方向光迹向左。

㉔ 触发方式开关:五位按钮开关,用于选择扫描工作方式。

AUTO——扫描电路处于自激状态。

NORM——扫描电路处于触发状态。

TV-V——电路处于电视场同步。

TV-H——电路处于电视行同步。

㉕ “+”和“-”极性开关:选择扫描触发极性,测量正脉冲前沿及负脉冲后沿宜用“+”,测量负脉冲前沿及正脉冲后沿宜用“-”。

㉖ 电平锁定:调节和确定扫描触发点在触发信号上的位置,电平电位器顺时针方向旋足并接通开关为锁定位置,此时触发点将自动处于被测波形中心电平附近。

3. 示波器的故障检测

示波器在使用过程中难免会因使用不当造成异常现象。表 2-10 列出了一些异常现象及原因。

**表 2-10 示波器使用不当造成的异常现象及原因**

| 现 象 | 原 因 |
| --- | --- |
| 没有光点或波形 | 电源未接通;<br>辉度旋钮未调节好;<br>$X$、$Y$ 轴移位旋钮位置调偏;<br>$Y$ 轴平衡电位器调整不当,造成直流放大电路严重失衡 |
| 水平方向展不开 | 触发源选择开关置于外挡,且无外触发信号输入,则无锯齿波产生;<br>电平旋钮调节不当;<br>稳定度电位器没有调整在使扫描电路处于待触发的临界状态;<br>$X$ 轴选择误置于 $X$ 外接位置,且外接插座上又无信号输入;<br>双踪示波器如果只使用 A 通道(B 通道无输入信号),而内触发开关置于拉 YB 位置,则无锯齿波产生 |
| 垂直方向无展示 | 输入耦合方式 DC-接地-AC 开关误置于接地位置;<br>输入端的高低电位端与被测电路的高低电位端接反;<br>输入信号较小,而 v/DIV 误置于低灵敏度挡 |
| 波形不稳定 | 稳定度电位器顺时针旋转过度,致使扫描电路处于自激扫描状态(未处于待触发的临界状态);<br>触发耦合方式 AC、AC(H)、DC 开关未能按照不同触发信号频率正确选择相应的挡级;<br>选择高频触发状态时,触发源选择开关误置于外挡(应置于内挡);<br>部分示波器扫描处于自动挡(连续扫描)时,波形不稳定 |
| 垂直线条密集或呈现一矩形 | t/DIV 开关选择不当 |
| 水平线条密集或呈一条倾斜水平线 | t/DIV 开关选择不当 |

续表

| 现　象 | 原　　因 |
| --- | --- |
| 垂直方向的电压读数不准 | 未进行垂直方向的偏转灵敏度(v/DIV)校准；<br>进行 v/DIV 校准时，v/DIV 微调旋钮未置于校正位置(即顺时针方向未旋足)；<br>进行测试时，v/DIV 微调旋钮调离了校正位置(即调离了顺时针方向旋足的位置)；<br>使用 10：1 衰减探头，计算电压时未乘以 10 倍；<br>被测信号频率超过示波器的最高使用频率，示波器读数比实际值偏小；<br>测得的是峰-峰值，正弦有效值需换算求得 |
| 水平方向的读数不准 | 未进行水平方向的偏转灵敏度(t/DIV)校准；<br>进行 t/DIV 校准时，t/DIV 微调旋钮未置于校准位置(即顺时针方向未旋足)；<br>进行测试时，t/DIV 微调旋钮调离了校正位置(即调离了顺时针方向旋足的位置)；<br>扫速扩展开关置于拉(×10)位置时，测试未按 t/DIV 开关指示值提高灵敏度 10 倍计算 |
| 交直流叠加信号的直流电压值分辨不清 | Y 轴输入耦合选择 DC -接地- AC 开关误置于 AC 挡(应置于 DC 挡)；<br>测试前未将 DC -接地- AC 开关置于接地挡进行直流电平参考点校正；<br>Y 轴平衡电位器未调整好 |
| 测不出两个信号间的相位差(波形显示法) | 双踪示波器误把内触发(拉 YB)开关置于按(常态)位置，应把该开关置于拉 YB 位置；<br>双踪示波器没有正确选择显示方式开关的交替和断续挡；<br>单线示波器触发选择开关误置于内挡；<br>单线示波器触发选择开关虽置于外挡，但两次外触发未采用同一信号 |
| 调幅波形失常 | t/DIV 开关选择不当，扫描频率误按调幅波载波频率选择(应按音频调幅信号频率选择) |
| 波形调不到要求的起始时间和部位 | 稳定度电位器未调整在待触发的临界触发点上；<br>触发极性与触发电平配合不当；<br>触发方式开关误置于自动挡(应置于常态挡) |

# 第3章　电子电路图的识读与印制电路板的制作

**【学习目标】**

本章主要介绍电子电路图的识读方法及基本步骤和印制电路板的制作方法及技巧。具体的学习目标如下：

(1) 能识读电子电路图；

(2) 能识读电路框图；

(3) 能设计印制电路板(PCB)；

(4) 能制作印制电路板。

## 3.1　电子电路图的识读

### 3.1.1　分析电路图的基本方法与步骤

分析电路图,应遵循从整体到局部、从输入到输出、化整为零及聚零为整的思路和方法。用整机原理指导具体电路的分析,用具体的电路分析诠释整机工作原理。通常可以按照以下步骤进行。

1.明确电路图的整体功能和主要技术指标

设备的电路图是为了完成和实现这个设备的整体功能而设计的,明确电路图的整体功能和主要技术指标便可以在宏观上对该电路图有一个基本的认识。

电路图的整体功能一般可以从设备的名称入手进行分析,根据名称就可以大致知道它的功能,如直流稳压电源的功能是将交流电源变换为稳定的直流电源输出;红外无线耳机的功能是将音响设备的声音信号调制在红外线上发射出去,再由接收机接收解调后还原为声音信号,通过耳机播放。

2.判断电路图信号处理的流程和方向

电路图一般是以所处理信号的流程为顺序、按照一定的习惯规律绘制的。分析电路图总体上也应该按照信号处理流程进行。因此,分析电路图时需要明确该图的信号处理流程和方向。

根据电路图的整体功能,找出整个电路图的总输入端和总输出端,即可判断出电路图的信号处理流程和方向。通常,电路图的画法是将信号处理流程按照从左到右的方向依次排序。

3. 以主要元器件为核心将电路图分解为若干个单元

除了一些非常简单的电路，大多数的电路图都由若干个单元电路组成。掌握了电路图的整体功能和信号处理流程方向，便对电路有了一个整体的基本了解，但是为深入地分析电路的工作原理，还必须将复杂的电路图分解为具有不同功能的单元电路。

一般来讲，在模拟电路中，晶体管和集成电路等是各个单元电路的核心元器件；在数字电路中，微处理器一般是单元电路的核心元器件。因此，可以以核心元器件为标志，按照信号处理流程和方向将电路图分解为若干个单元电路。

4. 分析主通道电路的基本功能及其接口关系

较简单的电路图一般只有一个信号通道。较复杂的电路图往往具有几个信号通道，包括一个主通道和若干个辅助通道。整机电路的基本功能是由主通道各单元电路实现的，因此分析电路图时应首先分析主通道各单元电路的功能，以及各单元电路之间的接口关系。

5. 分析辅助电路的功能及其与主电路的关系

辅助电路的作用是提高基本电路的性能并增加辅助功能。在明白了主通道电路的基本功能和原理后，即可对辅助电路的功能及其与主电路的关系进行分析。

6. 分析直流供电电路

整机的直流电源是电池或整流稳压电源，通常将电源安排在电路图的右侧，直流供电电路按照从右到左的方向排列。

7. 详细分析各个单元电路的工作原理

在以上电路图整体分析的基础上即可对各个单元电路进行详细地分析，明确其工作原理和各个元器件的作用，计算或核算技术指标。

### 3.1.2　无线电集成电路应用电路的看图方法

在无线电设备中，对集成电路应用电路的识图是电路分析的重点，也是难点之一。

1. 集成电路应用电路图的功能

集成电路应用电路图具有下列一些功能：

(1) 它表达了集成电路各引脚外电路结构和元器件参数等，从而表示了某一集成电路完整的工作情况。

(2) 有些集成电路应用电路画出了集成电路的内电路方框图，这对分析集成电路应用电路相当方便，但这种表示方式不多。

(3) 集成电路应用电路有典型应用电路和实际应用电路两种，前者在集成电路手册中可以查到，后者出现在实用电路中，这两种应用电路相差不大。根据这一特点，在没有实际应用电路图时可以用典型应用电路图作参考，这一方法在集成电路维修时常常采用。

（4）在一般的情况下，集成电路应用电路表达了一个完整的单元电路，或一个电路系统，但有些情况下一个完整的电路系统要用到两个或更多的集成电路。

2. 集成电路应用电路的特点

集成电路应用电路图具有下列一些特点：

（1）大部分应用电路不画出内电路方框图，因为这对识图不利，尤其对初学者进行电路工作分析时更为不利。

（2）对初学者而言，分析集成电路的应用电路比分析分立器件的电路更为困难，这是对集成电路内部电路不了解的结果。实际上，识图也好，修理也好，集成电路比分立器件电路更为方便。

（3）对集成电路应用电路而言，在大致了解集成电路内部电路和详细了解各引脚作用的情况下，识图是比较方便的。这是因为同类型集成电路具有规律，在掌握了它们的共性后，可以方便地分析许多同功能不同型号的集成电路应用电路。

3. 集成电路应用电路的识图方法和注意事项

分析集成电路的方法和注意事项主要有下列几点。

1）了解各引脚的作用是识图的关键

若要了解各引脚的作用，可以查阅有关集成电路的应用手册。知道了各引脚的作用，分析各引脚外电路的工作原理和元器件的作用就方便了。例如，知道引脚①是输入引脚，那么与引脚①所串联的电容是输入端耦合电路，与引脚①相连的电路是输入电路。

2）了解集成电路各引脚作用的三种方法

了解集成电路各引脚的作用有三种方法：一是查阅有关资料；二是根据集成电路的内电路方框图进行分析；三是根据集成电路的应用电路中各引脚的外电路特征进行分析。对于第三种方法，要求有比较好的电路分析基础。

3）电路分析步骤

集成电路应用电路分析步骤如下。

（1）直流电路分析。这一步主要是进行电源和接地引脚外电路的分析。注意：电源引脚有多个时要区分这几个电源之间的关系，如是否是前级或后级电路的电源引脚，或是左右声道的电源引脚；对多个接地引脚也要这样区分。区分多个电源引脚和接地引脚对修理是有用的。

（2）信号传输分析。这一步主要分析信号输入引脚和输出引脚外电路。当集成电路有多个输入引脚和输出引脚时，要明确是前级还是后级电路的输出引脚；对于双声道电路还分清左右声道的输入引脚和输出引脚。

（3）其他引脚外电路分析。例如，找出负反馈引脚和消振引脚等，这一步的分析是最困难的。对初学者而言，分析时要借助引脚作用资料或内电路方框图。

（4）有了一定的识图能力后，要学会总结各种功能集成电路的引脚外电路规律，并要掌握这种规律，这对提高识图速度是有用的。例如，输入引脚外电路的规律是：通过一个耦合电容或一个耦合电路与前级电路的输出端相连；输出引脚外电路的规律是：通过一个耦合电路与后级电路的输入端相连。

(5) 分析集成电路的内电路对信号放大和处理过程时，最好查阅该集成电路的内电路方框图。分析内电路方框图时，可以通过信号传输线路中的箭头指示，知道信号经过了哪些电路的放大或处理，信号最后从哪个引脚输出。

(6) 了解集成电路的一些关键测试点和引脚直流电压规律对检修电路是十分有用的。OTL 电路输出端的直流电压等于集成电路直流工作电压的一半；OCL 电路输出端的直流电压等于 0V；BTL 电路两个输出端的直流电压是相等的，单电源供电时等于直流工作电压的一半，双电源供电时等于 0V。当集成电路两个引脚之间接有电阻时，该电阻将影响这两个引脚上的直流电压；当两个引脚之间接有线圈时，这两个引脚的直流电压是相等的，不相等时必是线圈开路了；当两个引脚之间接有电容或接 *RC* 串联电路时，这两个引脚的直流电压肯定不相等，若相等说明该电容已经击穿。

(7) 一般情况下不要求分析集成电路的内电路工作原理，因为这是相当复杂的。

#### 4. 电路分析基本方法和电子电路图种类

电子技术和无线电维修技术绝不是一门容易学好且能在短时间内就能够掌握的学科。该学科所涉及的内容很多，各方面又相互联系。作为初学者，首先要在整体上了解并初步掌握它。实践证明，通过 3～5 个月的学习就能掌握这门技术的想法并不现实。

#### 5. 电路分析方法

##### 1) 初步了解电子电路图

如图 3-1 所示的是一个简单的电子电路图。电子电路图用来表示实际电子电路的组成、结构和元器件标称值等信息。

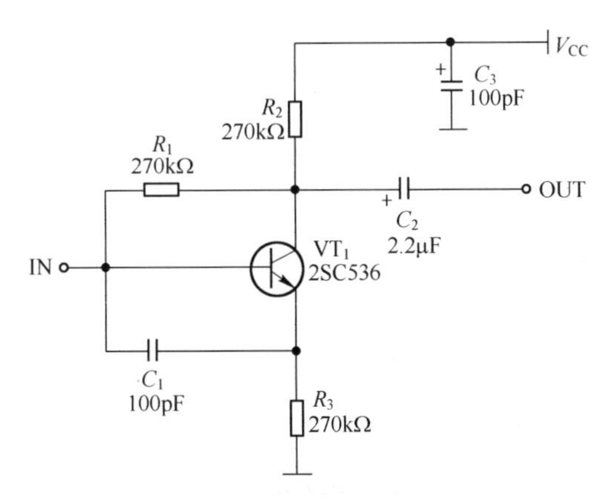


图 3-1　电子电路图示意图

从这一电路图中可以看出，该电路由电阻器 $R_1$～$R_3$、电容器 $C_1$～$C_3$ 和三极管 $VT_1$ 等元器件组成。各元器件之间的连接线路表明了这一电路中各元器件之间的连接关系。$R_1$ 下面的 270kΩ 表示该电阻的标称阻值；$C_1$ 下面的 100pF 是该电容的标称容量；$VT_1$ 下面的 2SC536 是该三极管的型号。

了解电路图的种类和掌握各种电路图的基本分析方法是学习电子电路工作原理的第一步。电子电路图主要有下列六种：

（1）方框图（包括整机电路方框图和系统电路方框图等）。

（2）单元电路图。

（3）等效电路图。

（4）集成电路应用电路图。

（5）整机电路图。

（6）印制电路板图。

2）方框图识图简介

图 3-2 是一个两级音频信号放大系统的方框图。由图可知，这一系统电路主要由信号源电路、第一级放大器电路、第二级放大器电路和负载电路构成。这是一个两级放大器电路。

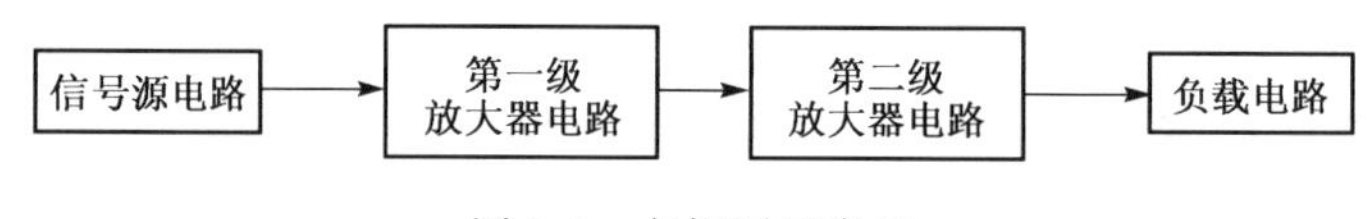


图 3-2　方框图示意图

方框图的种类较多，主要有三种：整机电路方框图、系统电路方框图和集成电路内电路方框图。

（1）整机电路方框图。整机电路方框图是表达整机电路图的方框图，也是众多方框图中最为复杂的方框图。关于整机电路方框图，主要说明下列几点。

① 从整机电路方框图中可以了解到整机电路的组成和各部分单元电路之间的关系。

② 在整机电路方框图中，通常在各个单元电路之间用带有箭头的连线进行连接。通过图中的这些箭头方向还可以了解到信号在整机各单元电路之间的传输途径。

③ 有些机器的整机电路方框图比较复杂：有的用一张方框图表示整机电路结构情况，有的则将整机电路方框图分成几张。

④ 并不是所有的整机电路在图册资料中都给出整机电路的方框图，但是同类型整机电路的整机电路方框图基本上是相似的，所以可以借助其他整机电路方框图了解同类型整机电路的组成等情况。

⑤ 整机电路方框图不仅是分析整机电路工作原理的有用资料，更是故障检修中逻辑推理及建立正确检修思路的依据。

（2）系统电路方框图。一个整机电路通常由许多系统电路构成，系统电路方框图就是用方框图的形式表示系统电路的组成等情况，它是整机电路方框图下一级的方框图，系统方框图往往比整机电路方框图更加详细。图 3-3 是组合音响中的收音电路系统方框图。

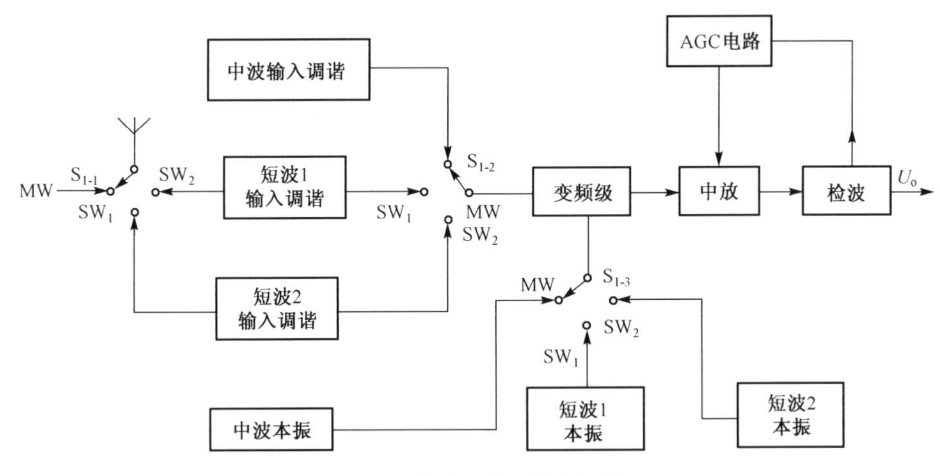


图 3-3　收音电路系统方框图

(3) 集成电路内电路方框图。集成电路内电路方框图十分常见。集成电路内电路的组成情况可以用内电路方框图表示。集成电路十分复杂,因此在许多情况下用内电路方框图表示集成电路的内电路组成情况更利于识图。

从集成电路的内电路方框图中可以了解到集成电路的组成和有关引脚作用等识图信息,这对分析该集成电路的应用电路是十分有用的。图 3-4 是某型号收音机中放集成电路的内电路方框图。

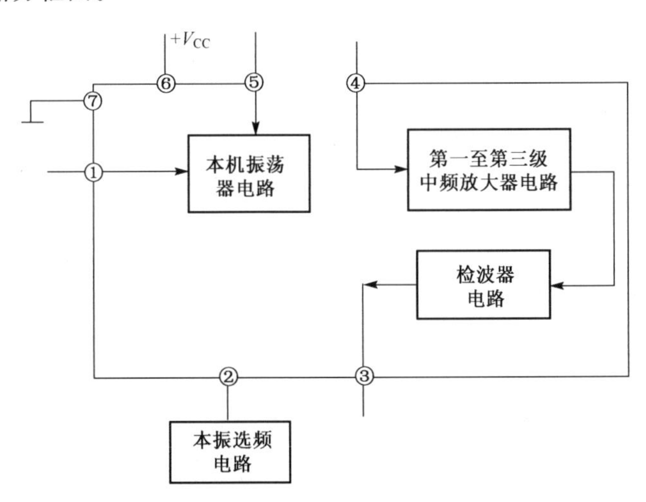


图 3-4　收音机中放集成电路内电路方框图

由图 3-4 可知,该集成电路内电路由本机振荡器电路、第一至第三级中频放大器电路和检波器电路组成。

集成电路的引脚一般比较多,内电路功能比较复杂,所以在进行电路分析时,集成电路的内电路方框图是很有帮助的。

(4) 方框图的功能。

方框图的功能主要体现在以下两方面。

① 表达了许多信息。粗略表达了某一复杂电路(可以是整机电路、系统电路和功能电路等)的组成情况,通常是给出这一复杂电路主要单元电路的位置、名称及各部分电子电路识图入门突破单元电路之间的连接关系,如前级和后级关系等信息。

② 表达了信号传输方向。方框图表达了各单元电路之间的信号传输方向,从而使识图者能了解信号在各部分单元电路之间的传输次序;根据方框图所标出的电路名称,识图者可以知道信号在这一单元电路中的处理过程,为分析具体的电路提供了指导性的信息。

例如,图 3-2 的方框图给出了这样的识图信息:信号源输出的信号首先加到第一级放大器中放大(信号源电路与第一级放大器之间的箭头方向提示了信号传输方向),然后送入第二级放大器中放大,再激励负载。

方框图是重要的电路图,在分析集成电路应用电路图和复杂的系统电路及了解整机电路的组成情况时,方框图为识图带来诸多便利。

(5) 方框图的特点。

提出"方框图"的概念主要是为了便于识图,了解方框图的下列一些特点对识图和修理具有重要的意义。

① 方框图简明清楚,可方便地看出电路的组成和信号的传输方向途径,以及信号在传输过程中受到的处理过程等,如信号是放大了还是衰减了。

② 方框图比较简洁,逻辑性强,因此便于记忆,同时它所包含的信息量大,这就使得方框图更为重要。

③ 方框图有简明的,也有详细的:方框图越详细,为识图提供的有益信息就越多。在各种方框图中,集成电路的内电路方框图最为详细。

④ 方框图往往会标出信号传输的方向(用箭头表示),它形象地表示了信号在电路中的传输方向。这一点对识图是非常有用的,尤其是集成电路内电路方框图,它可以帮助识图者了解某引脚是输入引脚还是输出引脚(根据引脚上的箭头方向得知这一点)。

在分析一个具体电路的工作原理之前,或者在分析集成电路的应用电路之前,先分析该电路的方框图是必要的,它有助于分析具体电路的工作原理,对修理中逻辑推理的形成和对故障部位的判断也十分重要。

3) 方框图识图方法

关于方框图的识图方法,说明以下三点。

(1) 分析信号传输过程。了解整机电路图中的信号传输过程时,主要是看箭头的方向,箭头所在的通路表示了信号的传输通路,箭头方向指示了信号的传输方向。在一些音响设备的整机电路方框图中,左右声道电路的信号传输指示箭头采用实线和虚线分别表示,如图 3-5 所示。

(2) 记忆电路的组成。记忆一个电路系统的组成时,由于具体的电路太复杂,所以要用方框图。在方框图中，可以看出各部分电路之间的关系（相互之间是如何连接的），特别是控制电路系统，可以看出控制信号的传输过程、控制信号的来路和控制的对象。

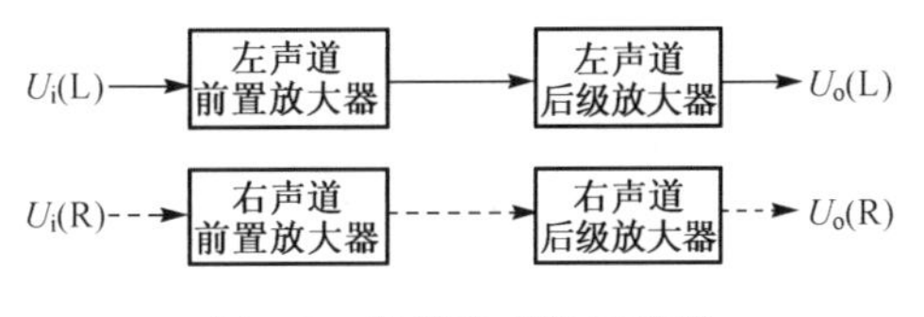


图 3-5　实线和虚线示意图

(3) 分析集成电路。在分析集成电路应用电路的过程中，没有集成电路的引脚作用资料时，可以借助集成电路的内电路方框图了解和推理引脚的具体作用，特别是可以明确地了解哪些引脚是输入引脚，哪些是输出引脚，哪些是电源引脚，而这三种引脚对识图是非常重要的。当引脚引线的箭头指向集成电路外部时，引脚是输出引脚，箭头指向内部时是输入引脚。

举例说明：在如图 3-6 所示的集成电路方框图中，集成电路的引脚①引线箭头向里，说明信号是从引脚①输入到变频级电路中的，所以引脚①是输入引脚；引脚⑤上的箭头方向朝外，所以引脚⑤是输出引脚，变频后的信号从该引脚输出；引脚④是输入引脚，因为信号输入到中频放大器电路中，所以输入的信号是中频信号；引脚③是输出引脚，输出经过检波后的音频信号。

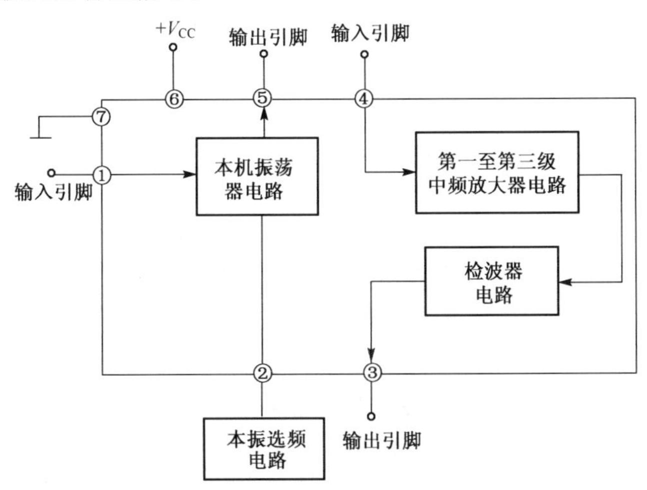


图 3-6　集成电路方框图示意图

当引线没有箭头时，即如图 3-6 所示集成电路中的引脚②，说明该引脚外电路与内电路之间不是简单的输入或输出关系，方框图只能说明引脚②内外电路之间存在着某种联系，引脚②要与外电路本机振荡器电路中有关的元器件相连，具体是什么联系，方框图就无法表达清楚了，这也是方框图的一个不足之处。

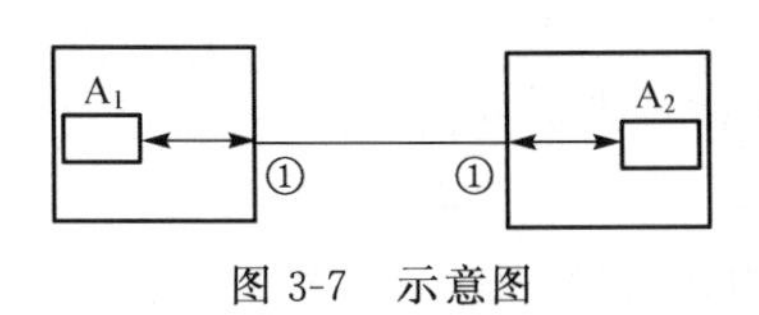


图 3-7　示意图

另外，在有些集成电路内电路方框图中，有的引脚箭头是双向的，如图 3-7 所示，这种情况常见于数字集成电路中，这表示信号既能够从该引脚输入，也能从该引脚输出。

4）方框图识图的注意事项

方框图的识图要注意以下几点。

（1）厂方提供的电路资料中一般情况下都不给出整机电路方框图，不过大多数同类型机器的电路组成是相似的，利用这一特点，可以用同类型机器的整机方框图作为参考。

（2）在一般情况下，对集成电路的内电路是不必进行分析的，只需要通过集成电路内电路方框图来理解信号在集成电路内电路中的放大和处理过程。

（3）方框图是众多电路中首先需要记忆的电路图，记住整机电路方框图和其他一些主要系统电路的方框图是学习电子电路的第一步。

5）单元电路图识图方法

单元电路是指某一级控制器电路，或某一级放大器电路，或某一个振荡器电路和变频器电路等，它是能够完成某一电路功能的最小电路单位。从广义上讲，一个集成电路的应用电路也是一个单元电路。

在学习整机电子电路工作原理的过程中，单元电路图是首先遇到的具有完整功能的电路图，提出电路图的目的是为了方便分析电路工作原理。

（1）单元电路图功能。单元电路图具有下列一些功能。

① 单元电路图主要用来讲述电路的工作原理。

② 单元电路图能够完整地表达某一级电路的结构和工作原理，有时还会全部标出电路中各元器件的参数，如标称阻值、标称容量和三极管型号等。图 3-8 标出了可变电阻器和电阻器的阻值。

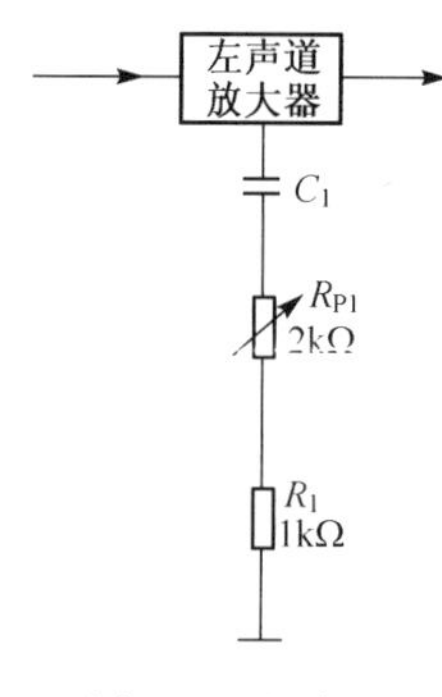


图 3-8 电路元器件示意图

③ 单元电路图对深入理解电路的工作原理和记忆电路的结构和组成很有帮助。

（2）单元电路图特点。

单元电路图是为了便于分析某个单元电路工作原理而单独将这部分电路画出的电路图，所以已省去了与该单元电路图无关的其他元器件和有关的连线及符号。这样，单元电路图就显得比较简洁而清楚，识图时没有其他电路的干扰，这是单元电路的一个重要特点。单元电路图对电源、输入端和输出端已经进行了简化。图 3-9 所示的是一个单管共射放大单元电路图。

① 电源表示方法。电路图用 $+V$ 表示直流工作电压，正号表示采用正极性直流电压给电路供电，地端接电源的负极；用 $-V$ 表示直流工作电压，负号表示采用负极性直流电压给电路供电，地端接电源的正极。

② 输入和输出信号表示方法。$U_i$ 表示输入信号，是这一单元电路所要放大或处理的信号；$U_o$ 表示输出信号，是经过这一单元电路放大或处理后的信号。

通过单元电路图中这样的标注可方便地找出电源端、输入端和输出端，而在实际电路中，这三个端点的电路均与整机电路中的其他电路相连，没有 $+V$、$U_i$ 和 $U_o$ 的标注，

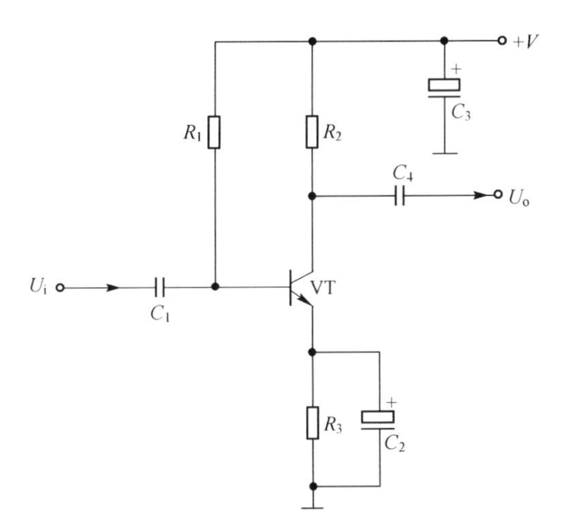


图 3-9　单管共射放大单元电路图

这会给初学者识图造成一定的困难。

例如，见到 $U_i$ 可以知道信号是通过电容($C_1$)加到三极管(VT)基极的；见到 $U_o$ 可以知道信号是由三极管(VT)集电极输出的。这相当于在电路图中标出了放大器的输入端和输出端，无疑大大方便了电路工作原理的分析。

③ 单元电路图采用习惯画法，一看就明白。例如，元器件采用习惯画法，各元器件之间采用最短的连线。在实际的整机电路图中，由于受电路中其他单元电路元器件的制约，该单元电路中的有关元器件画得比较乱，有的在画法上并不常见，甚至个别元器件画得与该单元电路相距较远。这样，电路中的连线很长且弯曲，从而不利于电路识图，也不利于解释电路工作原理电路工作原理。

单元电路图只出现在讲解电路工作原理的书中，实用电路图中是不出现的。对单元电路的学习是学好电子电路工作原理的关键。只有掌握了单元电路的工作原理，才能分析整机电路。

(3) 单元电路图识图方法。

单元电路的种类繁多，各种单元电路的具体识图方法有所不同，这里只对具有共性的问题说明几点。

① 有源电路分析。有源电路就是需要直流电压才能工作的电路，如放大器电路。对有源电路识图，首先分析直流电压供给电路，此时将电路图中所有的电容器看成开路(因为电容器具有隔直特性)，将所有的电感器看成短路(电感器具有通直的特性)。图 3-10为直流电路分析示意图。

在整机电路的直流电路分析中，电路分析的方向一般是先从右向左，因为电源电路通常画在整机电路图的右侧下方。图 3-11 为整机电路图电源电路位置示意图。

对具体单元电路的直流电路进行分析时，再从上向下，因为直流电压供给电路通常画在电路图的上方。图 3-12 为某单元电路直流通路示意图。

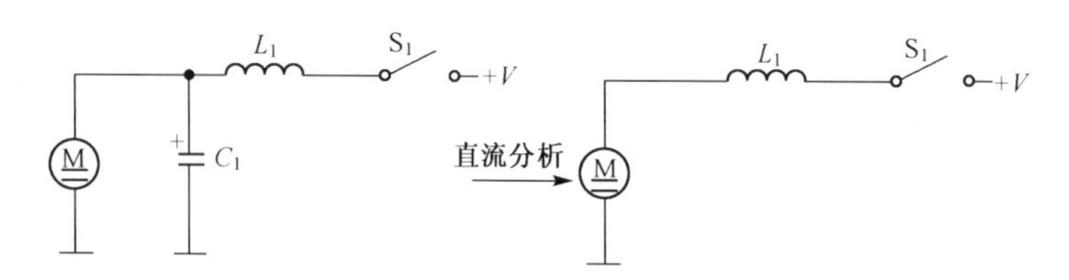


图 3-10　直流电路分析示意图

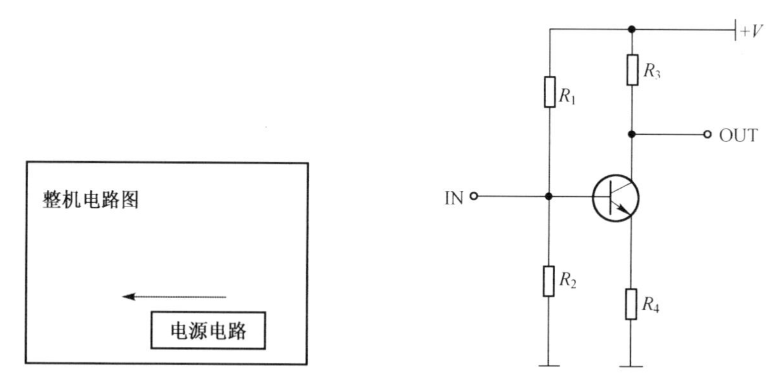


图 3-11　整机电路图电源电路位置示意图　　图 3-12　某单元电路直流通路示意图

② 信号传输过程分析。信号传输过程分析就是分析信号在该单元电路中如何从输入端传输到输出端,信号在这一传输过程中受到了怎样的处理(如放大、衰减和控制等)。图 3-13 是信号传输的分析方向示意图,一般是从左向右进行。

③元器件作用分析。对电路中元器件作用的分析非常关键,能不能看懂电路的工作其实就是能不能看懂电路中各元器件的作用。以图 3-14 为例,对于交流信号而言,$VT_1$ 发射极输出的交流信号电流流过了 $R_1$,使 $R_1$ 产生交流负反馈作用,能够改善放大器的性能。而且,发射极负反馈电阻 $R_1$ 的阻值越大,其交流负反馈越强,性能改善得越好。

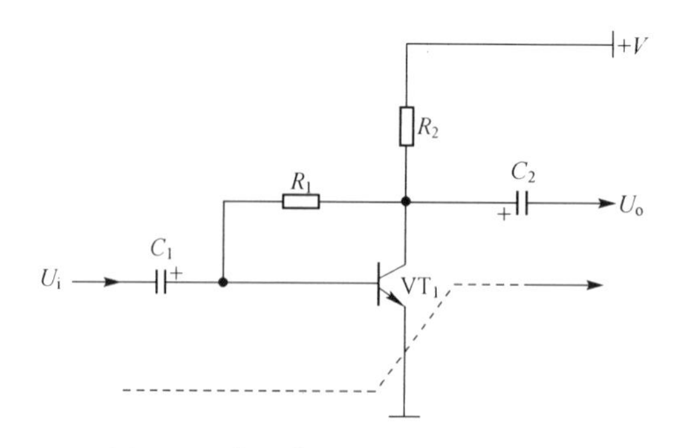


图 3-13　信号传输的分析方向示意图

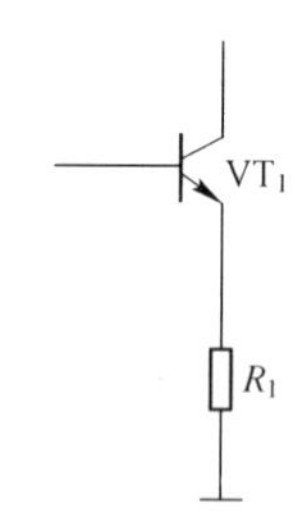


图 3-14　发射极负反馈电阻电路

④ 电路故障分析。要注意的是，在明白电路工作原理之后，对元器件的故障分析才会变得比较简单，否则电路故障分析十分困难。

电路故障分析就是分析电路的元器件出现开路、短路和性能变劣后对整个电路的工作会造成什么样的不良影响，输出信号会出现什么故障现象，如无输出信号、输出信号小、信号失真、噪声等。

举例说明：图 3-15 是电源开关电路图，$S_1$ 是电源开关。分析电路故障时，假设 $S_1$ 出现下列两种可能的故障。

一是接触不良。由于 $S_1$ 在接通时两触点之间不能接通，电压无法加到电源变压器 $T_1$ 中，电路无电压而不能正常工作。如果 $S_1$ 两触点之间的接触电阻大，这样 $S_1$ 接通时开关两触点之间存在较大的电压降，使加到 $T_1$ 一次绕组(又称初级绕组或初级线圈)的电压下降，从而使 $T_1$ 二次绕组(又称次级绕组或次级线圈)输出电压低。

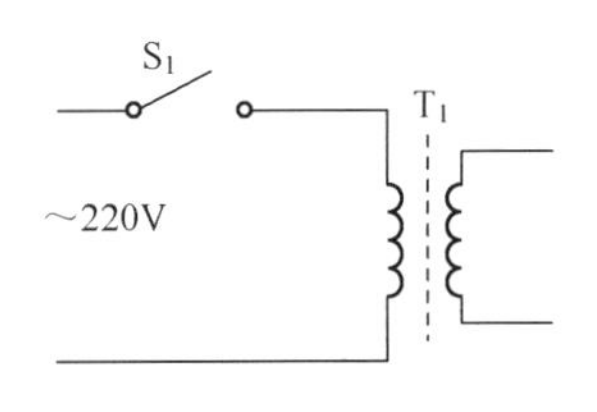


图 3-15　电源开关电路

二是开关 $S_1$ 断开电阻小。当开关 $S_1$ 断开电阻小时，在 $S_1$ 断开时仍然有一部分电压加到 $T_1$ 一次绕组上，使电路不能彻底断电，机器的安全性能差。

整机电路中的各种功能单元电路繁多，许多单元电路的工作原理十分复杂，若在整机电路中直接进行分析就显得比较困难；在对单元电路图分析之后，再去分析整机电路就显得比较简单，所以单元电路图的识图也是为整机电路分析服务的。

6）等效电路图识图方法

等效电路图是一种为便于理解电路的工作原理而简化的电路图，它的电路形式与原电路有所不同，但电路所起的作用与原电路是一样的(等效的)。

在分析某些电路时，采用这种电路形式代替原电路就更有利于理解电路的工作原理。

(1) 三种等效电路图。

① 直流等效电路图。这一等效电路图只画出原电路中与直流相关的电路，省去了交流电路，这在分析直流电路时才用到。

画直流等效电路时，要将原电路中的电容看成开路，而将线圈看成通路。

② 交流等效电路图。这一等效电路图只画出原电路中与交流信号相关的电路，省去了直流电路，这在分析交流电路时才用到。画交流等效电路时，要将原电路中的耦合电容看成通路，将线圈看成开路。

③ 元器件等效电路图。对于一些新型特殊的元器件，为了说明它的特性和工作原理，须画出这种等效电路。

举例说明：图 3-16 是常见的双端陶瓷滤波器的等效电路图。

由图 3-16 可知，双端陶瓷滤波器在电路中的作用相当于一个 $LC$ 串联谐振电路，所以它可以用线圈 $L_1$ 和电容 $C_1$ 串联电路来等效，而 $LC$ 串联谐振电路是常见的电路，人们比较熟悉它的特性，这样可以方便地理解电路的工作原理。

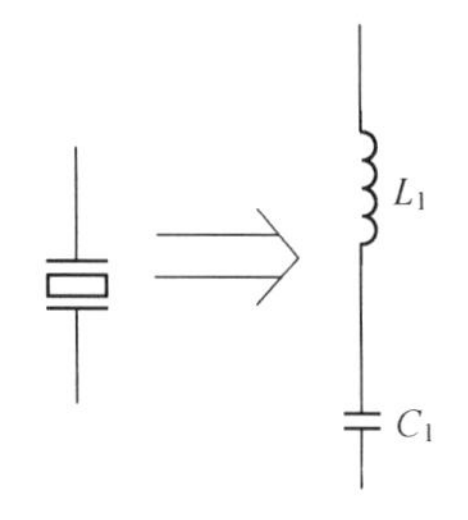


图 3-16　双端陶瓷滤波器等效电路图

(2) 等效电路图分析方法。

等效电路的特点是电路简单，是一种常见且易于理解的电路。等效电路图不出现在整机电路图中，仅出现在电路原理分析的图书中，是一种为了方便电路工作原理分析而采用的电路图。

关于等效电路图的识图方法，主要说明以下几点。

① 分析电路时，用等效电路直接代替原电路中的电路或元器件，用等效电路的特性理解原电路的工作原理。

② 三种等效电路有所不同，电路分析时要确定使用的是哪种等效电路。

③ 分析复杂电路的工作原理时，画出直流或交流等效电路后进行电路分析比较方便。

④ 不是所有的电路都需要通过等效电路图理解。

7) 集成电路应用电路图的识图方法

在电子设备中，集成电路的应用越来越广泛，对集成电路应用电路的识图是电路分析中的一个重点。

(1) 集成电路应用电路图功能说明。

① 它表达了集成电路各引脚外电路结构和元器件参数等，从而表示了某一集成电路完整的工作情况。

② 有些集成电路应用电路图画出了集成电路内电路的方框图，这对分析集成电路应用电路是相当方便的，但采用这种表示方式的情况不多。

③ 集成电路应用电路有典型应用电路和实用电路两种，前者在集成电路手册中可以查到，后者出现在实用电路图中，这两种应用电路的区别不大。根据这一特点，在没有实际应用电路时，可以用典型应用电路图作为参考电路，这一方法在修理中常常采用。

在一般情况下，集成电路应用电路表达了一个完整的单元电路，或一个电路系统，但在有些情况下，一个完整的电路系统要用到两个或更多的集成电路。

(2) 集成电路应用电路图特点说明。

① 大部分应用电路图不画出内电路方框图，因为这对识图不利，尤其对初学者进行电路工作分析时更为不利。

② 对初学者而言，分析集成电路的应用电路比分析分立器件的电路更为困难，这是由于对集成电路内部电路不了解造成的。实际上，无论是对识图，还是对修理，集成电路都要比分立器件电路更为简单。

对集成电路应用电路而言，在大致了解集成电路内部电路和详细了解各引脚作用的情况下，识图是比较方便的。这是因为同类型的集成电路具有规律，在掌握了它们的共性后，可以方便地分析许多同功能而不同型号集成电路的应用电路。

(3) 了解各引脚的作用是识图的关键。

要了解各引脚的作用，可以查阅有关集成电路的应用手册。知道了各引脚的作用之后，分析各引脚外电路的工作原理和元器件的作用就方便了。

了解集成电路各引脚作用有三种方法：查阅有关资料，根据集成电路的内电路方框图分析和根据集成电路应用电路中各引脚外电路的特征进行分析。

对于第三种方法来说，要求有比较好的电路分析基础。

(4) 电路分析步骤。

① 直流电路分析。这一步主要是进行电源和接地引脚外电路的分析。注意：电源有多个引脚时，要分清楚这几个电源引脚之间的关系，如是否是前级电路和后级电路的电源引脚，或是左右声道的电源引脚；对多个接地引脚也要分清楚。分清楚多个电源引脚和接地引脚，这对修理是有用的。

② 信号传输分析。这一步主要分析信号输入引脚和输出引脚外电路。

当集成电路有多个输入和输出引脚时，要确定是前级电路还是后级电路的引脚；对于双声道电路，还要确定左右声道的输入和输出引脚。

③ 其他引脚外电路分析。例如，找出负反馈引脚和消振引脚等，这一步的分析是最困难的，对于初学者而言，要借助引脚作用资料或内电路方框图。

④ 掌握引脚外电路规律。有了一定的识图能力后，要学会总结各种功能集成电路的引脚外电路规律，并要掌握这种规律，这对提高识图速度是有用的。

例如，输入引脚外电路的规律是：通过一个耦合电容或一个耦合电路与前级电路的输出端相连；输出引脚外电路的规律是：通过一个耦合电路与后级电路的输入端相连。

⑤ 分析信号放大和处理过程。分析集成电路内电路的信号放大和处理过程时，最好查阅该集成电路的内电路方框图。

分析内电路方框图时，可以通过信号传输线路中的箭头指示了解信号经过了哪些电路的放大或处理，信号最后是从哪个引脚输出的。

⑥ 了解一些关键点。了解集成电路的一些关键测试点和引脚直流电压规律对检修电路是十分有用的。

OTL 电路输出端的直流电压等于集成电路直流工作电压的一半。OCL 电路输出端的直流电压等于 0V。BTL 电路两个输出端的直流电压是相等的，单电源供电时等于直流工作电压的一半，双电源供电时等于 0V。

当集成电路两个引脚之间接有电阻时，该电阻将影响这两个引脚上的直流电压。当两个引脚之间接有线圈时，这两个引脚的直流电压是相等的；若不相等，则必定是线圈开路了。当两个引脚之间接有电容或接 *RC* 串联电路时，这两个引脚的直流电压肯定不相等；若相等，则说明该电容已经击穿。

8) 整机电路图识图方法

(1) 整机电路图功能。

① 表明电路结构。整机电路图表明了整个机器的电路结构、各单元电路的具体形式和它们之间的连接方式，从而表达了整机电路的工作原理，这是电路图中最大的一张。

② 给出元器件参数。整机电路图给出了电路中所有元器件的具体参数，如型号、

标称值和其他一些重要数据，为检测和更换元器件提供了依据。例如，要更换某个三极管时，查阅图中的三极管型号标注就能知道要换成什么样的三极管。

③ 提供测试电压值。许多整机电路图还给出了有关测试点的直流工作电压，为检修电路故障提供了方便，如集成电路各引脚上的直流电压标注和三极管各电极上的直流电压标注等。

④ 提供识图信息。整机电路图给出了与识图相关的有用信息。例如，通过各个开关的名称和图中开关所在位置的标注，可以知道该开关的作用和当前开关的状态；引线接插件的标注能够方便地将各张图纸之间的电路连接起来。

(2) 整机电路图的特点。

整机电路图与其他电路图相比，具有下列特点。

① 整机电路图包括了整个机器所有的电路。

② 对于不同型号的机器，其整机电路中的单元电路变化是很大的，这给识图造成了不少困难，要求有较全面的电路知识。对于同类型的机器，其整机电路图有相似之处，不同类型机器之间则相差很大。

③ 各部分单元电路在整机电路图中的画法有一定规律，了解这些规律对识图是有益的，其分布规律一般情况下是：电源电路画在整机电路图右下方，信号源电路画在整机电路图的左侧，负载电路画在整机电路图的右侧，各级放大器电路是从左向右排列的，双声道电路中的左右声道电路是上下排列的，各单元电路中的元器件是相对集中在一起的。记住上述整机电路的特点，对整机电路图的分析是有益的。

(3) 整机电路图给出了与识图相关的有用信息。

整机电路图中与识图相关的信息主要有下列一些。

① 通过各个开关的名称和图中开关所在位置的标注，可以知道该开关的作用和当前开关的状态。图 3-17 是录放开关的标注识别示意图：$S_{1-1}$ 是录放开关，P 表示放音，R 表示录音，图示在放音位置。

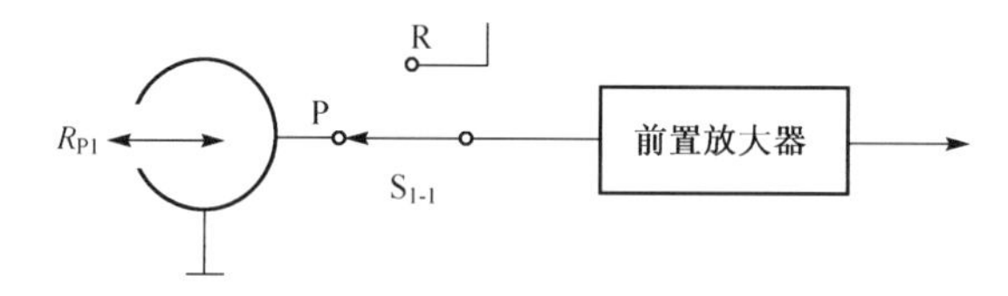


图 3-17　录放开关的标注识别示意图

② 当整机电路图分为多张图纸时，引线接插件的标注能够方便地将各张图纸之间的电路连接起来。图 3-18 是各张图纸之间引线接插件的连接示意图：CSP101 在一张电路图中，CNP101 在另一张图中；CSP101 中的 101 与 CNP101 中的 101 表示是同一个接插件，一个为插头，一个为插座。根据这一电路标注可以说明这两张图纸的电路在这个接插件处相连。

③ 有些整机电路图将各个开关的标注集中在一起，标注在图纸的某处，并标有开

关的功能说明，识图中若对某个开关不了解，则可以查阅这部分说明。图 3-19 是开关功能标注示意图。

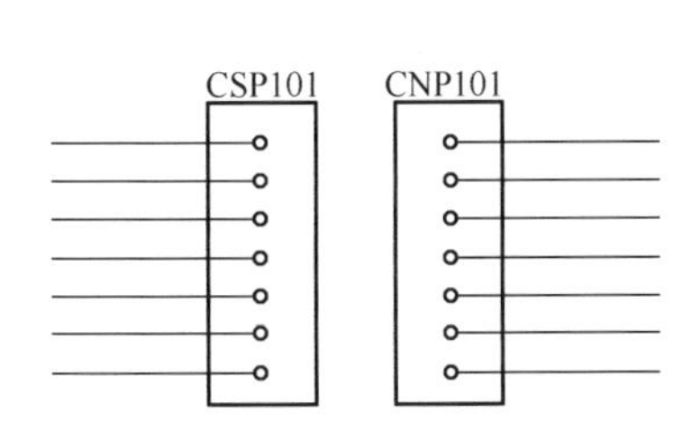


图 3-18　各张图纸之间引线接插件的连接示意图

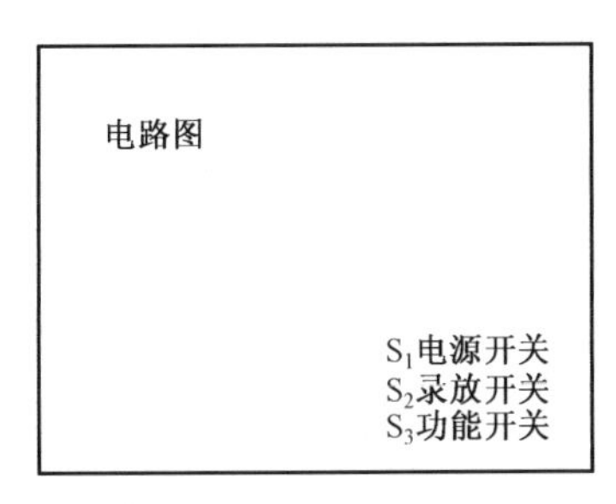


图 3-19　开关功能标注示意图

（4）整机电路图的主要分析内容。

① 部分单元电路在整机电路图中的具体位置。

② 单元电路的类型。

③ 直流工作电压供给电路分析。直流工作电压供给电路的识图从右向左进行，对某一级放大电路的直流电路识图方向从上向下。

④ 交流信号传输分析。在一般情况下，交流信号的传输是从整机电路图的左侧向右侧进行分析。

⑤ 对一些以前未见过且比较复杂的单元电路的工作原理进行重点分析。

（5）其他知识点。

① 对于分成几张图纸的整机电路图，可以一张一张地进行识图，如果需要进行整个信号传输系统的分析，则要将各图纸连起来进行分析。

② 对整机电路图的识图，可以在学习了一种功能的单元电路之后，分别在几张整机电路图中找到这一功能的单元电路，并详细分析。由于整机电路图中的单元电路变化较多，而且电路的画法受其他电路的影响而与单个画出的单元电路不一定相同，因此识图的难度加大了。

③ 分析整机电路过程中对某个单元电路的分析有困难时，如对某型号集成电路应用电路的分析有困难，可以查找这一型号集成电路的识图资料（内电路方框图和各引脚作用等），以帮助识图。

④ 一些整机电路图中会有许多英文标注，了解这些英文标注的含义对识图是相当有利的。在某型号集成电路附近标出的英文说明就是该集成电路的功能说明，图 3-20 是电路图中的英文标注示意图。

9）印制电路板图识图方法

印制电路板图与修理密切相关，对修理的重要性仅次于整机电路原理图，所以印制电路板图主要为修理服务。

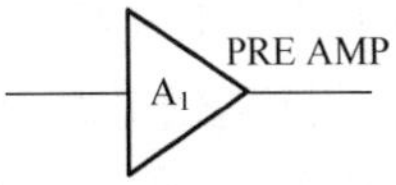

PRE AMP
$A_1$

图 3-20　电路图中的英文标注示意图

(1) 印制电路板图的表示方式。

① 直标方式。图 3-21 是直标方式印制电路板图示意图。

这种方式没有一张专门的印制电路板图纸,而是采取在电路板上直接标注元器件编号的方式。如在电路板某电阻附近标有 R7,这个 R7 是该电阻在电原理图中的编号;用同样的方法将各种元器件的电路编号直接标注在电路板上,如图中的 C7 等。

② 图纸表示方式。图 3-22 是图纸表示方式印制电路板图示意图。

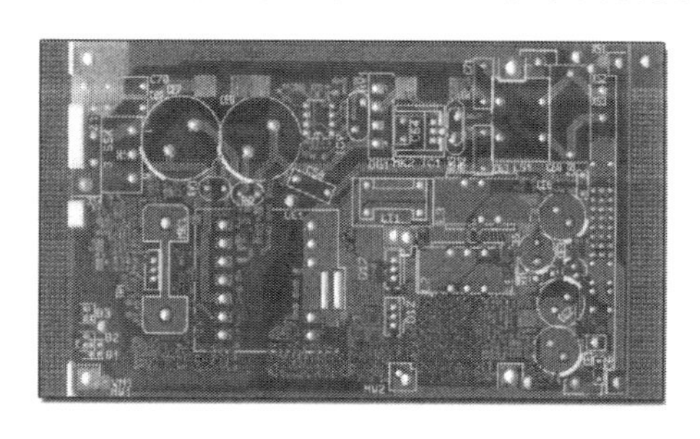

图 3-21　直标方式印制电路板图示意图

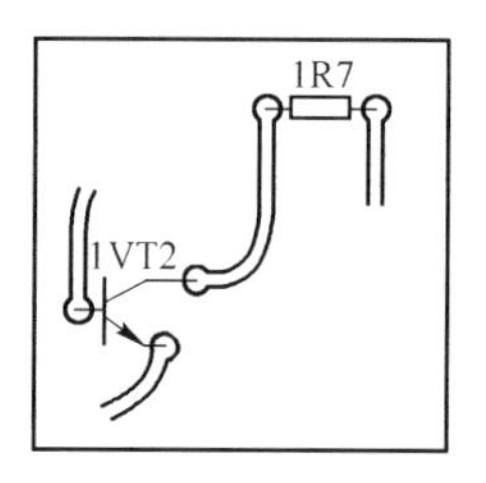


图 3-22　图纸表示方式印制电路板图示意图

用一张图纸(称之为印制电路板图)画出各元器件的分布和它们之间的连接情况,这是传统的表示方式,过去大量使用。

③ 两种表示方式比较。

这两种印制电路板图各有优缺点。对于图纸表示方式来说,由于印制电路板图可以拿在手中,在印制电路板图中找出某个所要找的元器件相当方便,但是在图上找到元器件后,还要用印制电路板图到电路板上对照后才能找到元器件实物,有重复的寻找和对照过程,比较麻烦。另外,图纸容易丢失。

对于直标方式来说,在电路板上找到了某元器件编号,便找到了该元器件,所以只有一次寻找过程。另外,电路板永远不会丢失。不过,当电路板较大,有数块电路板或电路板在机壳底部时,寻找就比较困难。

(2) 印制电路板图的作用。

印制电路板图是专门为元器件装配和机器修理服务的图,它与各种电路图有着本质区别。印制电路板图的主要作用如下。

① 通过印制电路板图可以方便地在实际电路板上找到电路原理图中某个元器件的具体位置,没有印制电路板图时查找就不方便。

② 印制电路板图起到电路原理图和实际电路板之间的沟通作用,是方便修理不可缺少的图纸资料之一,否则将影响修理速度,甚至妨碍正常检修思路的顺利展开。

③ 印制电路板图表示了电路原理图中各元器件在电路板上的分布状况和具体的位置,给出了各元器件引脚之间连线(铜箔线路)的走向。

④ 印制电路板图是一种十分重要的修理资料,电路板上的情况被一比一地画在印制电路板图上。

(3) 印制电路板图的特点。

① 从印制电路板设计的效果出发,电路板上的元器件排列和分布不像电路原理图那么有规律,这给印制电路板图的识图带来了诸多不便。

② 印制电路板图表示元器件时用电路符号,表示各元器件之间连接关系时不用线条而用铜箔线路,有些铜箔线路之间还用跨导线连接,此时又用线条连接,所以印制电路板图看起来很"乱",这些都影响识图。

③ 印制电路板图上画有各种引线,而且这些引线的绘画形式没有固定的规律,这给识图造成不便。

④ 铜箔线路排布和走向比较"乱",而且经常遇到几条铜箔线路并行排列的情况,这给观察铜箔线路的走向造成不便。

(4) 印制电路板图的识图方法和技巧。

由于印制电路板图比较"乱",因此采用下列一些方法和技巧可以提高识图速度。

① 根据一些元器件的外形特征,可以比较方便地找到这些元器件,如集成电路、功率放大管、开关和变压器等。

② 对于集成电路而言,根据集成电路上的型号,可以找到某个具体的集成电路。尽管元器件的分布和排列没有什么规律可言,但是同一个单元电路中的元器件相对而言是集中在一起的。

③ 一些单元电路比较有特征,根据这些特征可以方便地找到它们。例如,整流电路中的二极管比较多,功率放大管上有散热片,滤波电容的容量最大、体积最大等。

④ 找地线时,电路板上的大面积铜箔线路是地线,一块电路板上的地线处处相连。另外,有些元器件的金属外壳接地。找地线时,上述任何一处都可以作为地线使用。在有些机器的各块电路板之间,它们的地线也是相连接的,但是当每块电路板之间的接插件没有接通时,各块电路板之间的地线是不通的,这一点在检修时要注意。

⑤ 在将印制电路板图与实际电路板对照过程中,在印制电路板图和电路板上分别画一致的识图方向,以便拿起印制电路板图就能与电路板有同一个识图方向,省去每次都要对照识图的方向,这样可以大大方便识图。

⑥ 在观察电路板上元器件与铜箔线路的连接情况及观察铜箔线路的走向时,可以用灯照着。如图 3-23 所示,将灯放置在有铜箔线路的一面,在装有元器件的一面可以清晰方便地观察到铜箔线路与各元器件的连接情况,这样可以不用翻转电路板了。因为不断翻转电路板不但麻烦,而且容易折断电路板上的引线。

找某个电阻器或电容器时,不要直接去找它们,因为电路中的电阻器和电容器很多,寻找不方便,可以间接地找到它们,方法是先找到与它们相连的三极管或集成电路,再找到它们。或者根据电阻器和电容器所在单元电路的特征,先找到该单元电路,再寻找电阻器和电容器。

如图 3-24 所示,要寻找电路中的电阻 $R_1$,先找到集成电路 $A_1$,因为电路中的集成电路较少,所以找到集成电路 $A_1$ 比较方便。然后利用集成电路的引脚分布规律找到引脚②,即可找到电阻 $R_1$。

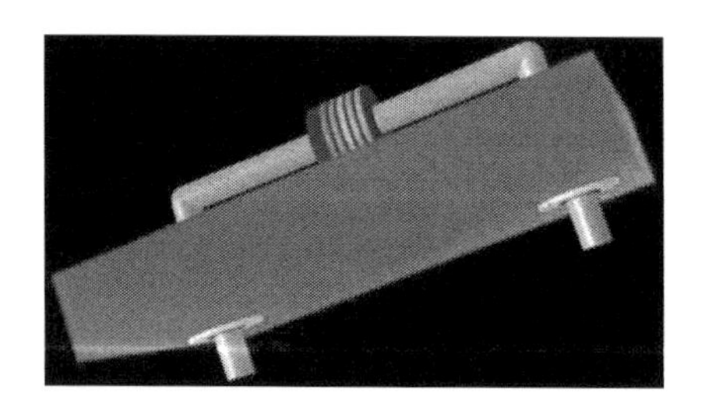

图 3-23　观察电路板示意图

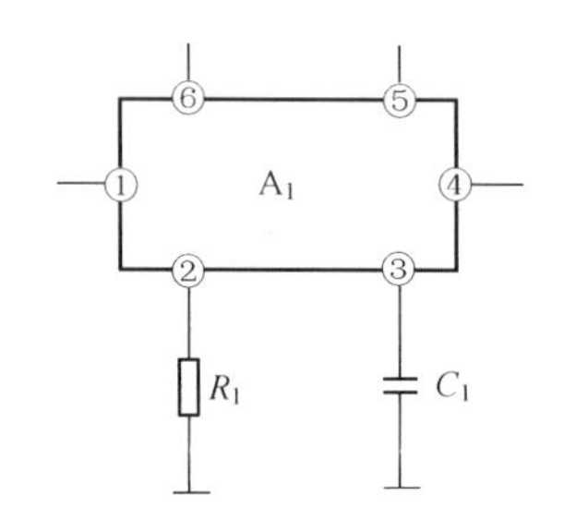


图 3-24　寻找元器件示意图

10）修理过程中的识图方法

修理过程中的识图与学习电路工作原理时的识图有很大的不同点。前者是紧紧围绕着修理进行的电路故障分析。

(1）修理过程中的识图。

修理识图主要有以下三部分内容。

① 依托整机电路图建立检修思路。根据故障现象在整机电路图中建立检修思路，判断故障可能发生在哪部分电路中，以确定下一步的检修步骤，是测量电压还是电流，以及在电路中的哪一点测量。

② 测量电路中关键测试点修理数据。查阅整机电路图中某一点的直流电压数据和测量修理数据。

根据测量得到的有关数据，在整机电路图的某一个局部单元电路中对相关的元器件进行故障分析，以判断是哪个元器件出现了开路或短路，以及性能变劣故障，并导致了所测得的数据发生异常。例如，初步检查发现功率放大器电路出现了故障，可找出功率放大器电路图进行具体的电路分析。

③ 分析信号传输过程。查阅所要检修的某一部分电路的图纸，了解这部分电路的工作，如信号从哪里输入，输出至哪里。

(2）修理过程中的识图方法和注意事项。

修理过程中识图的基础是十分了解电路的工作原理，否则就无法在修理过程中正确地识图。修理过程中的识图要注意以下三个问题。

① 主要根据故障现象和所测得的数据决定分析哪部分电路。例如，根据故障现象决定分析低放电路还是分析前置放大器电路，根据所测得的有关数据决定分析直流电路还是交流电路。

② 修理过程中的识图是针对性很强的电路分析，是带着问题对局部电路的深入分析，识图的范围不广，但要有一定的深度，还要会联系故障的实际情况。

③ 测量电路中的直流电压时，主要分析直流电压供给电路；在使用干扰检查法时，主要进行信号传输通路的识图；在进行电路故障分析时，主要对某一个单元电路进行工作原理的分析。修理过程中的识图无需对整机电路图中的各部分电路进行全面系统的分析。

# 3.2　印制电路板的制作

## 3.2.1　印制电路板的设计基础

1. 印制电路的设计

说明印制电路基材、结构尺寸、电气、机电元件的实际位置及尺寸，印制导线的宽度、间距、焊接盘及通孔的直径，印制接触片的分配，互连电气元器件的布线要求及为制定文件、制备照明底图所提供的各种数据等各项工作统称为印制电路设计。

2. 印制电路板的特点和类型

印制电路是指在绝缘基板的表面上按预定设计并用印制的方法所形成的印制导线和印制元器件系统。具有印制电路的绝缘基板(底板)称之为印制电路板(简称印制板)。目前，在电子设备中广泛应用的印制电路板只有印制导线而很少有印制元器件。若在印制板上连接有元器件和某些机械结构件，且安装、焊接和涂覆等装配工序均已完成，则该印制电路板即称之为印制装配板。当前，电子设备中广泛应用小型元器件、晶体管和集成电路等都必须安装在印制板上。特别是表面安装元器件的应用更和印制电路板密不可分。

使用印制电路板的电子设备可靠性高、一致性好和稳定性好；机械强度高、抗振动、抗冲击性强；设备的体积小、重量轻；便于标准化、便于维修等。缺点是制造工艺较复杂，小批量生产经济性差。

印制电路板按其结构可分为以下4种。

1）单面印制板

在厚度为1～2mm的绝缘基板的一个表面上敷有铜箔，并通过印制与腐蚀工艺将其制成印制电路。

2）双面印制板

在厚度为1～2mm的绝缘基板的两个表面上敷有铜箔，并通过印制与腐蚀工艺将其制成双面印制电路。

3）多层印制板

在绝缘基板上制成三层以上印制电路的印制板称为多层印制板。它是由几层较薄的单面或双面印制电路板(厚度在0.4mm以下)叠合而成。为了把夹在绝缘基板中间的印制导线引出，多层印制板上安装元器件的孔必需金属化处理，即在小孔内表面涂覆金属层，使之与夹在绝缘层中的印制导线沟通。随着集成电路规模的扩大，其引脚也日益增多，就会使单双面的印制板面上可容纳全部元器件而无法容纳所有的导线，多层印制板可解决此问题。

4）挠性印制板

其基材是软性塑料(如聚酯和聚酰亚胺等)，厚度为0.25～1mm。在其一面或两面上覆以导电层以形成印制电路系统，多数还制成连接电路和其他的元器件相接。使用时将其弯成适合的形状，用于内部空间紧凑的场合，如硬盘的磁头电路和电子相机的控制电路。用作印制电路板的基材主要有环氧酚醛层压纸板和环氧酚醛玻璃布层压板两种。前者价廉而性能较差，后者价格稍高但性能较好。

3. 印制电路板的板面设计

1）设计印制电路板应先了解的条件

（1）拟设计印制电路板的电路原理图，以及该电路所用元器件的型号、规格和封装形式。

（2）各元器件对板面安排的特殊要求，如元器件的位置、频率、电位、温度、屏蔽和抗冲击等要求。特别要注意发热量大的元器件的位置安排。

（3）印制板的机械尺寸、在整机中的安装位置和方法及电气连接形式等。

2）基板的材质、板厚和板面尺寸

根据印制电路板的耐温要求、工作频率和电位高低选定基板，并结合电路的复杂程度确定导电层的数目。印制板的外形一般为长方形，分为带插头和不带插头两种。

3）印制电路网格应用

以印制电路板机械轮廓线的左下方为坐标原点。为了保证印制电路板与在其上安装的元器件之间的一致性，必须在印制板网络的交点上连接或安装。印制电路网格的间距为 2.5mm。当需要更小的网络时，应设辅助格。辅助格的间距为基本间距的 1/4(0.625mm)或 1/2(1.25mm)。

4）元器件的安放

根据电路图、元器件的外形和封装及布局要求，从输入到输出按顺序逐级绘制。可先画出草图以大致定位。A 面为元器件面，B 面为焊接面。典型元器件法：以外形基本一致的多数元器件中选出典型元器件作为布局的基本单元，将其他元器件估算为相当于若干个典型元器件。元器件轮廓在板上的间距不小于 1.5mm。如此算出整板上要排列多少个典型元器件，以及需要多大的板面尺寸。大元器件法：如电路原理图中小电阻和小电容之类的元器件较少，可先测算大元器件如变压器和集成电路等的面积，再放适当的余量决定板面面积。

4. 印制电路板上的元器件布局与布线

1）元器件布局的一般原则

元器件通常布置在印制板的一面。此种布置便于加工、安装和维修。对于单面板，元器件只能布置在没有印制电路的一面，元器件的引线通过安装孔焊接在印制导线的焊盘上。双面板主要元器件也是安装在板的一面，另一面可有一些小型的零件，一般为表面装贴元件。在保证电路性能要求的前提下，元器件应平行或垂直于板面，并和主要板边平行或垂直，且在板面上分布均匀整齐。元器件一般不重叠安放，如果确实需要重叠，应采用结构件加以固定。元器件布局的要点：元器件尽可能有规则地排列，以得到均匀的组装密度。大功率元器件周围不应布置热敏元器件，和其他元器件要有足够的距离。较重的元器件应安排在靠近印制电路板支承点处。元器件排列的方向和疏密要有空气对流。元器件宜按电路原理图的顺序成直线排列，力求紧凑以缩短印制导线长度。如果由于板面尺寸有限，或由于屏蔽要求而必须将电路分成几块时，应使每一块印制板成为独立的功能电路，以便于单独调整、测试和维修。这时，应使每一块印制板的引出线最少。

为使印制板上元器件的相互影响和干扰最小，高频电路和低频电路及高电位与低电位电路的元器件不能靠得太近。元器件排列方向与相邻的印制导线应垂直交义。电感和有磁心的元器件要注意磁场方向。线圈的轴线应垂直于印制板面，以求对其他零件的干扰最小。

考虑元器件的散热和相互之间的热影响。发热量大的元器件应放置在有利于散热的位置上，如散热孔附近。元器件的工作温度高于 40℃时应加散热器。散热器体积较小时可直接固定在元器件上，体积较大时应固定在底板上。在设计印制板时要考虑到散热器的体积及温度对周围元器件的影响。

提高印制板的抗振和抗冲击性能。要使板上的负荷分布合理以免产生过大的应力。对大而重的元器件尽可能布置在固定端附近，或加金属结构件固定。如果印制板比较狭长，则可考虑用加强筋加固。

2）印制板布线的一般原则

低频导线靠近印制板边布置。将电源、滤波、控制等低频和直流导线放在印制板的边缘。公共地线应布置在板的最边缘。高频线路放在板面的中间，可以减小高频导线对地的分布电容，也便于板上的地线和机架相连。高电位导线和低电位导线应尽量远离，最好的布线使相邻的导线间的电位差最小。布线时应使印制导线与印制板边留有不小于板厚的距离，以便于安装和提高绝缘性能。

避免长距离平行走线。印制电路板上的布线应短而直，减小平布线，必要时可以采用跨接线。双面印制板两面的导线应垂直交叉。高频电路的印制导线长度和宽度宜小，导线间距要大。

不同的信号系统应分开。印制电路板上同时安装模拟电路和数字电路时，宜将这两种电路的地线系统完全分开，它们的供电系统也要完全分开。

采用恰当的接插形式，有接插件、插接端和导线引出等几种形式。输入电路的导线要远离输出电路的导线。引出线要相对集中设置。布线时使输入输出电路分列于印制板的两边，并用地线隔开。

设置地线。印制板上每级电路的地线一般应自成封闭回路，以保证每级电路的地电流主要在本地回路中流通，减小级间地电流耦合。在印制板附近有强磁场时，地线不能自成封闭回路，以免成为一个闭合线圈而引起感生电流。电路的工作频率越高，地线应越宽，或采用大面积布铜。

5. 印制导线的尺寸和图形

元器件的布局和布线方案确定后，就要具体地设计并绘制印制图形了。

(1)印制导线的宽度。覆箔板铜箔的厚度为 0.02～0.05mm。印制导线的宽度不同，其截面面积也不同。不同截面面积的导线在限定的温升条件下，其载流量也不同。因此，对于某覆箔板，印制导线的宽度取决于导线的载流量和允许温升。印制板的工作温度不能超过 85℃。印制导线的宽度已标准化，建议采用 0.5mm 的整数倍。如有特别大的电流应另加导线解决。

(2)印制导线的间距。一般而言，导线间距等于导线宽度，但不小于 1mm。对于微型设备，间距不小于 0.4mm。具体设计时应考虑下述三个因素。

① 低频低压电路的导线间距取决于焊接工艺。采用自动化焊接时间距要小些，手工操作时宜大些。

② 高压电路的导线间距取决于工作电压和基板的抗电强度。

③ 高频电路主要考虑分布电容对信号的影响。

印制导线的图形，同一印制板上导线的宽度宜一致，地线可适当加。导线不应有急弯和尖角，转弯和过渡部分宜用半径不小于 2mm 的圆弧连接或用 45°连线，且应避免分支线。

6. 印制电路板的热设计

由于印制电路板基材的耐温能力和导热系数都比较低，铜箔的抗剥离强度随工作温度的升高而下降，所以印制电路板的工作温度一般不能超过 85℃。如果不采取措施，则过高的温度导致印制电路板损坏，并导致焊点开裂。降温的方法是采用对流散热，可根据情况采用自然通风或强迫风冷。在设计印制板时可考虑采用以下几种方法：均匀分布热负载，零件装散热器，局部或全局强迫风冷。

### 3.2.2 用 Protel 99 制作印制电路板的基本流程

1. 印制电路板设计的先期工作

(1) 利用原理图设计工具绘制原理图，并且生成对应的网络表。当然，在有些特殊的情况下，如印制电路板比较简单，已经有了网络表等情况下也可以不进行原理图的设计，直接进入 PCB 设计系统。在 PCB 设计系统中，可以直接取用零件封装，人工生成网络表。

(2) 手工更改网络表将一些元器件的固定引脚等原理图上没有的焊盘定义到与它相通的网络上，没有任何物理连接的可定义到地或保护地等。将原理图和 PCB 封装库中一些引脚名称不一致的元器件引脚名称改成和 PCB 封装库中的一致，特别是二极管和三极管等。

2. 画出自定义的非标准元器件的封装库

建议将已画的元器件都放入一个已建立的 PCB 库专用设计文件中。

3. 设置 PCB 设计环境和绘制印制电路的版框

(1) 进入 PCB 系统后的第一步就是设置 PCB 设计环境，包括格点大小和类型、光标类型、版层参数及布线参数等。大多数参数都可以用系统默认值，而且这些参数经过设置，符合个人的习惯，以后无须再修改。

(2) 规划电路板，主要确定电路板的边框，包括电路板的尺寸大小等。在需要放置固定孔的地方放上适当大小的焊盘。对于 3mm 的螺丝可用 6.5～8mm 的外径和 3.2～3.5mm 内径的焊盘，对于标准板可从其他板或 PCB Wizard 中调入。

注意：在绘制印制电路板的边框前，一定要将当前层设置成 Keep Out 层，即禁止布线层。

4. 打开所有要用到的 PCB 库文件后，调入网络表文件和修改零件封装

这一步是非常重要的一个环节，网络表是 PCB 自动布线的灵魂，也是原理图设计与印制电路板设计的接口。只有将网络表装入印制电路板的布线才能进行。

在原理图设计的过程中，ERC 检查不会涉及零件的封装问题。因此，原理图设计时，零件的封装可能被遗忘，在引进网络表时可以根据设计情况修改或补充零件的封装。

当然，可以直接在 PCB 内人工生成网络表，并且指定零件封装。

5. 布置零件封装的位置，也称为零件布局

Protel 99 可以进行自动布局，也可以进行手动布局。如果进行自动布局，运行 Tools 下面的 AutoPlace，此时需要有足够的耐心。布线的关键是布局，多数设计者采用手动布局的形式。用光标选中一个元器件，按住左键不放，拖住这个元器件到达目的地，放开左键，固定该元器件。Protel 99 在布局方面新增加了一些技巧。新的交互式布局选项包含自动选择和自动对齐。使用自动选择方式可以很快地收集相似封装的元器件，然后旋转、展开和整理成组，就可以移动到板上所需的位置上了。简易的布局完成后，使用自动对齐方式整齐地展开或缩紧一组封装相似的元器件。

提示：在自动选择时，使用 Shift＋X 或 Shift＋Y 和 Ctrl＋X 或 Ctrl＋Y 可展开和缩紧选定组件的 *X* 和 *Y* 方向。

注意：零件布局，应当从机械结构散热、电磁干扰和将来布线的方便性等方面综合考虑。先布置与机械尺寸有关的元器件，并锁定这些元器件，然后是占位置大的元器件和电路的核心元器件，再是外围的小元器件。

6. 根据情况再适当调整然后将全部元器件锁定

假如板上空间允许，则可在板上放上一些类似于实验板的布线区。对于大板，应在中间多加固定螺丝孔。板上有重的元器件或较大的接插件等受力元器件时，边上也应加固定螺丝孔，有需要的话可在适当位置放上一些测试用焊盘，最好在原理图中就加上。将过小的焊盘过孔改大，将所有固定螺丝孔焊盘的网络定义到地或保护地等。

放好后用 VIEW3D 功能察看一下实际效果，并存盘。

7. 布线规则设置

布线规则是设置布线的各个规范(如使用层面、各组线宽、过孔间距和布线的拓扑结构等部分规则,可通过 Design-Rules 的 Menu 处从其他板导出后,再导入这块板),这个步骤不必每次都要设置,设定一次就可以。

选 Design-Rules 一般需要重新设置以下几点。

1) 安全间距(Routing 标签的 Clearance Constraint)

它规定了板上不同网络的走线焊盘过孔等之间必须保持的距离。一般的板可设为 0.254mm,较空的板可设为 0.3mm,较密的贴片板可设为 0.3～0.22mm,极少数印制板加工厂家的生产能力为 0.1～0.15mm,假如厂家允许,用户就能设成此值。0.1mm 以下是绝对禁止的。

2) 走线层面和方向(Routing 标签的 Routing Layers)

此处可设置使用的走线层和每层的主要走线方向。注意贴片的单面板只用顶层,直插型的单面板只用底层,但是多层板的电源层不设置在这里(可以在 Design-Layer Stack Manager 中,选中顶层或底层后,用 Add Plane 添加,双击后设置,选中本层后用 Delete 删除),机械层也不设置在这里(可以在 Design-Mechanical Layer 中选择所要用到的机械层,并选择是否可视和是否同时在单层显示模式下显示)。

机械层 1 一般用于画板的边框;

机械层 3 一般用于画板上的挡条等机械结构件;

机械层 4 一般用于画标尺和注释等,具体可自行用 PCB Wizard 中导出一个 PCAT 结构的板看一下。

3) 过孔形状(Routing 标签的 Routing Via Style)

它规定了手工和自动布线时自动产生的过孔内外径,均分为最小、最大和首选值,其中,首选值是最重要的,下同。

4) 走线线宽(Routing 标签的 Width Constraint)

它规定了手工和自动布线时走线的宽度。整个板范围的首选项一般取 0.3～0.6mm,另添加一些网络或网络组(Net Class)的线宽设置,如地线、+5V 电源线、交流电源输入线、功率输出线和电源组等。网络组可以事先在 Design-Netlist Manager 中定义好,地线一般可选 1mm 宽度,各种电源线一般可选 0.5～1mm 宽度,印制板上线宽和电流的关系大约是每毫米线宽允许通过 1A 的电流,具体可参看有关资料。当线径首选值太大使得 SMD 焊盘在自动布线无法走通时,它会在进入到 SMD 焊盘处时自动缩小成最小宽度和焊盘的宽度之间的一段走线,其中 Board 为对整个板的线宽约束,它的优先级最低,即布线时首先满足网络和网络组等的线宽约束条件。

5) 敷铜连接形状的设置(Manufacturing 标签的 Polygon Connect Style)

建议用 Relief Connect 方式,导线宽度(Conductor Width)取 0.3～0.5mm,走线采用 45°或 90°。其余各项一般可用它原先的默认值,布线的拓扑结构、电源层的间距和连接形状匹配的网络长度等项可根据需要设置。

选 Tools-Preferences，其中 Options 栏的 Interactive Routing 处选 Push Obstacle（遇到不同网络的走线时推挤其他的走线，Ignore Obstacle 为穿过，Avoid Obstacle 为拦断）模式并选中 Automatically Remove（自动删除多余的走线）。Defaults 栏的 Track 和 Via 等也可改动一下，但一般不必改动。

在不希望有走线的区域内放置 FILL 填充层，如散热器和卧放两脚晶振下方所在的布线层，要上锡的在 Top 或 Bottom Solder 相应处放置 FILL。

布线规则设置也是印制电路板设计的关键之一，需要丰富的实践经验。

8. 自动布线和手工调整

1）单击菜单命令 AutoRoute/Setup 对自动布线功能进行设置

选中除了 Add Test points 以外的所有项，特别是选中其中的 Lock All Pre-Route 选项，Routing Grid 可选 1mil 等。自动布线开始前，Protel 会给出一个推荐值，可不去理它或改为它的推荐值。此值越小，板越容易布通，但布线的难度越大，所花时间越多。

2）单击菜单命令 AutoRoute/All 开始自动布线

假如不能完全布通，则可手工继续完成或 UNDO 一次（千万不要用“撤销全部布线”功能，因为它会删除所有的预布线和自由焊盘和过孔）后调整一下布局或布线规则，再重新布线。完成后做一次 DRC，有错则改正。在布局和布线过程中，若发现原理图有错则应及时更新原理图和网络表，手工更改网络表（同第一步），重装网络表后再布线。

3）对布线进行手工初步调整

对需加粗的地线、电源线和功率输出线等加粗，某几根绕得太多的线重布一下，消除部分不必要的过孔，再次用 VIEW3D 功能察看实际效果。手工调整中可选 Tools-DensityMap 查看布线密度，红色为最密，黄色次之，绿色为较松，看完后可按键盘上的 End 键刷新屏幕。红色部分一般应将走线调整得松一些，直到变成黄色或绿色。

切换到单层显示模式（单击菜单命令 Tools/Preferences，选中对话框中 Display 栏的 Single Layer Mode），将每个布线层的线拉整齐。手工调整时应经常做 DRC，因为有时有些线会断开而又可能会从它断开处中间走上好几根线，快完成时可将每个布线层单独打印出来，以方便改线时参考，其间也要经常用 3D 显示和密度图功能查看。最后取消单层显示模式，并存盘。

9. 重新标注

如果元器件需要重新标注，可单击菜单命令 Tools/Re-Annotate 并选择好方向后，按 OK 按钮并回原理图中选 Tools-Back Annotate 并选择好新生成的 *.WAS 文件后，单击 OK 按钮。原理图中有些标号应重新拖放以求美观，全部调完并 DRC 通过后，拖放所有丝印层的字符到合适位置。

注意，字符尽量不要放在元器件下面或过孔焊盘上面。过大的字符可适当缩小，Drill Drawing 层可按需放上一些坐标（Place-Coordinate）和尺寸（Place-Dimension）。

最后再放上印制板名称、设计版本号、公司名称、文件首次加工日期、印制板文件名和文件加工编号等信息。可用第三方提供的程序加上图形和中文注释，如 BMP2PCB.EXE 和宏势公司 Protel 99 和 Protel 99SE 专用 PCB 汉字输入程序包中的 FONT.EXE 等。

10. 对所有的过孔和焊盘补泪滴

补泪滴可增加它们的牢固程度，但会使板上的线变得不美观。按顺序按下键盘的 S 和 A 键(全选)，再选择 Tools-Teardrops，选中 General 栏的前三个，并选 Add 和 Track 模式，如果不需要把最终文件转为 Protel 的 DOS 版格式文件的话也可用其他模式，然后单击 OK 按钮。完成后按顺序按下键盘的 X 和 A 键(全部不选中)。对于贴片和单面板一定要加。

11. 放置覆铜区

将设计规则里的安全间距暂时改为 0.5～1mm 并清除错误标记，选 Place-Polygon Plane 在各布线层放置地线网络的覆铜(尽量用八角形，而不是用圆弧来包裹焊盘。最终要转成 DOS 格式文件的话，一定要选择用八角形)。

设置完成后，再单击 OK 按钮，画出需覆铜区域的边框，最后一条边可不画，直接右击就可开始覆铜。它默认起点和终点之间始终用一条直线相连，电路频率较高时可选 Grid Size 比 Track Width 大，覆出网格线。

相应地放置其余几个布线层的覆铜，观察某一层较大面积上没有覆铜的地方，在其他层有覆铜处放一个过孔，双击覆铜区域内任一点并选择一个覆铜后，直接单击 OK 按钮，再单击 Yes 按钮便可更新这个覆铜。几个覆铜多次反复直到每个覆铜层都较满为止。将设计规则里的安全间距改回原值。

12. 最后再做一次 DRC

选择其中的 Clearance Constraints、Max/Min Width Constraints、Short Circuit Constraints 和 Un-Routed Nets Constraints 等项，单击 Run DRC 按钮，有错则改正。全部正确后存盘。

13. 导出 PCB 文件

对于支持 Protel 99SE 格式(PCB 4.0)加工的厂家可在观看文档目录的情况下，将这个文件导出为一个 *.PCB 文件；对于支持 Protel 99 格式(PCB 3.0)加工的厂家，可将文件另存为 PCB 3.0 二进制文件，做 DRC，通过后不存盘退出，在观看文档目录的情况下，将这个文件导出为一个 *.PCB 文件。由于目前很大一部分厂家只能做 DOS 下的 Protel Autotrax 画的板，所以下面这几步是产生一个 DOS 版 PCB 文件必不可少的。

(1) 将所有机械层的内容改到机械层 1，在观看文档目录的情况下，将网络表导出为 *.NET 文件；在打开本 PCB 文件观看的情况下，将 PCB 导出为 PROTEL PCB 2.8 ASCIIFILE 格式的 *.PCB 文件。

(2) 用 PROTEL FOR WINDOWS PCB 2.8 打开 PCB 文件，选择文件菜单中的“另存为”，并选择 Autotrax 格式保存一个 DOS 下可打开的文件。

(3) 用 DOS 下的 PROTEL AUTOTRAX 打开这个文件。个别字符串可能要重新拖放或调整大小。上下放的全部两引脚贴片元器件可能会产生焊盘 *X-Y* 大小互换的情况，逐个调整它们。大的 QFP 贴片 IC 也会全部焊盘 *X-Y* 互换，只能自动调整一半后，手工逐个改，并随时存盘，这个过程中很容易产生人为错误。DOSPROTEL 版没有 UNDO 功能。假如先前布了覆铜并选择用圆弧包裹焊盘，那么现在所有的网络基本上都已相连了，手工逐个删除和修改这些圆弧非常烦琐，所以前面推荐用八角形包裹焊盘。这些都完成后，用前面导出的网络表作 DRC Route 中的 Separation Setup，各项值应比 Windows 版的小一些，有错则改正，直到 DRC 全部通过为止。

可直接生成 GERBER 和钻孔文件交给厂家，选 File-CAM Manager，单击 Next>按钮出来六个选项：Bom 为元器件清单表，DRC 为设计规则检查报告，Gerber 为光绘文件，NC Drill 为钻孔文件，Pick Place 为自动拾放文件，Test Points 为测试点报告。选择 Gerber 后按提示一步步往下进行，有些与生产工艺能力有关的参数需印制板生产厂家提供，直到单击 Finish 按钮为止。在生成的 GerberOutput1 上右击，选 Insert NC Drill 加入钻孔文件，再右击选 Generate CAM Files 生成真正的输出文件，光绘文件可导出后用 CAM350 打开并校验。注意电源层是负片输出的。

14. 发电子邮件或复制盘给加工厂家

注明印制板材料和厚度(一般的印制板厚度为 1.6mm，特大型印制板可用 2mm，射频用微带印制板等一般为 0.8～1mm，并应该给出印制板的介电常数等指标)、数量和加工时需特别注意之处等。E-mail 发出后两小时内打电话给厂家确认收到与否。

15. 生成 BOM 文档

产生 BOM 文件并导出，然后编辑成符合公司内部规定的格式。

16. 导出 DWG 文件

将边框螺丝孔接插件等与机箱机械加工有关的部分(即先把其他不相关的部分选中后删除)，导出为公制尺寸的 Auto CAD R14 的 DWG 格式文件给机械设计人员。

17. 整理和打印各种文档

整理和打印各种文档，如元器件清单、元器件装配图(并应注上打印比例)，以及安装和接线说明等。

### 3.2.3 印制电路板的制作技巧

1. 印制电路板制作常识

印制电路板是实现电路原理图的功能，并进行元器件固定及其电气连接的载体。印制电路板的设计制作首先应根据其电气性能和使用条件合理选择元器件，然后根据使用安装条件、元器件体积、电气特性进行电路板形状尺寸设计及元器件的合理布局，将各元器件的引脚按原理图的电气连接关系绘制连线，最后进行局部处理直到达到设计要求即完成印制电路板图的设计。

在 Protel 99SE 中设计完成的印制电路板图若要制作成实际的电路板，可直接将设计好的印制电路图文件复制给印制板生产厂商，即可生产出高质量的标准电路板。现在，市面上出现了一种制板雕刻机，一万多元一台，与微机相连可将在 Protel 99SE 中设计完成的印制电路板图直接雕刻出来。在业余条件下也有很多手工方法制作电路板的方法，下面加以介绍。

### 2. 业余制作印制电路板的步骤

业余制作印制电路板大致分为以下几步：

(1) 选定电路并绘制出电路原理图；

(2) 选定元器件，以确定元器件的引脚封装；

(3) 确定元器件的装配方式与布局；

(4) 设计出印制电路板图；

(5) 制作出实际的印制电路板。

### 3. 配制腐蚀液

业余条件下采用的腐蚀液一般用三氯化铁(块状固体，化学试剂商店有售)配制，三氯化铁与水的比例一般为 1∶3 左右。

### 4. 配制松香水

手工制作好的印制电路板经打磨清洁后需将敷铜面封闭起来以防止其氧化，通常采用涂刷松香水的方法进行处理。配制松香水的方法是先将松香碾成粉末状，然后将其溶入无水酒精(乙醇)内即可，松香与乙醇的比例为 1∶5 左右。松香水除了具有将敷铜面封闭起来以防止其氧化的作用外还具有助焊作用。

### 5. 处理敷铜板

首先应按实际形状和尺寸裁剪好敷铜板，然后用锉刀修整边角使之平整无毛刺，最后用细砂纸打磨除去敷铜表面的杂质和氧化层。

### 6. 刀刻法制作印制电路板

当制作的印制电路板比较简单时可用刻刀将不需要的敷铜直接剔除掉，这种方法简单快捷但会损伤绝缘基板，适合在应急情况下制作简单的印制板，否则一般不采用这种方法。

### 7. 油漆描绘法制作印制电路板

首先用复写纸将印制电路图复制到已清洁处理的敷铜板上，然后用鸭嘴笔(或尖镊子)蘸油漆在敷铜板上先描出所有的焊盘，再描出焊盘之间的连线，描涂时焊盘要饱满，走线尽量光滑平直且有足够的宽度。待油漆稍干时(干透后油漆比较脆硬，不好修整)

用刀片和直尺对焊盘和连线进行修整，将相邻的焊盘和导线之间清理干净，对残缺的部分还要进行补涂，直到所描涂的印制电路图符合要求为止。

油漆干透以后(可以烘干或用电吹风吹干)，将敷铜板放入三氯化铁溶液中进行腐蚀，待敷铜板上裸露的敷铜全部腐蚀掉以后取出并用清水冲洗干净，按要求钻孔，然后刮去所涂油漆并用细砂纸打磨干净，最后涂抹上松香水。这种制作方法简单，很容易作出各种形状的焊盘和连线，可制作稍复杂的电路，是较常采用的方法。

8. 不干胶刻除法制作印制电路板

首先用复写纸将印制电路图复制到已清洁处理的敷铜板上，然后在敷铜板上贴一层包装箱封口不干胶(贴平不要有气泡)，用刀片和直尺剔除不需要的不干胶(只保留焊盘和连线部分)。达到要求后将敷铜板放入三氯化铁溶液中进行腐蚀，待敷铜板上裸露的敷铜全部腐蚀掉以后取出并用清水冲洗干净，揭去所有的不干胶，按要求钻孔，并用细砂纸打磨干净，最后涂抹上松香水。

这种制作方法简单快捷，但焊盘形状不够圆滑，连线不能太细，适合于制作元器件不多且连线较宽的电路。

9. 不干胶剪贴法制作印制电路板

首先用复写纸将印制电路图复制到广告用不干胶纸上(保留基层)，用剪刀修剪出焊盘和连线(同一网络的焊盘和连线应连在一起，不要剪断)，然后揭去不干胶纸的基层，按照印制电路图的布局在敷铜板上粘贴各个焊点和连线。达到要求后将敷铜板放入三氯化铁溶液中进行腐蚀，待敷铜板上裸露的敷铜全部腐蚀掉以后取出并用清水冲洗干净，揭去所有的不干胶，按要求钻孔，并用细砂纸打磨干净，最后涂抹上松香水。

这种制作方法简单快捷，焊盘形状及连线圆滑，适合于制作元器件不多且连线较宽的电路。

10. 热转印法制作印制电路板

热转纸是一种表面很光滑的纸，如不干胶的衬底，如果用激光打印机打印出的热转纸与不太光滑的材料平贴并加热，揭去热转纸后其表面的墨粉就会粘在不太光滑的材料表面上，利用这一特性可以制作出质量较好的印制电路板，具体方法如下。

将设计好的印制电路图(注意，一定是镜面图即经翻转后的印制电路图)用激光打印机打印在热转纸上，或用激光复印机复印在热转纸上(对比度调些)，然后将热转纸有印制电路图一面朝向敷铜板并与之贴平，用胶带将热转纸的四周与敷铜板相贴以防止移位，再用电熨斗熨烫转纸(熨烫时间根据电熨斗的温度和实际情况决定)，最后揭去热转纸印制电路图即被复制到敷铜板上。将敷铜板放入三氯化铁溶液中进行腐蚀，待敷铜板上裸露的敷铜全部腐蚀掉以后取出并用清水冲洗干净，按要求钻孔，并用细砂纸打磨干净，最后涂抹松香水。

这种方法可以将在 Protel 99 SE 中设计的印制电路板图原封不动地复印在敷铜板上，是业余条件下手工制作印制板效果最好的方法。

# 第 4 章　电子产品整机装配工艺文件设计

**【学习目标】**

本章土要介绍电子产品生产工艺基础知识、电了整机装配工艺文件的设计及编写等内容。具体的学习目标如下：

（1）理解整机装配工艺过程、整机装配生产组织形式及常用的技术文件；

（2）掌握成套工艺文件的设计与编制；

（3）了解执行工艺文件的必要性及安全文明生产。

## 4.1　电子产品生产工艺基础知识

### 1. 整机装配工艺过程

装配工艺流程图如图 4-1 所示。

装配准备是在装配前对各种元器件和辅助件进行准备加工处理，如导线的加工、元器件引出脚的成形和线扎的准备等。装配准备为保证总装中各道工序的装配质量，以及提高劳动生产率创造有利的条件。

整机装联包括“安装”和“焊接”：“安装”通常是指用紧固件或黏合剂等将产品的元器件和零件、部件、整件按图样要求装接在规定位置上；“焊接”是将组成产品的各种元器件、导线、印制导线或接点等用锡焊方法牢固地连接在一起的过程。

整机总装是将经过调试检验合格的零件、部件或组件等半成品装配成合格产品的过程。

整机在总装完毕后，必须进行整机调试，使整机达到规定技术指标的要求，保证产品能稳定可靠地工作。

整机检验是对整机产品的一个或多个特性进行测量、检查、试验或度量，并将结果与规定要求进行比较以确定每项特性合格情况所进行的活动。

整机总装结束并经调试检验合格后，就进入最后一道工序——包装。产品的包装是产品生产过程中的重要组成部分，进行合理的包装是保证产品在流通过程中避免机械物理损伤，确保其质量而采取的必要措施。经过包装的产品即可入库或出厂了。

### 2. 整机装配车间的组织形式

整机产品的整机装配车间一般是按产品原则组建的，并在流水作业线上装配。其组织形式如图 4-2 所示。

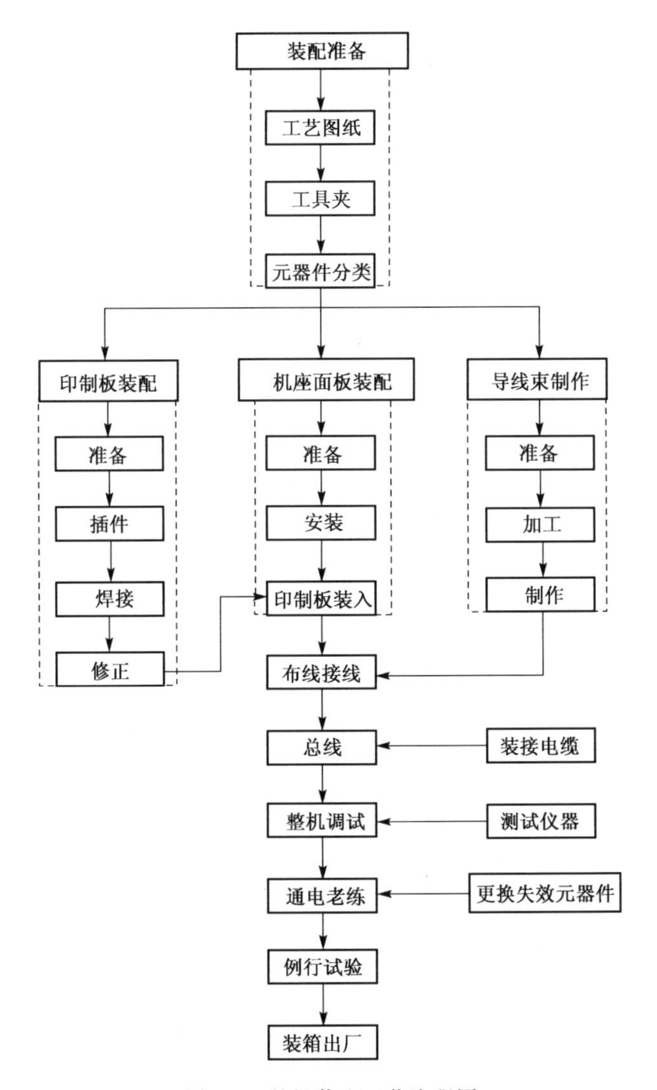


图 4-1　整机装配工艺流程图

通常，车间设主任一名，负责全面工作；设副主任两名，分别协助车间主任管理车间的生产和技术工作。工艺处负责车间的技术管理工作。计划调度员负责落实生产计划和协调车间内各班组的生产工作。流水线设线长，负责整机的装调工作。按工艺原则组织若干班组，如装配组、调试组、检验组和维修组等，这些班组的人员由流水线统一安排。

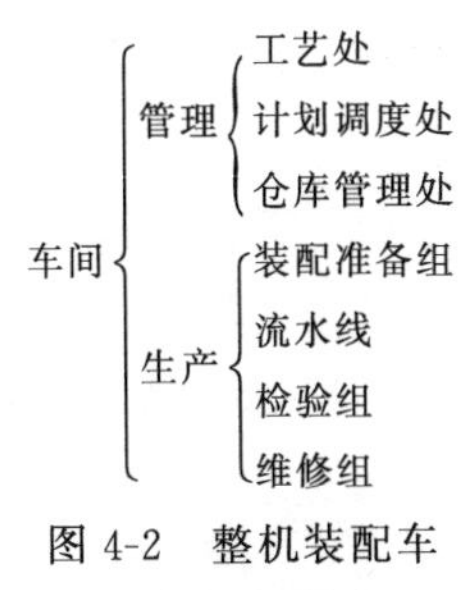


图 4-2　整机装配车间的组织形式

3. 常用的技术文件

要优质、高产及低耗地生产产品，生产过程必须严格执行统一的标准,实行严明的规范管理,而产品技术文件就是用于指导生产及组织生产的"工程语言"文件,它具有生产法规的效力,是组织生产时技术交流的依据,是根据国家相关标准制定出来的文件。作为工程技术人员,必须能够读懂并会编制这种"工程语言"文件。

技术文件的种类和数量随电子产品的不同而不同,总体上分为设计文件和工艺文件。设计文件是产品在研究、设计、试制和生产过程中积累而形成的图样及技术资料,它规定了产品的组成形式、结构尺寸、原理和程序,以及在制造、验收、流通、使用、维护和修理时所必需的技术数据和说明,是制定工艺文件、组织生产和产品使用维护的基本依据。

工艺文件是根据设计文件、图纸及生产定型的样机,结合企业的生产大纲、生产设备、生产布局、工人技术水平和产品的复杂程度而制定的最合理的产品加工过程和加工方法。工艺文件用工艺规程和加工、装配等图纸指导生产,以实现设计文件中要求的产品技术性能指标。所以,电子产品工艺文件是实现产品加工及指导工人操作、装配和检验的技术依据,也是生产管理的主要依据。学生除应掌握操作技能外,还应能对电子产品工艺文件进行编写与管理。

## 4.2　工艺文件的设计及编写

工艺文件是企业进行生产准备、原材料供应、计划管理、生产调度、劳动力调配及工模具管理的主要技术依据,是加工操作、安全生产、技术、质量及检验的技术指导,是指导生产操作、编制生产计划、调动劳动组织、安排物资供应、进行技术检验、工装设计与制造、工具管理及经济核算的依据。

根据"SJ/T 10320—1992 工艺文件格式"、"SJ/T 10375—1993 工艺文件格式的填写"和"SJ/T 10631—1995 工艺文件的编号"这三个标准所规定的对电子行业企业的基本要求,在设计的工艺规程基础上编制电子产品的工艺文件。"SJ/T 10324—1992 工艺文件的成套"标准规定了电子产品工艺文件的成套要求。工艺文件的成套性是为了组织生产,指导生产,进行工艺管理、经济核算和保证产品质量,是以产品为单位所编制的工艺文件的总和。成套应有利于查阅、检查、更改和归档。

工艺文件应包含的主要项目内容如下:

(1) 工艺文件封面;

(2) 工艺文件明细表;

(3) 材料配套明细表;

(4) 导线及线扎加工表;

(5) 装配工艺过程卡;

(6) 工艺说明及简图;

(7) 检验卡。

下面以收音机装配工艺为例说明电子产品成套工艺文件的设计与编制。

【内容】现有一企业准备生产"科宏2045"收音机，要求最近两周内投产，每月工作24天，每天8小时工作制，月产量48000台，质量可靠，生产成本尽可能低。编写"科宏2045"收音机成套工艺文件。

产品的整机成套工艺文件册是在设计的工艺方案、工艺路线和工艺规程的基础上，根据企业的生产类型、生产条件和产品生产要求进行编制。

1."科宏2045"收音机生产工艺方案设计

(1) 产品应达到重要的性能参数和质量指标。频率范围：525～1605kHz；中频频率：465kHz，±4kHz；最大有用输出功率：90mW；扬声器：$\phi$57mm，8Ω；电源：3V(5号电池两节)；体积：122mm×66mm×26mm。

(2) 产品的生产纲领和批量。产品的年产量：576000台；投产的批量：12批；生产的周期：1年。

(3) 生产组织方式。主要制造车间：装配车间；装配方案及装配方式：根据产量和成本要求应采取手工插件流水线形式、波峰焊接的装配方案及装配方式；工作场地要求：温度(25±2)℃，湿度＜65%，照度＞100lx。

(4) 厂内外专业化协作原则及协作工种。协作原则：满足图纸设计要求，按时按量提供零部件，价格合理；协作方式：协作单位提供零部件，经济单独核算；协作工种：塑料件制造，印制电路板制造。

(5) 关键工种及其技术培训要求。

2."科宏2045"收音机生产工艺路线设计

(1) 编制满足【内容】中产量和质量保证的生产工艺流程，如图4-3所示。

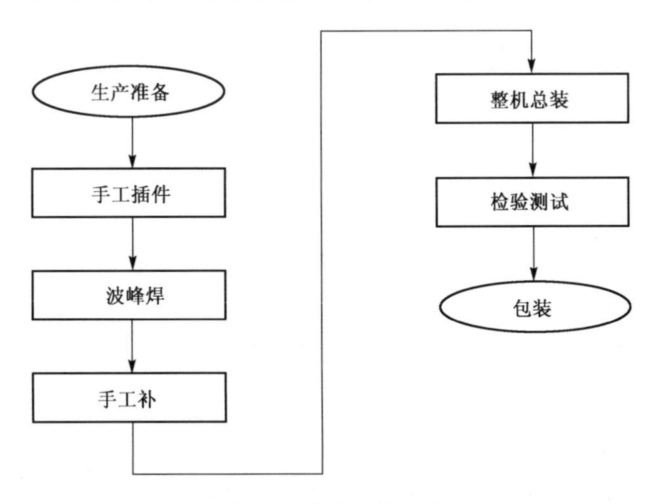


图4-3 生产工艺流程

(2) 设计合理的工位(工步)，保证产品要求。根据每小时生产250台收音机的产量要求，必须采取手工插件、波峰焊接的印制电路板装配方案及整机手工安装装配方式。根据上述生产工艺流程的安排设计合理的工位（工步）如下。

① 印制电路板的装配共 7 个工位，即：

· 电阻器 $R_2$～$R_5$、电位器 $RV_1$ 的安装；

· 瓷片电容 $C_1$～$C_6$ 的安装；

· 电容器 $C_7$～$C_{12}$的安装；

· 电容器 $C_{13}$～$C_{17}$、$C_{21}$的安装；

· 电容器 $C_{18}$、$C_{19}$、$C_{20}$、$C_{22}$、$C_{23}$的安装；

· 电感线圈 $L_2$、$L_3$、$L_5$ 和滤波器 $CF_1$、$CF_2$ 的安装；

· PCB 上 $J_2$、$J_3$ 和中频变压器（简称中周）$L_4$、$T_1$、$T_2$ 的安装。

② 波峰焊接工位 1 个。

③ 切脚工位 1 个。

④ 检验工位 2 个。

⑤ 补焊工位 1 个。

⑥ 装焊工位 3 个，即：

· 开关、耳机插座的安装与焊接；

· 双联电容器的安装与焊接；

· 红黑色导线、三端天线线圈 $L_1$ 和白黄色导线在 PCB 上的装焊。

⑦ 部件装配工位 4 个，即

· 可变电容器拨盘和电位器拨盘的安装；

· 扬声器的安装；

· 安装电源正负极片和弹簧片；

· 安装电路板、机壳和后盖板合盖。

3.“科宏 2045”收音机生产工艺规程设计

工艺规程即根据工艺方案中所确立的各项技术经济指标和工艺原则，结合生产条件，将产品或零件的制造工艺过程和操作方法通过文件或附图的形式明确具体地表示出来。波峰焊工艺规程案例如表 4-1 所示。

在设计工艺方案、工艺路线和工艺规程的基础上，根据企业的生产类型、生产条件和产品生产要求编制产品的成套工艺文件。

4.“科宏 2045”收音机的成套工艺文件编制

1）工艺文件封面

工艺文件封面在工艺文件装订成册时使用，它装在成册工艺文件的最表面。封面内容应包含产品型号、产品名称、产品图号、本册内容，以及工艺文件的总册数、本册工艺文件的总页数、在全套工艺文件中的序号和批准日期等。图 4-4 是“科宏 2045”收音机工艺文件封面。

**表 4-1　某波峰焊工艺规程**

| | 专业工艺规程 | 编号 | |
|---|---|---|---|

(1) 该规程适用于印制电路板装配工序的焊接加工工艺。
(2) 工艺材料的牌号、名称和规格等。
选用 Sn37Pb 焊料，焊接温度为 223～233℃，以求焊接的综合效果最佳。
选用中性助焊剂，固形物含量：(15±2)%；预热温度：80～120℃。
(3) 加工所需的设备、工具、模具、夹具和量具等。
(4) 操作前所需进行的准备工作。
波峰焊机的控制器是操作前必须仔细阅读和熟悉的。选定人工或自动开机控制模式，然后开机。注意在锡融化前不能开波峰。
(5) 工艺过程、方法和工艺参数(如温度、湿度、压力、电流和时间等)。
参数调整：
预热温度设定为 120±15℃；
锡炉温度设定为 240±10℃；
传送速度为 1.0～1.3m/min；
运输链宽度调至印制板宽度，运输链应高出波峰槽 5～8mm，且与炉面成 3°～6°的仰角。
波峰高度应能浸到印制板厚度的 2/3，但锡不能流到板面。
参数调整好后，先试焊 1～2 块板，进板时调整喷雾装置的节流阀和气阀，使喷雾效果最好，调整横移微调装置，使移动气缸的移动速度适度。根据试焊的质量再适当调整，以达到最佳的焊接效果。
影响波峰焊机焊接质量的因素除焊料和焊剂外，还有预热温度、锡炉温度、传送速度、波峰高度及仰角，也与要焊接的板材、板厚和板的面积有关。因此，波峰焊机的最佳焊接质量是要反复调试才能达到的。调试好后，要记下各项参数的值，以便摸索出最快的调整方法。
(6) 各项工艺过程中的质量要求与检验项目和方法。
(7) 劳动保护和设备安全等技术事项。
安全注意事项(使用前务必阅读)
1. 危险
(1) 非本设备维护、维修人员或未经培训合格人员切勿随意操作本设备。
(2) 本设备属于高温加热及传动设备，操作时应注意人身安全。
(3) 通电之前，应再次确认电源电压是否与设备工作电压相符。
2. 安装与调试时的注意事项
(1) 在熟读手册，充分确认安全后，再进行设备的安装和调试，操作错误会损坏设备，引起事故。
(2) 本设备提供三相五线制电源接线端子。电源接线时，一定要确认接地线可靠接地。否则，局部的漏电有可能导致严重的事故。
(3) 必须把外部电源全部切断后才能进行安装和接线等操作，否则会触电或损坏产品。
(4) 不要在通电时触摸及调整电气线路的裸露部分，否则可能引起触电及误操作。

| 使用性 |
|---|
| |
| 旧底图总号 |
| |

| 底图总号 | | 更改标记 | 数量 | 文件号 | 签名 | 日期 | 签　名 | | 日期 | 第　页 | |
|---|---|---|---|---|---|---|---|---|---|---|---|
| | | | | | | | 拟制 | | | | |
| | | | | | | | 审核 | | | | |
| 日期 | 签名 | | | | | | | | | 共　页 | |
| | | | | | | | | | | 第　册 | 第　页 |

续表

<table>
<tr><td colspan="2" rowspan="2"></td><td colspan="5">专业工艺规程</td><td colspan="3">编号</td><td colspan="2"></td></tr>
<tr><td colspan="10" rowspan="5">注意：<br>(1) 在设备运动部分启动运行之前，一定要确认相关的移动和转动部件都灵活，无阻滞，没有无关的工具和杂物挂靠，否则会引起故障和误动作。<br>(2) 在设备运行过程中，发现有故障或异常情况出现时，立即按“急停”按钮，终止设备运行，排除故障后再试运行。<br>3. 操作与使用时的注意事项<br>(1) 在设备运行过程中，应有专人监护，以便及时处理突发故障。<br>(2) 在锡炉加热过程中，一定要确认锡炉内有足量的锡料，保证测量锡液温度的热电耦与锡液有良好的接触，否则会引起发热管干烧，造成发热管和锡锅损坏。<br>(3) 锡炉内的锡料未完全熔化，及温度未达到设定值之前，严禁开启波峰马达，以防烧毁马达。<br>(4) 前述安装与调试时的注意事项同样适用于操作与使用过程中的相关操作。</td></tr>
<tr><td colspan="2">使用性</td></tr>
<tr><td colspan="2"></td></tr>
<tr><td colspan="2">旧底图总号</td></tr>
<tr><td colspan="2"></td></tr>
<tr><td colspan="2">底图总号</td><td>更改标记</td><td>数量</td><td>文件号</td><td>签名</td><td>日期</td><td colspan="2">签　名</td><td>日期</td><td colspan="2" rowspan="2">第　页</td></tr>
<tr><td colspan="2" rowspan="2"></td><td></td><td></td><td></td><td></td><td></td><td>拟制</td><td></td><td></td></tr>
<tr><td></td><td></td><td></td><td></td><td></td><td>审核</td><td></td><td></td><td colspan="2" rowspan="2">共　页</td></tr>
<tr><td>日期</td><td>签名</td><td></td><td></td><td></td><td></td><td></td><td></td><td></td><td></td></tr>
<tr><td rowspan="2"></td><td rowspan="2"></td><td></td><td></td><td></td><td></td><td></td><td></td><td></td><td></td><td rowspan="2">第　册</td><td rowspan="2">第　页</td></tr>
<tr><td></td><td></td><td></td><td></td><td></td><td></td><td></td><td></td></tr>
</table>

2）工艺文件明细表(目录)

工艺文件明细表是工艺文件的目录。成册时，应装在工艺文件的封面之后，反映产品工艺文件的齐套性。明细表包含：零部件和整件图号、零部件和整件名称、文件代号、文件名称、页码等内容。填写时，产品名称或型号和产品图号应与封面的型号、名称和图号保持一致；“拟制”和“审核”栏内由有关职能人员签署姓名和日期；“更改标记”栏内填写更改事项；“底图总号”栏内填写被本底图所代替的旧底图总号；“文件代号”栏填写文件的简号，不必填写文件的名称；其余各栏按标题填写，填写零部件和整件的图号、名称及其页数。表 4-2 是工艺文件明细表的格式，小型整机产品一般不需要编制工艺文件明细表。

3）材料配套明细表

材料配套明细表给出了产品生产中所需要的材料名称、型号规格及数量等，供有关部门在配套及领发料时使用。它反映零部件和整件装配时所需用的各种材料及其数量。填写时，“图号”、“名称”和“数量”栏填写相应设计文件明细表的内容或外购件的标准号、名称和数量；“来自何处”栏填写材料来源处；辅助材料填写在顺序的末尾。表 4-3～表 4-5是 2045AM/FM 收音机的配套明细表。

工 艺 文 件

第　　页

共　　页

共　　册

产品型号　科宏 2045

产品名称　AM/FM 袖珍收音机

产品图号　×××

本册内容　收音机的装配

批准　×××

年　月　日

| 旧底图总号 | |
| --- | --- |
| | |
| 底图总号 | |
| | |
| 日期 | 签名 |
| | |

图 4-4　“科宏 2045”收音机的工艺文件封面

**表 4-2　工艺文件明细表**

| | 工艺文件明细表 | | | 产品名称或型号 | 产品图号 | |
|---|---|---|---|---|---|---|
| | | | | AM/FM 袖珍收音机 | KD5.000.001 | |
| | 序号 | 文件代号 | 零部件和整件图号 | 零部件和整件名称 | 页数 | 备　注 |
| | 1 | 2 | 3 | 4 | 5 | 6 |
| | 1 | | | 封面 | 1 | |
| | 2 | | | 工艺文件明细表 | 1 | |
| | 3 | | | 配套明细表 | 3 | |
| | 4 | | | 工艺说明或简图 | 5 | |
| | 5 | | | 装配工艺过程卡 | 15 | |
| | 6 | | | 检验卡片 | 2 | |
| | | | | | | |
| | | | | | | |
| | | | | | | |
| | | | | | | |
| | | | | | | |
| | | | | | | |
| | | | | | | |
| | | | | | | |
| | | | | | | |
| 使用性 | | | | | | |
| | | | | | | |
| | | | | | | |
| 旧底图总号 | | | | | | |
| | | | | | | |
| | | | | | | |

| 底图总号 | | 更改标记 | 数量 | 文件号 | 签名 | 日期 | 签　名 | | 日期 | 第　页 | |
|---|---|---|---|---|---|---|---|---|---|---|---|
| | | | | | | | 拟制 | | | | |
| | | | | | | | 审核 | | | 共　页 | |
| 日期 | 签名 | | | | | | | | | | |
| | | | | | | | | | | 第　册 | 第　页 |
| | | | | | | | | | | | |

4）导线及线扎加工表

导线及线扎加工表用于导线和线扎的加工准备及排线等。填写时，“编号（线号）”

栏填写导线的编号或线扎图中导线的编号；“规格型号”、“颜色”栏填写材料的规格型号、颜色；“长度”栏中填写导线的下料长度；“去向、焊接处”栏填写导线焊接去向。表 4-6给出了“科宏 2045”收音机的导线加工表。

**表 4-3　配套明细表(一)**

<table>
<tr><td rowspan="2"></td><td colspan="3" rowspan="2">配套明细表</td><td>装配件名称</td><td colspan="2">装配件图号</td></tr>
<tr><td>AM/FM 袖珍收音机</td><td colspan="2">KD5.000.001</td></tr>
<tr><td></td><td>序号</td><td>名　称</td><td>数量</td><td>图号</td><td>来自何处</td><td>备　注</td></tr>
<tr><td></td><td>1</td><td>2</td><td>3</td><td>4</td><td>5</td><td>6</td></tr>
<tr><td></td><td>1</td><td>印制电路板</td><td>1</td><td></td><td>齐套库</td><td></td></tr>
<tr><td></td><td>2</td><td>耳塞插座</td><td>1</td><td></td><td>齐套库</td><td></td></tr>
<tr><td></td><td>3</td><td>拉杆天线</td><td>1</td><td></td><td>齐套库</td><td></td></tr>
<tr><td></td><td></td><td>电阻器</td><td></td><td></td><td></td><td></td></tr>
<tr><td></td><td>4</td><td>RT-0.25W-4.7kΩ±5%</td><td>1</td><td></td><td>电讯库</td><td>$R_2$</td></tr>
<tr><td></td><td>5</td><td>RT-0.25W-2.2kΩ±5%</td><td>1</td><td></td><td>电讯库</td><td>$R_3$</td></tr>
<tr><td></td><td>6</td><td>RT-0.25W-330Ω±5%</td><td>1</td><td></td><td>电讯库</td><td>$R_4$</td></tr>
<tr><td></td><td>7</td><td>RT-0.25W-100kΩ ±5%</td><td>1</td><td></td><td>电讯库</td><td>$R_5$</td></tr>
<tr><td></td><td>8</td><td>电位器 WH15-K4-50kΩ</td><td>1</td><td></td><td>电讯库</td><td>$RV_1$</td></tr>
<tr><td></td><td></td><td>电容器</td><td></td><td></td><td></td><td></td></tr>
<tr><td></td><td>9</td><td>CD-25V-4.7μF±10%</td><td>2</td><td></td><td>电讯库</td><td>$C_9$、$C_{14}$</td></tr>
<tr><td></td><td>10</td><td>CD-35V-10μF±10%</td><td>3</td><td></td><td>电讯库</td><td>$C_{15}$、$C_{17}$、$C_{23}$</td></tr>
<tr><td>使用性</td><td>11</td><td>CD-6.3V-220μF±10%</td><td>2</td><td></td><td>电讯库</td><td>$C_{18}$、$C_{22}$</td></tr>
<tr><td></td><td>12</td><td>CC1-6.3V-30pF±10%</td><td>3</td><td></td><td>电讯库</td><td>$C_1$、$C_2$、$C_3$</td></tr>
<tr><td></td><td>13</td><td>CC1-6.3V-10nF±10%</td><td>3</td><td></td><td>电讯库</td><td>$C_4$、$C_{11}$、$C_{12}$</td></tr>
<tr><td>旧底图总号</td><td>14</td><td>CC1-6.3V-20pF±10%</td><td>1</td><td></td><td>电讯库</td><td>$C_5$</td></tr>
<tr><td></td><td>15</td><td>CC1-6.3V-22pF±10%</td><td>1</td><td></td><td>电讯库</td><td>$C_6$</td></tr>
</table>

<table>
<tr><td colspan="2">底图总号</td><td>更改标记</td><td>数量</td><td>文件号</td><td>签名</td><td>日期</td><td colspan="2">签 名</td><td>日期</td><td colspan="2">第 1 页</td></tr>
<tr><td colspan="2"></td><td></td><td></td><td></td><td></td><td></td><td>拟制</td><td></td><td></td><td colspan="2"></td></tr>
<tr><td colspan="2"></td><td></td><td></td><td></td><td></td><td></td><td>审核</td><td></td><td></td><td colspan="2" rowspan="2">共 3 页</td></tr>
<tr><td>日期</td><td>签名</td><td></td><td></td><td></td><td></td><td></td><td></td><td></td><td></td></tr>
<tr><td></td><td></td><td></td><td></td><td></td><td></td><td></td><td></td><td></td><td></td><td>第 1 册</td><td>第 1 页</td></tr>
</table>

5）装配工艺过程卡

装配工艺过程卡又称为工艺作业指导卡，是整机装配中的重要文件，用于整机装配的准备、装联、调试、检验和包装入库等装配全过程，是完成产品的部件、整机的机械性装配和电气连接装配的指导性工艺文件。填写时,“装入件及辅助材料”栏填写本工序所使用的图号名称和数量;“工序(工步)内容及要求”栏填写本工序加工的内容和要求;辅助材料填在各道工序之后;空白栏供绘制加工装配工序图用。

**表 4-4 配套明细表(二)**

| | 配套明细表 | | | 装配件名称 | 装配件图号 | |
|---|---|---|---|---|---|---|
| | | | | AM/FM 袖珍收音机 | KD5.000.001 | |
| | 序号 | 名 称 | 数量 | 图号 | 来自何处 | 备 注 |
| | 1 | 2 | 3 | 4 | 5 | 6 |
| | 16 | CC1-6.3V-150pF±10% | 1 | | 电讯库 | $C_7$ |
| | 17 | CC1-6.3V-1pF±10% | 1 | | 电讯库 | $C_8$ |
| | 18 | CC1-6.3V-15pF±10% | 1 | | 电讯库 | $C_{10}$ |
| | 19 | CC1-6.3V-100pF±10% | 1 | | 电讯库 | $C_{13}$ |
| | 20 | CC1-6.3V-23nF±10% | 1 | | 电讯库 | $C_{16}$ |
| | 21 | CC1-6.3V-100nF±10% | 2 | | 电讯库 | $C_{19}$、$C_{20}$ |
| | 22 | CC1-6.3V-47nF±10% | 1 | | 电讯库 | $C_{21}$ |
| | 23 | 可变电容器 CBM-443DF | 1 | | 电讯库 | |
| | 24 | 滤波器 AM-SFU 455kHZ | 1 | | 电讯库 | $CF_1$ |
| | 25 | 滤波器 FM-SFE10.7MHZ | 1 | | 电讯库 | $CF_2$ |
| | 26 | 集成电路 CXA1191M(CD1191) | 1 | | 电讯库 | |
| | 27 | 中周 1083(黄色) | 1 | | 电讯库 | $T_1$ |
| | 28 | 中周 315(粉红色) | 1 | | 电讯库 | $T_2$ |
| 使用性 | 29 | 中周 7841(红色) | 1 | | 电讯库 | $L_4$ |
| | 30 | 磁棒 | 1 | | 电讯库 | |
| | 31 | 磁棒支架 | 1 | | 电讯库 | |
| 旧底图总号 | 32 | 天线线圈 | 1 | | 电讯库 | $L_1$ |
| | 33 | 空心线圈 | 3 | | 电讯库 | $L_2$、$L_3$、$L_5$ |

| 底图总号 | | 更改标记 | 数量 | 文件号 | 签名 | 日期 | 签 名 | | 日期 | 第 2 页 | |
|---|---|---|---|---|---|---|---|---|---|---|---|
| | | | | | | | 拟制 | | | | |
| | | | | | | | 审核 | | | 共 3 页 | |
| 日期 | 签名 | | | | | | | | | | |
| | | | | | | | | | | 第 1 册 | 第 2 页 |
| | | | | | | | | | | | |

**表 4-5　配套明细表(三)**

| | 配套明细表 | | | 装配件名称 | 装配件图号 | |
|---|---|---|---|---|---|---|
| | | | | AM/FM 袖珍收音机 | KD5. 000. 001 | |
| | 序号 | 名　称 | 数量 | 图号 | 来自何处 | 备　注 |
| | 1 | 2 | 3 | 4 | 5 | 6 |
| | 34 | 波段开关 SK2302 | 1 | | 电讯库 | $K_1$ |
| | 35 | 可变电容器拨盘 | 1 | | 电讯库 | |
| | 36 | 电位器拨盘 | 1 | | 电讯库 | |
| | 37 | 喇叭 36mm8Ω | 1 | | 电讯库 | |
| | 38 | 电池夹 | 1 对 | | 电讯库 | |
| | 39 | 机壳 | 1 对 | | 电讯库 | |
| | 40 | 连接线 | 6 根 | | 电讯库 | |
| | 41 | 沉头十字槽螺钉 M2.5×4 | 3 | | 五金库 | |
| | 42 | 十字槽自攻螺钉 M2.5×6 | 1 | | 五金库 | |
| | 43 | 球面十字槽螺钉 M1.6×4 | 1 | | 五金库 | |
| | 44 | 沉头十字槽螺钉 M2.5×6 | 1 | | 五金库 | |
| | 45 | 六角螺母 M2.5 | 1 | | 五金库 | |
| | 46 | 焊料 HISnPb39 | 4g | | 金属库 | |
| | 47 | 201 助焊剂 | 2g | | 化工库 | |
| | 48 | 酒精 | 20g | | 化工库 | |
| 使用性 | | | | | | |
| | | | | | | |
| | | | | | | |
| 旧底图总号 | | | | | | |
| | | | | | | |
| | | | | | | |

| 底图总号 | | 更改标记 | 数量 | 文件号 | 签名 | 日期 | 签 名 | | 日期 | 第 3 页 | |
|---|---|---|---|---|---|---|---|---|---|---|---|
| | | | | | | | 拟制 | | | | |
| | | | | | | | 审核 | | | 共 3 页 | |
| 日期 | 签名 | | | | | | | | | | |
| | | | | | | | | | | 第 1 册 | 第 3 页 |
| | | | | | | | | | | | |

**表 4-6　导线及线扎加工表**

| | 导线及线扎加工表 | | | | 产品名称或型号 | | | 产品图号 | |
|---|---|---|---|---|---|---|---|---|---|
| | | | | | AM/FM 袖珍收音机 | | | KD5.000.001 | |
| | 序号 | 线号 | 规格型号 | 颜色 | 长度/mm | 去向、焊接处 | | 设备工装 | 工时定额 |
| | | | | | | A 端 | B 端 | | |
| | 1 | 2 | 3 | 4 | 5 | 6 | 7 | 8 | 9 |
| | 1 | | ASTVR-0.2 | 红 | 80 | 扬声器（+） | PCB“+” | | |
| | 2 | | ASTVR-0.2 | 黑 | 80 | 扬声器（−） | PCB“−” | | |
| | 3 | | ASTVR-0.2 | 黑 | 40 | 扬声器（−） | 电池“−” | | |
| | 4 | | ASTVR-0.2 | 白 | 90 | 电池“+” | PCB“B+” | | |
| | 5 | | ASTVR-0.2 | 黄 | 60 | PCB“J1” | PCB“J1” | | |
| | 6 | | ASTVR-0.2 | 黄 | 80 | 天线 | 印制板 | | |
| 使用性 | | | | | | | | | |
| | | | | | | | | | |
| | | | | | | | | | |
| 旧底图总号 | | | | | | | | | |
| | | | | | | | | | |
| | | | | | | | | | |
| 底图总号 | 更改标记 | 数量 | 文件号 | 签名 | 日期 | 签名 | | 日期 | 第　页 |
| | | | | | | 拟制 | | | |
| | | | | | | 审核 | | | |
| 日期 / 签名 | | | | | | | | | 共　页 |
| | | | | | | | | | |
| | | | | | | | | 第　册 | 第　页 |

表 4-7～表 4-23 是“科宏 2045”收音机的装配工艺过程卡。其中，表 4-7～表 4-13 工序在流水线上完成手工印制电路板部分元器件的装配；表 4-14 是波峰焊接工序卡片；表 4-15 是切脚工序卡片；表 4-16 是检验工序卡片；表 4-17 是补焊工序卡片；

表4-18～表4-22工序是在完成波峰焊接、切脚和检验之后，对其余元器件进行手工装配和手工焊接的工序卡片；表4-23是完成所有元器件插装与焊接的检验工序卡片。

**表4-7 “科宏2045”收音机的装配工艺过程卡(一)**

<table>
<tr><td rowspan="5"></td><td colspan="5" rowspan="2">装配工艺过程卡</td><td colspan="2">装配件名称</td><td colspan="2">装配件图号</td></tr>
<tr><td colspan="2">印制电路板</td><td colspan="2">KD2.000.000</td></tr>
<tr><td rowspan="2">序号</td><td colspan="2">装入件及辅助材料</td><td rowspan="2">车间</td><td rowspan="2">工序号</td><td rowspan="2">工种</td><td rowspan="2">工序(工步)<br>内容及要求</td><td rowspan="2">设备<br>工装</td><td rowspan="2">工时<br>定额</td></tr>
<tr><td>代号、名称、规格</td><td>数量</td></tr>
<tr><td>1</td><td>2</td><td>3</td><td>4</td><td>5</td><td>6</td><td>7</td><td>8</td><td>9</td></tr>
<tr><td></td><td>1</td><td>$R_2$～$R_5$</td><td>4</td><td>流水线</td><td>1</td><td>装配工</td><td>电阻$R_3$和$R_4$采用立式安装，一端可紧靠电路板，也可留1～2mm，保证高度基本统一；其余电阻采用卧式安装，将各电阻插装到电路板对应的位置，并在电路板的焊接面上将引脚扳弯，使引脚与电路板成45°～60°夹角，以防元器件掉落</td><td>手工</td><td></td></tr>
<tr><td>使用性</td><td colspan="9" rowspan="4"> </td></tr>
<tr><td></td></tr>
<tr><td>旧底图总号</td></tr>
<tr><td></td></tr>
</table>

<table>
<tr><td colspan="2">底图总号</td><td>更改标记</td><td>数量</td><td>文件号</td><td>签名</td><td>日期</td><td>签 名</td><td>日期</td><td colspan="2" rowspan="2">第 页</td></tr>
<tr><td colspan="2" rowspan="2"></td><td></td><td></td><td></td><td></td><td></td><td>拟制</td><td></td></tr>
<tr><td></td><td></td><td></td><td></td><td></td><td>审核</td><td></td><td colspan="2" rowspan="2">共 页</td></tr>
<tr><td>日期</td><td>签名</td><td></td><td></td><td></td><td></td><td></td><td></td><td></td></tr>
<tr><td></td><td></td><td></td><td></td><td></td><td></td><td></td><td></td><td></td><td>第 册</td><td>第 页</td></tr>
</table>

**表 4-8 “科宏 2045”收音机的装配工艺过程卡(二)**

<table>
<tr><td rowspan="5"></td><td colspan="6" rowspan="2">装配工艺过程卡</td><td colspan="2">装配件名称</td><td colspan="2">装配件图号</td></tr>
<tr><td colspan="2">印制电路板</td><td colspan="2">KD2.000.000</td></tr>
<tr><td rowspan="2">序号</td><td colspan="2">装入件及辅助材料</td><td rowspan="2">车间</td><td rowspan="2">工序号</td><td rowspan="2">工种</td><td rowspan="2" colspan="2">工序(工步)<br>内容及要求</td><td rowspan="2">设备<br>工装</td><td rowspan="2">工时<br>定额</td></tr>
<tr><td>代号、名称、规格</td><td>数量</td></tr>
<tr><td>1</td><td>2</td><td>3</td><td>4</td><td>5</td><td>6</td><td colspan="2">7</td><td>8</td><td>9</td></tr>
<tr><td></td><td>1</td><td>$C_1 \sim C_6$</td><td>6</td><td>流水线</td><td>2</td><td>装配工</td><td colspan="2">采用立式安装。将各瓷片电容插装到电路板对应的位置。电容器到电路板的高度控制在 4～6mm，保证高度基本统一。在电路板的焊接面上将引脚扳弯，使引脚与电路板成 45°～60° 夹角，以防元器件掉落</td><td>手工</td><td></td></tr>
<tr><td>使用性</td><td colspan="10" rowspan="4"> </td></tr>
<tr><td></td></tr>
<tr><td>旧底图总号</td></tr>
<tr><td></td></tr>
<tr><td>底图总号</td><td>更改标记</td><td>数量</td><td>文件号</td><td>签名</td><td>日期</td><td colspan="2">签 名</td><td>日期</td><td colspan="2" rowspan="2">第 页</td></tr>
<tr><td rowspan="2"></td><td></td><td></td><td></td><td></td><td></td><td>拟制</td><td></td><td></td></tr>
<tr><td></td><td></td><td></td><td></td><td></td><td>审核</td><td></td><td></td><td colspan="2" rowspan="2">共 页</td></tr>
<tr><td>日期 | 签名</td><td></td><td></td><td></td><td></td><td></td><td></td><td></td><td></td></tr>
<tr><td></td><td></td><td></td><td></td><td></td><td></td><td></td><td></td><td></td><td>第 册</td><td>第 页</td></tr>
</table>

表 4-9　"科宏 2045"收音机的装配工艺过程卡(三)

| | 装配工艺过程卡 | | | | | 装配件名称 | | 装配件图号 | |
|---|---|---|---|---|---|---|---|---|---|
| | | | | | | 印制电路板 | | KD2.000.000 | |
| | 序号 | 装入件及辅助材料 | | 车间 | 工序号 | 工种 | 工序(工步)内容及要求 | 设备工装 | 工时定额 |
| | | 代号、名称、规格 | 数量 | | | | | | |
| | 1 | 2 | 3 | 4 | 5 | 6 | 7 | 8 | 9 |
| | 1 | $C_7 \sim C_{12}$ | 6 | 流水线 | 3 | 装配工 | 采用立式安装。将各个电容器插装到电路板对应的位置。电容器到电路板的高度控制在 4～6mm，保证高度基本统一。在电路板的焊接面上将引脚扳弯，使引脚与电路板成 45°～60°夹角，以防元器件掉落 | 手工 | |
| 使用性 | | | | | | | | | |
| | | | | | | | | | |
| 旧底图总号 | | | | | | | | | |
| | | | | | | | | | |

| 底图总号 | | 更改标记 | 数量 | 文件号 | 签名 | 日期 | 签名 | | 日期 | 第　页 | |
|---|---|---|---|---|---|---|---|---|---|---|---|
| | | | | | | | 拟制 | | | | |
| | | | | | | | 审核 | | | 共　页 | |
| 日期 | 签名 | | | | | | | | | | |
| | | | | | | | | | | 第　册 | 第　页 |

**表 4-10　“科宏 2045”收音机的装配工艺过程卡(四)**

| 装配工艺过程卡 | | | | | | 装配件名称 | 装配件图号 | |
|---|---|---|---|---|---|---|---|---|
| | | | | | | 印制电路板 | KD2.000.000 | |
| 序号 | 装入件及辅助材料 | | 车间 | 工序号 | 工种 | 工序(工步)内容及要求 | 设备工装 | 工时定额 |
| | 代号、名称、规格 | 数量 | | | | | | |
| 1 | 2 | 3 | 4 | 5 | 6 | 7 | 8 | 9 |
| 1 | $C_{13}$～$C_{17}$、$C_{21}$ | 6 | 流水线 | 2 | 装配工 | 采用立式安装。将各个电容器插装到电路板对应的位置。电容器到电路板的高度控制在 4～6mm,保证高度基本统一。在电路板的焊接面上将引脚扳弯,使引脚与电路板成 45°～60°夹角,以防元器件掉落 | 手工 | |

| 使用性 |
|---|
| |
| 旧底图总号 |
| |

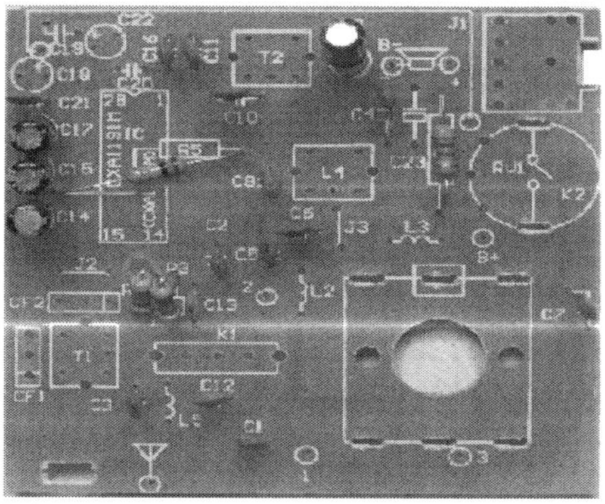

| 底图总号 | | 更改标记 | 数量 | 文件号 | 签名 | 日期 | 签名 | | 日期 | 第　页 | |
|---|---|---|---|---|---|---|---|---|---|---|---|
| | | | | | | | 拟制 | | | | |
| | | | | | | | 审核 | | | 共　页 | |
| 日期 | 签名 | | | | | | | | | | |
| | | | | | | | | | | 第　册 | 第　页 |

表 4-11 "科宏 2045"收音机的装配工艺过程卡(五)

<table>
<tr><td rowspan="6"></td><td colspan="5" rowspan="2">装配工艺过程卡</td><td colspan="2">装配件名称</td><td colspan="2">装配件图号</td></tr>
<tr><td colspan="2">印制电路板</td><td colspan="2">KD2.000.000</td></tr>
<tr><td rowspan="2">序号</td><td colspan="2">装入件及辅助材料</td><td rowspan="2">车间</td><td rowspan="2">工序号</td><td rowspan="2">工种</td><td rowspan="2">工序(工步)<br>内容及要求</td><td rowspan="2">设备<br>工装</td><td rowspan="2">工时<br>定额</td></tr>
<tr><td>代号、名<br>称、规格</td><td>数量</td></tr>
<tr><td>1</td><td>2</td><td>3</td><td>4</td><td>5</td><td>6</td><td>7</td><td>8</td><td>9</td></tr>
<tr><td>1</td><td>$C_{18}$、$C_{19}$、<br>$C_{20}$、$C_{22}$和<br>$C_{23}$</td><td>5</td><td>流水线</td><td>5</td><td>装配工</td><td>将 $C_{18}$、$C_{22}$和 $C_{23}$ 三只电解电容器的引脚分别插入电路板相应位置的安装孔内，并注意正负极性不能插反。电解电容器紧贴线路板立式安装，太高会影响后盖的安装</td><td>手工</td><td></td></tr>
<tr><td>使用性</td><td colspan="9" rowspan="4">
</td></tr>
<tr><td></td></tr>
<tr><td>旧底图总号</td></tr>
<tr><td></td></tr>
<tr><td colspan="2" rowspan="1">底图总号</td><td>更改<br>标记</td><td>数量</td><td>文件号</td><td>签名</td><td>日期</td><td>签 名</td><td>日期</td><td colspan="2" rowspan="2">第 页</td></tr>
<tr><td colspan="2" rowspan="2"></td><td></td><td></td><td></td><td></td><td></td><td>拟制</td><td></td></tr>
<tr><td></td><td></td><td></td><td></td><td></td><td>审核</td><td></td><td colspan="2" rowspan="2">共 页</td></tr>
<tr><td>日期</td><td>签名</td><td></td><td></td><td></td><td></td><td></td><td></td><td></td></tr>
<tr><td rowspan="2"></td><td rowspan="2"></td><td></td><td></td><td></td><td></td><td></td><td rowspan="2"></td><td rowspan="2"></td><td rowspan="2">第 册</td><td rowspan="2">第 页</td></tr>
<tr><td></td><td></td><td></td><td></td><td></td></tr>
</table>

**表 4-12　“科宏 2045”收音机的装配工艺过程卡(六)**

| | 装配工艺过程卡 | | | | | 装配件名称 | | 装配件图号 | |
|---|---|---|---|---|---|---|---|---|---|
| | | | | | | 印制电路板 | | KD2.000.000 | |
| | 序号 | 装入件及辅助材料 | | 车间 | 工序号 | 工种 | 工序(工步)内容及要求 | 设备工装 | 工时定额 |
| | | 代号、名称、规格 | 数量 | | | | | | |
| | 1 | 2 | 3 | 4 | 5 | 6 | 7 | 8 | 9 |
| | 1 | 空心线圈 $L_2$、$L_3$ 和 $L_5$，滤波器 $CF_1$ 和 $CF_2$ | 5 | 流水线 | 6 | 装配工 | 空心线圈 $L_2$、$L_3$ 和 $L_5$ 采用卧式安装，将各线圈插装到电路板对应的位置，并在电路板的焊接面上将引脚扳弯，使引脚与电路板成 45°～60°夹角，以防元器件掉落 | 手工 | |
| 使用性 | | | | | | | | | |
| | | | | | | | | | |
| 旧底图总号 | | | | | | | | | |
| | | | | | | | | | |

| 底图总号 | | 更改标记 | 数量 | 文件号 | 签名 | 日期 | 签名 | | 日期 | 第　页 | |
|---|---|---|---|---|---|---|---|---|---|---|---|
| | | | | | | | 拟制 | | | | |
| | | | | | | | 审核 | | | 共　页 | |
| 日期 | 签名 | | | | | | | | | | |
| | | | | | | | | | | 第　册 | 第　页 |

**表 4-13　“科宏 2045”收音机的装配工艺过程卡(七)**

| 装配工艺过程卡 | 装配件名称 | 装配件图号 |
|---|---|---|
| | 印制电路板 | KD2.000.000 |

| 序号 | 装入件及辅助材料 | | 车间 | 工序号 | 工种 | 工序(工步)内容及要求 | 设备工装 | 工时定额 |
|---|---|---|---|---|---|---|---|---|
| | 代号、名称、规格 | 数量 | | | | | | |
| 1 | 2 | 3 | 4 | 5 | 6 | 7 | 8 | 9 |
| 1 | 中周 $L_4$(红色)、中周 $T_1$(黄色)和中周 $T_2$(粉红色),PCB 上 $J_2$ 和 $J_3$ | 5 | 流水线 | 7 | 装配工 | 将中周插到电路板相应的位置,且包括屏蔽外壳上的引脚都应插入相应的孔内,并要求插装时使其紧贴电路板不歪斜。因中周外壳除起屏蔽作用外,还起导线的作用,所以中周外壳引脚必须焊接 | 手工 | |

| 使用性 |
|---|
| |
| 旧底图总号 |
| |

| 底图总号 | | 更改标记 | 数量 | 文件号 | 签名 | 日期 | 签 名 | | 日期 | 第　页 | |
|---|---|---|---|---|---|---|---|---|---|---|---|
| | | | | | | | 拟制 | | | | |
| | | | | | | | 审核 | | | 共　页 | |
| 日期 | 签名 | | | | | | | | | | |
| | | | | | | | | | | 第　册 | 第　页 |

**表 4-14　“科宏 2045”收音机的装配工艺过程卡(八)**

<table>
<tr><td rowspan="6"></td><td colspan="5" rowspan="2">装配工艺过程卡</td><td colspan="2">装配件名称</td><td colspan="2">装配件图号</td></tr>
<tr><td colspan="2">印制电路板</td><td colspan="2">KD2.000.000</td></tr>
<tr><td rowspan="2">序号</td><td colspan="2">装入件及辅助材料</td><td rowspan="2">车间</td><td rowspan="2">工序号</td><td rowspan="2">工种</td><td rowspan="2">工序(工步)<br>内容及要求</td><td rowspan="2">设备<br>工装</td><td rowspan="2">工时<br>定额</td></tr>
<tr><td>代号、名称、规格</td><td>数量</td></tr>
<tr><td>1</td><td>2</td><td>3</td><td>4</td><td>5</td><td>6</td><td>7</td><td>8</td><td>9</td></tr>
<tr><td>1</td><td>完成部分元器件插装的印制电路板</td><td>1</td><td>流水线</td><td>8</td><td>焊接工</td><td>印制电路板经波峰焊机焊接,要求焊点光滑、牢固、无虚焊、桥接、堆积、气泡等,焊接面积大于焊盘面积 80%。焊盘处应无松香,板面清洁、无白痕</td><td>波峰焊机</td><td></td></tr>
<tr><td>使用性</td><td colspan="9" rowspan="4"></td></tr>
<tr><td></td></tr>
<tr><td>旧底图总号</td></tr>
<tr><td></td></tr>
</table>

<table>
<tr><td colspan="2">底图总号</td><td>更改标记</td><td>数量</td><td>文件号</td><td>签名</td><td>日期</td><td colspan="2">签 名</td><td>日期</td><td colspan="2" rowspan="2">第　页</td></tr>
<tr><td colspan="2" rowspan="2"></td><td></td><td></td><td></td><td></td><td></td><td>拟制</td><td></td><td></td></tr>
<tr><td></td><td></td><td></td><td></td><td></td><td>审核</td><td></td><td></td><td colspan="2" rowspan="2">共　页</td></tr>
<tr><td>日期</td><td>签名</td><td></td><td></td><td></td><td></td><td></td><td></td><td></td><td></td></tr>
<tr><td rowspan="2"></td><td rowspan="2"></td><td></td><td></td><td></td><td></td><td></td><td></td><td></td><td></td><td rowspan="2">第　册</td><td rowspan="2">第　页</td></tr>
<tr><td></td><td></td><td></td><td></td><td></td><td></td><td></td><td></td></tr>
</table>

**表 4-15　“科宏 2045”收音机的装配工艺过程卡(九)**

<table>
<tr><td rowspan="5"></td><td colspan="5" rowspan="2">装配工艺过程卡</td><td colspan="2">装配件名称</td><td colspan="2">装配件图号</td></tr>
<tr><td colspan="2">印制电路板</td><td colspan="2">KD2.000.000</td></tr>
<tr><td rowspan="2">序号</td><td colspan="2">装入件及辅助材料</td><td rowspan="2">车间</td><td rowspan="2">工序号</td><td rowspan="2">工种</td><td rowspan="2">工序(工步)<br>内容及要求</td><td rowspan="2">设备<br>工装</td><td rowspan="2">工时<br>定额</td></tr>
<tr><td>代号、名称、规格</td><td>数量</td></tr>
<tr><td>1</td><td>2</td><td>3</td><td>4</td><td>5</td><td>6</td><td>7</td><td>8</td><td>9</td></tr>
<tr><td></td><td>1</td><td>完成部分元器件装焊的印制电路板</td><td>1</td><td>流水线</td><td>9</td><td>切脚工</td><td>用切脚机切除印制电路板的元器件引脚，长度离锡面 0.5～1mm</td><td>切脚机</td><td></td></tr>
<tr><td>使用性</td><td colspan="9" rowspan="4"> 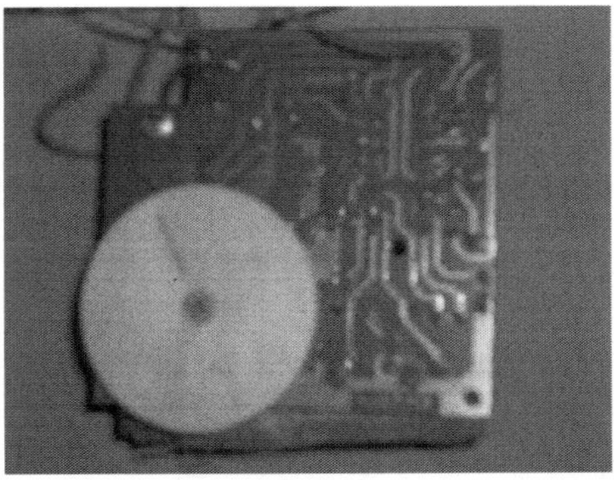</td></tr>
<tr><td></td></tr>
<tr><td>旧底图总号</td></tr>
<tr><td></td></tr>
</table>

<table>
<tr><td colspan="2">底图总号</td><td>更改标记</td><td>数量</td><td>文件号</td><td>签名</td><td>日期</td><td colspan="2">签名</td><td>日期</td><td colspan="2" rowspan="2">第　页</td></tr>
<tr><td colspan="2" rowspan="2"></td><td></td><td></td><td></td><td></td><td></td><td>拟制</td><td></td><td></td></tr>
<tr><td></td><td></td><td></td><td></td><td></td><td>审核</td><td></td><td></td><td colspan="2" rowspan="2">共　页</td></tr>
<tr><td>日期</td><td>签名</td><td></td><td></td><td></td><td></td><td></td><td></td><td></td><td></td></tr>
<tr><td rowspan="2"></td><td rowspan="2"></td><td></td><td></td><td></td><td></td><td></td><td></td><td></td><td></td><td rowspan="2">第　册</td><td rowspan="2">第　页</td></tr>
<tr><td></td><td></td><td></td><td></td><td></td><td></td><td></td><td></td></tr>
</table>

**表 4-16　“科宏 2045”收音机的装配工艺过程卡(十)**

<table>
<tr><td rowspan="13"></td><td colspan="4" rowspan="2">检验工序卡</td><td colspan="2">装配件名称</td><td colspan="2">装配件图号</td></tr>
<tr><td colspan="2">印制电路板</td><td colspan="2">KD2.000.000</td></tr>
<tr><td>工作地</td><td>流水线</td><td>工序号</td><td>10</td><td>来自何处</td><td>上道工序</td><td>交往何处</td><td>整机装配</td></tr>
<tr><td rowspan="2">序号</td><td rowspan="2">检测内容及技术要求</td><td rowspan="2">检测方法</td><td colspan="2">检验器具</td><td rowspan="2">全检</td><td rowspan="2">抽检</td><td rowspan="2">备注</td></tr>
<tr><td>名称</td><td>规格及精度</td></tr>
<tr><td>1</td><td>外观</td><td>目检</td><td></td><td></td><td></td><td></td><td></td></tr>
<tr><td>1-1</td><td>印制电路板无裂纹、缺损，铜箔无腐蚀、翘起、断条等</td><td>目检</td><td></td><td></td><td>100%</td><td></td><td>不合格，报废</td></tr>
<tr><td>1-2</td><td>元器件的品种、规格、位置符合设计要求，不得错焊、漏焊</td><td>目检</td><td></td><td></td><td>100%</td><td></td><td>不合格，退回前道工序返修</td></tr>
<tr><td>2</td><td>工艺质量</td><td>目检</td><td></td><td></td><td></td><td></td><td></td></tr>
<tr><td>2-1</td><td>元器件排列整齐，焊点光滑、牢固，无虚焊、桥接、堆积、气泡等</td><td>目检</td><td></td><td></td><td>100%</td><td></td><td>不合格，退回前道工序返修</td></tr>
<tr><td>2-2</td><td>焊接面积大于焊盘面积 80%。焊盘处应无松香，板面清洁、无白痕</td><td>目检</td><td></td><td></td><td>100%</td><td></td><td>不合格退回前道工序返修</td></tr>
</table>

<table>
<tr><td>使用性</td><td rowspan="4"></td></tr>
<tr><td></td></tr>
<tr><td>旧底图总号</td></tr>
<tr><td></td></tr>
</table>

<table>
<tr><td colspan="2">底图总号</td><td>更改标记</td><td>数量</td><td>文件号</td><td>签名</td><td>日期</td><td colspan="2">签 名</td><td>日期</td><td colspan="2" rowspan="2">第 页</td></tr>
<tr><td colspan="2" rowspan="2"></td><td></td><td></td><td></td><td></td><td></td><td>拟制</td><td></td><td></td></tr>
<tr><td></td><td></td><td></td><td></td><td></td><td>审核</td><td></td><td></td><td colspan="2" rowspan="2">共 页</td></tr>
<tr><td>日期</td><td>签名</td><td></td><td></td><td></td><td></td><td></td><td></td><td></td><td></td></tr>
<tr><td rowspan="2"></td><td rowspan="2"></td><td></td><td></td><td></td><td></td><td></td><td></td><td></td><td></td><td rowspan="2">第 册</td><td rowspan="2">第 页</td></tr>
<tr><td></td><td></td><td></td><td></td><td></td><td></td><td></td><td></td></tr>
</table>

**表 4-17　“科宏 2045”收音机的装配工艺过程卡(十一)**

| 装配工艺过程卡 | | | | | 装配件名称 | | 装配件图号 | |
|---|---|---|---|---|---|---|---|---|
| | | | | | 印制电路板 | | KD2.000.000 | |
| 序号 | 装入件及辅助材料 | | 车间 | 工序号 | 工种 | 工序(工步)内容及要求 | 设备工装 | 工时定额 |
| | 代号、名称、规格 | 数量 | | | | | | |
| 1 | 2 | 3 | 4 | 5 | 6 | 7 | 8 | 9 |
| 1 | 印制电路板补焊 | 1 | 流水线 | 11 | 装配工 | 印制电路板各焊点有虚焊、桥接、堆积、气泡等，元器件的品种、规格、位置不符合设计要求，有错焊、漏焊，均要用电烙铁补焊 | 电烙铁 | |

| 使用性 | |
|---|---|
| | |
| 旧底图总号 | |
| | |

| 底图总号 | | 更改标记 | 数量 | 文件号 | 签名 | 日期 | 签名 | | 日期 | 第　页 | |
|---|---|---|---|---|---|---|---|---|---|---|---|
| | | | | | | | 拟制 | | | | |
| | | | | | | | 审核 | | | 共　页 | |
| 日期 | 签名 | | | | | | | | | | |
| | | | | | | | | | | 第　册 | 第　页 |
| | | | | | | | | | | | |

表 4-18 “科宏 2045”收音机的装配工艺过程卡(十二)

| 装配工艺过程卡 | 装配件名称 | 装配件图号 |
|---|---|---|
| | 印制电路板 | KD2.000.000 |

| 序号 | 装入件及辅助材料 | | 车间 | 工序号 | 工种 | 工序(工步)内容及要求 | 设备工装 | 工时定额 |
|---|---|---|---|---|---|---|---|---|
| | 代号、名称、规格 | 数量 | | | | | | |
| 1 | 2 | 3 | 4 | 5 | 6 | 7 | 8 | 9 |
| 1 | 电位器 WH15-K4-50kΩ、波段开关 K1 和耳机插座 | 3 | 流水线 | 12 | 装配工 | 将电位器、波段开关和耳机插座插装在电路板对应的位置,使其与电路板平行,并且各引脚均插到预定位置。焊接时速度要快,以免烫坏插座和电位器的塑料部分 | 手工 25W 内热式电烙铁 | |

使用性

旧底图总号

| 底图总号 | 更改标记 | 数量 | 文件号 | 签名 | 日期 | 签名 | | 日期 | 第 页 |
|---|---|---|---|---|---|---|---|---|---|
| | | | | | | 拟制 | | | |
| | | | | | | 审核 | | | 共 页 |
| 日期 / 签名 | | | | | | | | | |
| | | | | | | | | | 第 册 第 页 |

表 4-19　"科宏 2045"收音机的装配工艺过程卡(十三)

| 装配工艺过程卡 | | | | | | 装配件名称 | | 装配件图号 |
|---|---|---|---|---|---|---|---|---|
| | | | | | | 印制电路板 | | KD2.000.000 |
| 序号 | 装入件及辅助材料 | | 车间 | 工序号 | 工种 | 工序(工步)内容及要求 | 设备工装 | 工时定额 |
| | 代号、名称、规格 | 数量 | | | | | | |
| 1 | 2 | 3 | 4 | 5 | 6 | 7 | 8 | 9 |
| 1 | 双联电容器 | 1 | 流水线 | 13 | 装配工 | 将双联电容器安装到电路板上。用两个 M2.5X4 螺钉将双联电容器固定好,注意要装平,用斜口钳将高出焊接面的 3 个引脚剪掉,只留 1mm 以完成焊接 | 手工螺刀 25W 内热式电烙铁 | |

| 使用性 | | | | | | | | |
|---|---|---|---|---|---|---|---|---|
| 旧底图总号 | | | | | | | | |
| 底图总号 | 更改标记 | 数量 | 文件号 | 签名 | 日期 | 签名 | 日期 | 第　页 |
| | | | | | | 拟制 | | |
| | | | | | | 审核 | | 共　页 |
| 日期 / 签名 | | | | | | | | |
| | | | | | | | | 第　册　第　页 |

表 4-20　“科宏 2045”收音机的装配工艺过程卡(十四)

| 装配工艺过程卡 | | | | | | 装配件名称 | 装配件图号 | |
|---|---|---|---|---|---|---|---|---|
| | | | | | | 印制电路板 | KD2.000.000 | |
| 序号 | 装入件及辅助材料 | | 车间 | 工序号 | 工种 | 工序(工步)内容及要求 | 设备工装 | 工时定额 |
| | 代号、名称、规格 | 数量 | | | | | | |
| 1 | 2 | 3 | 4 | 5 | 6 | 7 | 8 | 9 |
| 1 | 磁棒线圈、红黑导线 | 1 | 流水线 | 14 | 装配工 | 将磁棒线圈套在磁棒上后插入磁棒支架。整理好引线，在磁棒与支架间滴上 304-1 胶水。将线圈的 3 根引线头直接用电烙铁配合松香焊锡丝来回摩擦几次即可自动镀上锡。将线圈三个线头分别对应搭焊在线路板的三个焊盘上 | 手工 25W 内热式电烙铁 | |

| 使用性 |
|---|
| |
| 旧底图总号 |
| |

| 底图总号 | 更改标记 | 数量 | 文件号 | 签名 | 日期 | 签名 | | 日期 | 第　页 | |
|---|---|---|---|---|---|---|---|---|---|---|
| | | | | | | 拟制 | | | | |
| | | | | | | 审核 | | | 共　页 | |
| 日期 / 签名 | | | | | | | | | | |
| | | | | | | | | | 第　册 | 第　页 |

**表 4-21　"科宏 2045"收音机的装配工艺过程卡(十五)**

| 装配工艺过程卡 | 装配件名称 | 装配件图号 |
|---|---|---|
| | 印制电路板 | KD2.000.000 |

| 序号 | 装入件及辅助材料 | | 车间 | 工序号 | 工种 | 工序(工步)内容及要求 | 设备工装 | 工时定额 |
|---|---|---|---|---|---|---|---|---|
| | 代号、名称、规格 | 数量 | | | | | | |
| 1 | 2 | 3 | 4 | 5 | 6 | 7 | 8 | 9 |
| 1 | 完成元器件插装的印制电路板 | 1 | 流水线 | | 装配工 | 印制电路板经手工焊接,要求焊点光滑、牢固,无虚焊、桥接、堆积、气泡等,焊接面积大于焊盘面积80%。焊盘处应无松香,板面清洁、无白痕 | 25W内热式电烙铁 | |

| 使用性 |
|---|
| |
| 旧底图总号 |

| 底图总号 | 更改标记 | 数量 | 文件号 | 签名 | 日期 | 签名 | | 日期 | 第　页 |
|---|---|---|---|---|---|---|---|---|---|
| | | | | | | 拟制 | | | |
| | | | | | | 审核 | | | 共　页 |
| 日期 / 签名 | | | | | | | | | |
| | | | | | | | | | 第　册　第　页 |

**表 4-22 "科宏 2045"收音机的装配工艺过程卡(十六)**

<table>
<tr><td rowspan="5"></td><td colspan="6" rowspan="2">装配工艺过程卡</td><td>装配件名称</td><td colspan="2">装配件图号</td></tr>
<tr><td>印制电路板</td><td colspan="2">KD2.000.000</td></tr>
<tr><td rowspan="2">序号</td><td colspan="2">装入件及辅助材料</td><td rowspan="2">车间</td><td rowspan="2">工序号</td><td rowspan="2">工种</td><td rowspan="2">工序(工步)<br>内容及要求</td><td rowspan="2">设备<br>工装</td><td rowspan="2">工时<br>定额</td></tr>
<tr><td>代号、名<br>称、规格</td><td>数量</td></tr>
<tr><td>1</td><td>2</td><td>3</td><td>4</td><td>5</td><td>6</td><td>7</td><td>8</td><td>9</td></tr>
<tr><td></td><td>1</td><td>集成电<br>路芯片</td><td>1</td><td>流水线</td><td>15</td><td>装配工</td><td>集成电路芯片安装在印制电路板焊接面上并进行手工焊接。芯片经手工焊接,要求焊点光滑,牢固,无虚焊、桥接、堆积、气泡等,焊接面积大于焊盘面积 80%。焊盘处应无松香,板面清洁、无白痕</td><td>25W<br>内热<br>式电<br>烙铁</td><td></td></tr>
<tr><td>使用性</td><td colspan="9" rowspan="4"></td></tr>
<tr><td></td></tr>
<tr><td>旧底图总号</td></tr>
<tr><td></td></tr>
</table>

<table>
<tr><td colspan="2">底图总号</td><td>更改<br>标记</td><td>数量</td><td>文件号</td><td>签名</td><td>日期</td><td colspan="2">签 名</td><td>日期</td><td colspan="2" rowspan="2">第 页</td></tr>
<tr><td colspan="2" rowspan="2"></td><td></td><td></td><td></td><td></td><td></td><td>拟制</td><td></td><td></td></tr>
<tr><td></td><td></td><td></td><td></td><td></td><td>审核</td><td></td><td></td><td colspan="2" rowspan="2">共 页</td></tr>
<tr><td>日期</td><td>签名</td><td></td><td></td><td></td><td></td><td></td><td></td><td></td><td></td></tr>
<tr><td rowspan="2"></td><td rowspan="2"></td><td></td><td></td><td></td><td></td><td></td><td></td><td></td><td></td><td rowspan="2">第 册</td><td rowspan="2">第 页</td></tr>
<tr><td></td><td></td><td></td><td></td><td></td><td></td><td></td><td></td></tr>
</table>

**表 4-23　“科宏 2045”收音机的装配工艺过程卡(十七)**

<table>
<tr><td rowspan="11"></td><td colspan="6" rowspan="2">检验工序卡</td><td colspan="2">装配件名称</td><td colspan="2">装配件图号</td></tr>
<tr><td colspan="2">印制电路板</td><td colspan="2">KD2.000.000</td></tr>
<tr><td>工作地</td><td>流水线</td><td>工序号</td><td>16</td><td>来自何处</td><td>上道工序</td><td>交往何处</td><td>整机装配</td></tr>
<tr><td rowspan="2">序号</td><td rowspan="2">检测内容及技术要求</td><td rowspan="2">检测方法</td><td colspan="2">检验器具</td><td rowspan="2">全检</td><td rowspan="2">抽检</td><td rowspan="2">备注</td></tr>
<tr><td>名称</td><td>规格及精度</td></tr>
<tr><td>1</td><td>螺装检验</td><td>目检</td><td></td><td></td><td></td><td></td><td></td></tr>
<tr><td>1-1</td><td>电位器、波段开关和耳机插座整齐、平稳装接</td><td>目检</td><td></td><td></td><td>100%</td><td></td><td>不合格，退回前道工序</td></tr>
<tr><td>1-2</td><td>磁棒线圈、双联电容器安装平稳牢固</td><td>目检</td><td></td><td></td><td>100%</td><td></td><td>不合格，退回前道工序</td></tr>
<tr><td>2</td><td>焊接检验</td><td>目检</td><td></td><td></td><td></td><td></td><td></td></tr>
<tr><td>2-1</td><td>元器件排列整齐，焊点光滑，牢固，无虚焊、桥接、堆积、气泡等</td><td>目检</td><td></td><td></td><td>100%</td><td></td><td>不合格，退回前道工序返修</td></tr>
<tr><td>2-2</td><td>焊接面积大于焊盘面积 80%。焊盘处应无松香，板面清洁、无白痕</td><td>目检</td><td></td><td></td><td>100%</td><td></td><td>不合格，退回前道工序返修</td></tr>
<tr><td></td><td>2-3</td><td>导线焊接不应损伤绝缘层</td><td></td><td></td><td></td><td>100%</td><td></td><td>不合格，报废</td></tr>
<tr><td>使用性</td><td colspan="10" rowspan="4"></td></tr>
<tr><td></td></tr>
<tr><td>旧底图总号</td></tr>
<tr><td></td></tr>
<tr><td>底图总号</td><td>更改标记</td><td>数量</td><td>文件号</td><td>签名</td><td>日期</td><td colspan="2">签 名</td><td>日期</td><td colspan="2" rowspan="2">第　页</td></tr>
<tr><td rowspan="2"></td><td></td><td></td><td></td><td></td><td></td><td>拟制</td><td></td><td></td></tr>
<tr><td></td><td></td><td></td><td></td><td></td><td>审核</td><td></td><td></td><td colspan="2" rowspan="2">共　页</td></tr>
<tr><td>日期　签名</td><td></td><td></td><td></td><td></td><td></td><td></td><td></td><td></td></tr>
<tr><td></td><td></td><td></td><td></td><td></td><td></td><td></td><td></td><td></td><td>第　册</td><td>第　页</td></tr>
</table>

6）工艺说明及简图

工艺说明及简图卡用于编制重要复杂的或在其他格式上难以表述清楚的工艺，用简图、流程图、表格及文字形式进行说明，也可用于编写调试说明、检验要求及各种典型工艺文件等。表 4-24～表 4-28 是“科宏 2045”收音机部件装配工艺说明及简图格式和内容。

**表 4-24 “科宏 2045”收音机部件装配工艺说明及简图(一)**

<table>
<tr><td rowspan="4"></td><td colspan="6" rowspan="4">工艺说明及简图</td><td colspan="2">产品名称</td><td colspan="2">编号或图号</td></tr>
<tr><td colspan="2">AM/FM 袖珍收音机</td><td colspan="2">KD5.000.001</td></tr>
<tr><td colspan="2">工序名称</td><td colspan="2">工序编号</td></tr>
<tr><td colspan="2"></td><td colspan="2"></td></tr>
<tr><td></td><td colspan="10" rowspan="5">(1)壳面板贴刻度盘和塑料扬声器网罩。<br>刻度盘位置要正并牢固；塑料扬声器网罩位置要准，一定要对准安装孔，在安装时不能使固定柱断裂<br><br></td></tr>
<tr><td>使用性</td></tr>
<tr><td></td></tr>
<tr><td>旧底图总号</td></tr>
<tr><td></td></tr>
<tr><td>底图总号</td><td>更改标记</td><td>数量</td><td>文件号</td><td>签名</td><td>日期</td><td colspan="2">签 名</td><td>日期</td><td colspan="2" rowspan="2">第 页</td></tr>
<tr><td rowspan="2"></td><td></td><td></td><td></td><td></td><td></td><td>拟制</td><td></td><td></td></tr>
<tr><td></td><td></td><td></td><td></td><td></td><td>审核</td><td></td><td></td><td colspan="2" rowspan="2">共 页</td></tr>
<tr><td>日期 | 签名</td><td></td><td></td><td></td><td></td><td></td><td></td><td></td><td></td></tr>
<tr><td rowspan="2"></td><td></td><td></td><td></td><td></td><td></td><td></td><td></td><td></td><td rowspan="2">第 册</td><td rowspan="2">第 页</td></tr>
<tr><td></td><td></td><td></td><td></td><td></td><td></td><td></td><td></td></tr>
</table>

**表 4-25　"科宏 2045"收音机部件装配工艺说明及简图(二)**

| | 工艺说明及简图 | 产品名称 | 编号或图号 |
|---|---|---|---|
| | | AM/FM 袖珍收音机 | KD5.000.001 |
| | | 工序名称 | 工序编号 |
| | | | |

(2)扬声器的安装。

先将扬声器安放到前盖内，扬声器安装时要注意接线柱的方向，使其靠近电路板一边，扬声器安装到位后，压紧以免扬声器松动。将下好料的长度为 80mm 红和黑两根导线剥头上锡后，红色导线一端焊接在扬声器的"＋"接线焊片上，另一端焊接在电路板的"＋"焊盘上；黑色导线一端焊接在扬声器的"－"接线焊片上，另一端焊接在电路板的"－"焊盘上

| 使用性 | | | | | | | | | |
|---|---|---|---|---|---|---|---|---|---|
| | | | | | | | | | |
| 旧底图总号 | | | | | | | | | |
| | | | | | | | | | |
| 底图总号 | 更改标记 | 数量 | 文件号 | 签名 | 日期 | 签 名 | | 日期 | 第　页 |
| | | | | | | 拟制 | | | |
| | | | | | | 审核 | | | 共　页 |
| 日期 | 签名 | | | | | | | | |
| | | | | | | | | | 第　册　第　页 |

表 4-26　"科宏 2045"收音机部件装配工艺说明及简图(三)

| 工艺说明及简图 | 产品名称 | 编号或图号 |
|---|---|---|
| | AM/FM 袖珍收音机 | KD5.000.001 |
| | 工序名称 | 工序编号 |
| | | |

(3)安装电源正负极片和弹簧片。

将白色导线剥头上锡后,一端焊在电池的正极夹片上,另一端焊在电路板铜箔面的"B+"焊盘上;将黑色导线剥头上锡后,一端焊在电池的负极夹片上,另一端焊在扬声器的"－"接线焊片上。然后,将电池的正负夹片插装到前盖内的电池片安装模槽内,同时将电池的正负连接弹簧装于前盖内相应的安装模槽内。注意正负极片的搭配关系,保证电池安装时正负极正确对接。正负极片的焊点边缘与极片的边缘间距需大于 1mm,以免插入外壳时卡住

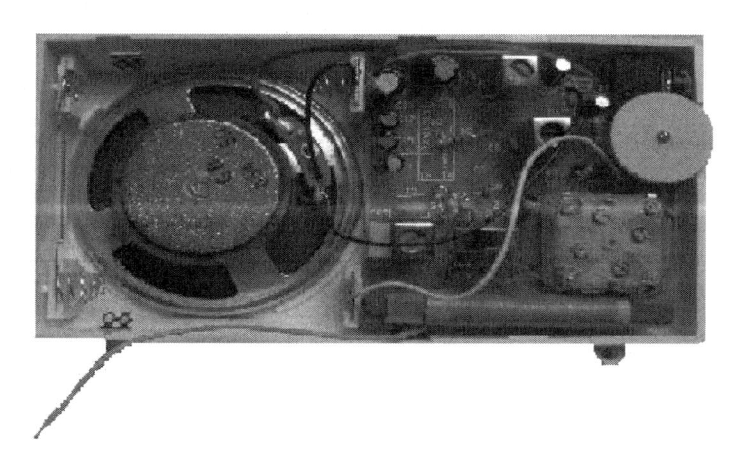

| 使用性 |
|---|
| |
| 旧底图总号 |
| |

| 底图总号 | | 更改标记 | 数量 | 文件号 | 签名 | 日期 | 签 名 | | 日期 | 第　页 |
|---|---|---|---|---|---|---|---|---|---|---|
| | | | | | | | 拟制 | | | |
| | | | | | | | 审核 | | | 共　页 |
| 日期 | 签名 | | | | | | | | | |
| | | | | | | | | | | 第　册　第　页 |
| | | | | | | | | | | |

**表 4-27　“科宏 2045”收音机部件装配工艺说明及简图(四)**

| | 工艺说明及简图 | 产品名称 | 编号或图号 |
|---|---|---|---|
| | | AM/FM 袖珍收音机 | KD5.000.001 |
| | | 工序名称 | 工序编号 |
| | | | |

(4)电位器拨盘的安装。

用 M1.6×5 螺钉将电位器拨盘紧固于电位器的调节轴上，安装时先将拨盘上的槽口对准电位器安装轴，然后将螺钉旋紧。

(5)安装电路板。

电路板的安装要注意装入卡槽，保持水平，并用 $\phi 2$ 自攻螺钉固定

| 使用性 |
|---|
| |
| 旧底图总号 |
| |

| 底图总号 | | 更改标记 | 数量 | 文件号 | 签名 | 日期 | 签名 | | 日期 | 第　页 | |
|---|---|---|---|---|---|---|---|---|---|---|---|
| | | | | | | | 拟制 | | | | |
| | | | | | | | 审核 | | | 共　页 | |
| 日期 | 签名 | | | | | | | | | | |
| | | | | | | | | | | 第　册 | 第　页 |
| | | | | | | | | | | | |

表 4-28　“科宏 2045”收音机部件装配工艺说明及简图(五)

<table>
<tr><td rowspan="5"></td><td colspan="7" rowspan="4">工艺说明及简图</td><td colspan="2">产品名称</td><td colspan="2">编号或图号</td></tr>
<tr><td colspan="2">AM/FM 袖珍收音机</td><td colspan="2">KD5.000.001</td></tr>
<tr><td colspan="2">工序名称</td><td colspan="2">工序编号</td></tr>
<tr><td colspan="2"></td><td colspan="2"></td></tr>
<tr><td colspan="11">(6)安装天线、机壳和后盖板合盖。<br>安装天线,合上机壳后盖,至此整机组装完成</td></tr>
<tr><td>使用性</td><td colspan="11"></td></tr>
<tr><td>旧底图总号</td><td colspan="11"></td></tr>
<tr><td colspan="2">底图总号</td><td>更改标记</td><td>数量</td><td>文件号</td><td>签名</td><td>日期</td><td colspan="2">签 名</td><td>日期</td><td colspan="2" rowspan="2">第　页</td></tr>
<tr><td colspan="2" rowspan="2"></td><td></td><td></td><td></td><td></td><td></td><td>拟制</td><td></td><td></td></tr>
<tr><td></td><td></td><td></td><td></td><td></td><td>审核</td><td></td><td></td><td colspan="2" rowspan="2">共　页</td></tr>
<tr><td>日期</td><td>签名</td><td></td><td></td><td></td><td></td><td></td><td></td><td></td><td></td></tr>
<tr><td rowspan="2"></td><td rowspan="2"></td><td></td><td></td><td></td><td></td><td></td><td></td><td></td><td></td><td rowspan="2">第　册</td><td rowspan="2">第　页</td></tr>
<tr><td></td><td></td><td></td><td></td><td></td><td></td><td></td><td></td></tr>
</table>

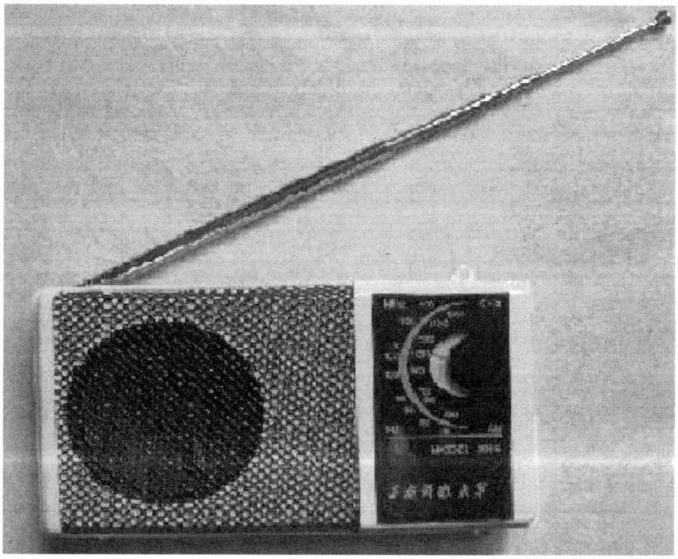

以上通过编制工艺说明及简图完成整机装配操作。

7）工艺更改通知单

SJ/T 10531—1994 工艺规定了工艺文件更改的原则、要求和方法，以及更改通知单的拟制要求。本标准适用于电子工业产品已归档工艺文件的更改。在以前设计的工艺方案、工艺路线和工艺规程的基础上编制电子产品工艺文件更改通知单。更改通知单如表 4-29 所示。

**表 4-29　工艺文件更改通知单**

<table>
<tr><td colspan="7">工艺更改通知单</td></tr>
<tr><td>文件代号</td><td>更改期限</td><td>更改原因</td><td>名称</td><td colspan="2"></td><td>更改单号</td></tr>
<tr><td></td><td></td><td></td><td>图号</td><td colspan="2"></td><td></td></tr>
<tr><td>更改标记</td><td></td><td colspan="5">更改内容</td></tr>
<tr><td colspan="7"></td></tr>
<tr><td rowspan="4">使用性</td><td></td><td></td><td rowspan="4">送至单位</td><td></td><td></td><td>附录</td></tr>
<tr><td></td><td></td><td></td><td></td><td rowspan="3"></td></tr>
<tr><td></td><td></td><td></td><td></td></tr>
<tr><td></td><td></td><td></td><td></td></tr>
<tr><td>拟制</td><td></td><td colspan="4">处理意见</td><td rowspan="3">第　页</td></tr>
<tr><td>审核</td><td></td><td colspan="4" rowspan="5"></td></tr>
<tr><td></td><td></td></tr>
<tr><td></td><td></td><td rowspan="3">共　页</td></tr>
<tr><td>标准化</td><td></td></tr>
<tr><td>批准</td><td></td></tr>
<tr><td colspan="7"></td></tr>
</table>

# 4.3　执行工艺文件的必要性与安全文明生产

## 4.3.1　执行工艺文件的必要性

对于任何电子产品，从原料进厂到加工成品出厂，往往要经过若干道工序的生产过程。在这一生产过程中，有 80%以上的工作必须具备一定的技能，按照特定的工艺规程予以完成。这些生产活动都是工艺要素的有机组合，任何企业在生产中都少不了工艺工作这一环节。工艺技术水平不仅对企业的产品质量有很重要的影响，而且影响着企业生产的物耗、能耗和效率。也就是说，企业的工艺技术水平直接决定着各种投入资源在生产过程中的变换效率，决定着企业的经济效益。

工艺文件用工艺规程和加工、装配等图纸来指导生产，以实现设计文件中要求的产品技术性能指标，是指导生产的主要技术文件，是指挥现场生产、加工制作和质量管理的技术依据。所以，工艺文件的编制则成了企业生产的必然环节，编制工艺文件应根据产品的组成、内容、生产批量和生产形式来确定。在保证产品质量和有利于稳定生产的条件下，以易懂易操作为条件，以最经济最合理的工艺手段进行加工为原则，以规范和清晰为要求，以优质、低耗和高产为宗旨。生产中严格遵守各项工艺规章制度，注意安全文明生产，确保工艺文件正确实施。

一份优秀的工艺技术文件能在生产过程中体现出来，企业管理员和企业员工都必须按照工艺文件进行管理和操作。

### 4.3.2 安全文明生产

1. 安全生产

安全生产是指在生产过程中确保生产的产品、使用的工具、仪器设备和人身的安全。安全为了生产，生产必须安全。必须树立“质量第一和安全第一”的观点，切实做好生产安全工作。

在严格遵守操作规程的前提下，对从事电工及电子产品装配和调试的人员，为做到安全用电，还应注意以下几点：

(1) 在车间内使用的局部照明灯、手提电动工具和高度低于 2.5m 的普通照明灯等，应尽量采用国家规定的 36V 安全电压或更低的电压。

(2) 各种电气设备、电气装置和电动工具等应接好安全保护地线。

(3) 操作带电设备时，不得用手触摸带电部位，不得用手接触导电部位来判断是否有电。

(4) 电气设备线路应由专业人员安装。发现电气设备有打火、冒烟或异味时，应迅速切断电源，请专业人员进行检修。

(5) 在非安全电压下作业时，应尽可能用单手操作，并应站在绝缘胶垫上。在调试高压设备时，地面应铺绝缘垫，操作人员应穿绝缘胶靴，戴绝缘胶手套，使用有绝缘柄的工具。

(6) 检修电气设备和电器用具时，必须切断电源。如果设备内有电容器，则电容器都必须充分放电，然后才能进行检修。

(7) 各种电气设备插头应经常保持完好无损，不用时应从插座上拔下。从插座上取下电线插头时，应握住插头，而不要拉电线。工作台上的插座应安装在不易碰撞的位置上，若有损坏应及时修理或更换。

(8) 开关上的熔断丝应有符合规定的容量，不得用铜和铝导线代替熔断丝。

(9) 高温电气设备的电源线严禁采用塑料绝缘导线。

(10) 酒精、汽油和香蕉水等易燃品不能放在靠近电器处。

2. 文明生产

文明生产就是创造一个布局合理及整洁优美的生产和工作环境，人人养成遵守纪律和严格执行工艺操作规程的习惯。文明生产是保证产品质量和安全生产的重要条件。文明生产在一定程度上反映了企业的经营管理水平、职工的技术素质和精神面貌。

文明生产的内容包括以下几个方面：

(1) 厂区内各车间布局合理，有利于生产安排，且环境整洁优美。

(2) 车间工艺布置合理，光线充足，通风排气良好，温度适宜。

(3) 严格执行各项规章制度，认真贯彻工艺操作规程。

(4) 工作场地和工作台面应保持整洁，使用的工具材料应各放其位，仪器仪表和安全用具要保管有方。

(5) 进入车间前应按规定穿戴工作服和鞋帽，必要时应戴手套(如焊接镀银件)。

(6) 讲究个人卫生，不得在车间内吸烟。

(7) 生产用的工具及各种准备件应堆放整齐，以方便操作。

(8) 操作标准化、规范化。

(9) 厂内传递工件时应有专用的传递箱。对机箱外壳、面板装饰件和刻度盘等易划伤的工件应有适当的防护措施。

(10) 树立把方便让给别人和困难留给自己的精神，为下一班和下一工序服好务。

# 第 5 章　放大电路设计

**【学习目标】**

本章依次介绍单级和多级电压放大器及低频和高频功率放大器的分析方法和设计方法，并通过一定的案例分析，介绍放大电路的基本原理、电路参数的计算、设计方法、仿真分析及实物制作过程。具体的学习目标如下：

(1) 了解放大电路的组成；

(2) 理解放大电路的工作原理；

(3) 熟悉电路设计的一般过程，会制作放大电路；

(4) 能够调试测量放大电路。

## 5.1　任务一　单级低频电压放大器

### 5.1.1　单管共发射极放大器的分析

在放大系统中，由于输入信号的幅度比较小，放大系统的前级主要是放大信号的电压幅度，要求失真小，工作稳定，因此一般采用甲类放大。考虑到温度的影响，放大系统多采用工作点相对较稳定的分压式共发射极电路，如图 5-1 所示。

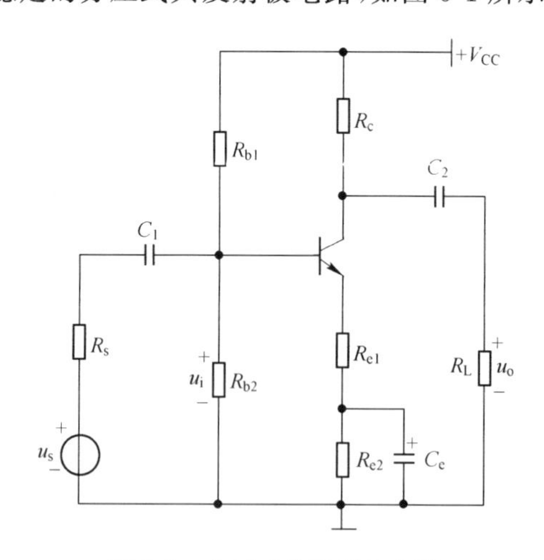


图 5-1　分压式共发射极电路

在图 5-1 中，$R_{b1}$和 $R_{b2}$分别为上偏置电阻和下偏置电阻，对电源电压分压确定晶体管的基极电位，其电位基本不变，$U_B$的计算方法为

$$U_B \approx \frac{V_{CC}}{R_{b1}+R_{b2}} R_{b2} \tag{5-1}$$

$R_{e1}$和$R_{e2}$对直流引入负反馈，从而保证电路的静态工作点基本不随温度的变化而变化。$R_{e1}$一般采用小电阻，对交流信号引入电流串联负反馈，可以抑制非线性失真。稳定静态工作点的反馈控制过程如下：

温度$\uparrow \rightarrow I_E \uparrow \rightarrow U_{BE} \downarrow$ $[U_{BE}=U_B-I_E(R_{e1}+R_{e2})$，其中$U_B$不变$)] \rightarrow I_E \downarrow$

该电路的电压放大倍数为

$$A_u \approx -\beta \frac{R_C \parallel R_L}{r_{be}+(1+\beta)R_{e1}} \tag{5-2}$$

### 5.1.2　电路设计

为维持$U_B$基本恒定和发射极电阻的直流电流负反馈作用，应满足：$I_1=(5\sim10)I_b$（硅管）；$I_1=(10\sim20)I_b$（锗管）；$U_B=(3\sim5)$ V（硅管）；$U_B=(1\sim3)$ V（锗管）。

此外，$R_{b1}$、$R_{b2}$、$R_c$和$R_{e2}$的选择要兼顾对$A_u$、输入电阻$R_i$，以及输出电阻$R_o$的设计指标要求；耦合电容$C_1$、$C_2$和旁路电容$C_e$的取值要满足对下限频率的要求；三极管的选择要满足电路对其$P_{CM}$、$U_{(BR)CEO}$、$I_{CM}$的要求，以及对特征频率的要求。

放大电路传统的设计计算方法比较繁杂，电路参数计算完以后，还需要搭接实际的电路反复调试。利用计算机的辅助设计则简化了这一过程。图 5-2 是利用 Multisim 2001 进行电路元器件参数设计的分压式共发射极放大电路连接图，它满足$A_u \geqslant 30$和$R_i \geqslant 5\text{k}\Omega$的设计要求。实现过程为如下。

(1) 按图 5-2 画出电路，接入仪器和仪表；依照对电流和电压的要求大致给出元器件参数，然后根据电压表和电流表的指示对静态工作点进行调整，使之满足前述对$I_1$、$I_B$和$U_B$的要求。

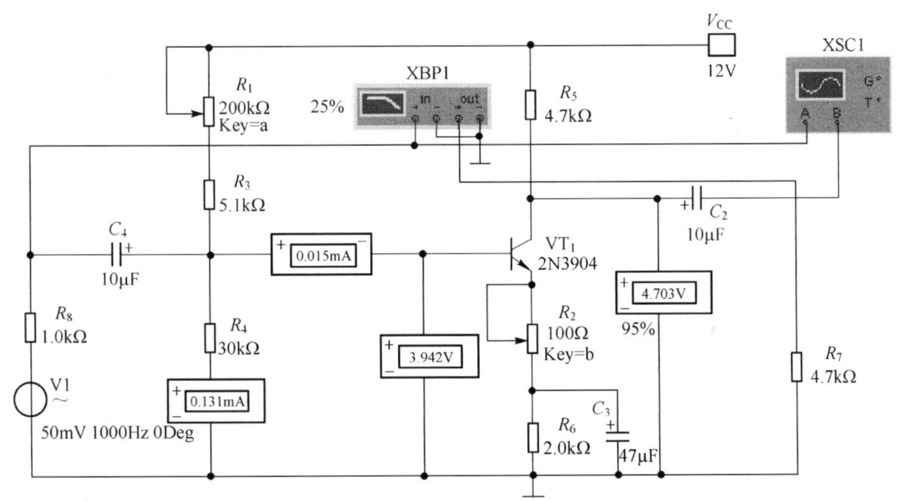


图 5-2　用 Multisim 2001 进行电路元器件参数设计的分压式共发射极放大电路

(2) 根据示波器对输入和输出电压幅度的指示,求出电路的 $A_u$,如 $A_u$ 小于要求值,则调节 $R_2$ 的大小,使之达到指标。图 5-3 是单击图 5-2 中示波器图标后弹出的示波器面板。按住左键拖动读数指针 1 或 2 到正弦波信号的峰值处,就可以从示波器面板下方相应的窗口中读出输入和输出信号的幅值。当然,也可直接通过交流电压表示数(有效值)计算电压放大倍数,但是示波器能直观地显示波形是否有失真,这是电压表无法实现的。

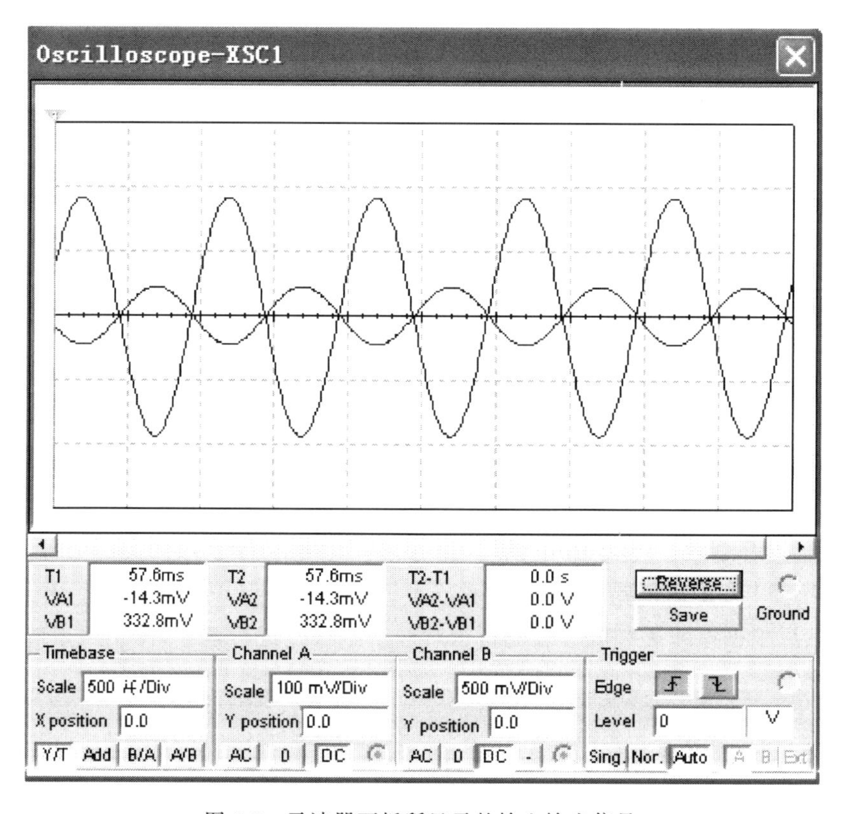


图 5-3 示波器面板所显示的输入输出信号

(3) 计算输入电阻,即

$$R_i = \frac{R_s u_i}{u_s - u_i} \tag{5-3}$$

如果输入电阻小于要求指标,则需要重新调节 $R_1$、$R_3$、$R_4$ 和 $R_2$。当然,提高 $R_i$ 最有效的办法是增大 $R_2$,但必定减小 $A_u$,所以上述的步骤需要反复进行,才能兼顾各项指标要求。

(4) 如果对放大器有频带要求,则降低下限截止频率 $f_L$,需适当增大耦合电容 $C_2$、$C_4$ 及旁路电容 $C_3$ 实现,上限截止频率 $f_H$ 主要由三极管的极间电容值确定。波特图仪是一种相当于扫频仪的虚拟仪器,利用它估计放大电路的 $f_L$ 和 $f_H$ 远比用示波器测量方便快捷。只需按图 5-4(a)所示的方法将读数指针拖到通频带,从相应的窗口中读出增益的分贝值，然后将读数指针拖到低频段比通带增益低 3dB 处，其对应的频率即为 $f_L$，如图 5-4(b)所示。用同样的方法在高频段可求得 $f_H$，如图 5-4(c)所示。

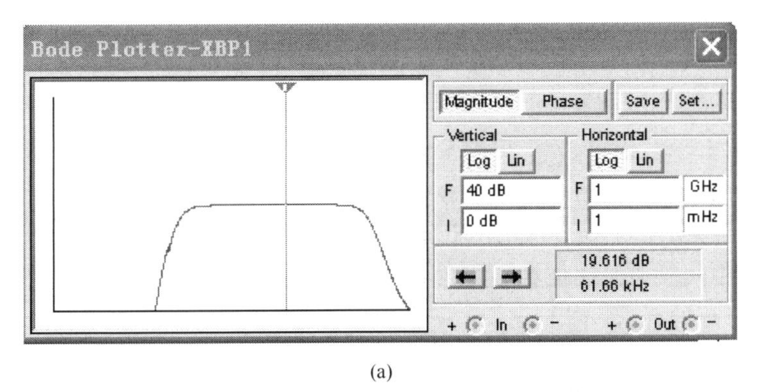


(a)

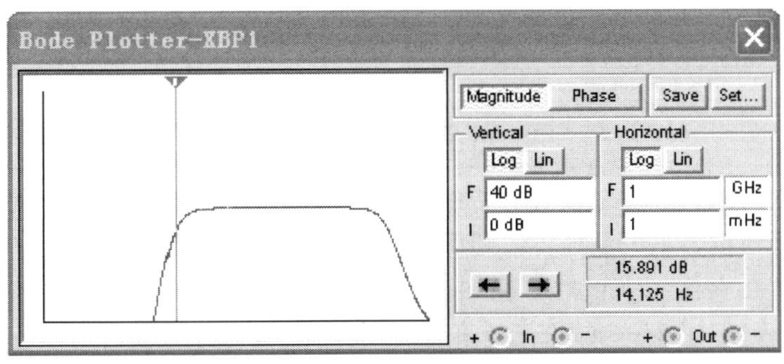


(b)

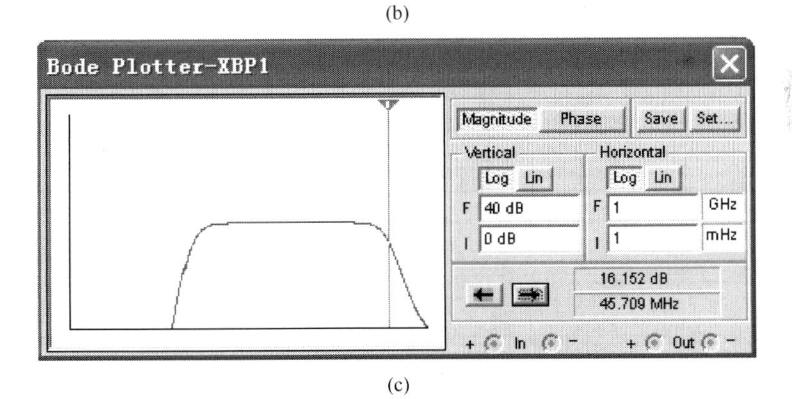


(c)

图 5-4　用波特图仪测量放大电路的上下限截止频率

在利用 Multisim 2001 调试电路元器件参数时，三极管的电流放大系数 $\beta$ 可以根据实际情况加以设置。具体的办法是，单击三极管图标，弹出其“元件属性”对话框，在 Models 栏中单击 Edit 按钮，弹出“三极管参数”对话框，sheetl 中的 Forward current gain coefficient 即为 $\beta$ 值。当 $\beta$ 值被修改后，在关闭文件时，要看清楚提示，选择只修改本电路中 NPN 管的 $\beta$ 值，注意不要把库参数也修改了。

# 5.2　任务二　多级低频电压放大器

## 5.2.1　案例分析

在实际的电子设备中，为了得到足够大的电压放大倍数或者使输入电阻和输出电阻达到指标要求，放大电路往往由多级组成。多级放大电路由输入级、中间级及输出级组成，如图5-5所示。于是，可以分别考虑输入级如何与信号源配合，输出级如何满足负载的要求，中间级如何保证电压放大倍数足够大。各级放大电路可以针对各自的任务满足技术指标的要求，本节只讨论由输入级到输出级组成的多级小信号放大电路。

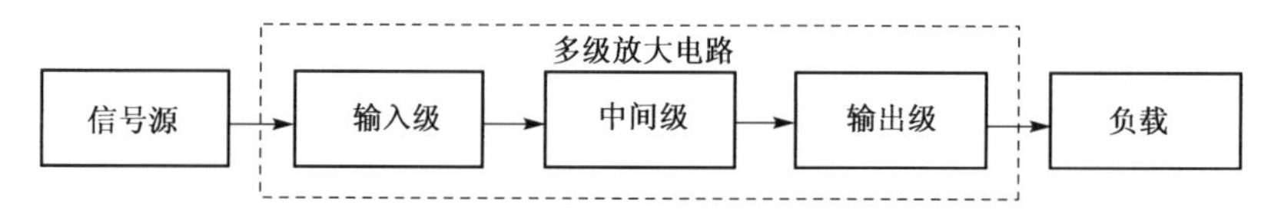


图5-5　多级放大电路的框图

多级放大电路将各单级放大电路连接起来，这种级间连接方式称为耦合，要求前级的输出信号通过耦合不失真地传输到后级的输入端。常见的耦合方式有阻容耦合、变压器耦合及直接耦合三种形式。下面仅介绍阻容耦合方式。

阻容耦合利用电容作为耦合元件将前级和后级连接起来。这种电容称为耦合电容，如图5-6所示。第一级的输出信号通过电容 $C_2$ 和第二级的输入端相连接。

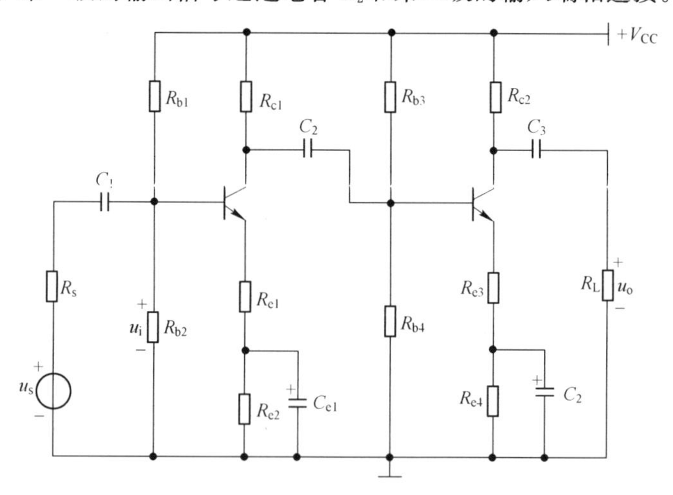


图5-6　阻容耦合两级放大电路

阻容耦合的优点：前级和后级直流通路彼此隔开，每一级的静态工作点相互独立，互不影响，便于分析和设计电路。因此，阻容耦合在多级交流放大电路中得到了广泛的应用。

阻容耦合的缺点：信号在通过耦合电容加到下一级时会大幅衰减，直流信号（或变化缓慢的信号)很难传输。在集成电路里制造大电容很困难,不利于集成化。所以,阻容耦合只适用于分立元件组成的电路。

### 5.2.2　电路设计

阻容耦合电路由于采用电容耦合,各级的静态工作点互不干扰,可按照图 5-1 电压放大器的设计方法设计每一级电路。下面通过仿真的方式介绍两级放大器的设计。

按图 5-7 画出仿真电路(第一级与第二级放大器通过 $C_1$ 耦合),接入仪器和仪表;依照对电流和电压的要求大致给出元器件参数,然后根据电压表和电流表的指示对静态工作点进行调整,使之满足前述对 $I_1$、$I_B$和 $U_B$的要求。

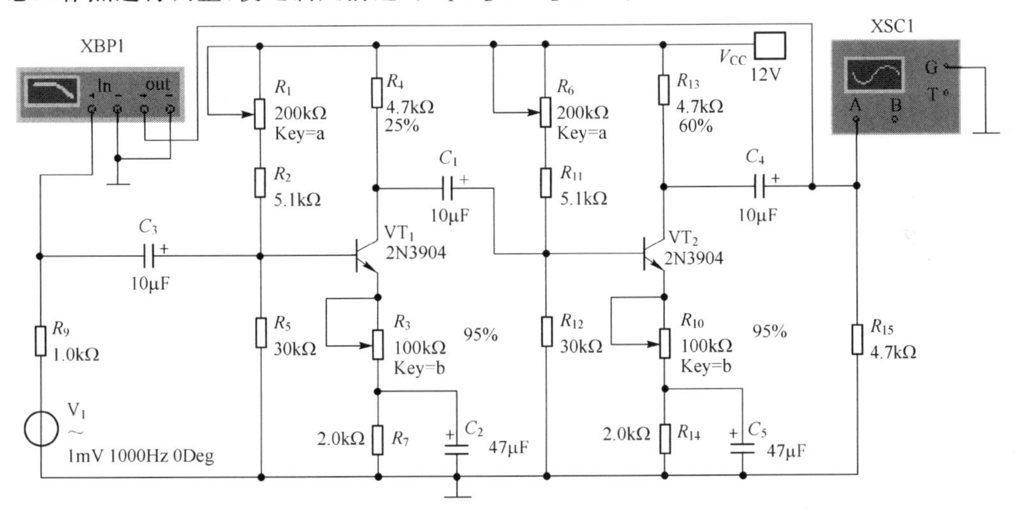


图 5-7　用 Multisim 2001 进行电路元器件参数设计的阻容耦合的多级电压放大电路

多级放大电路的输入信号减小到 1mV,正弦信号的频率为 1000Hz,由示波器观察到的输出波形如图 5-8 所示。

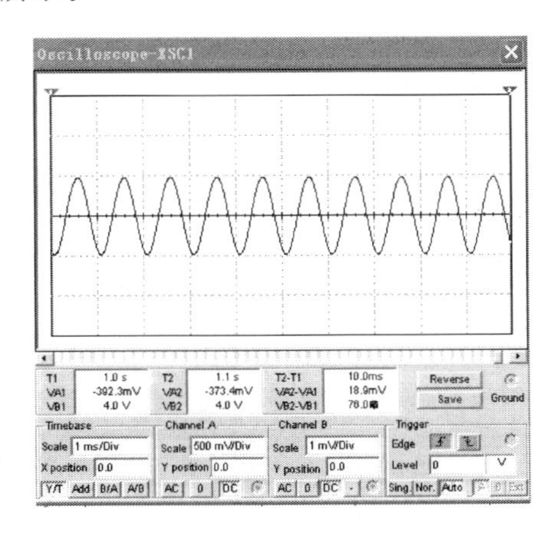


图 5-8　两级阻容耦合放大电路输出的电压波形

双击波特图仪，按图 5-9(a)所示的方法将读数指针拖到通频带，从相应的窗口中读出增益的分贝值，单击 Phase 按钮，显示相频特性，如图 5-9(b)所示。然后，将图 5-9(a)中的读数指针拖到低频段比通带增益低 3dB 处，对应的频率即为下限截止频率 $f_L$，如图 5-9(c)所示。用同样的方法，在高频段可求得上限截止频率 $f_H$，如图 5-9(d)所示。

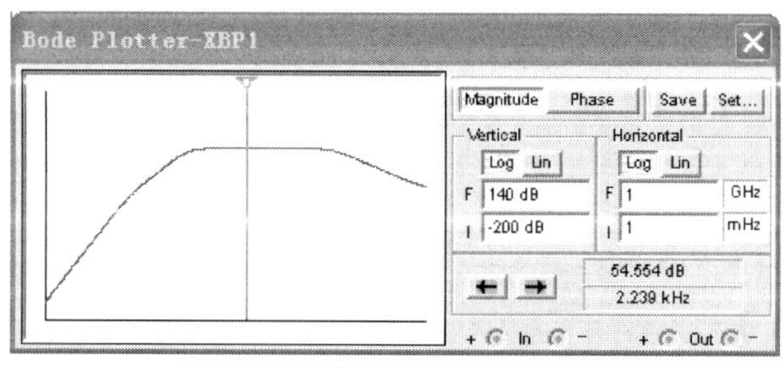

(a) 两级阻容放大器的幅频特性

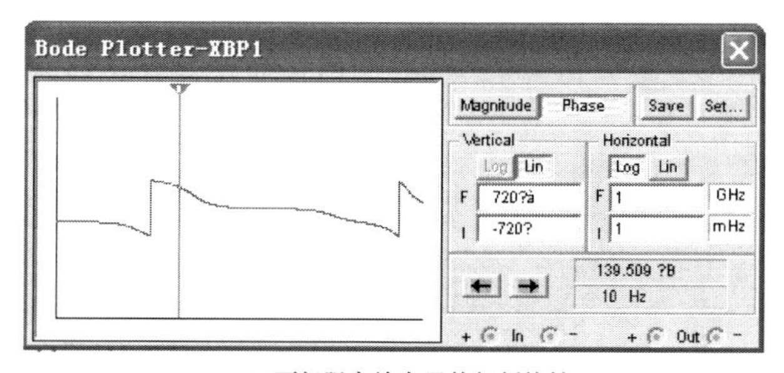

(b) 两级阻容放大器的相频特性

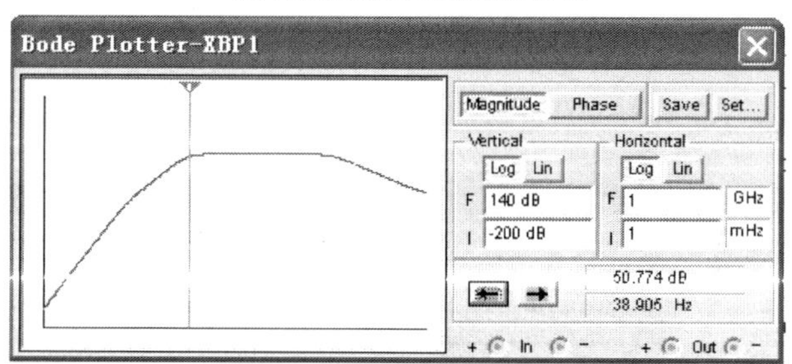

(c) 两级阻容放大器的下限频率

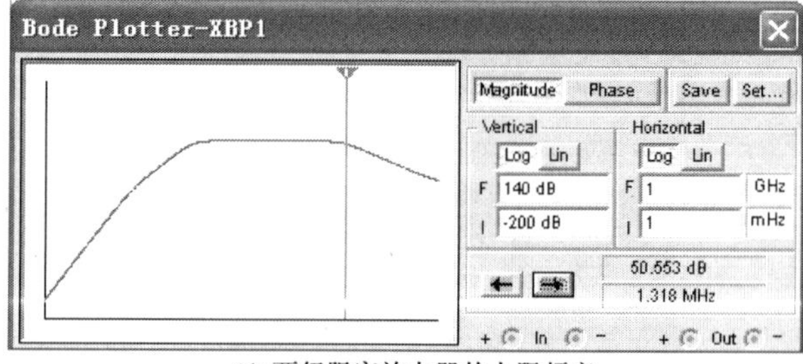

(d) 两级阻容放大器的上限频率

图 5-9　两级阻容放大器的频率特性

# 5.3　任务三　低频功率放大器

通过放大、运算及波形的产生和变换等电路处理后的信号一般要送到负载，带动一定的装置。例如，送到扩音机使扬声器发出声音或送到控制电动机执行一定的动作。这类将输入信号放大并向负载提供足够大功率的放大器称为功率放大器。由于功率放大器运行中的信号如电压和电流的幅度大，所以突出的问题是解决非线性失真和各种瞬态失真。在保证安全和输出所需功率的前提下，一般在电路结构上采用不同的形式以减小信号的失真，提高输出功率和效率，满足人们对电子设备的不同需求。

电子技术的发展使低频功率放大器已日趋集成化。作为电子实训，下面仍以分立元件电路作为训练的课题。

## 5.3.1　低频功率放大器的组成及原理

本节以互补对称式 OTL 低频功率放大器为例介绍电路的设计、印制板制作和电路装配调试方法。

1. 电路组成

互补对称式 OTL 功率放大器的电路原理图如图 5-10 所示。

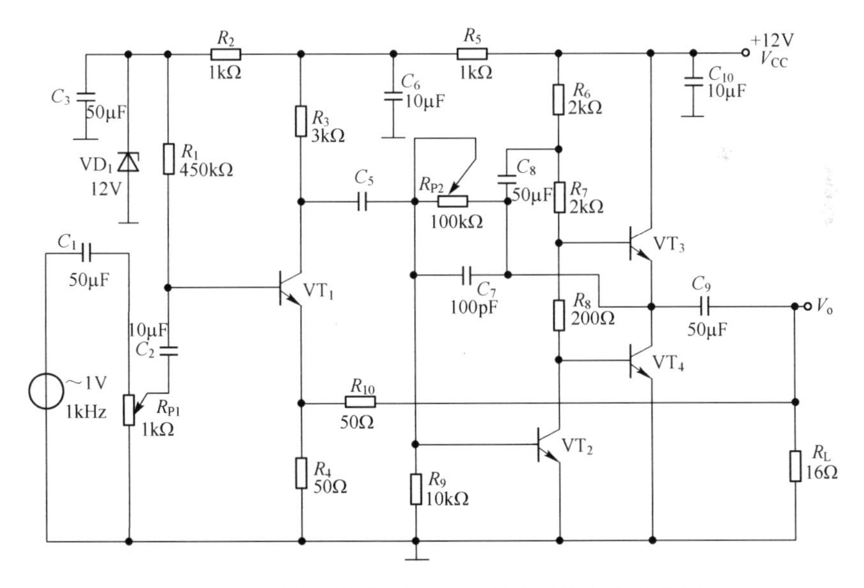


图 5-10　互补对称式 OTL 功率放大器的电路原理图

2. 工作原理

在图 5-10 中，$VT_1$是前置放大管，采用 NPN 型硅三极管。硅管的温度稳定性较好，可采用由偏置电阻 $R_1$ 构成的简单偏置电路。发射极电阻 $R_4$ 的阻值很小，主要起交流负反馈的作用。$VT_2$为激励放大管,它给功率放大的输出级以足够的推动信号。$R_9$和$R_{P2}$是$VT_2$的偏置电阻,$R_6$、$R_7$和$R_8$是$VT_2$的集电极负载电阻,$VT_3$和$VT_4$是互补对称推挽功率放大管,组成功率放大的输出级。$C_8$为自举电容。

### 5.3.2 低频功率放大器的电路设计

本任务采用的功率放大电路如图 5-11 所示,其工作原理与图 5-10 所示的电路相似,只是去掉了图 5-10 中前置放大级。在图 5-11 中,静态时,调节$R_{P1}$改变$VT_1$的集电极静态电位,从而导致$R_4$与$R_5$的交点(即 A 点)电位变化。为了使输出波形对称,该中点电位应调到等于$\frac{1}{2}V_{CC}$。

另外,为了克服交越失真,$VT_2$和$VT_3$应工作在甲乙类状态,使$VT_2$与$VT_3$之间的静态基极电位差满足$V_{BE2}+V_{BE3}\geqslant 0.6+0.2=0.8V$。调节$R_{P2}$可实现这个要求。例如,$R_{P2}$过大,$VT_2$和$VT_3$的静态电流就变大,三极管的功耗增大;$R_{P2}$过小,交越失真不易清除。

$VT_1$的基极偏置$R_{P1}$接到 A 点上,引入负反馈,稳定了输出中点静态电位。$C_2$是自举电容。

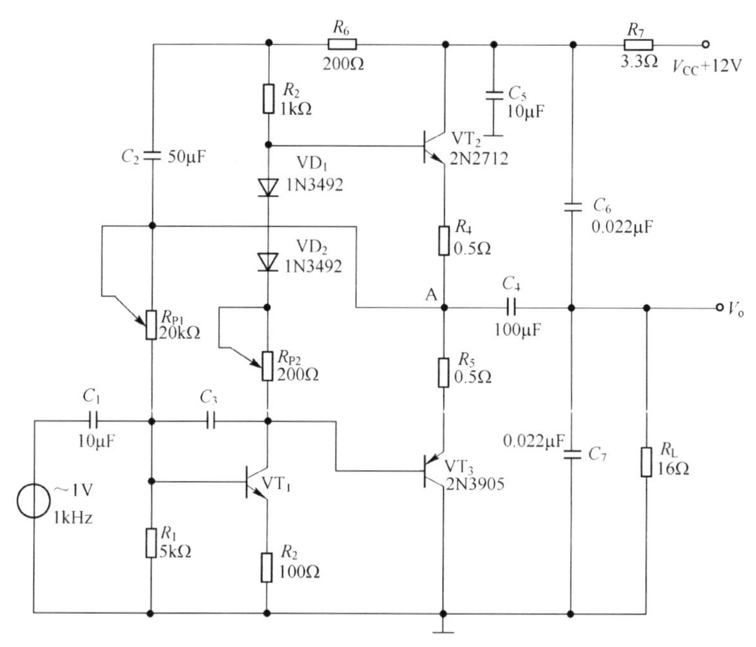


图 5-11 互补对称式 OTL 功放电路仿真图

### 5.3.3 功率放大器的仿真分析

进入 Multisim 2001 电子工作平台后,按图 5-11 画出互补对称式 OTL 功率放大仿真实验电路,然后按如下步骤仿真。

(1) 调节电位器$R_{P1}$,使输出电容$C_6$上的静态电压(即 A 点电压)为 6V。

（2）打开示波器，观看输入输出波形，如图 5-12 所示，图中的波形是消除交越失真后的输出波形。

（3）置 $VD_1$（或 $VD_2$）短路，观察输出波形可以看到，静态工作点不合适导致输出波形出现交越失真。

（4）调节 $R_{P2}$，再观察交越失真，并把输出波形调到最佳状态。

（5）调节 $R_{P1}$，观察输入输出波形，用动态调零的方法把输出波形调节到最佳状态。所谓动态调零是把输出波形调节至横轴上对称。当然，静态调零也是可以的。

（6）测试功率放大电路的最大输出范围。在电路测试状态时，双击信号发生器，逐步增加输入信号至输出发生明显的饱和失真（图 5-13），此时用示波器度量的输出范围即是功率放大电路的最大输出范围。

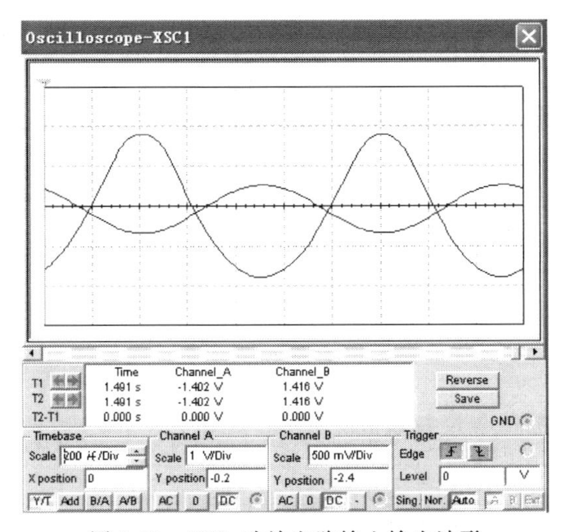


图 5-12　OTL 功放电路输入输出波形

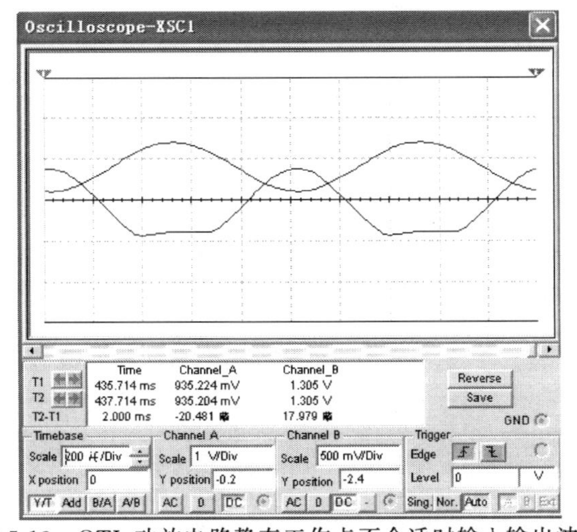


图 5-13　OTL 功放电路静态工作点不合适时输入输出波形

### 5.3.4 功率放大器的制作与测试

虽然目前低频功率放大器大都采用集成功放电路，但它只适用于输出功率不大的功放电路。对于输出功率大的功放电路，由于散热困难，还不便于集成化，所以仍采用分立元件的OTL电路。

1. 设计PCB

图5-14为互补对称式OTL功率放大器的PCB图。

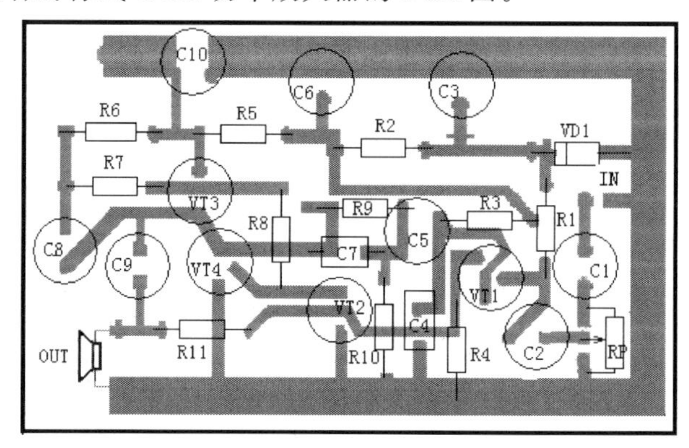


图5-14 互补对称式OTL电路的PCB图

2. 元器件准备

部分电路元器件的代号及参数值见表5-1。

表5-1 电路元器件选择

| 名称 | 代号 | 参数值 | 名称 | 代号 | 参数值 |
|---|---|---|---|---|---|
| 电阻 | $R_1$ | 47kΩ | 电解电容器 | $C_3$ | 33μF/16V |
| 电阻 | $R_2$ | 3.9kΩ | 元片电容器 | $C_4$ | 0.01μF |
| 电阻 | $R_3$ | 2.7kΩ | 电解电容器 | $C_6$、$C_8$、$C_9$ | 100μF/16V×3 |
| 电阻 | $R_4$ | 6.2Ω | 元片电容器 | $C_7$ | 6800pF |
| 电阻 | $R_5$ | 100Ω | 电解电容器 | $C_{10}$ | 22μF/16V |
| 电阻 | $R_6$ | 150Ω | 二极管 | $VD_1$、$VD_2$ | IN4007 |
| 电阻 | $R_7$ | 680Ω | 三极管 | $VT_1$、$VT_2$ | 3DG12×2 |
| 电阻 | $R_8$ | 51Ω | 三极管 | $VT_3$ | 3BX83 |
| 电阻 | $R_9$ | 13kΩ | 三极管 | $VT_4$ | 3AX83 |
| 电阻 | $R_{10}$ | 5.1kΩ | 扬声器 | | 8 |
| 电阻 | $R_{11}$ | 2kΩ | 直流电源 | $V_{CC}$ | 12V |
| 带开关电位器 | $R_P$ | 4.7kΩ | 印制电路板 | PCB | 1块 |
| 电解电容器 | $C_1$、$C_2$、$C_3$ | 10μF/16V×3 | | | |

### 3. 印制电路板的制作

这里只介绍手工制作印制板的方法及步骤，读者按介绍的方法自行制作 OTL 功率放大电路的 PCB 图的印制板，并举一反三制作其他印制板。

手工制作印制板可分为复制印制板图、掩膜、腐蚀、钻孔和修版等过程，下面分别介绍。

1）复制印制板图

印制板的材料采用敷铜箔层压板(敷铜板)。

按照印制板尺寸图裁好敷铜板，然后在排版草图下垫一张复写纸，将排版草图复印到敷铜板的铜箔面上。特别注意集成电路块的管脚穿线孔位置准确，否则由于管脚间间距不大，容易造成管脚接点间短路，使集成电路插入困难。复印好排版草图后，用小冲子在敷铜板的每个穿线孔上冲一个小凹洞，以便钻孔时定位。

2）掩膜

掩膜指在复制好电路图的敷铜板上需要保留的部位覆盖上一层保护膜，借以在腐蚀电路板的过程中被保留下来。方法有：

(1) 喷漆法。找一张大小适中的投影胶片，按排版草图将需要掩膜的部分用刀刻去。刻好后即可将其覆盖在已裁好的敷铜板上，用市售罐装快干喷漆对电路板喷一遍。漆层不要太厚，过厚黏附力反而下降，待漆膜稍干后揭胶片即可。

(2) 漆膜法。清漆(或磁漆)一瓶、细毛笔一支和香蕉水一瓶。将少量清漆倒入一小玻璃瓶中，再掺入适量香蕉水将其稀释，然后用细毛笔蘸上清漆，按复印好的电路掩膜仔细描绘，特别在穿线孔处要描出接点。如果描出边线或粘连造成短路时可暂不处理。待电路描完后让其自然干燥或加热烘干。使漆膜固化后再参照排版草图用裁纸刀将导线上的毛刺和粘连部分修理掉。最后再检查一遍，如无遗漏便可进行腐蚀了。

(3) 胶纸法。在已复制好电路图的敷铜板上用透明胶带贴满，如果有较大部位不需掩膜的也可不贴。用裁纸刀沿导线和接点边缘刻下，待全部刻完后将不需掩膜处的胶纸揭去后即可。

3）腐蚀

印制电路板的腐蚀液可采用三氯化铁溶液。固体三氯化铁可在化工商店买到，由于其吸湿性很强，存放时必须置于密封的塑料瓶或玻璃瓶中。三氯化铁具有较强的腐蚀性，在使用过程中应避免溅到皮肤或衣服上。

配制腐蚀液可取1份三氯化铁固体与2份水混合(重量比)，将它们放在大小合适的玻璃烧杯或搪瓷盘中，加热至40℃左右(最高不宜超过50℃)，然后将掩好膜的敷铜板放入溶液中浸没，并不时搅动液体使之流动，以加速其腐蚀。夹取印制板的夹子可用洗像用的竹夹子，也可以用竹片自制，不宜使用金属夹。

腐蚀过程是从有线条和接点的地方向周边逐渐进行。腐蚀的时间最好短些，避免导线边缘被溶液浸入形成锯齿形。当未覆膜的铜箔被腐蚀掉时，应及时将印制板取出并用清水冲洗干净，然后用细砂纸将电路板上的漆膜轻轻磨去。

4）钻孔

在印制板上钻孔时最好采用小型台钻，不宜采用手枪电钻和手摇钻，因为后两者在工作中很难保持垂直，既容易钻偏，又容易把钻头折断。钻头大多选用 0.8 或 1inch 的麻花钻头。由于钻头太细，不易夹紧（特别是使用日久又经常夹大钻头的钻夹头）或在移动印制板时折断钻头，建议用质地较硬的纸在钻头杆上紧绕几层，让钻头露出 3～4mm（对 2mm 厚的敷铜板而言），这样既可使钻杆直径增大，增加夹持力，又可减少钻头折断的可能性。

5）修版

钻好孔后再用砂纸或小平钻将焊接面轻轻打磨一遍，如在腐蚀过程中留下铜斑或少量短路的部分，可用小刀修去（先在两边用小刀刻断后再用刀剔去多余部分）。最后用酒精松香液在焊接面上涂一遍，待酒精挥发后，便留下一层松香，既可助焊，又能防潮防腐。

经过上述过程的处理，一块精心设计制作的印制电路板便完成了。

4. 安装、调试与检测

（1）按装配图 5-14 正确安装各元器件。

（2）检查印制板上所焊接的元器件有无虚焊、漏焊、假焊及毛刺。若有，应及时进行处理。

（3）接上 12V 直流电源（开关 S 处于断开状态），用电流表接在开关 S 两端，电流正常值约为 10mA，然后接通开关，用电压表测量 $VT_3$ 和 $VT_4$ 的发射极中点电压，调整 $R_9$，使中点电压为 6V。

（4）用电流表接入 $VT_1$ 集电极 A 点断口处，调节 $R_1$，使电流在 1.8～3mA 范围内，然后把断口处用焊锡接通。

（5）信号从输入端输入，调节 $R_{p1}$，使扬声器 Y 发出适中的声音。

（6）最大不失真输出功率的测量。最大不失真输出功率指的是在不超过规定的失真度（规定为 10%）下，低频放大电路所能输出的最大功率。

将低频信号发生器接到互补对称 OTL 电路的输入端，晶体管毫伏表、示波器和失真度仪都接在输出端上以测量输出信号。

逐步增大低频信号发生器的输出电压，调整失真度仪，观察失真度，直到输出信号的失真度达到 10%，将此时的输出电压换算成功率，即为最大不失真输出功率。

（7）功放频率特性的测量。频率特性的中频点规定为 1000Hz。低频信号发生器由输入端接入 1000Hz 的信号，晶体管毫伏表接在输出端。将音量电位器开到最大位置，调节低频信号发生器的输出达到额定值。这时，在记录纸的交点位置上画一点，然后改变低频信号发生器的频率，但应保持其输入电压不变。分别记录 150Hz、200Hz、250Hz、300Hz、400Hz、600Hz、800Hz、1200Hz、1500Hz、2000Hz、2500Hz、3000Hz、3500Hz、4000Hz、5000Hz 和 6000Hz 等不同频率时的输出电压值，并将逐点连接起来即为所求的频响曲线。

(8) 将制作和调试结果填入表 5-2 中。

**表 5-2　互补对称式 OTL 电路实训表**

<table>
<tr><td rowspan="2">测试点</td><td colspan="3">电压/V</td><td rowspan="2">绘出频响曲线图</td></tr>
<tr><td>e</td><td>b</td><td>c</td></tr>
<tr><td>$VT_1$</td><td></td><td></td><td></td><td rowspan="3"></td></tr>
<tr><td>$VT_2$</td><td></td><td></td><td></td></tr>
<tr><td>$VT_3$</td><td></td><td></td><td></td></tr>
<tr><td>$I_{c1}$/mA</td><td></td><td>$R_{P1}$阻值</td><td></td><td></td></tr>
<tr><td>调试过程中出现的故障及排除的方法</td><td colspan="4"></td></tr>
</table>

注意，对低频功率放大电路的装配工艺按如下要求进行：

(1) 电阻和二极管(除发光管外)一律水平安装，并贴紧印制板。

(2) 三极管和场效应管应直立式安装，其底面离印制板应有 5±1mm 的距离。

(3) 电解电容器和涤纶电容器应尽量插到底，元器件底面离印制板最高不能大于 4mm。

(4) 微调电位器应尽量插到底，不能倾斜，三只引脚均需焊接。

(5) 扳手开关用配套螺母安装，开关体在印制板的导线面，扳手在元件器面。

(6) 电路中的输入输出变压器装配时应紧贴印制板。

(7) 集成电路的底面与印制板贴紧。

(8) 插件装配美观、均匀、端正、整齐，不能歪斜，高矮有序。

(9) 所有插入焊片孔的元器件引线及导线均采用直脚焊，剪脚留头在焊面以上。

(10) 焊点要求圆滑、光亮，防止虚焊、搭焊和散锡。

5. 互补对称式 OTL 功放常见的故障及原因

(1) 调整 $R_9$ 时，如果中点电压不变，则可能是 $VT_2$ 损坏或 $C_5$ 和 $C_9$ 短路。

(2) 产生低频自激振荡，扬声器发出“扑扑”声或“嘟嘟”声。原因可能是电源内阻过大，或电源滤波电容和退耦电容开路或失效。

(3) 产生高频自激振荡，扬声器听不到声音，但推挽管的工作电流很大。可在 $VT_2$ 的集电极和基极之间并联一个 50～300pF 的电容器以消除高频自激振荡。

(4) 无信号输入时，常听到轻微的“沙沙”声，这主要是由频率较高的晶体管噪声和频率很低的电源交流声造成的。如果产生的“沙沙”声较大，可在 $VT_2$ 的集电极和基极之间并联一个 50～300pF 的负反馈电容器，改善电源的滤波和稳压。

# 5.4　任务四　音响放大器

1. 任务描述

设计一音响放大器，要求具有电子混响延时、音调输出控制和卡拉 OK 伴唱等功能，对话筒与放音机的输出信号进行扩音。

已知条件：$+V_{CC}=+9V$，话筒（低阻 20Ω）的输出电压 5mV，录音机的输出信号 100mV，电子混响延时模块 1 个，集成运放块 LA4102 1 块，8Ω/2W 负载电阻 $R_L$ 1 个，8Ω/4W 扬声器 1 个，集成运放 LM324 1 块。

主要技术指标：

(1) 额定功率 $P_o \leqslant 1W(\gamma<3\%)$；

(2) 负载阻抗 $R_L=8\Omega$；

(3) 频率响应 $f_L \sim f_H=40Hz \sim 10kHz$；

(4) 音调控制特性 1kHz 处增益为 0dB，100Hz 和 10kHz 处有 ±12dB 的调节范围，$A_{uL}=A_{uH} \geqslant +20dB$；

(5) 输入阻抗 $R_i \gg 20\Omega$。

2. 学习要求

(1) 培养文献检索与信息处理能力，如收集资料和消化资料；

(2) 掌握音响放大器的原理与应用；

(3) 掌握音响放大器一般的设计方法与调试技术。

### 5.4.1　案例分析

本题的设计过程为：首先确定整机电路的级数，再根据各级的功能及技术指标要求分配电压增益，然后分别计算各级电路参数，通常从功放后级开始向前级逐级计算。

本题已经给定了电子混响器电路模块，需要设计的电路为话筒放大器、混合前置放大器、音调控制器及功率放大器。根据题意要求，输入信号为 5mV 时输出功率的最大值为 1W，因此电路系统的总电压增益 $A_{u\Sigma}=\sqrt{P_o R_L}/V_1=566(55dB)$，由于实际电路会有损耗，故取 $A_{u\Sigma}=600(55.6dB)$，各级增益分配如图 5-15 所示。

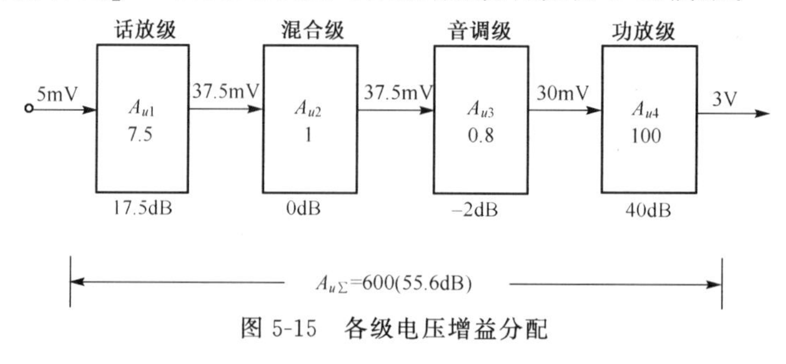


图 5-15　各级电压增益分配

功放级增益 $A_{u4}$ 由集成功放块决定，取 $A_{u4}=100$(40dB)，音调级在 $f_o=1$kHz 时，增益应为 1(0dB)，但实际的电路有可能产生衰减，取 $A_{u3}=0.8$(−2dB)。话放级与混合级一般采用运算放大器，但会受到增益带宽积的限制，各级增益不宜太大，取 $A_{u1}=7.5$(17.5dB)，$A_{u2}=1$(0dB)。上述分配方案还可以在实验中适当变动。

### 5.4.2　电路设计

1. 功率放大器设计

采用集成功率放大器的电路设计变得十分简单，只要查阅手册便可得到功放块外围电路的元件值，如图 5-16 所示，由此可得功放级的电压增益为 $A_{u4}=R_{11}/R_F=100$。其中，$R_{11}$ 是 LA4102 内部反馈电阻，$R_{11}=20\text{k}\Omega$。如果输出波形出现高频自激，可以在引脚 13 与引脚 14 之间加 0.15μF 的电容。

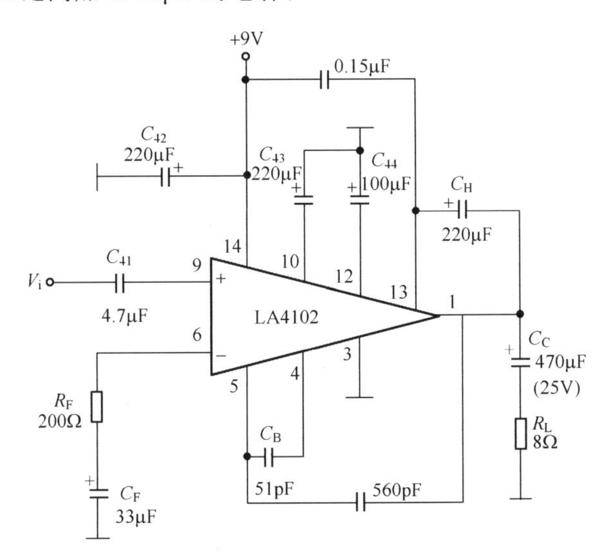


图 5-16　功率放大器电路图

2. 音调控制器(含音量控制)设计

音调控制器的电路如图 5-17 所示。运算放大器选用单电源供电的四运放 LM324，其中 $R_{P33}$ 称为音量控制电位器，其滑臂在最上端时，音箱放大器输出最大功率。

根据低频区 $f_{Lx}$ 与高频区 $f_{Hx}$ 处提升量或衰减量 $x$(dB)与转折频率的关系，得到转折频率 $f_{L2}$ 及 $f_{H1}$ 为

$$f_{L2} = f_{Lx}2^{\frac{x}{6}} = 400\text{Hz}$$

则 $f_{L1} = f_{L2}/10 = 40\text{Hz}$，$f_{H1} = f_{Hx}/2^{x/6} = 2.5\text{kHz}$，$f_{H2} = 10f_{H1} = 25\text{kHz}$。

当 $f<f_{L1}$ 时，$C_{32}$ 可视为开路，则 $A_{uL}=(R_{P31}+R_{32})/R_{31}\geqslant 20$dB。

$R_{31}$、$R_{32}$ 和 $R_{P31}$ 不能取得太大，否则运放漂移电流的影响不可忽略；也不能太小，否

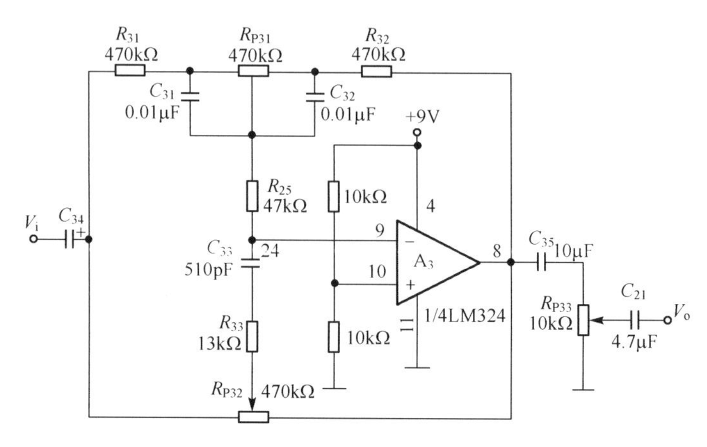


图 5-17　音调控制器电路

则流过它们的电流将超出运放的输出能力，一般取几千欧～几百千欧。现取 $R_{P31}=470k\Omega, R_{31}=R_{32}=47k\Omega$，则 $A_{uL}=(R_{P31}+R_{32})/R_{31}=1+R_{P31}/R_{31}=11(20.8dB)$。

根据式 $f_{L1}=1/(2\pi R_{P31}C_{32})$，可得 $C_{32}=0.0008\mu F$，取标称值 $0.01\mu F$，即 $C_{31}=C_{32}=0.01\mu F$。

根据 $R_a=R_b=R_c=3R_1=3R_2=3R_4$，可得 $R_{34}=R_{31}=R_{32}=47k\Omega$，$R_a=3R_{34}=141k\Omega$。

因为 $A_{uH}=(R_a+R_{33})/R_{33}\geqslant 20dB$，所以 $R_{33}=R_a/10=14.1k\Omega$，取标称值 13kΩ。

因为 $f_{H2}=1/(2\pi R_{33}C_{33})$，所以 $C_{33}=1/(2\pi R_{33}f_{H2})=4900pF$，取标称值 510pF。

取 $R_{P32}=R_{P31}=470k\Omega, R_{P33}=10k\Omega$，级间耦合与隔直电容 $C_{34}=C_{35}=10\mu F$。

3. 话筒放大器与混合前置放大器设计

如图 5-18 所示的电路由话筒放大与混合前置放大两级电路组成。其中，$A_1$ 组成同相放大器，具有很高的输入阻抗，能与高阻话筒配接作为话筒放大器电路，其放大倍数为 $A_{u1}=1+R_{12}/R_{11}=7.8(17.8dB)$。

四运放 LM324 的频带虽然很窄(增益为 1 时，带宽为 1MHz)，但这里的放大倍数不高，故能达到 $f_H=10kHz$ 的频率响应要求。

混合前置放大器的电路由运放 $A_2$ 组成，这是一个反向加法器电路，输出电压 $V_{o2}$ 的表达式为 $V_{o2}=-[(R_{22}/R_{21})V_{o1}+(R_{22}/R_{23})V_{12}]$。

根据图 5-15 的增益分配，混合级的输出电压 $V_{o2}\geqslant 37.5mV$，而话筒放大器的输出 $V_{o1}$ 已经达到了 $V_{o2}$ 的要求，即 $V_{o1}=A_{u1}V_{11}=39mV$，所以取 $R_{21}=R_{22}$。录音机输出插孔的信号 $V_{12}$ 一般为 100mV，已经远大于 $V_{o2}$ 的要求，所以对 $V_{12}$ 要进行适当衰减，否则输出会产生失真。取 $R_{23}=100k\Omega, R_{22}=R_{21}=39k\Omega$，以使录音机输出经混合级后也达到 $V_{o2}$ 的要求。

如果要进行卡拉 OK 歌唱，可在话筒放大输出端及录音机输出端接两个音量控制电位器 $R_{P11}$ 和 $R_{P12}$(图 5-18)，分别控制声音和音乐的音量。

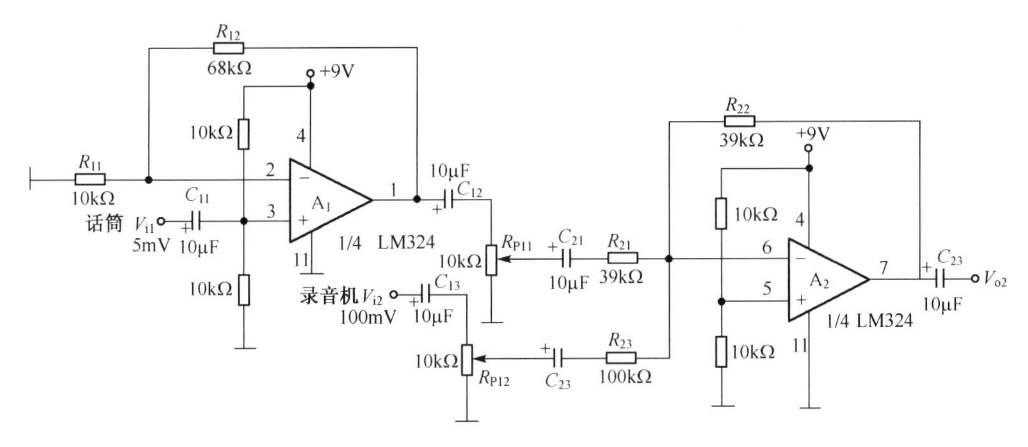


图 5-18　话筒放大与混合前置放大器电路

以上各单元电路的设计值还需要通过实验调整和修改，特别是在进行整机调试时，由于各级之间的相互影响，有些参数可能要进行较大的变动，待整机调试完成后，再具体确定。

## 5.5　任务五　高频小信号放大器

### 1. 高频功率放大器的制作与调整

高频小信号放大器电路如图 5-19 所示。印制电路基板如图 5-20 所示。图 5-21 为印制电路铜箔图样。可以不打孔，直接将零件装配在印制电路的铜箔面上。

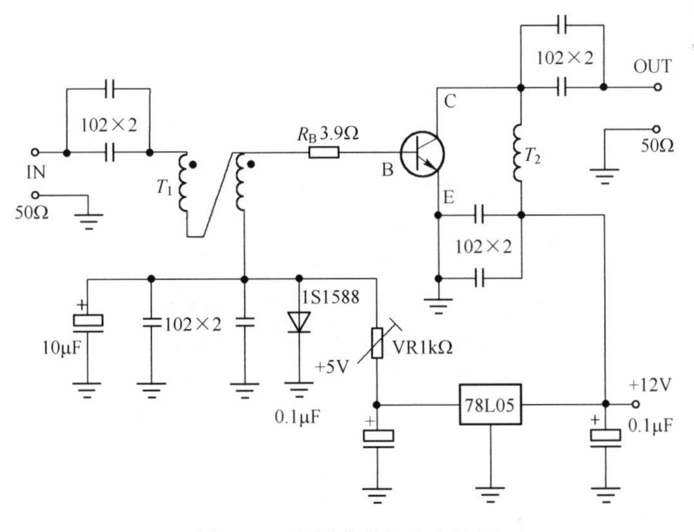


图 5-19　宽带功率放大电路图

根据设计计算，虽然可以不使用散热片，但仍然利用接地铜箔为散热之用。功率晶体管 2SC1970 的散热片与集电极连接，因此，要使用绝缘片装设在接地铜箔面上。

温度补偿二极管 1S1588 与 2SC1970 的散热片密接装配。由零件配置看来，$T_1$ 与 $T_2$ 虽安装得很近，但由于使用环形铁心，漏磁较少，所以不必像空心线圈那样注意电磁结合的问题。

有一点要注意的是此功率放大器为 AB 类，在没有信号时，也有电流流过线圈，此电流称为静态电流(idle Current)。静态电流的调整可以通过调节 78L05 基极侧的 VR(1kΩ)电阻，先设定为最大值，接入电源电压 12V(电源装置若附有电流限制功能，则将电流限制为 0.5A)。在此状态下，将 VR 值往小方向调整，使集电极电流为50～70mA。

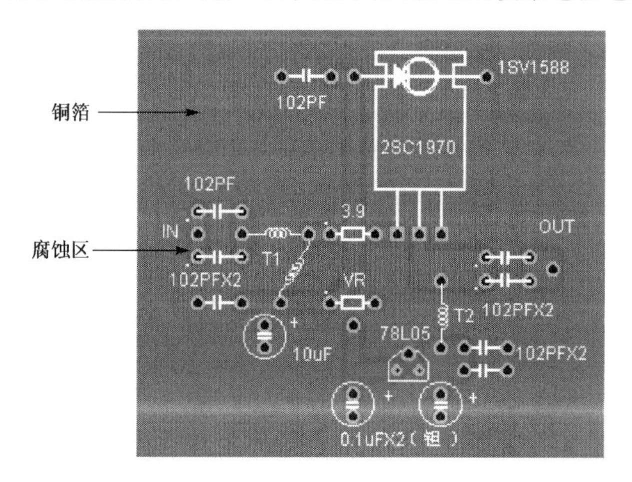


图 5-20　宽带功率放大电路 PCB 图

图 5-21 是宽带功率放大器的印制电路基板图(将零件的端子折成直角，焊接在印制电路基板的铜箔图样面上，温度补偿的二极管要紧贴在晶体管的散热片上)。

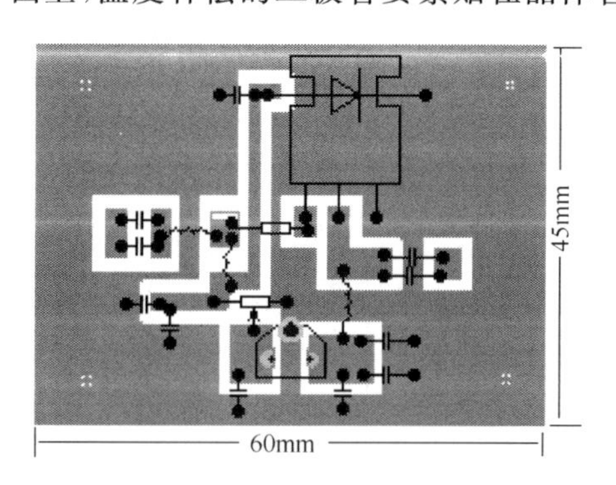


图 5-21　宽带功率放大器的印制电路基板图

2. 输入功率-输出功率特性

如图 5-22 所示的是当频率为 10MHz、输入功率为－20～＋20dBm 时的输出功率值。在同一个电路中，使用2SC1970与2SC2092（日立，27MHz用）作对比测试。

2SC1970为VHF频带，在10MHz时的功率放大率约为28dB（$P_o$=1W时），对于设计要求的10dB而言显得很大。因此，输出功率$P_o$=1W时的输入功率仅要求1.6mW即可。

输出功率的饱和点为+33dBm（2W），在$P_o$=1W内为线性放大领域，即若要保证线性放大器的线性特征，应避免$P_o$超过1W。

如图5-23所示的为将输入功率定为1.6mW且频率在1～50MHz范围内变化时的电路输出特性。2SC1970为VHF频带晶体管，因此高频的功率增益也不会降低很多。在50MHz时约为23dB，功率放大率仅下降5dB，与此相对的2SC2092的功率增益下降7dB。因此，电路所使用的频带范围为1～30MHz较为适当。

由此可知，当宽带功率放大器使用的晶体管为VHF频带晶体管时，可以得到十分平坦的频率特性。

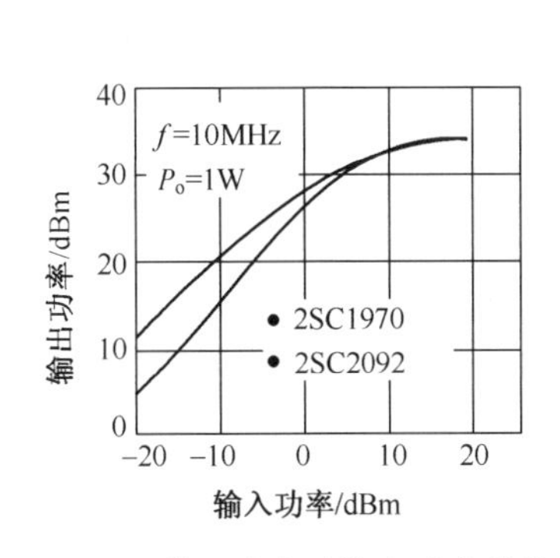


图5-22　输入功率对输出功率特性

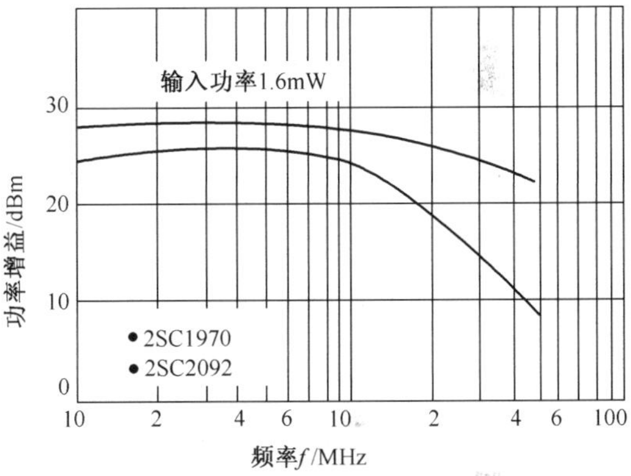

图5-23　功率放大器的频率特性

将2SC1970（170MHz）与2SC2092（27MHz）作比较，虽然晶体管的高频特性不同，但即使2SC2092到达30MHz也可认为是合适的。

## 5.6　任务六　高频功率放大器的设计

### 1. 任务描述

题目：设计一高频功率放大器。已知条件：$+V_{CC}=+12V$，晶体管3DG12的主要参数为$P_{CM}=700mW$，$I_{CM}=300mA$，$V_{CE(sat)}\leqslant 0.6V$，$h_{fe}\geqslant 30$，$f_T\geqslant 150MHz$，放大器功率增益$A_P\geqslant 6dB$。晶体管3DA1的主要参数为$P_{CM}=1W$，$I_{CM}=750mA$，$V_{CE(sat)}\geqslant 1.5V$，$h_{fe}\geqslant 10$，$f_T=70MHz$，$A_P\geqslant 13dB$。

主要技术指标：

(1) 输出功率$P_o\geqslant 500mW$；

(2) 工作中心频率 $f_o \approx 5\text{MHz}$,效率 $\eta > 50\%$;

(3) 负载 $R_L = 50\Omega$。

2. 学习要求

(1) 培养文献检索与信息处理能力,如收集资料和消化资料;

(2) 掌握高频功率放大器的原理与应用;

(3) 掌握高频功率放大器一般的设计方法与调试技术。

设计:从输出功率 $P_o \geqslant 500\text{mW}$ 来看,末级功放可以采用甲类或乙类或丙类功率放大器,但要求总效率 $\eta > 50\%$,显然不能只用一级甲类功放,但可以只用一级丙类功放。为了对应用较多的甲类功放与丙类功放均有所了解,本题采用如图 5-24 所示的电路,其中甲类功放选用晶体管 3DG12,丙类功放选用 3DA1。首先设计丙类功率放大器,再设计甲类功率放大器。

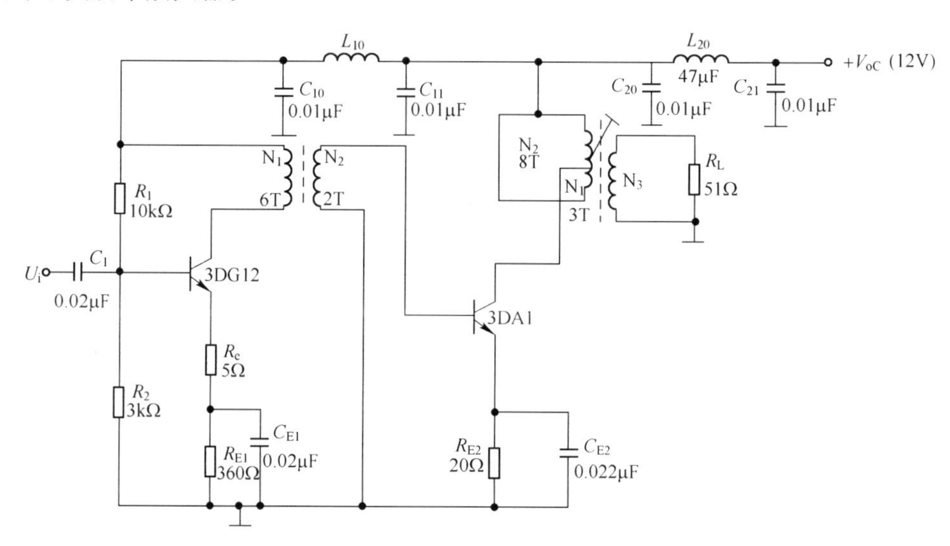


图 5-24 高频功率放大器

### 5.6.1 丙类功率放大器设计

1. 确定放大器的工作状态

为获得较高的效率 $\eta$ 及最大输出功率 $P_o$。放大器的工作状态选为临界状态,取 $\varphi = 70°$,得:

谐振回路的最佳负载电阻 $R_e = (V_{CC} - V_{CE(sat)})^2/(2P_o) = 110\Omega$。

集电极基波电流振幅 $I_{c1m} = (2P_o/R_e)^{1/2} = 95\text{mA}$。

集电极电流脉冲的最大值 $I_{cm} = I_{c1m}/\alpha_1(70°) = 216\text{mA}$。

集电极电流脉冲的直流分量 $I_{c0} = I_{cm}\alpha_0(70°) = 54\text{mA}$。

电源供给的直流功率 $P_D = V_{CC}I_{c0} = 0.65\text{W}$。

集电极的耗散功率 $P'_C=P_D-P_o=0.15W$。

放大器的转换效率 $\eta=P_o/P_D=77\%$。

若设本级功率增益 $A_P=13dB(20)$，则输入功率 $P_i=P_o/A_P=25mW$。

基极余弦脉冲电流的最大值 $I_{bm}=I_{cm}/\beta=21.6mA$（设晶体管 3DA1 的直流 $\beta=10$）。

基极基波电流的振幅 $I_{b1m}=I_{bm}\alpha_1(70°)=9.5mA$。

输入电压的振幅 $V_{bm}=2P_i/I_{b1m}=5.26V$。

2. 计算谐振回路及耦合回路的参数

丙类功放的输入输出耦合回路均为高频变压器耦合方式，其输入阻抗 $|Z_i|=r_{bb'}/[(1-\cos\theta)\alpha_1(\theta)]\approx 86\Omega$。

输出变压器线圈匝数比为 $N_3/N_1=(R_L/R_o)^{1/2}=0.67$，可取 $N_3=2$，$N_1=3$。

若取集电极并联谐振回路的电容 $C=100pF$，得回路电感 $L=2.53\times10^4/(C\times f_o^{\,2})\approx 10\mu H$。

若采用 $\Phi$10mm×$\Phi$6mm×$\Phi$5mm 的 NXO-100 铁氧体磁环绕制输出耦合变压器，变压器一次线圈的总匝数 $N_2$ 计算为

$$L = 4\pi^2(\mu)_{H/m}\frac{(A)^2_{cm}}{(l)_{cm}}N_2^2\times10^{-3}\mu H$$

可得 $N_2\approx 8$。

需要指出的是，变压器的匝数 $N_1$、$N_2$ 和 $N_3$ 的计算值只能作为参考值，由于电路高频工作时分布参数的影响，计算值与设计值可能相差较大。为调整方便，通常采用磁心位置可调节的高频变压器。

3. 基极偏置电路参数计算

基极直流偏置电压 $V_B=V_{BE(on)}-V_{bm}\cos\varphi=-1.1V$；射极电阻 $R_{E2}=|V_B|/I_{C0}=20\Omega$；取高频旁路电容 $C_{E2}=0.01\mu F$。

### 5.6.2　甲类功率放大器设计

1. 计算电流性能参数

由丙类功率放大器的计算结果可得甲类功率放大器的输出功率 $P'_o$ 应等于丙类功放的输入功率 $P_i$，输出负载 $R_e$ 应等于丙类功放的输入阻抗 $|Z_i|$，即 $P'_o=P_i=25mW$，$R'_e=|Z_i|=86\Omega$。

设甲类功率放大器的电路为如图 5-24 所示的激励级电路，得集电极的输出功率为 $P_o$（若取变压器效率 $\eta_T=0.8$），则 $P_o=P'_o/\eta_T\approx 31mW$。

若取放大器的静态电流 $I_{CQ}=I_{cm}=7mA$，得集电极电压的振幅 $V_{cm}$ 及最佳负载电阻 $R_e$ 分别为

$$V_{cm} = 2P_o/I_{cm} = 8.86V$$

$$R_e = \frac{V_{cm}^2}{2P_o} = 1.26k\Omega$$

因发射极直流负反馈电阻 $R_{E1}$ 为

$$R_{E1}=\frac{V_{CC}-V_{cm}-V_{CE(sat)}}{I_{CQ}}=357\Omega(\text{取标称值 }360\Omega)$$

得输出变压器匝数比为

$$\frac{N_1}{N_2}=\sqrt{\frac{\eta_T R_c}{R'_e}}\approx 3$$

若取二次侧匝数 $N_2=2$，则一次侧匝数 $N_1=6$。

本级功放采用 3DG12 晶体管，设 $\beta=30$，若取功率增益 $A_P=13\text{dB}(20)$，则输入功率 $P_i=P_o/A_P=1.55\text{mW}$。

放大器的输入阻抗 $R_i$ 为 $R_i\approx r_{bb'}+\beta R_3=25\Omega+30R_3$。若取交流负反馈电阻 $R_3=10\Omega$，则 $R_i=325\Omega$。

本级输入电压的振幅 $V_{im}=(2R_iP_i)^{1/2}=4.06\text{V}$。

2. 计算静态工作点

由上述计算结果得到静态时($V_i=0\text{V}$)晶体管的发射极电位 $V_{EQ}=I_{CQ}R_{E1}=2.5\text{V}$，则 $V_{BQ}=V_{EQ}+0.7\text{V}=3.2\text{V}$，$I_{BQ}=I_{CQ}/\beta=0.23\text{mA}$。

若取基极偏置电路的电流 $I_1=5I_{BQ}$，则 $R_2=V_{BQ}/5I_{BQ}=2.78\text{k}\Omega$，取标称值 $3\text{k}\Omega$。$R_1=(V_{CC}-V_{BQ})/V_{BQ}R_{B2}=8.25\text{k}\Omega$，在实验时可以调整时取 $R_1=5.1\text{k}\Omega+10\text{k}\Omega$ 的电位器。

取高频旁路电容 $C_{E1}=0.022\mu\text{F}$，输入耦合电容 $C_1=0.02\mu\text{F}$。

高频电路的电源去耦滤波网络通常采用 $\pi$ 形 $LC$ 低通滤波器，如图 5-24 所示，$L_{10}$ 和 $L_{20}$ 可按经验取 $50\sim100\mu\text{H}$，可以采用色码电感，也可以用环形磁心绕制。$C_{10}$、$C_{11}$ 和 $C_{20}$ 和 $C_{21}$ 按经验取 $0.01\mu\text{F}$。

3. 电路装配与调试

将上述设计计算的元器件参数按照如图 5-24 所示的电路进行安装，然后再逐级进行调整。最好是安装一级调整一级，然后两级进行级联。可先安装第一级甲类功率放大器，并测量调整静态工作点使其基本满足设计要求，如测得 $V_{BQ}=2.8\text{V}$，$V_{EQ}=2.2\text{V}$，则 $I_{CQ}=6\text{mA}$；再安装第二级丙类功率放大器，测得晶体管 3DA1 的静态时基极偏置 $V_{BE}=0\text{V}$。静态工作点调整后再进行动态调试。

# 第6章　信号发生电路设计

**【学习目标】**

本章从最基本的555信号发生器开始，依次介绍了*RC*正弦波振荡器、*LC*正弦波振荡器、石英晶体振荡器和由集成芯片构成的波形变换器等，基本涵盖了在实际工作中比较常见的各类信号发生电路的基本原理、电路参数的计算、设计方法、仿真分析及实物制作。具体的学习目标如下：

(1) 了解函数信号发生器的组成；

(2) 理解函数信号发生器的工作原理；

(3) 熟悉电路设计的一般过程，会制作函数信号发生器；

(4) 能调试测量函数信号发生器；

(5) 学习电路仿真与设计软件，会撰写函数信号发生器的设计，会制作报告书。

## 6.1　任务七　555信号发生器

1. 任务描述

1) 使用555设计一款信号发生器及达到的要求

(1) 能同时产生三角波、方波和正弦波信号；

(2) 产生信号的频率在0.867～1.144kHz范围内可调；

(3) 各类波形的失真较小。

2) 备选元器件

(1) 555集成芯片一个；

(2) 发光二极管一个；

(3) 电阻：$R_p$为20kΩ电位器、$R_1=510\Omega$、$R_4=R_5=R_6=10\text{k}\Omega$、$R_2=1\text{k}\Omega$、$R_3=60\text{k}\Omega$；

(4) 电容：$C_1=100\mu\text{F}$、$C_2=C_3=0.01\mu\text{F}$、$C_4=10\mu\text{F}$、$C_5=0.47\mu\text{F}$、$C_6=C_7=0.1\mu\text{F}$。

2. 学习要求

(1) 培养文献检索与信息处理能力，如收集资料和消化资料；

(2) 掌握用555设计的信号发生器的电路结构和电路原理；

(3) 了解用555设计的信号发生器波形的转变方法；

(4) 掌握用简单的元器件及芯片制作简单函数发生器的方法；

(5) 掌握电路仿真的分析方法，并根据结果分析影响测试各种可能的因素。

### 6.1.1 背景知识

1. 555 时基电路的型号和参数

我国目前广泛使用的 555 时基电路的统一型号：双极型为 CB555，CMOS 型为 CB7555。这两种电路每个集成芯片内只有一个时基电路，称为单时基电路。此外，还有一种双时基电路，一个集成芯片内包含有两个完全相同，又各自独立的时基电路，型号分别是 CB556 和 CB7556。

双极型和 CMOS 型时基电路在电特性上是有差别的，应该分别给出。至于双时基电路和单时基电路，除了静态电流双时基电路应该是单时基电路的一倍以上，其余参数完全相同。CB555 和 CB7555 的主要参数如下。

1) 电源电压和静态电流

CB555 使用的电源电压是 4.5～16V，CB7555 的电压范围比较宽，可以为 3～18V。静态电流也称为电源电流，是空载时消耗的电流。在电源电压是 15V 时，CB555 静态电流的典型值是 10mA，CB7555 是 0.12mA。电源电压和静态电流的乘积就是静态功耗。CMOS 型时基电路的静态功耗远小于双极型时基电路。

2) 定时精度

555 电路在作定时器使用时，CB555 和 CB7555 的定时精度分别是 1%和 2%。

3) 阈值电压和阈值电流

当 555 电路阈值输入端所加的电压$\geqslant \frac{2}{3}V_{CC}$或$\frac{2}{3}V_{DD}$时，能使它的输出从高电平 1 翻转成低电平 0。电压值$\frac{2}{3}V_{CC}$就是它的阈值电压 $V_{TH}$。促使它翻转所需的电流称为阈值电流 $I_{TH}$。CB555 的 $I_{TH}$值约为 0.1mA，而 CB7555 的 $I_{TH}$值只需 50pA($1pA=10^{-9}mA$)。

4) 触发电压和触发电流

当 555 电路触发输入端所加的电压$\leqslant \frac{1}{3}V_{CC}$或$\frac{1}{3}V_{DD}$时，能使它的输出电平从 0 翻转成 1。电压值$\frac{1}{3}V_{CC}$就是它的触发电压 $V_{TR}$。促使它翻转所需的电流称为触发电流 $I_{TR}$。CB555 的 $I_{TR}$值约为 0.5mA，而 CB7555 的 $I_{TR}$值只需 50pA。

5) 复位电压和复位电流

在 555 电路的主复位端上加低电平可以使输出复位，即 $V_o=0V$。所加的复位电压 $V_{MR}$应低于 1V。复位端所需的电流称为复位电流 $I_{MR}$。CB555 的 $I_{MR}$约为 400mA，而 CB7555 的 $I_{MR}$只需 0.1mA。

6) 放电电流

555 电路作为定时器或多谐振荡器使用时，常常利用放电端给外接电容一个接地放电的通路。放电电流要通过放电管,因此它的电流受到限制,电流太大会把放电管烧坏。规定 CB555 的放电电流 $I_{DIS}$不大于 200mA。CB7555 因为受 MOS 管几何尺寸的限制,放电电流 $I_{DIS}$的值比较小,为 10～50mA,而且是随电源电压 $V_{DD}$的数值变化的:使用的电源电压越高,放电电流值越大。

7) 驱动电流

驱动电流是指 555 电路向负载提供的电流,也称为负载电流 $I_L$。根据 555 电路的输出状态和负载的接法可以分成拉出电流和吸入电流两种。当输出是高电平而负载的一端接地时,负载电流从 555 电路内部流出经过负载接地,因此称为拉出电流。当输出是低电平而负载的一端接电源正极时,负载电流从电源正极通过负载流入 555 电路内部后接地,因此称为吸入电流。这两种电流都起到驱动负载的作用,因此统称为负载电流或驱动电流。对 CB555 来讲,这两种电流的最大值都是 200mA。对 CB7555 来讲,吸入电流稍大,为 5～20mA;拉出电流较小,为 1～5mA。它们的数值也是随着电源电压的提高而增大的。

8) 最高工作频率

555 电路在作振荡器使用时,输出脉冲的最高频率可达 500kHz。

2. CB555 与 CB7555 的性能比较和选用

由上面的介绍可知,CB555 的突出优点是驱动能力强,而 CB7555 的突出优点是电源电压范围宽,输入阻抗高,功耗低。因此,在实际的应用中,在负载轻、要求功耗低和使用较低电源电压,以及定时要求长(定时电阻＞10MΩ)的场合,应选用 CB7555 或 CB7556。在负载较重的场合则应选用 CB555 或 CB556。

3. 注意特殊型号和特殊封装

在使用中,有时会遇到一些特殊型号和特殊封装,这时首先应查阅资料,了解它们的型号、封装和引脚,以及电特性。例如,日本三菱公司的 M51841 是时基电路,而美国国家半导体公司的 MM555 是模拟门开关电路。

### 6.1.2　案例分析

1. 方案设计

波形转换电路方框图如图 6-1 所示。

图 6-1　NE555 振荡器方框图

2. 硬件设计

1) 器件介绍

NE555 集成电路是日本东芝公司的产品,是一种多用途的单片中规模集成电路,具有定时精度高、温度漂移小、速度快、可直接与数字电路相连、结构简单、功能多和驱动电流较大等优点。

(1) NE555 的基本结构与引脚功能。

NE555 为 8 脚时基集成电路。它的内部一共集成了 21 个晶体管、4 个二极管和 16 个电阻器,含有两个电压比较器、一个由 3 只 5kΩ 电阻组成分的分压器、一个 RS 触发器、一个放电晶体管和一个功率输出。

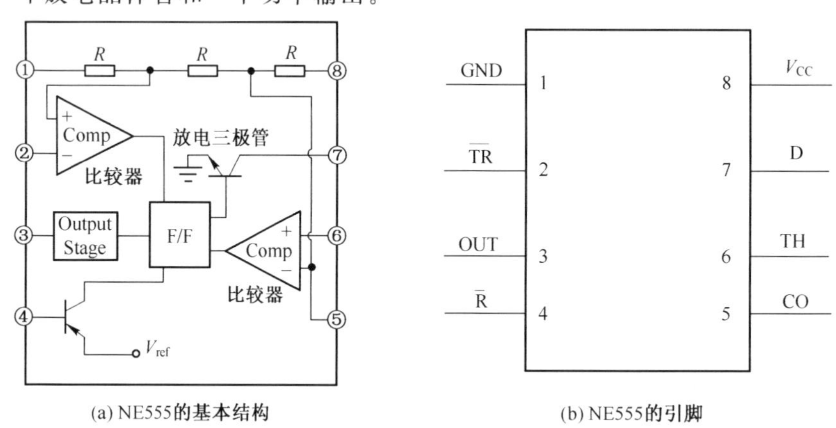


(a) NE555的基本结构　　(b) NE555的引脚

图 6-2　NE555 的基本结构及引脚

在图 6-2 中,各引脚的功能参数如表 6-1 所示。

**表 6-1　NE555 引脚功能参数**

| 引脚编号 | 英文缩写 | 引脚功能 |
|---|---|---|
| 1 | GND | 接地 |
| 2 | $V_{I2}(\overline{TR})$ | 触发 |
| 3 | $V_o$ | 输出 |
| 4 | $\overline{R}_D$ | 复位 |
| 5 | $V_{co}$ | 控制电压 |
| 6 | $V_{I1}$(TH) | 阈值 |
| 7 | $V_o$(DISC) | 放电 |
| 8 | $V_{CC}$ | 电源(+5V) |

(2) NE555 的工作过程。

555 定时器的工作原理为:当⑤脚悬空时,比较器 $V_1$ 和 $V_2$ 的比较电压分别为 $\frac{2}{3}V_{CC}$ 和 $\frac{1}{3}V_{CC}$。

① 当⑥脚的电压大于 $\frac{2}{3}V_{CC}$ 且②脚的电压大于 $\frac{1}{3}V_{CC}$ 时,比较器 $V_1$ 输出低电平,$V_2$ 输出高电平,基本 RS 触发器被置 0,放电三极管导通,输出端 OUT 为低电平;

② 当⑥脚的电压小于$\frac{2}{3}V_{CC}$，②脚的电压小于$\frac{1}{3}V_{CC}$时，比较器 $V_1$ 输出高电平，$V_2$ 输出低电平，基本 RS 触发器被置 1，放电三极管截至，输出端 OUT 为高电平；

③ 当⑥脚的电压小于$\frac{2}{3}V_{CC}$，②脚的电压大于$\frac{1}{3}V_{CC}$时，比较器 $V_1$ 输出高电平，$V_2$ 也输出高电平，即基本触发器 R=1，S=1，触发器状态不变，电路亦保持原状态不变。

由于阈值输入端(TH)为高电平，即$>\frac{2}{3}V_{CC}$时，定时器输出低电平，因此也将该端称为高触发端；

由于阈值输入端($\overline{TR}$)为低电平，即$<\frac{1}{3}V_{CC}$时，定时器输出高电平，因此也将该端称为低触发端。

如果在电压控制端(⑤脚)施加一个外加电压(其值为 0～$V_{CC}$)，则比较器的参考电压将发生变化，电路相应的阈值和触发电平也将随之变化，并进而影响电路的工作状态。另外，$\overline{R}$ 为复位输入端，当 $\overline{R}$ 为低电平时，不管其他端输入端的状态如何，输出 OUT 为低电平，即 $\overline{R}$ 的控制级别最高。正常工作时，一般应将其接高电平。

综上所述，555 定时器的功能如表 6-2 所示。

**表 6-2　555 定时器的功能**

| 输入 | | | 输出 | |
|---|---|---|---|---|
| TH | $\overline{TR}$ | $\overline{R}$ | OUT | VT |
| × | × | 0 | 0 | 导通 |
| $>\frac{2}{3}V_{CC}$ | $>\frac{1}{3}V_{CC}$ | 1 | 0 | 导通 |
| $<\frac{2}{3}V_{CC}$ | $>\frac{1}{3}V_{CC}$ | 1 | 不变 | 不变 |
| $<\frac{2}{3}V_{CC}$ | $<\frac{1}{3}V_{CC}$ | 1 | 1 | 截止 |

从它的工作过程可以看出，它的输入不一定是逻辑电平，也可以是模拟电平。因此，该集成电路兼有模拟和数字电路的特色。

2) 电路设计

由 NE555 构成的多谐振荡器如图 6-3 所示。接通电源后，电容 $C_2$ 被充电，当 $U_c$ 上升到$\frac{2}{3}V_{CC}$时，振荡器 $V_o$ 输出为 0，此时放电管导通，使放电端(DIS)接地，电容 $C_2$ 通过 $R_P$ 和 $R_3$ 对地放电，使 $V_{CC}$ 下降。当 $U_c$ 下降到$\frac{1}{3}V_{CC}$时，振荡器 $V_o$ 输出翻转成 1，此时放电管又截止，使放电端(DIS)不接地，电源 $V_{CC}$ 通过 $R_2$、$R_P$ 和 $R_3$ 又对电容 $C_2$ 充电，又使 $V_{CC}$ 从$\frac{1}{3}V_{CC}$上升到$\frac{2}{3}V_{CC}$，触发器又发生翻转。如此周而复始，从而在输出端 $V_o$ 得到连续变化的振荡脉冲波形。

电容放电时间常数 $T_{P1}=(R_P+R_3)C_2$。

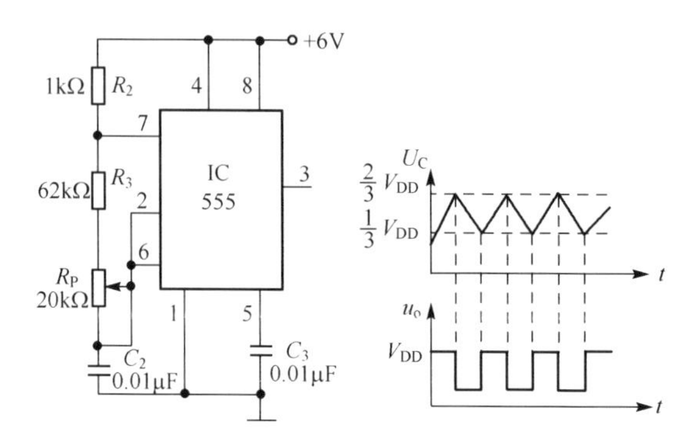


图 6-3　NE555 组成的多谐振荡器

电容充电时间常数 $T_{Ph}=(R_3+R_P+R_2)C_2$。

$$波形占空比=T_{Ph}/(T_{Ph}+T_{Pl}) \tag{6-1}$$

$$波形振荡频率\ f=1/(T_{Ph}+T_{Pl}) \tag{6-2}$$

（1）积分电路。

由电阻和电容构成的积分电路如图 6-4 所示。电路的时间常数为 $RC$，构成积分电路的条件是电路的时间常数必须大于或等于 10 倍于输入波形的宽度。

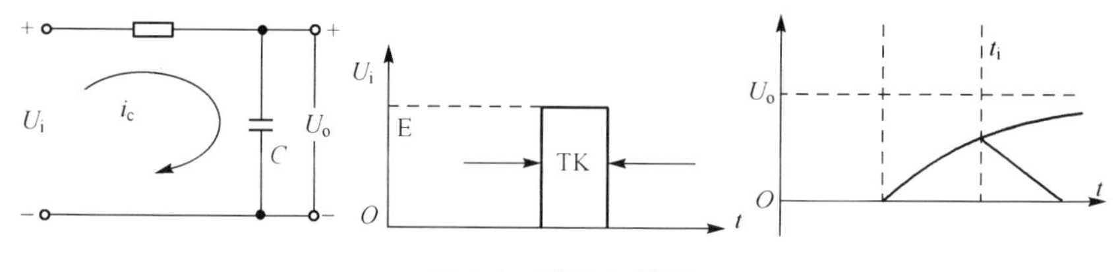


图 6-4　积分电路图

（2）$RC$ 低通滤波器。

$RC$ 低通滤波器的作用是让低频信号通过，而对高频信号起衰减作用。$RC$ 低通滤波器电路如图 6-5 所示。

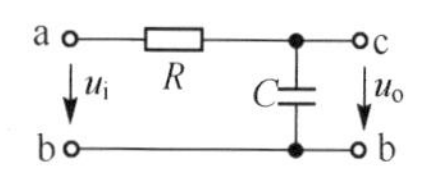


图 6-5　$RC$ 低通滤波器电路

（3）总体电路。

基于 NE555 的信号发生器总体电路如图 6-6 所示，可同时产生方波、三角波和正弦波并输出。发光二极管用作电源指示（连通电源时亮），$C_1$ 是电源滤波电容。

$C_2$ 为定时电容，充电回路是 $R_2 \to R_3 \to R_P \to C_2$，放电回路是 $C_2 \to R_P \to R_3 \to$ IC 的⑦脚（放电管）。

电位器 $R_P$ 可以调节占空比，在本电路中由于 $R_3+R_P \gg R_2$，所以充电时间常数 $(R_3+R_P+R_2)C_2$ 与放电时间常数 $(R_P+R_3)C_2$ 近似相等，所以由多谐振荡器的③脚输出的是近似对称方波。

按图 6-6 所示的元器件参数，根据式（6-2）可以求得其频率为 0.867～1.144kHz，同时调节电位器 $R_P$ 可改变振荡器的频率。

方波信号经 $R_4$ 和 $C_5$ 积分网络后，输出三角波。

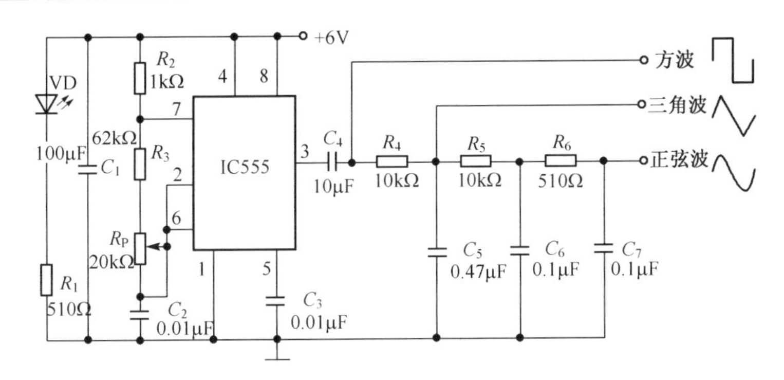


图 6-6　NE555 信号发生器总体电路

三角波再经 $R_5$ 和 $C_6$ 低通滤波器（能够让低频信号通过而不让中高频信号通过的电路，其作用是滤去音频信号中的中音和高音成分，增强低音成分），输出近似正弦波。

3）元器件参数的计算

因为 $R_3+R_P \gg R_2$，由式(6-1) 可知，

占空比 $=T_{Ph}/(T_{Ph}+T_{Pl})=(R_3+R_P+R_2)/(R_3+R_P+R_2+R_3+R_P)\approx 50\%$。

由式(6-2) 可知，振荡频率 $f=1/(T_{Ph}+T_{Pl})\approx 1.43/(2R_3+2R_P+R_2)C_2$。

当 $R_P=0\Omega$ 时，$f=1.144\text{kHz}$；当 $R_P=20\text{k}\Omega$ 时，$f=0.867\text{kHz}$。

### 6.1.3　555 信号发生器制作与联机调试

1. 电路制作

在 Protel 99SE 环境下，按照“绘制电路原理图→电气规则检查→生成网络表→规划电路板→导入网络表→元件布局与调整→布线”等步骤设计印制电路板底图，如图 6-7 所示。然后，用专门的仪器制作或手工制作相应的印制板。最后，根据所设计的印制电路板组装电路。注意，元器件装配过程中应遵循“先里后外，先小后大，先轻后重”的原则，可先安装 NE555，然后向外逐步安装其他元器件。

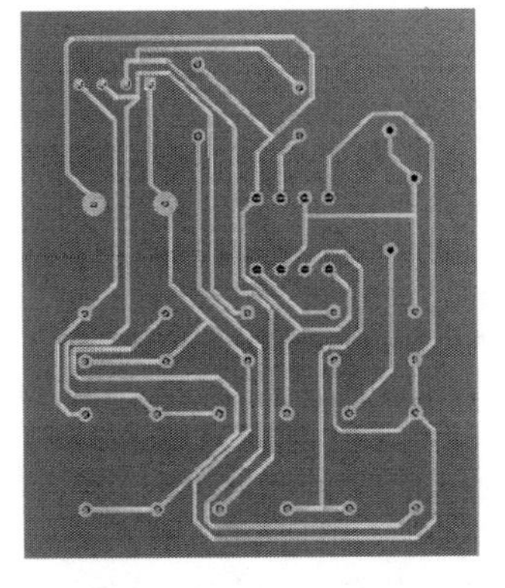

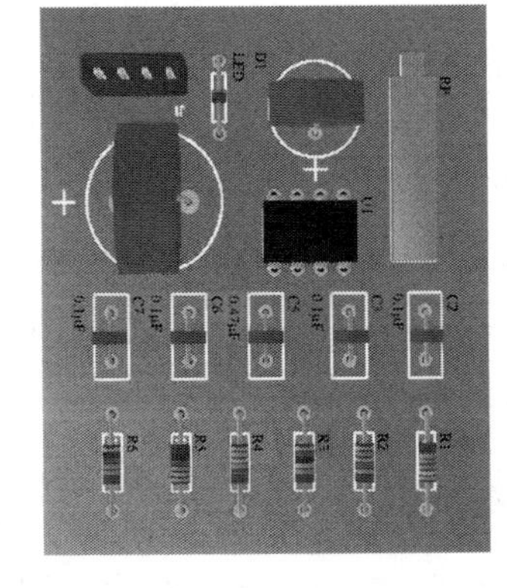

图 6-7　NE555 信号发生器印制电路板底图及 3D 效果图

2. 系统测试及误差分析

1）测量时直流电源引起的误差

在 EWB 仿真过程中，直流电源 $V_{CC}$ 接的是 5V，而在实际测量中接的是 +5V 挡，用万用表测量直流电源的实际输出电压为 5.04V。

2）元器件误差

在 EWB 仿真时，各种元器件的值都是按标准值计算的，而在实际的测量中，各种元器件的值都与标准值有出入。

3）焊接时导线引起的误差

在电路焊接的过程中，焊点和导线等也存在着不可避免的误差。

4）测量时各种仪器和仪表引起的误差

5）人为误差

缺陷：在试验测量波形图时发现测得的正弦波很不明显，波形频率的可调范围小，误差大。

（1）正弦波不明显的可能原因：此电路中的正弦波是从三角波经低通滤波器而来的，由傅里叶变换将三角波转变为直流及正弦波各次谐波的形式经过 $R_5$ 和 $C_6$ 组成的低通滤波器输出来，可能含有多次谐波，使所得的正弦波失真，所以要改善正弦波，可以考虑改电容的大小使其他谐波的影响降低。

（2）波形频率可调范围小的原因：在本实验的电路图中，电位器 $R_P$ 的最大值是 20kΩ，而 $R_2$ 为 62kΩ，所以波形的频率 $=f/(T_1+T_2)\approx 1.43/[(R_2+R_3+2R_P)C_2]$。由此可知，要想扩大频率范围可以尝试减小 $R_P$ 的阻值。

（3）误差较大的原因：根据上述实验误差的分析，最后输出的波形应是每段误差的叠加，要减少应该采用比较精确的仪器。本实验的设计也存在不妥之处，用三角波积分转变为正弦波在理想状态下也是一个近似值，而在试验过程中存在很多的干扰及实验中的累积性误差，使得到的波形存在较大的失真。还有很多影响的因素在试验之前没有考虑到。

## 6.2 任务八 *RC* 低频信号发生器

1. 任务描述

（1）设计一款频率为 800Hz 的文氏电桥 *RC* 低频正弦信号发生器。

（2）备选元器件。

① $\mu$A741 集成运放一个；

② 稳幅二极管 $VD_1$ 和 $VD_2$ 为 IN4001；

③ 电阻：$R_w$ 为 50kΩ 的电位器、$R_1=R_2=20\text{k}\Omega$、$R_3=30\text{k}\Omega$、$R_4=30\text{k}\Omega$、$R_5=2\text{k}\Omega$；

④ 电容：$C_1=C_2=0.1\mu\text{F}$。

2. 学习要求

(1) 培养文献检索与信息处理能力,如收集资料和消化资料;

(2) 掌握 RC 低频信号发生器的原理与应用;

(3) 掌握 RC 低频信号发生器一般的设计方法与调试技术。

### 6.2.1 背景知识

低频信号发生器用来产生频率为 20Hz～200kHz 的正弦信号。除具有电压输出外,有的还有功率输出。所以,低频信号发生器的用途十分广泛,可用于测试或检修各种电子仪器设备中的低频放大器的频率特性、增益和通频带,也可用于高频信号发生器的外调制信号源。另外,在校准电子电压表时,它可提供交流信号电压。

低频信号发生器包括音频(200～20000Hz)和视频(1～10MHz)范围的正弦波发生器。主振级一般用 RC 式振荡器,也可用差频振荡器。为便于测试系统的频率特性,要求输出幅频特性和波形失真小。

1. 低频信号发生器的主要性能指标与要求

1) 频率范围

频率范围是指各项指标都能得到保证时的输出频率范围,或称有效频率范围,一般为 20Hz～200kHz,现在为 1Hz～1MHz 并不困难。在有效频率范围内,频率应能连续调节。

2) 频率准确度

频率准确度是表明实际频率值与其标称频率值的相对偏离程度,一般为±3%。

3) 频率稳定度

频率稳定度是表明在一定时间间隔内频率准确度的变化,所以实际上是频率不稳定度或漂移。没有足够的频率稳定度,就不可能保证足够的频率准确度。另外,不稳定的频率可能使某些测试无法进行。频率稳定度分长期稳定度和短期稳定度。频率稳定度一般应比频率准确度高一至二个数量级,一般应为(0.1%～0.4 %)/h。

4) 非线性失真

振荡波形应尽可能接近正弦波,这项特性用非线性失真系数表示,希望失真系数不超过 1%～3%,有时要求低至 0.1%。

5) 输出电压

输出电压须能连续或步进调节,幅度应在 0～10V 范围内连续可调。

6) 输出功率

某些低频信号发生器要求有功率输出,以提供负载所需要的功率。输出功率一般为 0.5～5W 连续可调。

7) 输出阻抗

对于需要功率输出的低频信号发生器,为了与负载完美地匹配以减小波形失真和获得最大输出功率，必须有匹配输出变压器改变输出阻抗以获得最佳匹配，如 50Ω、75Ω、150Ω、600Ω 和 1.5kΩ 等几种。

8）输出形式

低频信号发生器应可以平衡输出与不平衡输出。

2. RC 低频信号发生器电路组成

低频信号发生器的原理方框图如图 6-8 所示，包括主振级、主振输出调节电位器、电压放大器、输出衰减器、功率放大器、阻抗变换器(输出变压器)和电压指示表。

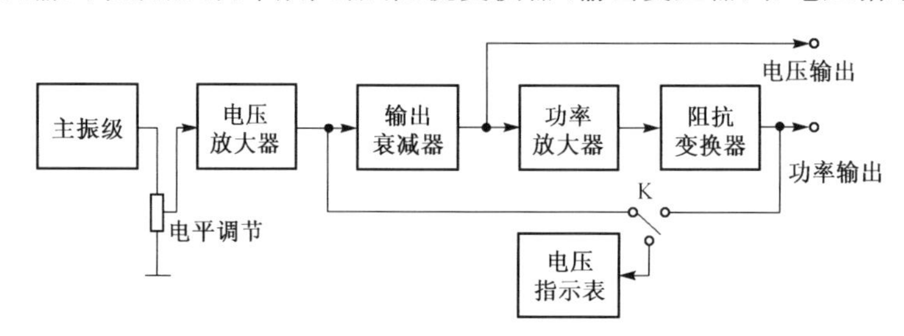


图 6-8　低频信号发生器原理方框图

主振级产生低频正弦振荡信号，经电压放大器放大，达到电压输出幅度的要求，经输出衰减器可直接输出电压，用主振输出调节电位器调节输出电压的大小。电压输出端的负载能力很弱，只能供给电压，故为电压输出。振荡信号再经功率放大器放大后，才能输出较大的功率。阻抗变换器用来匹配不同的负载阻抗，以便获得最大的功率输出。电压表通过开关换接，测量输出电压或输出功率。

3. 单元电路设计

1）低频信号发生器的主振电路

低频信号发生器的主振级几乎都采用 RC 桥式振荡电路。这种振荡器的频率调节方便，调节范围也较宽。

RC 桥式振荡器是一种反馈式振荡器，其原理电路如图 6-9 所示。$VT_1$ 和 $VT_2$ 构成同相放大器，$R_1$、$C_1$、$R_2$ 和 $C_2$ 为选频网络。选频网络的反馈系数 $\dot{F}=\dot{V}_F/\dot{V}_o$ 与频率有关（$\dot{V}_F$ 为反馈电压，$\dot{V}_o$ 为放大器输出电压）。因此，反馈网络具有选频特性，使得只有某一频率满足振荡的两个基本条件，即振幅和相位平衡条件。

选频网络是一个 RC 串并联反馈电路，其电路及频率特性如图 6-10 所示。当频率很低接近零时，$C_1$ 和 $C_2$ 的容抗趋向无穷大，$\dot{V}_o$ 几乎全部降落在 $C_1$ 上，$\dot{V}_F$ 与 $\dot{F}$ 近似为零，流过 $R_2$ 的电流也就是流过 $C_1$ 的电流，即 $\dot{V}_F=\dot{I}_{C1}R_2$ ，而 $\dot{I}_{C1}$ 主要由 $C_1$ 决定，故 $\dot{I}_{C1}$ 相位超前 $\dot{V}_O$ 90°，所以 $\dot{V}_F$ 相位也超前 $\dot{V}_o$ 90°。随着频率逐渐升高，$C_1$ 的容抗逐渐减小，因此 $C_1$ 上的压降减小，$R_2$ 上的分压则逐渐增加，$V_F$ 与 $F$ 亦逐渐增大，选频网络所引起的相移 $\Psi$ 也逐渐变小。

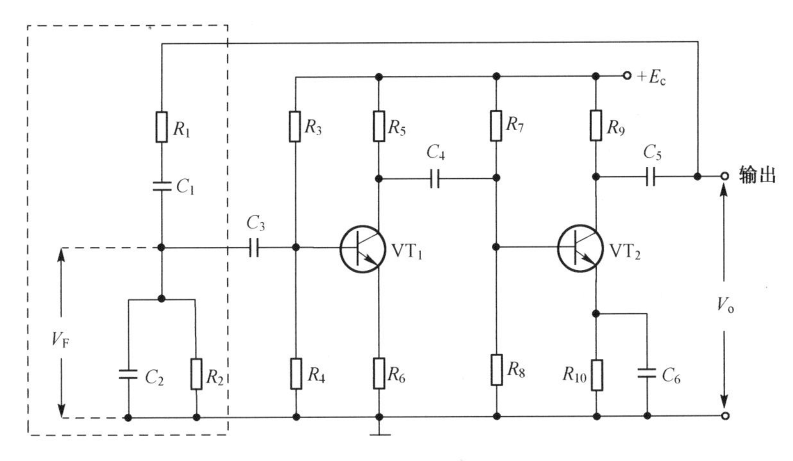


图 6-9　*RC* 桥式振荡器

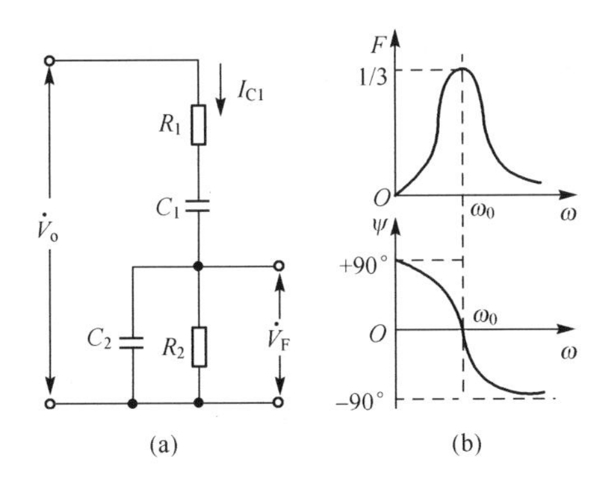


图 6-10　*RC* 选频网络频率特性

当频率很高，趋向无穷大时，$C_1$ 和 $C_2$ 的容抗都很小，$C_1$ 串联于回路中，它与 $R_1$ 相比可以忽略，$C_2$ 是与 $R_2$ 并联，由于 $C_2$ 的容抗很小，所以 $\dot{V}_F$ 与 $F$ 很小；$\dot{V}_F$ 为 $\dot{I}_{R1}$ 在 $C_2$ 上的降压，$\dot{I}_{R1}$ 与 $\dot{V}_o$ 同相，所以 $\dot{V}_F$ 近似落后于 $\dot{V}_o$ 90°。随着频率逐渐降低，$V_F$ 和 $F$ 也随着增大，相角 $\Psi$ 也逐渐减小。当 $\omega = W_o$ 时，$V_F$ 和 $F$ 达到最大，相移 $\Psi = 0$。

在图 6-10 中，$R_1$ 和 $C_1$ 的串联阻抗为

$$Z_1 = R_1 + \frac{1}{j\omega C_1} \tag{6-3}$$

$R_2$ 和 $C_2$ 的并联阻抗为

$$Z_2 = \frac{R_2 \dfrac{1}{j\omega C_2}}{R_2 + \dfrac{1}{j\omega C_1}} = \frac{R_2}{1 + j\omega R_2 C_2} \tag{6-4}$$

因此，该网络的传输系数为

$$\dot{F} = \frac{\dot{V}_F}{\dot{V}_o} = \frac{Z_2}{Z_1 + Z_2} = \frac{\dfrac{R_2}{1 + j\omega R_2 C_2}}{R_1 + \dfrac{1}{j\omega C_1} + \dfrac{R_2}{1 + j\omega R_2 C_2}}$$

$$= \frac{1}{\left(1+\frac{R_1}{R_2}+\frac{C_2}{C_1}\right)+\mathrm{j}\left(\omega R_1 C_1-\frac{1}{\omega R_2 C_2}\right)} \tag{6-5}$$

一般来说，为了调节方便，常取 $R_1=R_2=R$，$C_1=C_2=C$，则式(6-5)可改写为

$$\dot{F}=\frac{1}{3+\mathrm{j}\left(\omega RC-\frac{1}{\omega RC}\right)} \tag{6-6}$$

当频率 $\omega=W_{\circ}=1/RC$ 时，则有 $\dot{F}=1/3$。此时，$\dot{F}$ 为实数，即相移 $\Psi=0$，$F$ 为最大。

由于 $RC$ 串并联网络对不同频率的信号具有上述选频特性。因此，当它与放大器组成正反馈放大器时，就有可能使 $\omega=1/RC$ 的频率满足振幅和相位条件，从而得到单一频率的正弦振荡。如图 6-11 所示，$VT_1$ 和 $VT_2$ 组成两级阻容耦合放大器。其频率特性很宽，可以把放大倍数 $A$ 看成常数，每级放大器倒相 180°，两级放大器共产生 360°的相移，为同相放大。在 $\omega=W_{\circ}=1/RC$ 时，$\Psi=0$，满足相位平衡条件。只要放大器总放大倍数 $A\geqslant3$，则 $A_{\dot{F}}\geqslant1$，即可满足振幅平衡条件。因此，在频率为 $W_{\circ}$ 时满足振幅和相位条件而产生振荡。对于其他频率，由于 $RC$ 网络相移不为零，且振幅传输系数很快下降，所以其他任何频率都不可能形成振荡。

在实际的 $RC$ 桥式振荡电路中，由于两级放大器的放大量很大（远大于 3），正反馈信号很强，使振荡幅度不断增长，直到增长到晶体管输出特性的非线性区域，放大倍数降低，振荡才能稳定。这样，振荡信号很强，一方面使波形失真严重，另一方面可能使晶体管过载。因此，放大器需加入很深的负反馈，使放大倍数降为 3 左右，其电路如图 6-11(a)所示。$R_t$ 和 $R_6$ 为负反馈支路，它与正反馈支路组成一个电桥，即为文氏电桥，如图 6-11(b)所示，四个桥臂中 AB 和 BC 两个桥臂由正反馈选频网络构成，另外两个桥臂 AD 和 DC 则由放大器负反馈网络 $R_t$ 和 $R_6$ 构成。电桥的两个端点 A 和 C 接到放大器的输出端，引回输出电压 $V_o$，电桥的另外两个端点 B 和 D 接到放大器输入级 $VT_1$ 的基极和发射极，以供给放大器的输入信号 $V_i$。这种振荡器又称为文氏电桥振荡器。

反馈电阻 $R_t$ 是具有负温度系数的热敏电阻，可以自动稳定振荡幅度。当振荡输出电压幅度增大时，通过 $R_t$ 的电流加大，引起 $R_t$ 的温度升高，$R_t$ 的阻值减小，使负反馈增强，振荡器输出电压幅度的增大受到抑制。此外，振荡器开始起振时，热敏电阻 $R_t$ 的阻值较大，负反馈较弱，整个振荡器也比较容易起振。这样，不再利用晶体管的非线性特性限制振幅，使放大器可以工作在线性区，从而减少了振荡器的波形失真。

文氏电桥振荡器的优点是稳定度高，非线性失真小，正弦波形好，因此在低频信号发生器中获得了广泛的应用。

2）低频信号发生器的放大电路

放大电路包括电压放大器和功率放大器，简述如下。

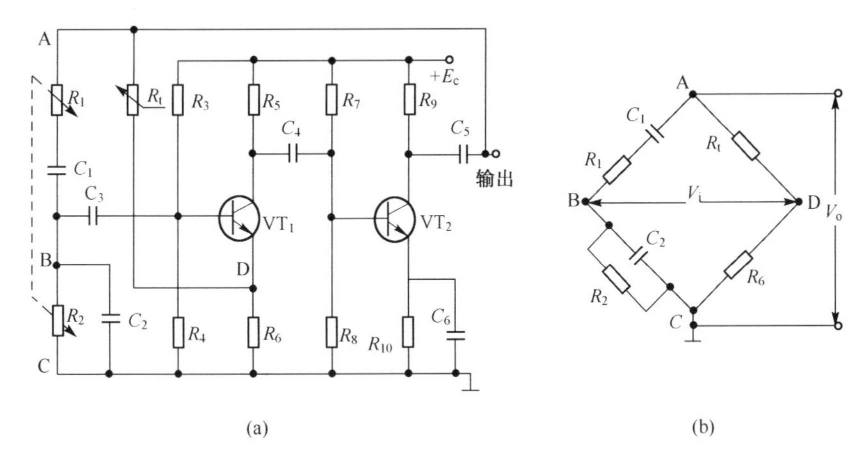


图 6-11　热敏电阻负反馈桥式振荡器原理图

（1）电压放大器。

主振级中的电压放大器应能满足振荡器的幅度和相位平衡条件。*RC* 桥式振荡器中的电压放大器应是同相放大器。

缓冲放大器主要用于阻抗变换。在低频信号发生器中，主振信号常首先经过缓冲放大器，然后再输入给电压放大器或输出衰减器，使衰减器阻抗变化或电压放大器输入阻抗变化时，主振级的工作不受影响。

为了使主振输出调节电位器的阻值变化不影响电压放大倍数，要求电压放大器的输入阻抗较高。低频信号发生器的工作频率范围较宽，要求电压放大器的通频带亦宽，并且波形失真小，工作稳定。电压放大器的后级是输出衰减器和电压指示表，为了在调节输出衰减器时，阻抗的变化不影响电压放大器，要求电压放大器的输出阻抗低，且有一定的负载能力。满足上述指标的放大器才能用于低频信号发生器中。

（2）功率放大器。

某些低频信号发生器要求有功率输出，这样要有功率放大器。在低频信号发生器中，对功率放大器的主要要求是失真小，输出额定功率，并设有保护电路。

功率放大器主要是为负载提供所需要的功率。因此，晶体管均工作在大信号（大电压和大电流）状态。为了充分利用晶体管，其工作电流和电压都接近晶体管的极限值。所以，要求功率放大器既要满足输出功率的要求，又要避免晶体管过热，而且非线性失真也不能太大。由于功率放大器实际上是一个换能器，即将晶体管集电极直流输入功率转换为交流输出功率，因此还要求换能效率要高。

由于功率放大器工作在大信号状态下，晶体管往往在接近极限参数下工作，所以因设计不当或使用条件变化，就容易超过极限范围而导致晶体管损坏。因此，功率放大器电路常常加上保护电路。当因负载短路等原因使功率管的电流和功耗超过极限运用范围时，利用负载短路采样信号，通过保护电路可以切断输入信号或切断电源，以达到保护的目的，或者用保护电路把功率管负载线限制在安全工作区域之内。

3）低频信号发生器的输出电路

对于只要求电压输出的低频信号发生器，输出电路仅仅是一个电阻分压式衰减器。对于需要功率输出的低频信号发生器，为了与负载匹配以减小波形失真和获得最大输出功率，还必须接上一个或两个匹配输出变压器，并用波段开关改变输出变压器次级圈数来改变输出阻抗以获得最佳匹配。

低频信号发生器中的输出电压调节常常可以分为连续调节和步进调节。为了使主振输出电压连续可调，采用电位器作连调衰减器。为了步进调节电压，用步进衰减器按每挡的衰减分贝数逐挡进行。例如，对于 XD22 型低频信号发生器中的步进衰减器，衰减共分九级，每级衰减 10dB，共 90dB。衰减器原理如图 6-12 所示，一般要求衰减器的负载阻抗很大，使负载变化对衰减系数的影响较小，从而保证衰减器的精度。衰减器每级的衰减量根据输入输出电压的比值取对数求出。现以波段开关置于第二挡为例，衰减量计算为

$$\frac{V_{o2}}{V_i}=\frac{R_2+R_3+R_4+R_5+R_6+R_7+R_8}{R_1+R_2+R_3+R_4+R_5+R_6+R_7+R_8}$$

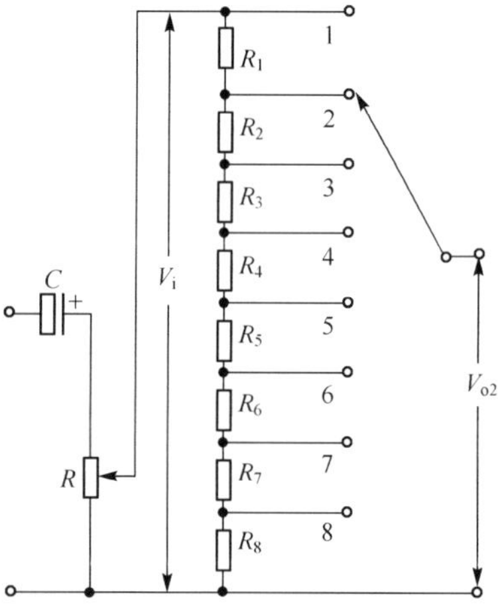

图 6-12　衰减器原理图

根据 XD2 型低频信号发生器衰减器的参数计算得

$$\frac{V_{o2}}{V_i}=0.316$$

两边取对数

$$20\lg\left(\frac{V_{o2}}{V_i}\right)=-10\text{dB}$$

同理第三挡为

$$\frac{V_{o3}}{V_i}=0.1$$

$$20\lg\left(\frac{V_{o3}}{V_i}\right)=-20\text{dB}$$

依此类推，波段开关每增加一挡，就增加 10dB 的衰减量，根据需要可任选衰减量。

输出电路还包括电子电压表，一般接在衰减器之前。经过衰减的输出电压应根据电压表读数和衰减量进行估算。

### 6.2.2　案例分析

设计一款频率为 800Hz 的文氏电桥 *RC* 低频正弦信号发生器。

*RC* 振荡器的设计，就是根据所给出的指标要求，选择电路结构形式，计算和确定电路中各元器件的参数，使它们在所要求的频率范围内满足振荡条件，使电路产生满足指标的正弦波。

1. 电路结构

*RC* 正弦波振荡器原理图如图 6-13 所示。

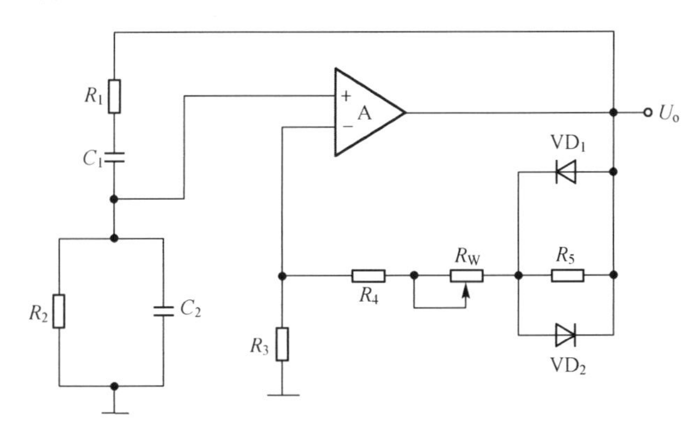


图 6-13　*RC* 正弦波振荡器原理图

2. 计算和确定电路的元器件参数

1）根据振荡频率，计算 *RC* 乘积的值设 $R_1=R_2=R$，$C_1=C_2=C$，则

$$RC=\frac{1}{2\pi f_o}=\frac{1}{2\times 3.14\times 800}=1.99\times 10^{-4}\,(\mathrm{s})$$

2）确定 *R* 和 *C* 的值

为了使选频网络的特性不受运算放大器输入电阻和输出电阻的影响，按 $R_i\gg R\gg R_o$的关系选择 *R* 的值。其中，$R_i$（几百千欧以上）为运算放大器同相端的输入电阻，$R_o$（几百欧以下）为运算放大器的输出电阻。

因此，初选 $R=20\text{k}\Omega$，则

$$C=\frac{1.99\times 10^{-4}}{20\times 10^{3}}=0.995\times 10^{-7}\,(\mathrm{F})\approx 0.1\,(\mu\mathrm{F})$$

在实际的应用中，*R* 选用同轴双联电位器或 *C* 选用双联可变电容器，即可以使振荡频率连续可调。

3）确定 $R_3$ 和 $R_f$（在图 6-13 中，$R_f=R_4+R_W+r_d /\!/ R_5$）的值

由振荡的振幅条件可知，要使电路起振，$R_f$ 应略大于 $2R_3$，通常取 $R_f=2.1R_3$，以保证能起振和减小波形失真。

另外，为了满足 $R=R_3 /\!/ R_f$ 的直流平衡条件，减小运放输入失调电流的影响，由$R_f=2.1R_3$和 $R=R_3 /\!/ R_f$ 可求出 $R_3=3.1R/2.1=29.5\text{k}\Omega$，取标称值 $R_3=30\text{k}\Omega$，所以 $R_f=2.1R_3=2.1\times 30\times 10^3\,\Omega=63\text{k}\Omega$。为了达到最好效果，$R_f$ 与 $R_3$ 的值还需通过实验调整后确定。

4）确定稳幅电路及其元器件值

稳幅电路由 $R_5$ 和两个接法相反的二极管 $VD_1$ 及 $VD_2$ 并联而成。$VD_1$ 及 $VD_2$ 应选用温度稳定性较高的硅管，而且 $VD_1$ 及 $VD_2$ 的特性必须一致，以保证输出波形的正负半轴对称。

5) $R_5$、$R_4$及 $R_W$的确定

由于二极管的非线性失真,因此,为了减小非线性失真,可在二极管的两端并上一个阻值与 $r_d$(二极管导通时的动态电阻)相近的电阻 $R_5$(一般取几千欧),在本例中取 $R_5=2k\Omega$。然后再经过实验调整,以达到最好的效果。$R_5$确定后,可求出 $R_4+R_W$,即

$$R_4+R_W=R_f-(r_d // R_5)\approx R_f-(R_5 // 2)=63k\Omega-1k\Omega=62k\Omega。$$

为了达到最佳的效果,$R_4$取 $30k\Omega$,$R_W$取 $50k\Omega$。

6) 选择运放的型号

选择的运放要求输入电阻高,输出电阻小,而且增益带宽要满足:$A_{uO}BW>3f_o$的条件。由于本例中的 $f_o=800Hz$,故选用 $\mu A741$ 集成运算放大器。

3. 安装与调试

按图 6-13 将所选定的元器件安装在插件板上,检查无误后,接通电源,用示波器观察是否有振荡波形。然后,调整 $R_W$使输出波形为最大且失真最小的正弦波。若电路不起振,说明振荡的振幅条件不满足,应适当加大 $R_W$的值;若输出波形严重失真,说明 $R_W$太大,应适当减小 $R_W$的值。

当调出幅度最大且失真最小的正弦波后,可用示波器或频率计测出振荡器的频率。若所测的频率不满足设计要求,可根据所测频率的大小判断出选频网络的元器件值是偏大还是偏小,从而改变 $R$ 或 $C$ 的值,使振荡频率满足设计要求。

## 6.3　任务九　*LC* 高频信号发生器

1. 任务描述

(1) 用分立元件设计 *LC* 高频信号发生器。

(2) 主要技术指标。

① 电源电压:4.5V,

② 输出正弦波功率:0.2W,

③ 调制方式:普通调幅,

④ 工作频率范围:465kHz～1.5MHz,4MHz～15MHz,25MHz～49MHz,且每挡频率要连续可调。

(3) 备选器件。

① 3DG56 超高频管;

② KB 型四刀三位拨动式波段开关;

③ WS—2 型有机实心电位器;

④ 2×270pF 密封双联;

⑤ 3.5mm 的收音机插孔。

2. 学习要求

(1) 培养文献检索与信息处理能力,如收集资料和消化资料;

(2) 了解 $LC$ 高频振荡器的主要技术指标；

(3) 理解 $LC$ 高频振荡器的工作原理；

(4) 掌握 $LC$ 高频振荡器的设计、装调和测试方法。

### 6.3.1 背景知识

$LC$ 信号发生器因其选频网络采用 $LC$ 谐振电路而得名，主要用来产生高频振荡信号，其振荡频率一般在几兆赫兹至几百兆赫兹之间，广泛用于短波甚至高频频段通信设备电路中，主要用来向各种电子设备和电路提供高频能量或高频标准信号，以便测试各种电子设备和电路的电气特性。例如，测试各类高频接收机的工作特性，这是高频信号发生器一个重要的用途。

对于振荡器，主要技术指标是频率的计算。$LC$ 振荡器有三种形式：调集电路、调基电路和调发电路，根据 $LC$ 振荡回路分别接在晶体管三个不同的电极加以区分，无论是哪一种，其振荡频率都由 $LC$ 谐振回路参数决定，即

$$f_o = \frac{1}{2\pi\sqrt{LC}} \tag{6-7}$$

式中，$L$ 为与 $C$ 并联的等效电感。要使振荡频率在一定范围可调，往往通过改变电容值加以实现。

### 6.3.2 案例分析

1. 设计方案

高频信号发生器一般由主振级、缓冲级、调制级、输出级等几大部分组成，如图 6-14 所示。

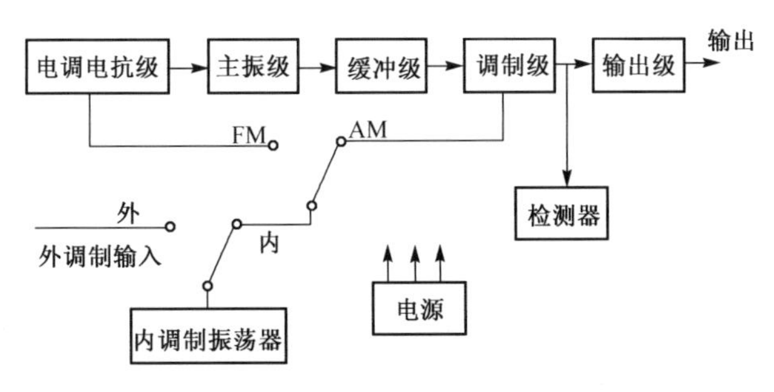


图 6-14 高频信号发生器方框图

2. 设计原理

本设计是一小型简易高频信号发生器。它只包含主振级和调制级两部分，可供检修调试收音机、电视机及遥控设备之用。

主振级与调制级是高频信号发生器的主要电路。这两部分可采用两级电路，也可合为一级电路。主振级是一个 $LC$ 自激正弦波振荡器，输出一定频率范围的正弦波，又

可送给调制级作为载波。调制级提供测试接收机灵敏度、选择性等指标用的已调信号，可以是调幅波、调频波，也可以是脉冲信号。本课题采用简化的调幅电路，将主振级与调制级合二为一。调制级本身就是一个正弦波振荡器。当振荡管的某一个电极同时输入了音频信号时，高频振荡将被音频信号所调制，此时振荡器输出的波形就不再是等幅波而是调幅波。这里的调制方式仅限调幅制一种。高频信号发生器还要求有音频信号输出。因此，仪器还要包含一个音频振荡器，即如图 6-14 所示的内调制振荡器。此振荡器既可输出音频信号，又可提供内调制信号。不难看出，设计出的高频信号发生器实际上只有两部分：一是音频振荡电路，一是高频振荡电路。它们既能产生不同频率的正弦波，又能共同产生调幅波。图 6-15 是其组成框图。

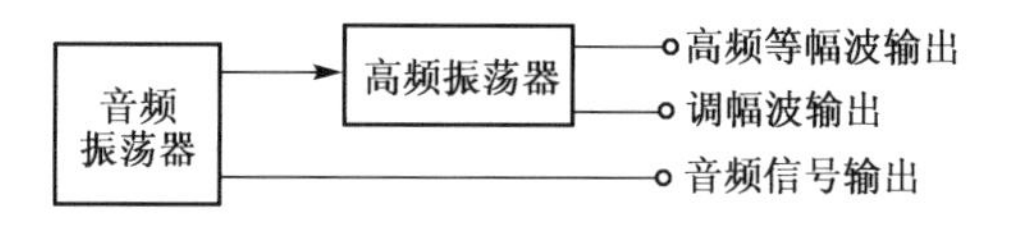


图 6-15　高频信号发生器信号输出方框图

3. 电路参数的计算与元器件选择

1）音频振荡器

音频振荡电路有多种形式。它可以是文氏电桥振荡器，也可以是 *LC* 振荡器。这里只叙述 *LC* 正弦波振荡器的设计。

*LC* 正弦波振荡器有变压器反馈式、电感三点式及电容三点式等几种。其中，电容三点式振荡器的振荡频率较高，不适于作为音频振荡器；电感三点式振荡器的反馈电压取自电感支路，对高次谐波阻抗大，振荡频率不易很高，但作为音频振荡器是适宜的。因此，这里选用共基极电感三点式振荡器。电路如图 6-16 所示，图 6-16(b)是其交流等效电路图，图 6-16(a)中的 $C_1$ 是隔直电容，同时形成反馈支路。

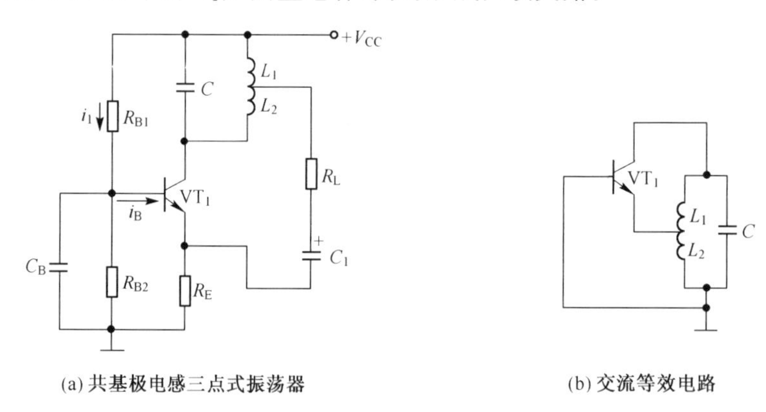


图 6-16　共基极电感三点式振荡器及其交流等效电路

(1) 选晶体管。

音频振荡器属于小功率振荡器，选用一般的小功率高频晶体管即可。从稳频和易于起振的角度考虑，应尽量选取特征频率高的及电流放大系数 $\beta$ 高的晶体管。这样，即使晶体管与回路处于松耦合状态也易于满足起振条件。通常可选用 3DG 系列晶体管。

(2) 直流工作状态与偏置电阻的选择。

振荡管的静态工作电流对振荡器工作的稳定性及波形有很大影响，因此应合理选择工作点。

当振荡器的振荡幅度稳定后，一般应工作于非线性区域，晶体管必然出现饱和与截止状态。晶体管饱和时输出阻抗低，它并联在 $LC$ 谐振回路上将使 $Q$ 值大为降低，从而降低频率稳定度，波形会出现失真。所以，应当把工作点选在偏向截止一边的放大区，即工作电流不能过大。通常，小功率振荡器的工作电流应选 $I_{CQ}=1\sim5\text{mA}$。若 $I_{CQ}$ 偏大，可使振荡幅度增加一些，但对其他指标不利。现选 $I_{CQ}=3\text{mA}$。

$U_{CEQ}$ 应选大些，以使振荡器偏向截止方向工作。现取 $U_{CEQ}=3.6\text{V}(U_{CC}=4.5\text{V})$，由此可算得发射极电阻为

$$R_E=\frac{U_{CC}-U_{CEQ}}{I_{CQ}}=\frac{4.5\text{V}-3.6\text{V}}{3\text{mA}}=300\Omega$$

由

$$U_{BQ}=U_{EQ}+U_{BEQ}=U_{CC}-U_{CEQ}+U_{BEQ}$$
$$=4.5\text{V}-3.6\text{V}+0.7\text{V}=1.6\text{V}$$
$$I_{BQ}=I_{CQ}/\beta=3\text{mA}/50=0.06\text{mA}$$

取 $I_1=5I_{BQ}=5\times0.06\text{mA}=0.3\text{mA}$，则

$$R_{B1}=\frac{U_{CC}-U_{BQ}}{I_1}=\frac{4.5\text{V}-1.6\text{V}}{0.3\text{mA}}=9.6\text{k}\Omega(\text{取 }10\text{k}\Omega)$$

$$R_{B2}=\frac{U_{BQ}}{I_1}=\frac{1.6\text{V}}{0.3\text{mA}}=5.3\text{k}\Omega(\text{取 }5.1\text{k}\Omega)$$

为便于调整静态工作电流，$R_{B1}$ 采用电位器与电阻串接，待电路调整好后，再换相应值的电阻。

(3) 振荡回路元器件的确定。

振荡回路的元器件值可根据振荡频率的要求

$$f_o=\frac{1}{2\pi\sqrt{LC}}=1000\text{Hz}$$

确定。因为振荡频率较低，故回路元器件的值较大。现取 $C=0.33\mu\text{F}$，计算回路电感为

$$L=\frac{1}{(2\pi f_o)^2C}=\frac{1}{(2\pi\times10^3)^2\times0.33\times10^{-6}}=76.8\text{mH}$$

反馈系数 $K_F=L_1/L_2$，它决定电感抽头位置，一般在 0.1～0.5 范围内选择。$K_F$ 太小，则振荡器不易起振，因为幅度太小；$K_F$ 太大，则振荡幅度大，易工作到饱和区，造成波形失真和频率稳定度低。所以，应选取适中值，本例选取 $K_F=0.2$。

2）高频振荡器

高频振荡器一般采用电容三点式或变压器反馈式。此处采用共基极变压器反馈式，原理如图 6-17 所示。

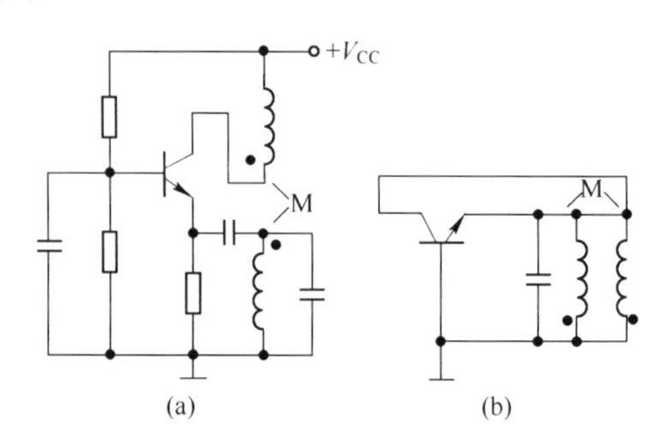


图 6-17 共基极变压器反馈式振荡器

变压器反馈振荡器的优点是容易起振，输出电压大，结构简单，调节频率方便，调节频率时输出电压变化不大。当振荡管的基极输入音频信号时，高频振荡被音频信号所调制，振荡器即成为调幅器。

由于高频振荡器的振荡频率较高，在选晶体管时应注意选超高频小功率三极管。特征频率 $f_T$也要比音频振荡管的要求高，通常选 $f_T>(3\sim10)\ f_o$（$f_o$为振荡器的中心频率）。$f_T$高则晶体管的高频性能好，晶体管内部相移小，有利于稳频。在高频工作时，振荡器的增益仍较大，易于起振。本例选用 3DG56 超高频晶体管，其 $f_T>$ 500MHz，远大于本题要求的最高工作频率 49MHz。

高频振荡器的直流工作状态与偏置电阻的计算同本例音频振荡器的计算方法相同，但注意集电极电流 $I_{CQ}$为 2～4mA。基极偏置电阻最好也采用电位器，以便调整静态电流。

鉴于高频振荡器具有 3 挡频率（3 个波段），可用一个四刀三位拨动式波段开关进行转换。各挡频率由双联电容器作连续频率微调。

4. 电路设计

图 6-18 是高频信号发生器的整机电路图。它由高频和音频振荡电路组成。其中，晶体管 $VT_1$和音频振荡变压器 $T_{r4}$等组成了共基极电感三点式振荡电路，产生音频信号，振荡频率为 1kHz。音频信号由变压器的次级输出，一路经 $R_6$、$C_4$和衰减电位器 $R_{W2}$加至音频信号输出插孔 $XS_2$，以便输出音频信号；另一路经 $C_5$藕合至 $VT_2$的基极，以便作为高频已调波的调制信号。

晶体管 $VT_2$与 3 个波段的高频变压器 $T_{r1}$、$T_{r2}$和 $T_{r3}$等组成共基极变压器反馈式振荡电路，产生高频信号，由于 $VT_2$的基极同时还输入了音频信号，所以高频载波被音频信号所调制。高频信号输出分 3 个波段，由 $S_2$ 转换。各挡频率由双联电容器 $C_7$和 $C_8$作连续调节。通过开关 $S_{2-1}$的转换，在 A 和 B 挡时，$C_7$和 $C_8$并联接入电路；在 C 挡时，断开 $C_7$。高频信号通过 $C_{12}$和衰减电位器 $R_{W1}$，从 $XS_1$ 插孔输出。

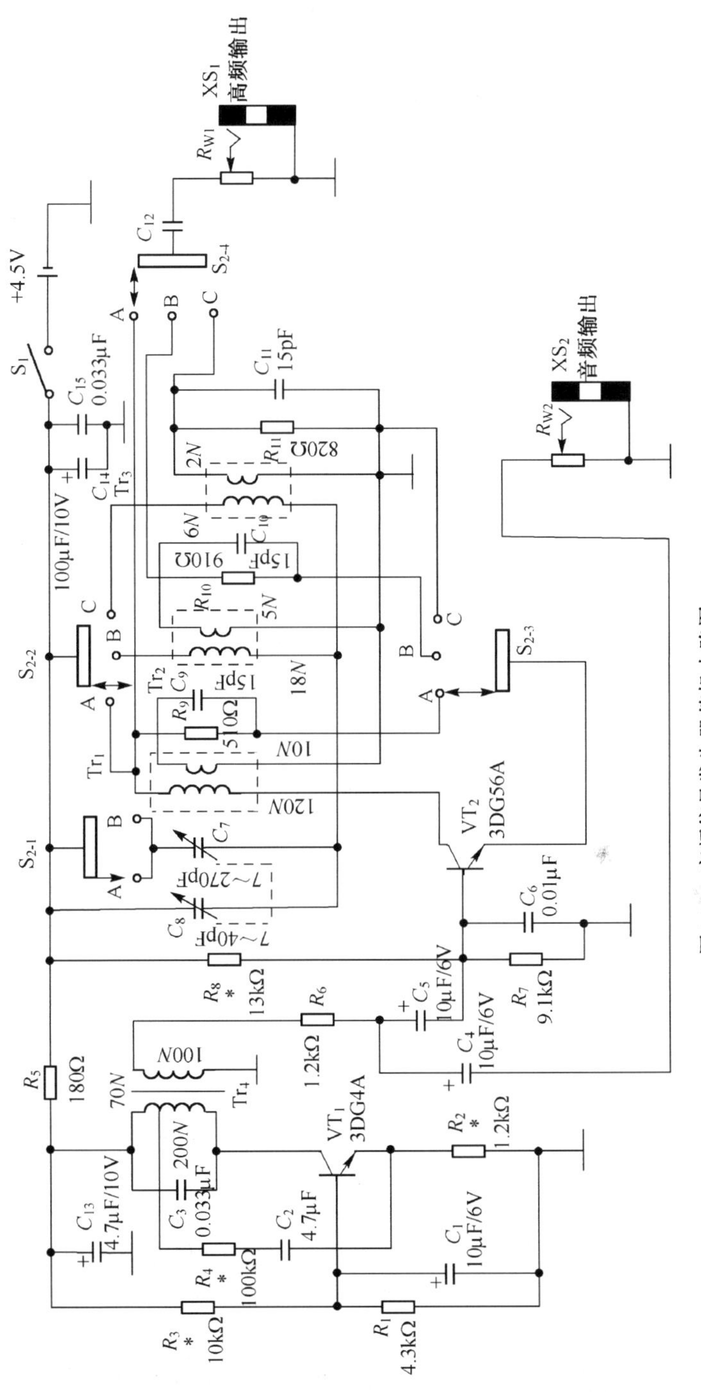


图6-18　高频信号发生器整机电路图

### 6.3.3　LC 高频振荡器的安装与调试

1. *LC* 元件的选择与安装

变压器 $T_{r4}$ 用磁导率为 200、外径为 18mm 的磁罐和线径为 0.16mm 的漆包线绕制。$T_{r1}$、$T_{r2}$ 和 $T_{r3}$ 均用 10mm×10mm 的中周线圈改绕。$T_{r1}$～$T_{r3}$ 均用 0.16mm 的漆包线绕制。各变压器的绕制圈数以 *N* 表示。$S_2$ 用 KB 型四刀三位拨动式波段开关。$R_{W1}$ 和 $R_{W2}$ 用 WS-2 型有机实心电位器，$XS_1$ 和 $XS_2$ 用 3.5mm 的收音机插孔。

本电路中用的双联是由 2×270pF 密封双联改制的，改制时把双联电容器的一联（$C_8$）拆去一部分定片，只保留三片动片和两片定片，再固定好。最后再用电容电桥检测后修正一下电容值（调整花片）。

本机共用 3 块印制板，见图 6-19。其中，图 6-19(a)为主控电路板，图 6-19(b)为大电解电容板，图 6-19(c)为电源板。主电路板应选用环氧树脂板而不使用普通纸胶板或布胶板。若不增添仪器外壳，则只需两块印制板，电源板可省去而用直流稳压电源供电。

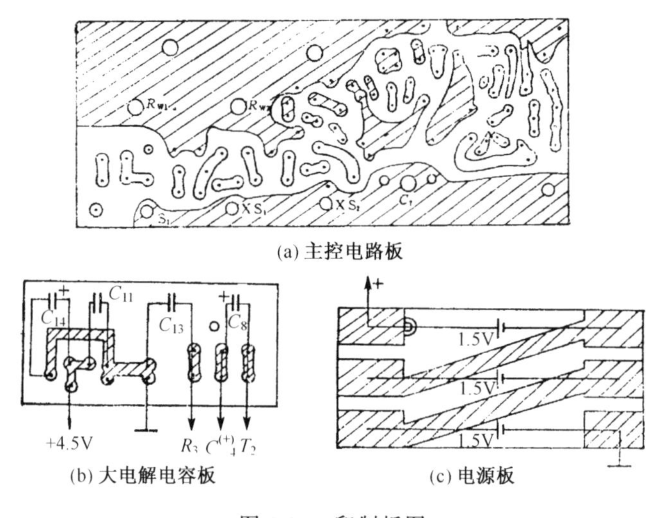

(a) 主控电路板

(b) 大电解电容板　　(c) 电源板

图 6-19　印制板图

为了充分利用仪器的空间，把电容板用磁罐的中心螺丝固定在磁罐的上方。电源板用两个 M3×25(mm)的螺丝架在主电路板元器件的上方，卡电池的磷铜片直接焊在电源板的铜箔上。

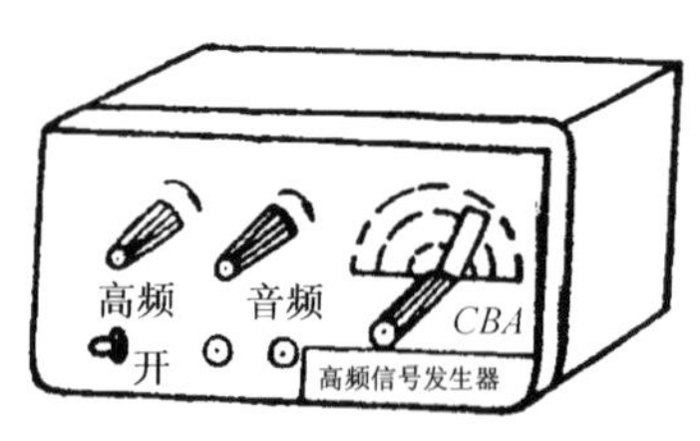

图 6-20　仪器外壳面板

电路制好后，最好能增添外壳以构成一台使用方便的仪器。该仪器的外壳尺寸为 100mm×50mm×40mm，面板安排如图 6-20 所示。由于双联电容器的轴很短，不能直接伸出面板，要用 M3 螺丝与轴对接，再用 M3 螺母将其拧紧，这样使双联的轴被加长。频率刻度可直接画在面板纸上。频率指针板用白色透明有机玻璃制作，上面画一条红线作为标志线。安装时，指针板与面板间要留1mm的缝隙，以防旋动时将板面划伤。

2. 调试与使用

各电路板焊接连接无误后，即可通电调试。首先调整电路的工作点：调$R_3$使$VT_1$的$I_c$为3～5mA；调$R_8$使$VT_1$的$I_c$为2～4mA。$R_4$的阻值与音频正弦波的失真及振幅有关，应适当调节。判断$VT_2$起振方法很多，最简单的方法是将$VT_2$的集电极线圈短接。若用万用表测得的$VT_2$发射极电压有波动则说明电路起振，这时距信号源2m远的收音机应能收到信号。

装配好的信号发生器如图6-20所示。在标定仪器的面板频率刻度时，可借助一台标准高频信号发生器和一台三波段收音机。用标准信号发生器的目的是能精确地校准收音机的接收频率，以检验待测信号发生器的频率。具体测定前，在面板的指针板下放一张已画好3挡半圆弧线的白纸。在收音机的监听下转动频率旋钮，使仪器的发射频率与标准信号发生器一一对应。用细铅笔尽量密集地在纸上标出对应的频率点。每挡的低端频率可分别调$T_{r1}$、$T_{r2}$和$T_{r3}$的磁帽校准。由于设计的信号发生器的频率范围较宽，第3档(C挡)不在收音机的接收范围内。因此，有时需要接收它发射的高次谐波。例如，465kHz的信号在AM中波段以外，但可在930kHz频率上收到(二次谐波)。30MHz的信号可在调频波段的90MHz频率上收到。注意，接收的谐波次数越高，接收距离应越近。为了方便使用，可在刻度盘上醒目地用圆点标出常用频率，如465kHz、6.5MHz、10.7MHz、28MHz、34.25MHz和37MHz等。

仪器的使用方法与一般简易高频信号发生器相同，高频信号即可通过插孔$XS_1$直接输出，亦可由仪器辐射射出。

## 6.4　任务十　石英晶体振荡器

1. 任务描述

(1) 以石英晶体谐振器为基础设计一振荡器，要求主要技术指标如下。

① 振荡频率$f_o=10MHz$。

② 频率稳定度：$\Delta f_o/f_o \leqslant 10^{-6}$/小时。

③ 输出电压：$U_o \geqslant 1V$；电源电压：$V_{CC}=12V$。

(2) 备选器件：10MHz石英晶振和型号为3DG12的高频管$VT_1$。

2. 学习要求

(1) 培养文献检索与信息处理能力，如收集资料和消化资料；

(2) 掌握石英晶体振荡器的工作原理及应用；

(3) 掌握石英晶体振荡器的设计及参数的选择。

### 6.4.1　背景知识

石英谐振器简称为晶振。它是利用具有压电效应的石英晶体片制成的。这种石英晶体薄片受到外加交变电场的作用时会产生机械振动，当交变电场的频率与石英晶体的固有频率相同时，振动便变得很强烈，这就是晶体谐振特性的反应。利用这种特性，就可以用石英谐振器取代 $LC$(线圈和电容)谐振回路和滤波器等。由于石英谐振器具有体积小、重量轻、可靠性高和频率稳定度高等优点，因此被应用于家用电器和通信设备中。石英谐振器因具有极高的频率稳定性，故主要用在要求频率十分稳定的振荡电路中。

1. 石英晶体

石英晶体具有压电效应，在晶片上加交变电压，晶体就会振动，同时由于电荷的周期变化，又会有交流电流流过晶体。图 6-21 是石英谐振器的符号及其等效电路。

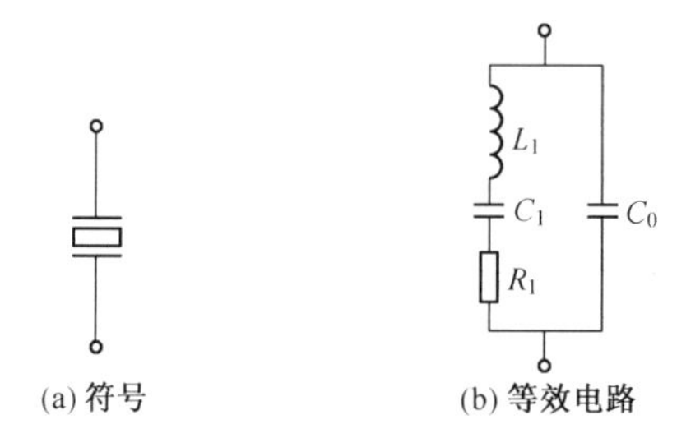


图 6-21　石英谐振器的符号及其等效电路

在图 6-21(b)中，$L_1$、$C_1$ 和 $R_1$ 分别为石英晶体的模拟动态等效电感、等效电容和损耗电阻；$C_0$ 为静态电容，它是以石英为介质在两极板间所形成的电容。

1) 串联谐振与并联谐振

石英晶体的串联谐振频率：$f_q=\dfrac{1}{2\pi\sqrt{L_1C_1}}$。

石英晶体的并联谐振频率：$f_p=\dfrac{1}{2\pi\sqrt{L_1\left(\dfrac{C_0C_1}{C_0+C_1}\right)}}=f_q\sqrt{1+\dfrac{C_1}{C_0}}$。

串联谐振频率与并联谐振频率的差值：$f_p-f_q\approx f_q\dfrac{C_1}{2C_0}$，其差值随不同的石英谐振器而不同，一般为几十至几百赫兹。

2) 英晶体的阻抗特性

图 6-22 图示石英晶体的阻抗特性，可知，

(1) 当 $f<f_q$ 或 $f>f_p$ 时，等效为电容；

(2) 当 $f=f_q$ 时，为串联谐振；

(3) 当 $f_q<f<f_p$ 时，等效为电感；

(4) 当 $f=f_p$ 时，为并联谐振。

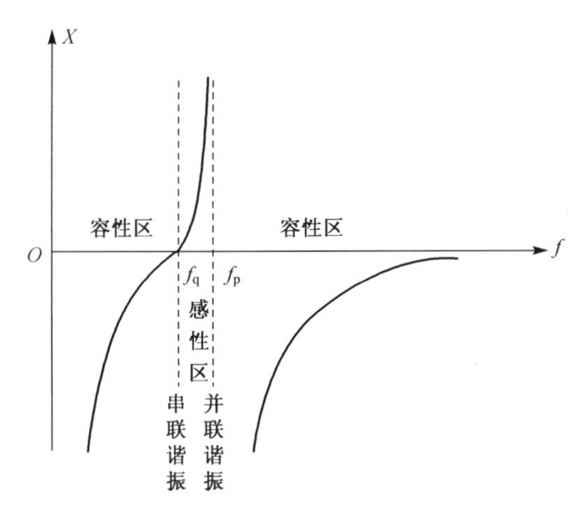


图 6-22　石英晶体的阻抗特性

2. 典型的晶体振荡电路

1）并联型晶体振荡电路

图 6-23 是一种典型的晶体振荡电路。当振荡器的振荡频率在晶体的串联谐振频率和并联谐振频率之间时，晶体呈感性，该电路满足三点式振荡器的组成原则，为电容反馈式振荡器，通常称为皮尔斯振荡器。

图 6-24 是皮尔斯晶体振荡器振荡回路的等效电路，其工作频率由 $C_1$、$C_2$ 和 $C$ 及晶体构成的回路决定，即由晶体电抗 $X$ 与外部电容容抗相等的条件决定，其振荡频率为 $f_q < f < f_p$。

由于晶体的品质因数高，故其并联谐振电阻也很高，虽然接入系数很小，但等效到晶体管 CE 两端的阻抗很高，所以放大器的增益较高，电路很容易满足起振条件。

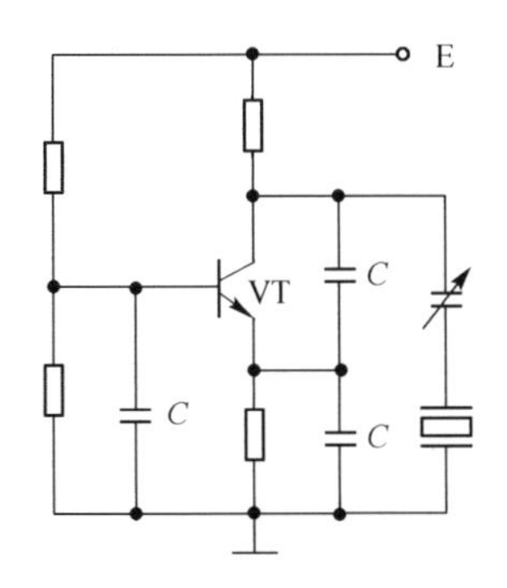


图 6-23　并联型晶体振荡器电路

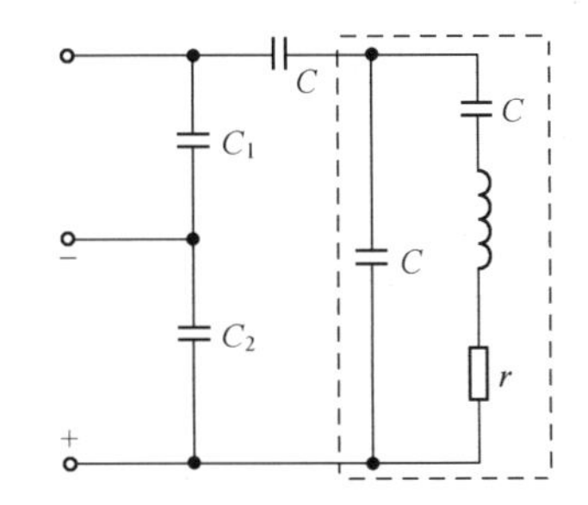


图 6-24　并联型晶体振荡器等效电路

2）串联型晶体振荡电路

在串联型晶体振荡电路中，晶体通常接在反馈电路中。图 6-25 是串联型晶体振荡器的实际电路，图 6-26 是其等效电路。

3. 使用石英晶体谐振器时应注意的事项

(1) 石英晶体谐振器的标称频率是在石英晶体谐振器上并接一负载电容条件下测定的，在使用时也必须外加负载电容，并经微调后才能获得标称频率。

(2) 石英晶体谐振器的激励电平应在规定的范围内。

(3) 在并联型晶体振荡器中，石英晶体起感性作用；若作容抗元器件，则在石英晶片失效时，石英谐振器的支架电容还存在，电路仍可满足振荡条件而振荡，但石英晶体谐振器失去了稳频作用。

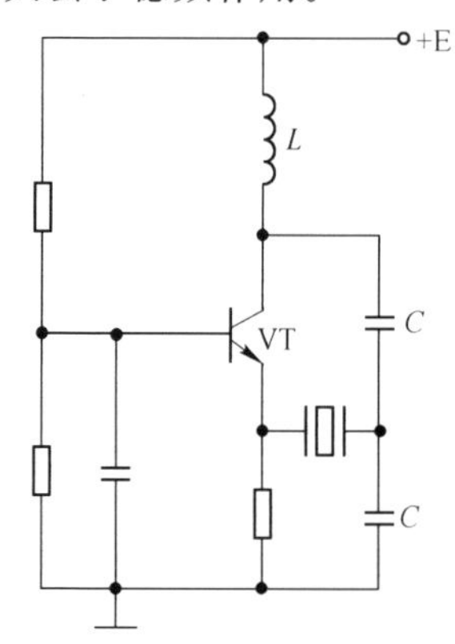


图 6-25 串联型晶体振荡器电路

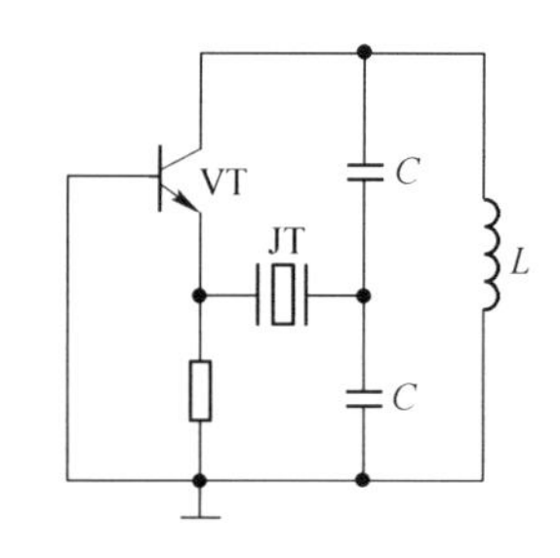


图 6-26 串联型晶体振荡器等效电路

(4) 在晶体谐振器中，一块晶体只能稳定一个频率，当要求得到可选择的许多频率时，就要采用其他电路元器件，如频率合成器。

### 6.4.2 案例分析

设计一款频率为 10MHz 的石英晶体正弦信号发生器，频率稳定度为 $\Delta f_o/f_o \leqslant 10^{-6}$/h，振荡输出电压≥1V，电源电压为 12V。

1. 确定电路形式

晶体振荡器电路如图 6-27 所示。电路采用并联型晶体振荡电路，晶体呈感性，为皮尔斯振荡器，相当于电容反馈式振荡器的克拉波电路；$VT_1$ 为 3DG12 型，放大倍数 $\beta$ 为 60。

2. 确定静态工作点

高频振荡器的工作点要合适，偏低偏高都会使振荡器波形严重失真，甚至停振。实际取 $I_{CQ}$ 为 0.5～5mA，若取 $I_{CQ}=2$mA，$V_{CEQ}=6$V，则有

$$R_c + R_e = \frac{V_{CC} - U_{CEQ}}{I_{CQ}} = \frac{(12-6)\ \text{V}}{2\text{mA}} = 3\text{k}\Omega$$

为了提高电路的稳定性，$R_e$ 的值可适当增大，取 $R_e=1\text{k}\Omega$，则 Rc＝2kΩ，则有

$$U_{EQ} = I_{CQ}R_e = 2\text{mA} \times 1\text{k}\Omega = 2\text{V}$$

$$I_{BQ} = I_{CQ}/\beta = 2\text{mA}/60 \approx 0.033\text{mA}$$

若取流过 $R_{b2}$ 的电流 $I_{b2}=10I_{BQ}=10\times 0.033\text{mA}=0.33\text{mA}$，则取

$$U_{BQ}=\frac{R_{b2}}{R_{b1}+R_{b2}}V_{CC}\approx U_{EQ}+0.7V=2V+0.7V=2.7V$$

$$R_{b2}=\frac{U_{BQ}}{I_{b2}}=\frac{2.7V}{0.33mA}\approx 8.2k\Omega,\text{取 }R_{b1}=28.21k\Omega$$

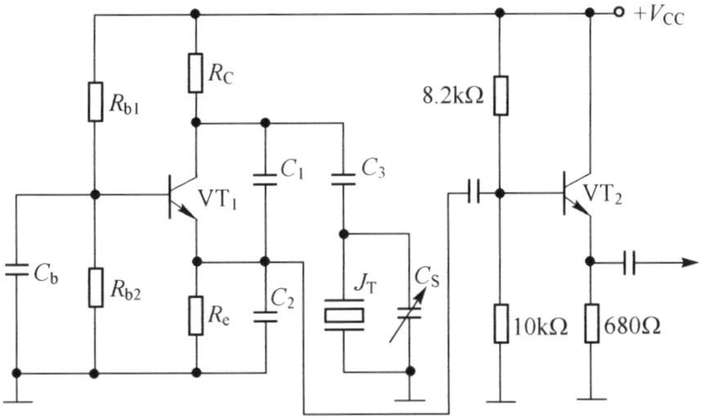

图 6-27 晶体振荡器电路

实际电路的 $R_{b1}$ 可用 5.1kΩ 电阻和 50kΩ 电位器串联，以便工作点调整。

3. 确定交流参数

电容 $C_1$ 和 $C_2$ 由反馈系数 $F$ 及 $C_3$ 所确定，其中 $C_3$ 可远远小于 $C_1$ 或 $C_2$，而 $F=1/2\sim1/8$，根据经验 $F=C_1/C_2=1/2$。这样选取后的值，电路易振荡，波形好。若取 $C_1=100pF$，则 $C_2=200pF$，取 $C_3=24pF$，$C_4$ 取 3～30pF 的可调电容，对振荡频率微调，耦合电容 $C_b=0.01\mu F$。

由于振荡电路的阻抗很高，其带负载能力差，负载值改变可能造成输出频率变化，也可能影响输出幅度，故输出不能直接供给负载，一定要经过 $VT_2$ 射极跟随器输出。射极跟随器的作用是提高整个振荡器的带负载能力，使振荡器的输出特性几乎不受负载影响。

## 6.5 任务十一 波形变换器

1. 任务描述

(1) 分别采用由集成运算放大器与晶体管差分放大器组成的函数发生器和由专用函数信号发生芯片构成的函数发生器，功能要求如下：

① 能同时产生三角波、方波和正弦波信号；

② 产生的三角波、方波和正弦波信号频率能各自在一定范围内可调；

③ 各类波形的失真较小。

(2) 备选器件：双运放 UA747、集成电路差分对管 BG319 或双三极管 S3DG6 和单片集成 ICL8038 等。

2. 学习要求

(1) 培养文献检索与信息处理能力，如收集资料和消化资料；

(2) 掌握方波、正弦波和三角波函数发生器的一般设计方法与调试技术；

(3) 学会安装与调试由多级单元电路组成的电子电路。

### 6.5.1　方波—三角波—正弦波函数发生器的设计与制作

在研制、生产、测试和维修各种电子元器件、部件及整机设备时，都需要有信号源，由它产生不同频率和不同波形的电压及电流信号并加到被测元器件或设备上，用其他仪器观察并测量被测仪器的输出响应，以分析确定它们的性能参数。信号发生器是电子测量领域中最基本、应用最广泛的一类电子仪器。信号发生器又称为信号源或振荡器，在生产实践和科技领域中有着广泛的应用。

1. 设计任务

在无线电通信、测量和自动控制等技术领域中广泛应用着各种类型的信号发生器，最常用的有正弦波信号发生器、方波信号发生器和三角波发生器。本设计任务将设计一个能产生多种波形的低频函数信号发生器，设计内容及要求如下。

（1）设计内容：设计一种方波、正弦波和三角波的函数发生器。

（2）基本要求为

① 设计的函数发生器能够产生的频率范围为1～10Hz及10～100Hz。

② 输出电压：方波 $V_{p\text{-}p}\leqslant 24V$；三角波 $V_{p\text{-}p}=8V$；正弦波 $V_{p\text{-}p}>1V$。

③ 波形特性：方波 $t_r<100\mu s$；三角波非线性失真系数 $\gamma_{\triangle}<2\%$；正弦波非线性失真系数 $\gamma_{\sim}<5\%$。

2. 方案选择

函数发生器能自动产生正弦波、三角波、方波及锯齿波和阶梯波等电压波形。电路中使用的元器件可以是分立器件（如低频信号函数发生器S101全部采用晶体管），也可以是集成电路（如单片集成电路函数发生器ILC8038）。本设计主要是由集成运算放大器与晶体管差分放大器组成的方波—三角波—正弦波函数发生器的设计方法。

产生正弦波、方波和三角波的方案有多种，如先产生正弦波，然后通过整形电路将正弦波转换为方波，再由积分电路将方波变成三角波；也可以先产生三角波—方波，再将三角波变成正弦波或将方波变成正弦波。本设计是先产生方波—三角波，再将三角波转换成正弦波的电路设计方法。

系统的电路组成框图如图6-28所示。

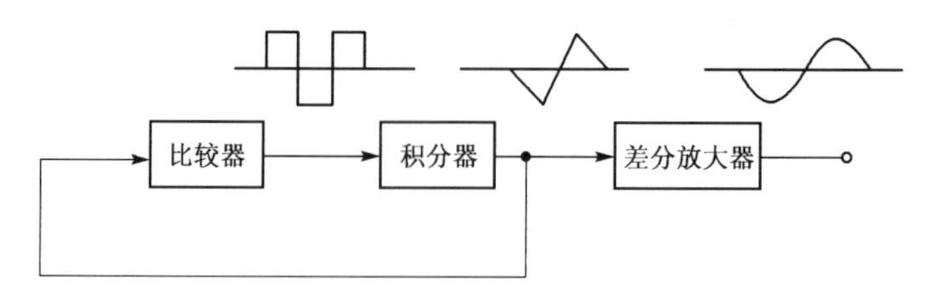


图6-28　函数发生器组成框图

3. 电路设计

1）方波—三角波产生电路

图6-29所示的电路能自动产生方波—三角波信号。由电压比较器和积分电路构成方波—三角波产生电路。

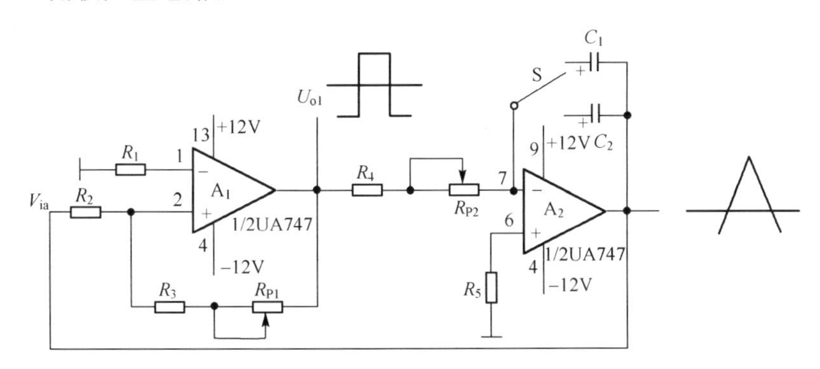


图6-29 方波—三角波产生电路

（1）比较器电路原理。

如图6-29所示的电路能自动产生方波—三角波信号。其中，运算放大器$A_1$与$R_1$、$R_2$及$R_3$和$R_{P1}$组成一个电压比较器，$R_1$称为平衡电阻，$C_1$为翻转加速电容。迟滞比较器的$U_i$（被比信号）取自积分器的输出，通过$R_1$接运放的同相输入端，$R_1$称为平衡电阻；迟滞比较器的$U_R$（参考信号）接地，通过$R_2$接运放的反相输入端。迟滞比较器输出$U_{o1}$的高电平等于正电源电压$+V_{CC}$，低电平等于负电源电压$-V_{EE}$。当$U_+=U_-=0V$时，比较器翻转，输出$U_{o1}$从高电平$+V_{CC}$翻转到低电平$-V_{EE}$；或从低电平$-V_{EE}$跳到高电平$+V_{CC}$。

若$U_{o1}=+V_{CC}$，根据电路叠加原理可得

$$U_+=\frac{R_2}{R_2+R_3+R_{P1}}(+V_{CC})+\frac{R_3+R_{P1}}{R_2+R_2+R_{P1}}u_i$$

因$U_R=0V$，故比较器翻转的下门限电位$U_{TH2}$为

$$U_{TH2}=\frac{-R_2}{R_3+R_{P1}}+V_{CC}=\frac{-R_2}{R_3+R_{P1}}V_{CC}$$

若$U_{o1}=-V_{EE}$，根据电路原理叠加原理可得

$$U_+=\frac{R_2}{R_2+R_3+R_{P1}}-V_{CC}+\frac{R_3+R_{P1}}{R_2+R_2+R_{P1}}u_i$$

将上式整理，得比较器翻转的上门限电位$U_{TH1}$为

$$U_{TH1}=\frac{-R_2}{R_3+R_{P1}}(-V_{EE})=\frac{-R_2}{R_3+R_{P1}}V_{CC}$$

比较器的门限宽度$\Delta U_{TH}$为

$$\Delta U_{TH}=U_{TH1}-U_{TH2}=\frac{2R_2}{R_3+R_{P1}}V_{CC}$$

由此可得，迟滞比较器的电压传输特性如图 6-30 所示。

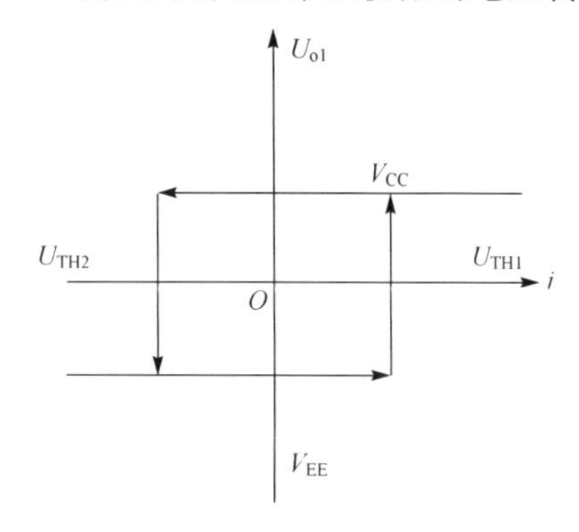


图 6-30 迟滞比较器的电压传输特性

(2) 积分电路原理。

运算放大器 $A_2$ 是反相积分器，它的输入信号就是 $A_1$ 的输出信号 $U_{o1}$，加于反相输入端，分析积分电路工作原理，实际上是在反相放大器的反馈支路中将反馈电阻换成了电容 $C$。

根据集成运算放大器理想化条件中的两个条件：

开环(差模)增益 $A=U_o/(V_+-V_-)$ 为无穷大，$V_+$ 和 $V_-$ 分别为运算放大器同相端与反相端输入电压。输入电阻(即开环差模输入电阻)$r_i$ 为无穷大，可以得出两条重要推论：

① $V_+-V_-=V_o/A=0\Omega$，即 $V_+=V_-$。

② $i=i_+=i_-=0\text{A}$。

两条重要推论是进行集成运算放大器近似分析的基本出发点，由此可以得出反相放大器的反相输入端为“虚地”的概念，在积分运算电路中，由于 $i=0\text{A}$，故有 $i_f=i_1=U_1/R$，根据反相输入运算放大器的反相输入端为虚地有

$$U_o=-V_C=\frac{1}{C}\int i_f\,\mathrm{d}t=\frac{1}{RC}U_1\,\mathrm{d}t$$

即输出电压与输入电压对时间的积分成正比，负号表示输出电压与输入电压的极性相反。

当输入为一阶跃电压信号时，$i_f$ 为常数，电容 $C$ 将以恒流充电，输出电压随时间按线性规律变化。波形如图 6-31(a)所示。

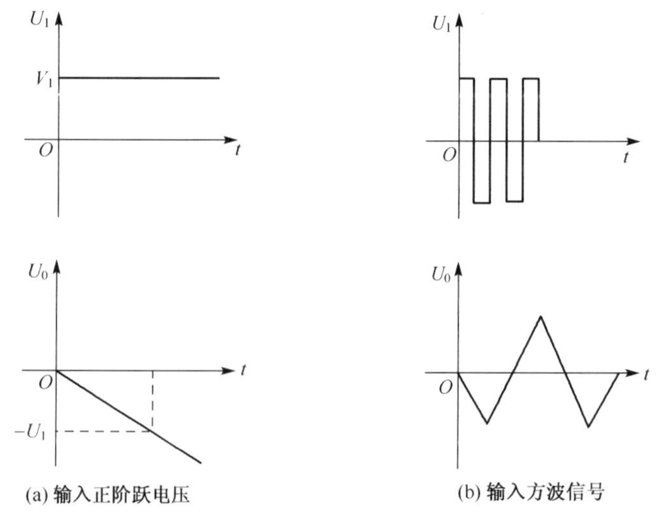


图 6-31 波形图

当输入$U_I$为方波信号时，在方波的正半轴，$U_o$朝下积分；在方波的负半轴，$U_o$朝上积分。周而复始，输入为方波信号时，输出得到三角波信号。

运放$A_2$与$R_4$、$R_{P2}$、$C_2$及$R_5$组成反相积分器。其输入是前级输出的方波信号$U_{o1}$，从而可得积分器的输出$U_{o2}$为

$$U_{o2}=\frac{-1}{(R_4+R_{P2})C_2}\int U_{o1}\mathrm{d}t$$

当$U_{o1}=+V_{CC}$时，电容$C_2$被充电，电容电压$U_{C_2}$上升，则

$$U_{o2}=-\frac{V_{CC}}{(R_4+R_{P2})C_2}t$$

即$U_{o2}$线性下降。

当$U_{o2}$（即$U_i$）下降为$U_{o2}=U_{TH2}$时，比较器$A_1$的输出$U_{o1}$状态发生翻转，即$U_{o1}$由高电平$+V_{CC}$变为低电平$-V_{EE}$，于是电容$C_2$放电，电容电压$U_{C_2}$下降，而

$$U_{o2}=\frac{-(-V_{EE})}{(R_4+R_{P2})C_2}t=\frac{V_{CC}}{(R_4+R_{P2})C_2}t$$

即$U_{o2}$线性上升。

当$U_{o2}$（即$U_i$）上升到$U_{o2}=U_{TH1}$时，比较器$A_1$的输出$U_{o1}$状态又发生翻转，即$U_{o1}$由低电平$-V_{EE}$变为高电平$+V_{CC}$，电容$C_2$又被充电，周而复始，振荡不停。$U_{o1}$输出是方波，$U_{o2}$输出是一个上升速率与下降速率相等的三角波。可见，当积分器的输入为方波时，输出的是一个上升速率与下降速率相等的三角波，波形关系如图6-32所示。

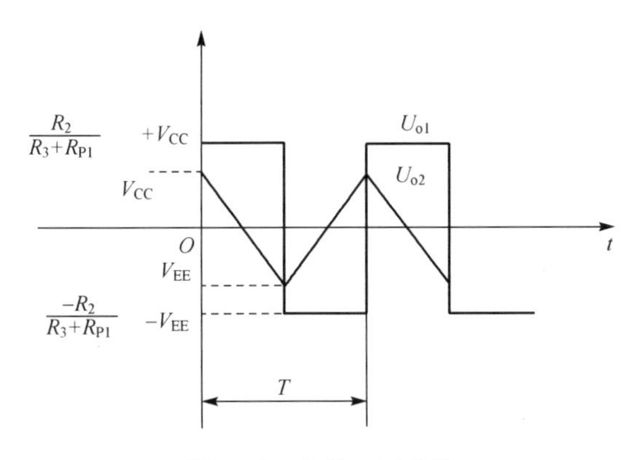


图6-32　方波—三角波

比较器与积分器首尾相连，形成闭环电路，自动产生方波—三角波。

由图6-32可知，三角波的幅度$U_{o2m}$为

$$U_{o2m}=\frac{R_2}{R_3+R_{P1}}V_{CC}$$

$U_{o2}$的下降时间为$t_1=(U_{TH2}-U_{TH1})\frac{\mathrm{d}U_{o2}}{\mathrm{d}t}$，而

$$\frac{\mathrm{d}U_{o2}}{\mathrm{d}t}=-\frac{V_{CC}}{(R_4+R_{P2})C_2}$$

$U_{o2}$的上升时间为 $t_2=(U_{TH1}-U_{TH2})\dfrac{dU_{o2}}{dt}$，而

$$\frac{dU_{o2}}{dt}=\frac{V_{CC}}{(R_4+R_{P2})C_2}$$

把 $U_{TH1}$和 $U_{TH2}$的值代入，得三角波的频率为

$$f=\frac{R_3+R_{P1}}{4R_2(R_4+R_{P2})C_2}$$

由 $f$ 和 $U_{o2m}$的表达式可以得出以下结论：

① 使用电位器 $R_{P2}$调整方波—三角波的输出频率时，不会影响相互输出波形的幅度。若要求输出信号频率范围较宽，可用 $C_2$改变频率的范围，用 $R_{P2}$实现频率微调。

② 方波的输出幅度应等于电源电压 $V_{CC}$，三角波的输出幅度不超过 $V_{CC}$。电位器 $R_{P1}$可实现幅度微调，但会影响方波—三角波的频率。

(3) 参数计算与元器件选择。

如图 6-29 所示，运算放大器 $A_1$与 $A_2$各用一只双运放 UA747。因为方波的幅度接近电源电压，所以取电源电压 $+V_{CC}=+12V$，$-V_{EE}=-12V$。

比较器 $A_1$与积分器 $A_2$的参数计算如下

$$\frac{R_2}{R_3+R_{P1}}=\frac{V_{o2m}}{V_{CC}}=\frac{4}{12}=\frac{1}{3}$$

取 $R_2=10k\Omega$，$R_3=20k\Omega$，$R_{P1}=47k\Omega$，平衡电阻 $R_1=R_2/\!/(R_3+P_{P1})\approx 10k\Omega$。由输出频率的表达式得

$$R_4+R_{P2}=\frac{R_3+R_{P1}}{4R_2C_2f}$$

当 $1Hz\leqslant f\leqslant 10Hz$ 时，取 $C_2=10\mu F$，$R_4=5.1k\Omega$，$R_{P2}=100k\Omega$；当 $10Hz\leqslant f\leqslant 100Hz$ 时，取 $C_2=1\mu F$，以实现频率波段的转换，$R_4$及 $R_{P2}$的取值不变。取平衡电阻 $R_5=10k\Omega$。

2) 三角波—正弦波产生电路

(1) 差分放大器电路原理。

本设计选用差分放大器作为三角波—正弦波的变换电路。波形变换的原理是利用差分对管的饱和与截止特性进行变换。分析表明，差分放大器的传输特性曲线 $i_{c1}$(或 $i_{c2}$)的表达式为

$$i_{c1}=\alpha i_{E1}=\frac{\alpha I_o}{1+e^{-V_{id}/V_T}} \tag{6-8}$$

式中，$\alpha=I_C/\!/I_E\approx 1$，$I_o$为差分放大器的恒定电流；$V_T$为温度的电压当量，当室温为 25℃时，$V_T\approx 26mV$。

如果 $V_{id}$为三角波，设表达式为

$$V_{id}=\begin{cases}\dfrac{4V_m}{T}\left(t-\dfrac{T}{4}\right) & \left(0\leqslant t\leqslant \dfrac{T}{2}\right)\\[2ex] \dfrac{-4V_m}{T}\left(t-\dfrac{3}{4}T\right) & \left(\dfrac{T}{2}\leqslant t\leqslant T\right)\end{cases} \tag{6-9}$$

式中，$V_m$为三角波的幅度，$T$ 为三角波的周期。

将式(6-8) 代入式(6-9) 计算,则

$$i_{c1}(t)=\begin{cases}\dfrac{\alpha I_o}{1+\exp\left[\dfrac{-4V_m}{V_T T}\left(t-\dfrac{T}{4}\right)\right]} & \left(0\leqslant t\leqslant\dfrac{T}{2}\right)\\[2ex] \dfrac{\alpha I_o}{1+\exp\left[\dfrac{4V_m}{V_T T}\left(t-\dfrac{3}{4}T\right)\right]} & \left(\dfrac{T}{2}\leqslant t\leqslant T\right)\end{cases}$$

$i_{c1}$(t)或 $i_{c2}$(t)曲线近似于正弦波,则差分放大器的输出电压 $V_{c1}(t)$或 $V_{c2}(t)$也近似于正弦波,波形变换过程如图 6-33 所示。为使输出波形更接近正弦波,要求:

① 传输特性曲线尽可能对称,线性区尽可能窄。

② 三角波的幅值 $V_m$应接近晶体管的截止电压值。

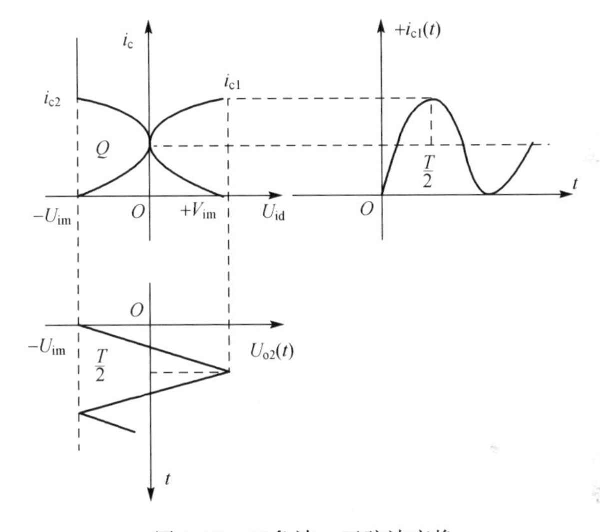


图 6-33　三角波—正弦波变换

图 6-34 为三角波—正弦波的变换电路。其中,$R_{P3}$调节三角波的幅度,$R_{P4}$调整电路的对称性,并联电阻 $R_{E2}$用来减小差分放大器的线性区。$C_3$、$C_4$和 $C_5$为隔直电容;$C_6$为滤波电容,用于滤除谐波分量,改善输出波形。

(2) 参数计算与元器件选择。

三角波—正弦波变换电路的参数如下。

因三角波的频率不太高,所以隔直电容 $C_3$、$C_4$和 $C_5$要取得大一些,这里取 $C_3=C_4=C_5=470\mu\text{F}$。滤波电容 $C_6$视输出的波形而定,若含高次谐波的成分较多,$C_6$可取得较小,一般为几十至几百皮法。$R_{E2}=100\Omega$ 与 $R_{P4}=100\Omega$ 相并联,以减小差分放器的线形区。差分放大电路的静态工作点主要由恒流源 $I_o$决定,故一般先设定 $I_o$。$I_o$取值不能太大,$I_o$越小,恒流源越恒定,温漂越小,放大器的输入阻抗越高;但 $I_o$也不能太小,一般为几毫安,这里取差动放大的恒流源电流 $I_o=1\text{mA}$,则 $A_1=A_2=0.5\text{mA}$,从而可求得晶体管的输入电阻为

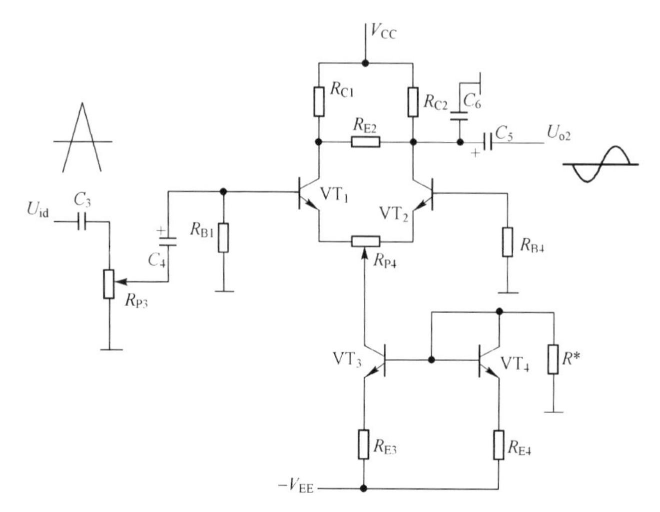


图 6-34　三角波－正弦波变换电路

$$R_{be} = 300\Omega + (1+\beta)\frac{26(\mathrm{mV})}{I_o/2}$$

为保证差分放大电路有足够的输入电阻 $r_i$，取 $r_i>20\mathrm{k}\Omega$。根据 $r_i=2(R_{be}+R_{B1})$，得 $R_{B1}>6.6\mathrm{k}\Omega$，故取 $R_{B1}=R_{B2}=6.8\mathrm{k}\Omega$。因为要求输出的正弦波波峰值大于 1V，所以应使差动放大电路的电压放大倍数 $A_u\geqslant40$。根据 $A_u$ 的表达式

$$A_u = \left|\frac{-\beta R'L}{2(R\beta_1+r_{be})}\right|$$

可求得电阻 $R_L$，进而选取 $R_{C1}=R_{C2}=10\mathrm{k}\Omega$。发射极电阻一般取几千欧，这里选择$R_{E3}=R_{E4}=2\mathrm{k}\Omega$，所以 $R_2=9.3\mathrm{k}\Omega$。

4. 总电路原理图

总体电路原理图如图 6-35 所示，运算放大器 $A_1$ 与 $A_2$ 各用一只运放 UA747，差分放大器采用晶体管构成的单端输入-单端输出电路形式，4 只晶体管用集成电路差分对管 BG319 或双三极管 S3DG6 等。因为方波电压的幅度接近电源电压，所以电源电压 $+U_{CC}=+12\mathrm{V}$，$-U_{EE}=-12\mathrm{V}$。

5. 电路安装与调试技术

如图 6-35 所示，方波、三角波和正弦波函数发生器是由三级单元电路组成的。在装调多级电路时，通常按照单元电路的先后顺序进行分级装调与级联。

1）方波—三角波发生器的装调

由于比较器 $A_1$ 与积分器 $A_2$ 组成正反馈闭环电路，同时输出方波与三角波，这两个单元电路可以同时安装。需要注意的是，安装电位器 $R_{P1}$ 与 $R_{P2}$ 之前，要将其调整到设计值，即在如图 6-35 所示的电路中应先使 $R_{P1}=10\mathrm{k}\Omega$，$R_{P2}$ 取 2.5～70kΩ 内的任一阻值，否则电路可能不起振。只要电路接线正确，上电后，$U_{o1}$ 输出为方波，$U_{o2}$ 输出为三角波。微调 $R_{P1}$，使三角波的输出满足设计指标要求；调节 $R_{P2}$，则输出频率在对应波段内连续可变。

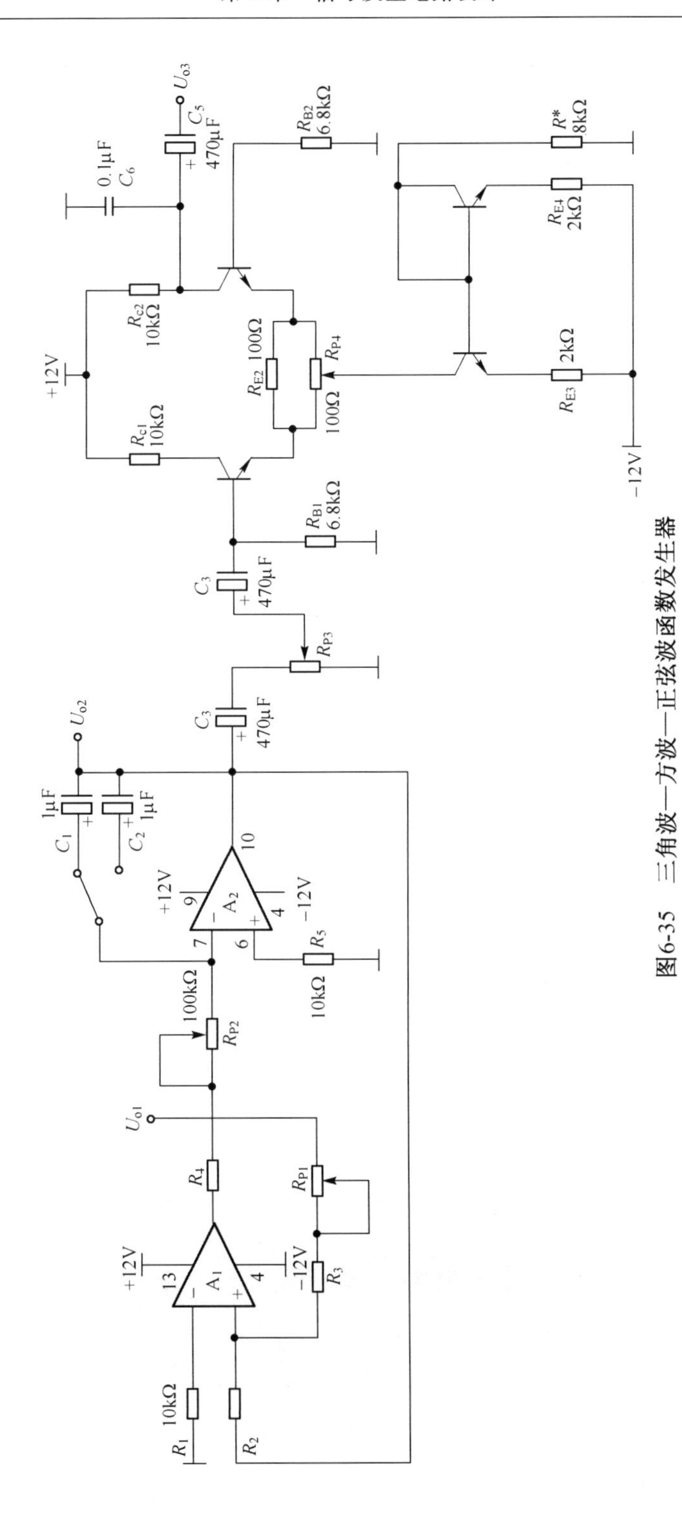


图6-35　三角波—方波—正弦波函数发生器

2）三角波—正弦波变换电路的装调

按照图 6-35 所示的电路装调三角波—正弦波变换电路，电路的调试步骤如下。

（1）经电容 $C_4$ 输入差模信号电压 $U_{id}=50\text{mV}$ 和 $f_i=100\text{Hz}$ 的正弦波。调节 $R_{P4}$ 及电阻 $R^*$，使传输特性曲线对称。逐渐增大 $U_{id}$，直到传输特性曲线如图 6-35 所示，记下此时对应的 $U_{id}$，即 $U_{idm}$ 值。移去信号源，再将 $C_4$ 左端接地，测量差分放大器的静态工作点 $I_o$、$U_{C1}$、$U_{C2}$、$U_{C3}$ 和 $U_{C4}$。

（2）将 $R_{P3}$ 与 $C_4$ 相连，调节 $R_{P3}$ 使三角波的输出幅度经 $R_{P3}$ 后输出等于 $U_{idm}$ 值，这时 $U_{o3}$ 的输出波形应接近正弦波，调整 $C_6$ 值可改善输出波形。如果 $U_{o3}$ 的波形出现如图 6-36 所示的几种失真波形，则应调整和修改电路参数，产生失真的原因及采取的相应措施如下。

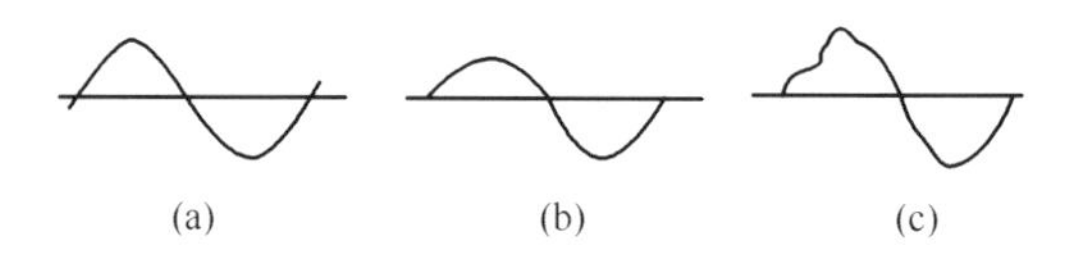


图 6-36　波形失真现象

① 钟形失真。如图 6-36(a)所示，传输特性曲线的线性区太宽，应减小 $R_{E2}$。

② 半波圆顶或平顶失真。如图 6-36(b)所示，传输特性曲线对称性差，工作点 $Q$ 偏上或偏下，应调整电阻 $R^*$。

③ 非线性失真。如图 6-36(c)所示，三角波的线性度较差引起的非线性失真主要受运放性能的影响。可在输出端加滤波网络(如 $C_4=0.1\mu\text{F}$)以改善输出波形。

（3）性能指标测量与误差分析。

① 方波输出电压 $V_{p\text{-}p}\leqslant 2V_{CC}$ 是因为运放输出级是由 NPN 型和 PNP 型两种晶体管组成复合互补对称电路。输出方波时，两种晶体管轮流饱和导通与截止，由于导通时输出电阻的影响，方波输出幅度小于电源电压值。

② 方波的上升时间 $t_r$ 主要受运算放大器转换速率的限制。如果输出频率较高，可接入加速电容 $C_1$ 并接在 $R_3$ 与 $R_{P3}$ 两端，一般取 $C_1$ 为几十皮法。

6. 实物的搭接和调试

按照方案搭接的电路如图 6-37 所示。

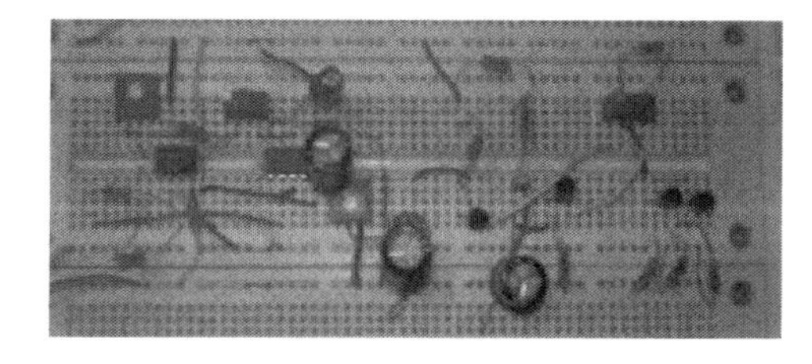

图 6-37　电路实物图

电路调试前，将电路板接入±12V 的电压，地线与电源处公共地线连接，实物测试波形如图 6-38 所示。

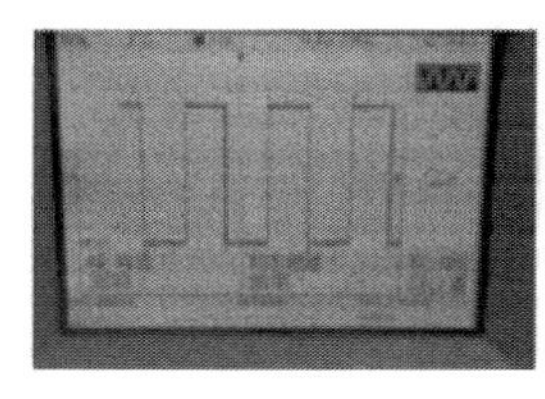
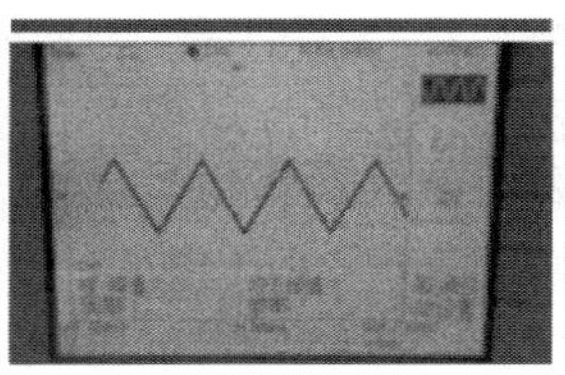
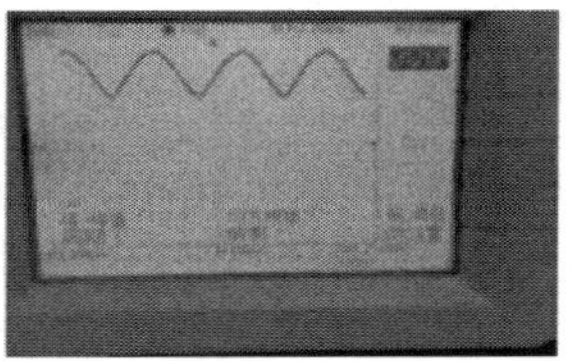

图 6-38　电路测试波形

测试结果如表 6-3 所示：当 $V_i=1V$ 时，改变输入信号的频率使输出波形的幅度值达到最小值，此时的频率为中心频率 $f_0$，然后在中心频率中上下增减，当输出波形的幅度值为 $0.707V_{max}$ 时，可以得到它的上下限频率。

**表 6-3　测试数据**

| $C_1=10\mu F$ | | | | $C_2=1\mu F$ | | | |
|---|---|---|---|---|---|---|---|
| 波形 | $f$/Hz | $T$/s | $V_{p-p}$/V | 波形 | $f$/Hz | $T$/ms | $V_{p-p}$/V |
| 方波 | 0.19 | 5.2 | 20 | 方波 | 147 | 6.8 | 19.5 |
| 三角波 | 1.25 | 0.8 | 7.2 | 三角波 | 100 | 10 | 5 |
| 正弦波 | 18.9 | 0.053 | 10.6 | 正弦波 | 1000 | 1 | 1 |

### 6.5.2　单片集成电路函数发生器的设计与制作

在电子工程、通信工程、自动控制、遥测控制、测量仪器仪表和计算机等技术领域，经常需要用到各种各样的信号波形发生器。随着集成电路的迅速发展，用集成电路可很方便地构成各种信号波形发生器。用集成电路实现的信号波形发生器与其他信号波形发生器相比，其波形质量、幅度和频率稳定性等性能指标都有了很大的提高。

1. 设计任务

设计一款基于 ICL8038 的信号发生器，要求满足如下的功能或指标。

(1) 能精密产生三角波、方波和正弦波信号。

(2) 频率范围在 100Hz～1kHz 和 1～10kHz 范围内连续可调。

(3) 输出电压：方波 $V_{p-p}\leqslant 12V$；三角波 $V_{p-p}=6V$；正弦波 $V_{p-p}=1V$。

(4) 波形失真小，且方波 $t_r$ 小于 1$\mu$s。

2. 方案选择

1) 系统功能分析

本设计的核心是信号的控制问题，包括信号频率、信号种类及信号强度的控制。在设计的过程中，综合考虑了三种实现方案。

2) 方案论证

方案 1：采用传统的直接频率合成器。这种方法能实现快速频率变换，具有低相位噪声及所有方法中最高的工作频率。但由于采用大量的倍频、分频、混频和滤波环节，故直接频率合成器的结构复杂，体积庞大，成本高，而且容易产生过多的杂散分量，难以达到较高的频谱纯度。

方案2：采用锁相环式频率合成器。利用锁相环将压控振荡器(VCO)的输出频率锁定在所需要的频率上。这种频率合成器具有很好的窄带跟踪特性，可以很好地选择所需要频率的信号，抑制杂散分量，并且避免了大量的滤波器，有利于集成化和小型化。但由于锁相环本身是一个惰性环节，锁定时间较长，故频率转换时间较长。而且，由模拟方法合成的正弦波的参数，如幅度、频率、相位都很难控制。

方案3：采用ICL8038单片压控函数发生器，ICL8038可同时产生正弦波、方波和三角波。改变ICL8038的调制电压，可以实现数控调节，其振荡范围为0.001Hz～300kHz。

ICL8038精密函数发生器是采用肖特基势垒二极管等先进工艺制成的集成电路芯片，有电源电压范围宽、稳定度高、精度高和易于使用等优点，外部只需接入很少的元器件即可工作，可同时产生三角波、方波和正弦波信号，其函数波形的频率受内部或外部电压控制。调节外部电路参数时，还可以获得占空比可调的矩形波和锯齿波。所以，考虑到电路设计与制作的成本和实现程度，此处采用方案3进行设计。

3. 电路设计

1) 元器件介绍

在电路的设计中，组成多波形信号发生器的芯片很多，如MAX038、5G8038和ICL8038等。这里介绍由ICL8038组成的信号发生器。

ICL8038是精密波形产生与压控振荡器，常用作多波形发生器和模拟信号源等，基本特性为：可同时产生和输出正弦波、三角波、锯齿波、方波与脉冲波等波形，常用作多波形发生器和模拟信号源等；改变外接电阻和电容值可改变输出信号，频率范围可为0.001Hz～300kHz；正弦信号输出失真度为1%；三角波输出的线性度小于0.1%；占空比变化范围为2%～98%；外接电压可以调制或控制输出信号的频率和占空比(不对称度)；频率的温度稳定度(典型值)为$120\times10^{-6}$(ICL8038ACJD)～$250\times10^{-6}$(ICL8038CCPD)；对于电源，单电源(+V)为+10～+30V，双电源(+V)(－V)为±5V～±15V。

(1) ICL8038的引脚排列。

ICL8038为塑封双列直插式集成电路，其管脚功能如图6-39所示。

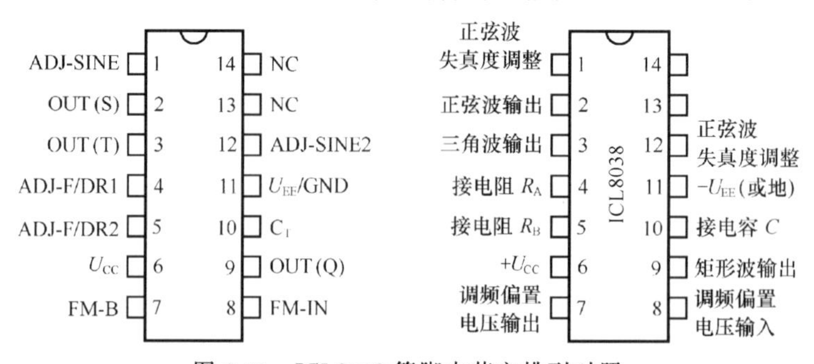


图6-39　ICL8038管脚中英文排列对照

(2) 内部框图。

函数发生器 ICL8038 的电路内部结构如图 6-40 所示，共有五个组成部分。两个电流源的电流分别为 $I_{o1}$ 和 $I_{o2}$，且 $I_{o1}=I$，$I_{o2}=2I$；两个电压比较器 $C_1$ 和 $C_2$ 的阈值电压分别为 $V_{CC}/3$ 和 $2V_{CC}/3$，它们的输入电压等于电容两端的电压 $u_C$，输出电压分别控制 RS 触发器的 S 端和 R 端；RS 触发器的状态输出端 $Q$ 用来控制开关 S，实现对电容 $C$ 充放电的控制；充电电流 $I_{o1}$ 和 $I_{o2}$ 的大小由外接电阻决定，当 $I_{o1}=I_{o2}$ 时，输出三角波，否则为锯齿波。两个缓冲放大器(反相器和电压跟随器)用于隔离波形发生电路和负载，使三角波和矩形波输出端的输出电阻足够低，以增强带负载能力。另外，ICL8038 电路含有正弦波变换器，故可以直接将三角波变成正弦波输出。

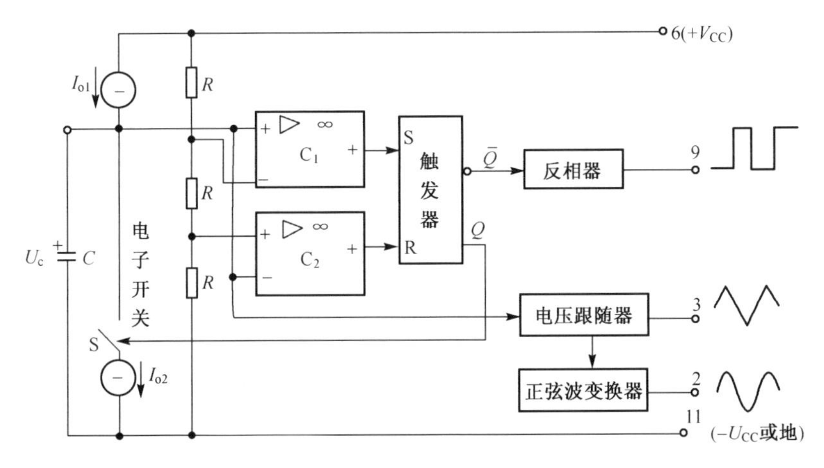


图 6-40　ICL8038 内部电路结构

(3) 工作原理。

给函数发生器 ICL8038 合闸通电时，电容 $C$ 的电压为 0V，根据电压比较器的电压传输特性，电压比较器 $C_1$ 和 $C_2$ 的输出电压均为低电平。因此，RS 触发器的输出 $Q=0$，开关 S 断开，电流源 $I_{o1}$ 对电容 $C$ 充电，充电电流为 $I_{o1}=I$，因充电电流恒流，所以，电容上电压 $u_C$ 随时间的增长而线性上升。

一直到上升到 $2V_{CC}/3$ 时，使电压比较器 $C_1$ 的输出电压跃变为高电平，此时 RS 触发器的 $Q=1$ 时，导致开关 S 闭合，电容 $C$ 开始放电，放电电流为 $I_{o2}-I_{o1}=I$。因放电电流恒流，所以，电容上电压 $u_C$ 随时间的增长而线性下降。

起初，$u_C$ 的下降虽然使 RS 触发的 S 端从高电平跃变为低电平，但其输出不变。一直到 $u_C$ 下降到 $V_{CC}/3$ 时，使电压比较器 $C_2$ 的输出电压跃变为低电平。此时，$Q=0$，开关 S 断开，电容 $C$ 又开始充电。重复上述过程，周而复始，电路产生自激振荡。

触发器输出只有高低电平，故为方波，经反相缓冲器由引脚⑨输出方波信号。由于充电电流与放电电流数值相等，因而电容上的电压为三角波，经电压跟随器从引脚③输出三角波信号。三角波电压通过三角波变正弦波电路从引脚②输出正弦波电压。

结论:改变电容充放电电流,可以输出占空比可调的矩形波和锯齿波。但是,当引脚⑨输出不是方波时,引脚③输出也得不到正弦波。

2）用ICL8038构成的函数发生器电路

如图6-41所示,设计的核心是信号的控制问题,包括信号频率、信号种类及信号强度的控制。采用ICL8038单片压控函数发生器,ICL8038可同时产生正弦波、方波和三角波。改变ICL8038的调制电压可以实现数控调节,其振荡范围为0.001Hz～300kHz。本文用集成函数发生器ICL8038联结少量外部元器件组成信号发生器,电路结构简单,实用性强,可以作为扫频仪的核心扫频信号发生器,也可作为电子技术和电子测量等实验参考电路。

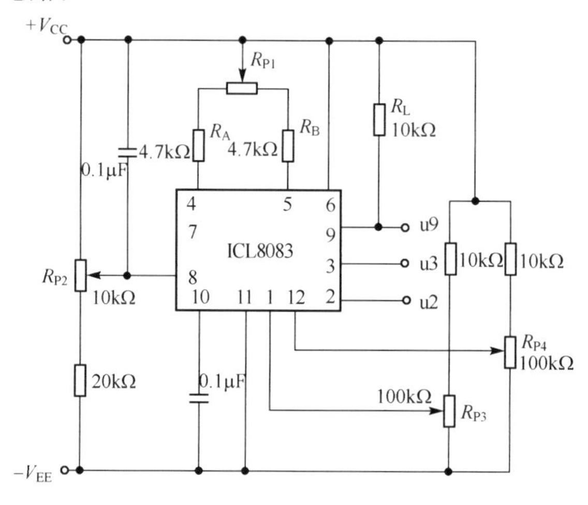


图6-41　ICL8038组成的信号发生器

利用ICL8038制作出来的函数发生器线路简单,调试方便,功能完备;可输出正弦波、方波和三角波,输出波形稳定清晰,信号质量好,精度高;系统输出频率范围较宽且经济实用。

3）电路参数计算

根据ICL8038内部电路和外接电阻可以推导出占空比的表达式为

$$\frac{T_1}{T}=\frac{2R_A-R_B}{2R_A}$$

故 $R_B<2R_A$。

电路的振荡频率为 $f=\frac{1}{T}=\frac{I_{o1}\left(1-\frac{I_{o1}}{I_{o2}}\right)}{V_H C}$,其中 $V_H$ 为比较器的上下限电压差值,即 $\frac{2V_{CC}}{3}-\frac{V_{CC}}{3}=\frac{V_{CC}}{3}$,电路设计时通常取 $I_{o2}=2I_{o1}$。因此,电路的振荡频率可转换为 $f=\frac{1}{T}=\frac{I_{o1}\left(1-\frac{I_{o1}}{I_{o2}}\right)}{\frac{V_{CC}}{3}C}=\frac{3I_{o1}}{2V_{CC}C}$。

两个恒流源的大小通常可由外部控制，由引脚⑧外加电位器调节电流的大小，以改变电路振荡频率。

4）电路装配与调试中常见问题的解决办法

正弦波失真：调节两个电位器，可以将正弦波的失真减小到 1%。若要求获得接近 0.5%失真度的正弦波，在引脚⑥和引脚⑪之间接两个 100kΩ 电位器即可。

输出方波不对称：改变 $R_{P2}$ 阻值调节频率与占空比，可获得占空比为 50%的方波，电位器 $R_{P2}$ 与外接电容 $C$ 一起决定了输出波形的频率，调节 $R_{P2}$ 可使波形对称。

没有振荡：引脚⑩与引脚⑪短接，断开即可。

产生波形失真：有可能是电容管脚太长引起信号干扰，把管脚剪短就可以解决此问题。

# 第 7 章　电源电路设计

【学习目标】

本章主要介绍串联直流稳压电源、线性直流稳压电源和开关电源的设计与制作调试。具体的学习目标如下：

(1) 理解串联直流稳压电源的工作原理，掌握串联直流稳压电源的设计和制作调试方法；

(2) 理解三端固定式和可调式集成稳压器的工作原理，掌握线性直流稳压电源的设计和制作调试方法；

(3) 理解开关电源的原理，掌握开关电源的设计和制作调试方法。

所有的电子电路都要求用稳定的直流电源供电。直流稳压电源关系到整个电路设计的稳定性和可靠性。对直流电源的主要要求是：输出电压的幅值稳定（即当电网电压或负载波动时能基本保持不变），直流输出电压平滑，脉动成分小，交流电变换成直流电时的转换效率高等。

## 7.1　任务十二　串联直流稳压电源设计

1. 任务描述

设计一个稳压电源，要求如下。

输入电压：220V±20%，50Hz。

输出电压：9～12V，1.5A。

输出纹波：峰-峰值≤5mV。

电压调整率：小于 0.5%。

负载调整率：小于 1%。

2. 学习要求

(1) 培养文献检索与信息处理能力，如收集资料和消化资料；

(2) 了解锁相环的作用及工作原理；

(3) 掌握串联型直流稳压电源电路的设计、组装和调试方法。

### 7.1.1　背景知识

1. 串联直流稳压电源的组成

1) 整流滤波电路

整流滤波电路是直流稳压电源的第一级功能电路，将输入交流电压变换成经过滤波但不是很平稳的直流电压，通常采用容性负载电路。

(1) 整流电路。整流电路将输入50Hz、220V的交流电压变换成单一方向的脉动电压。整流电路有半波整流和全波整流两类。半波整流电路简单，需要的元件少，但它输出的直流电压脉动很大，变压器的利用率低，仅适用于整流电流较小和对脉动要求不高的场合。实际的电路多采用单向全波整流电路，最常用的是单向桥式整流电路。

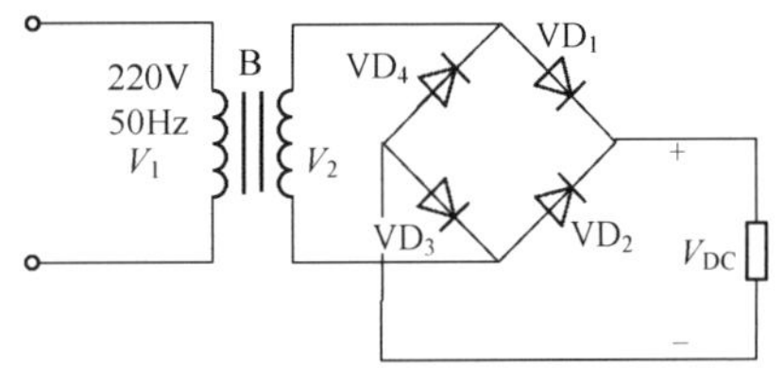


图7-1　单向桥式整流电路

① 单向桥式整流电路的组成。在图7-1中，二极管$VD_1 \sim VD_4$构成了单向桥式整流电路。

② 单相全波整流输出电压平均值为

$$U_{o(AV)} = \frac{1}{\pi}\int_0^{\pi}\sqrt{2}U_2\sin\omega t\,d(\omega t) \approx 0.9U_2 \tag{7-1}$$

③ 单相全波整流输出电流平均值为

$$I_{o(AV)} = \frac{U_{o(AV)}}{R_L} \approx \frac{0.9U_2}{R_L} \tag{7-2}$$

④ 单相全波整流二极管的选择。

整流二极管承受的最高反相电压为

$$U_{Rmax} = \sqrt{2}U_2 \tag{7-3}$$

整流二极管的平均电流

$$I_{D(AV)} = \frac{I_{o(AV)}}{2} \approx \frac{0.45U_2}{R_L} \tag{7-4}$$

实际选择整流二极管时，至少选择最高反相电压$U_R > \sqrt{2}U_2$，最大整流电流$I_F > I_{D(AV)}$。考虑加入容性负载，整流二极管会流过很大的冲击电流为电容充电，则实际选择最大整流电流$I_F > (2 \sim 3)\ I_{o(AV)}$。

目前，大多使用将四个整流二极管按桥式集成在一起的二极管整流桥堆，因此性能比较优越。

(2) 滤波电路。整流后，用滤波电路将直流脉动电压变为平滑的直流电压，一般选择滤波电容容量满足

$$R_L C = (3 \sim 5)\ T/2 \tag{7-5}$$

此时，输出电压$U_{o(AV)} \approx 1.2U_2$，所以电容耐压值$U_C > (1.1 \sim 1.2)\sqrt{2}U_2$(电网电压波动±10%～±20%)。

2) 串联直流稳压电路

(1) 串联直流稳压电路稳压原理。串联直流稳压电路原理如图7-2所示，就是在输入直流电压和负载之间串入一个三极管，当输入或负载波动引起输出电压$U_o$变化

时，$\Delta U_o$ 的变化将反映到三极管上，三极管输入电压 $U_{CE}$ 随之改变，从而调控输出以保持输出电压基本稳定。

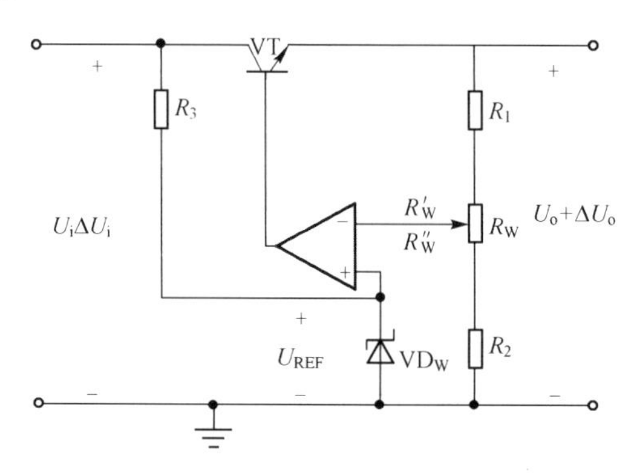


图 7-2 串联直流稳压电路原理图

(2) 电路参数选择。

① 稳压电路输入电压。根据经验，一般选择 $U_i=(2\sim3)U_o$。

② 基准电压电路。当稳压管工作电流 $I_{VD_Z}$ 满足 $I_Z\leqslant I_{VD_Z}\leqslant I_{ZM}$ 时，稳压管工作在稳压区。所以，稳压管限流电阻 $R_Z$ 计算为

$$\frac{U_i-U_Z}{I_{ZM}}\leqslant R_Z\leqslant\frac{U_i-U_Z}{I_Z} \tag{7-6}$$

③ 调整管。调整管的选择与功放电路中的功放管相同，主要考虑极限参数 $I_{CM}$、$P_{CM}$ 和 $U_{(BR)CEO}$。

· 极限参数 $I_{CM}$。

$$I_E=I_{R_1}+I_o \tag{7-7}$$

$$U_{CE}=U_i-U_o \tag{7-8}$$

$$I_{CM}>I_{Cmax}\approx I_{Emax}=I_{R_1}+I_{omax}\approx I_{omax} \tag{7-9}$$

· 极限参数 $U_{(BR)CEO}$ 和 $P_{CM}$。

电网电压最高及输出电压最低时，调整管管压最大，功耗最大。

$$U_{(BR)CEO}>U_{CEmax}=U_{Imax}-U_{omin} \tag{7-10}$$

$$P_{CM}>I_{Cmax}(U_{Imax}-U_{omin}) \tag{7-11}$$

· 稳压电源输出电阻 $R_o$。

串联线性稳压电源的输出电阻 $R_o$ 可表示为

$$R_o=\frac{\Delta U_o}{\Delta I_i}\bigg|_{\substack{\Delta U_i=0\\ \Delta T=0}}=\frac{r_{be}+r_{Ao}}{\beta nA_V} \tag{7-12}$$

式中，$r_{be}$ 和 $\beta$ 分别为调整管的输入电阻和电流放大倍数；$r_{Ao}$ 为比较放大器的输出电阻；$n$ 为取样系数，而 $n=(R_2+R''_w)/(R_1+R_2+R_w)$；$Av$ 为比较放大器的电压增益。

为了降低稳压电源输出电阻并提高稳压性能，应选用 $r_{be}$；小而 $\beta$ 高的功率三极管作为调整管。

3）保护电路

① 过流保护电路：当稳压电源输出电流超过额定值或负载出现短路时能保护电源本身不受破坏。

② 过压保护电路：当电源的输出电压超过所要求的额定电压值时能保护电源不受破坏。

③ 调整管保护电路：调整管的安全工作区保护电路由过流保护电路的 $VT_{15}$、$R_{11}$、$R_{12}$、$R_{21}$ 和过压保护电路 $VD_{Z2}$、$R_{13}$ 组成，如图 7-3 所示。调整管保护电路可使调整管既不因过流而烧坏，又不因过压而击穿，最终保证调整管不超过最大耗散功率。

该电路正常工作时，保护电路的 $VT_{15}$ 和 $VD_{Z2}$ 均截止，即

$$U_{BE15} = R_{12}U_{BE17}/(R_{21}+R_{12}) + I_oR_{11} \tag{7-13}$$

过流保护电路：输出电流 $I_o$ 增加到 $U_{BE15} \geqslant U_{on}$ 时，$VT_{15}$ 开始工作，对调整管的基极分流，实现过流保护。

过压保护电路：若 $U_i$ 与 $U_o$ 之间的电压（即调整管管压降）超过允许值，则 $VD_{Z2}$ 开始工作，使 $VT_{15}$ 基极电流骤然增大而迅速进入饱和区，使 $I_9$ 大部分电流流过 $VT_{15}$，从而使调整管 $VT_{17}$ 接近截止区，也就使其功耗下降到较小的数值，从而限制调整管的功耗，使调整管工作在安全区。

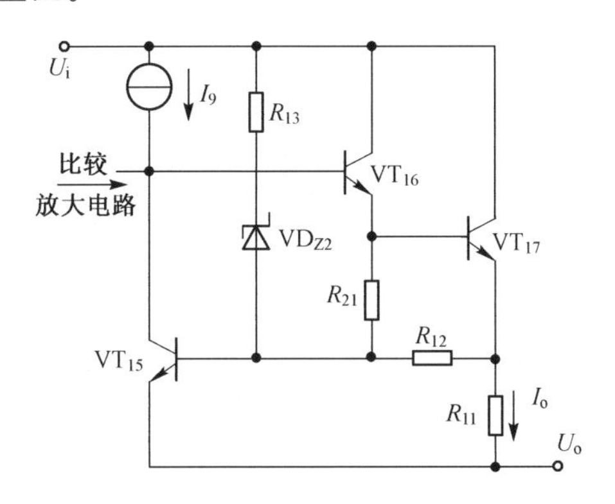


图 7-3　调整管保护电路

2. 稳压电源的性能指标及测试方法

稳压电源的性能指标分两类：一类是特性指标，它反映了稳压电源的适用范围，包括最大输出电流和输出电压；另一类是质量指标，它反映了稳压电源质量的优劣，包括稳压系数、电压调整率、电流调整率、内阻、纹波电压及温度系数。

1）输出电压

稳压电源的输出电压，也是稳压器的输出电压，用 $U_o$ 表示。采用如图 7-4 所示的测试电路可以同时测量稳压器的 $U_o$ 和 $I_{omax}$。

测试过程：交流输入电压为 220V 时，先使输出端的负载电阻 $R_L = U_o/I_o$，数字电压表的测量值即为 $U_o$。

调整取样环节的 $R_W$，测量输出电压调整范围 $V_{omax}$ 和 $V_{omin}$。

2）最大输出电流 $I_{omax}$（最大负载电流）

稳压电源正常工作的情况下能输出的最大电流为 $I_{omax}$，除与整流器的负载特性有关外，主要取决于调整管的最大允许电流 $I_{CM}$ 和功耗 $P_{CM}$。要保证稳压器正常工作，必须满足

$$I_{omax} \leqslant I_{CM} \tag{7-14}$$

$$I_{omax}(U_{imax} - U_{omin}) \leqslant P_{CM} \tag{7-15}$$

式中，$U_{imax}$——稳压器输入电压最大可能的值；

$U_{omin}$——稳压器输出电压的最小值。

测试过程：交流输入电压为 220V 时，先使输出端的负载电阻 $R_L = U_o/I_o$，再使 $R_L$ 慢慢减小，直到电压表读数 $U_o$ 的值下降 5%，此时负载 $R_L$ 中的电流为 $I_{omax}$。

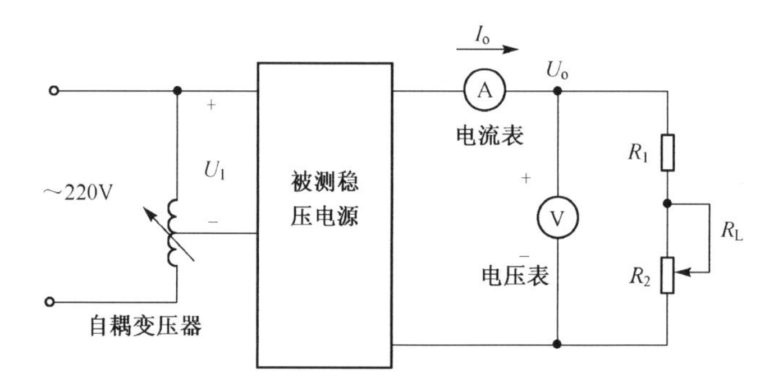


图 7-4　稳压电源性能指标测试电路

3）稳压系数 $\gamma$

稳压系数是指在一定的温度下，当负载不变时，输出电压的相对变化量与输入电压的相对变化量之比。该值越小，表征稳压性能越好。

$$\gamma = \left.\frac{\Delta U_o / U_o}{\Delta U_i / U_i}\right|_{\substack{\Delta I_o = 0 \\ \Delta T = 0}} \tag{7-16}$$

稳压系数也可以用电压调整率 $S_V$ 表示，即

$$S_V = \left.\frac{\Delta U_o / U_o}{\Delta U_i}\right|_{\substack{\Delta I_o = 0 \\ \Delta T = 0}} \tag{7-17}$$

测试过程：先使输出端的负载电阻 $R_L = U_o/I_o$，改变交流输入电压，用数字电压表测量输出端电压的变化。

4）输出电阻 $R_o$

输出电阻反映在一定的温度下，输入电压不变时，负载变化对输出电压的影响。该值越小，表明稳压性能越好。

$$R_o = \frac{\Delta U_o}{\Delta I_o}\bigg|_{\substack{\Delta U_i=0 \\ \Delta T=0}} \tag{7-18}$$

测试过程:交流输入电压为 220V,且调整输出端的负载电阻 $R_L$ 由空载变为满载时,即负载电流从零(空载)到最大值(满载)时,用数字电压表测量输出端电压的变化。

输出电阻也可以用负载调整率表示,负载调整率又称为电流调整率,它用输出电压的相对变化率表示,即

$$S_i = \frac{\Delta U_o}{U_o}\bigg|_{\substack{\Delta T=0 \\ \Delta I_o=I_{omax}}} \tag{7-19}$$

测试过程:交流输入电压为 220V,且调整输出端的负载电流从零(空载)变到最大值(满载)时,用数字电压表测量输出端电压的变化。

5) 电源效率 $\eta$

电源效率 $\eta$ 为输出功率与输入功率的比值,即

$$\eta = P_o/P_i \tag{7-20}$$

$$\eta_{min} = \frac{P_o}{P_i}\bigg|_{\substack{U_o=U_{omin} \\ I_o}} \tag{7-21}$$

串联稳压电路的功耗较大,转换效率一般为 35%~60%,适用于小功率电源;开关稳压电路的调整管工作在开关状态,调整管功率损耗较小,转换效率为 70%~95%。

测试过程:调整输出端的输出电压为 $U_{omin}$,输出电流为 $I_o$,用功率表在稳压电源输入端测量输入总功率 $P_i$。

6) 纹波系数 $\lambda$

在额定输出电压和负载电流的情况下,输出纹波电压的有效值 $U_{o1}$ 与输出直流电压 $U_{o2}$ 的比值称为纹波系数。一般地,稳压系数越小,纹波系数也越小,即

$$\lambda = U_{o1}/U_{o2} \tag{7-22}$$

纹波值也可用最大纹波电压 $U_{omax}$ 和纹波抑制比表示。

最大纹波电压 $U_{omax}$ 是在额定输出电压和负载电流之下输出电压中交流分量的绝对值大小,通常以峰值或有效值表示。

纹波抑制比是在额定输出电压和负载电流之下输入电压和输出电压中交流分量的峰值比值。

$$RR = 20\lg\frac{U_{ip\text{-}p}}{U_{op\text{-}p}} \quad (dB) \tag{7-23}$$

式中,$U_{ip\text{-}p}$——输入纹波电压峰-峰值;

$U_{op\text{-}p}$——输出纹波电压峰-峰值。

7) 温度系数 $S_T$

温度系数用于表明当输入电压及负载不变时,温度变化所引起的输出电压的变化。温度系数越小,表征稳压性能越好。

$$S_T = \left.\frac{\Delta U_o}{\Delta T}\right|_{\substack{\Delta U_i=0 \\ \Delta I_o=0}} \quad (\text{mV/℃}) \tag{7-24}$$

测试过程：调整输出端的负载为额定最大值，控制环境温度的设备在规定的温度范围内以10℃为增量变化，测量输出电压的变化。

### 7.1.2　案例分析

1. 总体电路

串联型稳压电源电路如图7-5所示。

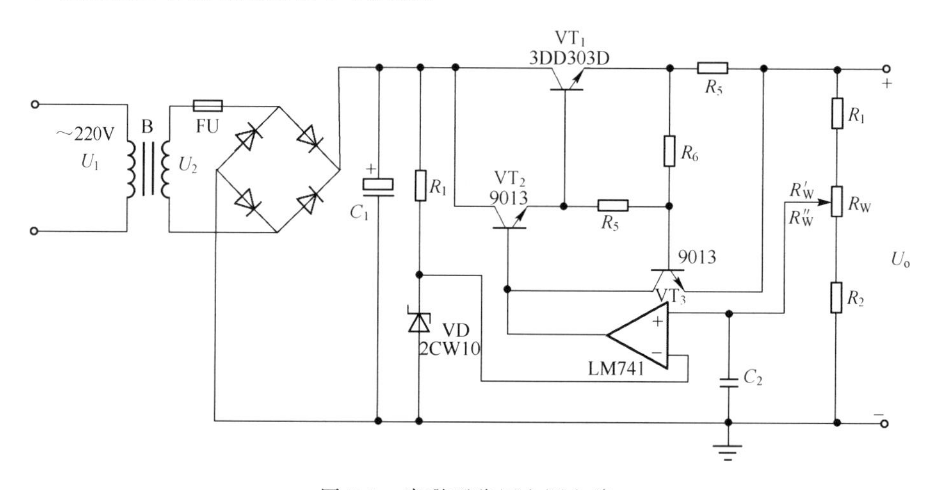


图7-5　串联型稳压电源电路

2. 整流滤波电路设计

1）变压器选择

滤波电容容量满足 $R_L C = (3 \sim 5)\ T/2$ 时，输出电压 $U_{o(AV)} \approx 1.2U_2$。同时，考虑调整管工作于放大状态时，$U_{CE} \approx (1 \sim 10)\text{V}$，要求输出电压为9～12V，可选择变压器副边电压 $U_2 = (U_{omax} + 5)\ /1.2 \approx 14\text{V}$。考虑电网电压波动±20%，最小输入 $U_{imin} = 220\text{V} \times 80\% = 176\text{V}$，可求出变压器匝数比 $n = 176/14 = 12.6$，所以可选择12∶1的变压器。由此可得

当 $U_i = 220\text{V}$ 时，$U_2 = 220\text{V}/12 = 18.3\text{V}$；

当 $U_i = U_{imin} = 176\text{V}$ 时，$U_{2min} = 176\text{V}/12 = 14.7\text{V}$；

当 $U_i = U_{imax} = 264\text{V}$ 时，$U_{2max} = 264\text{V}/12 = 22\text{V}$。

2）整流二极管选择

整流二极管平均工作电流 $I_{D(AV)} = I_{o(AV)}/2 \approx 0.75\text{A}$；

最大整流电流 $I_F = 2I_{o(AV)} = 3\text{A}$；

耐压 $U_R > \sqrt{2}U_{2max} = \sqrt{2} \times 22 = 31.1\text{V}$。

3）滤波电容选择

等效输入阻抗 $R_L = U_2/I_o \approx 18.3/1.5 = 12.2\Omega$；

选择 $\tau = R_L C = 5T/2 = 0.05s$ 时，滤波电容容量为 $C = \tau/R_L = 0.05/12 \approx 4167\mu F$；

电容耐压值 $U_C > \sqrt{2}U_{2max} = 32V$。
所以，选用电容容量为 $4500\mu F$ 且耐压为 50V 的电解电容。

3. 串联稳压电路设计

1）调整管参数 $P_{CM}$ 和 $U_{(BR)CEO}$ 计算

设过流临界值为 2A，则 $I_{omax} = 2A$，所以有 $I_{CM} > 2A$。

电网电压最高及输出电压最低时，调整管管压最大，功耗最大，即

$$U_{imax} = 1.2U_{2max} = 1.2 \times 22 = 26.4V$$

$$U_{(BR)CEO} > U_{CEmax} = U_{imax} - U_{omin} = 26.4 - 9 = 17.4V$$

$$P_{CM} > I_{cmax}(U_{imax} - U_{omin}) = 2 \times 17.4 = 34.8W$$

2）基准电压电路

当稳压管工作电流 $I_{VD_Z}$ 满足 $I_Z \leqslant I_{VD_Z} \leqslant I_{ZM}$ 时，稳压管工作在稳压区，一般选择 $U_Z = 2.5V$。所以，稳压管限流电阻 $R_Z$ 为

$$\frac{U_i - U_Z}{I_{ZM}} \leqslant R_Z \leqslant \frac{U_i - U_Z}{I_Z}$$

3）采样电阻

因为

$$U_{omin} = \frac{R_2 + R_3 + R_w}{R_3 + R_w} U_Z = 9V$$

$$U_{omax} = \frac{R_2 + R_3 + R_w}{R_3} U_Z = 12V$$

所以，采样电阻可选 $R_2 = 3k\Omega, R_3 = 1k\Omega, R_W = 2k\Omega$。

4）保护电路

$R_4$、$R_5$、$R_6$ 和 $VT_3$ 构成截流型过流保护电路。正常工作时，$VT_3$ 截止。当输出电流 $I_o \geqslant I_{omax}(I_{omax} = 2A)$ 时，$R_4$ 和 $R_6$ 上的压降使 $VT_3$ 导通，$R_5$ 用于分流调整管基极电流，从而限制调整管输出电流。

因为 $U_{BE3} = R_5 U_{BE2}/(R_6 + R_5) + I_o R_4$，所以选择 $R_4 = 0.1\Omega, R_5 = 2k\Omega, R_6 = 1k\Omega$。

### 7.1.3 串联直流稳压电源的制作与测试

1. 电路制作

在 Protel 99SE 环境下，按照"绘制电路原理图→电气规则检查→生成网络表→规划电路板→导入网络表→元件布局与调整→布线"等步骤设计电路布线图，如图 7-6 所示，然后制作相应的印制板，最后组装电路。

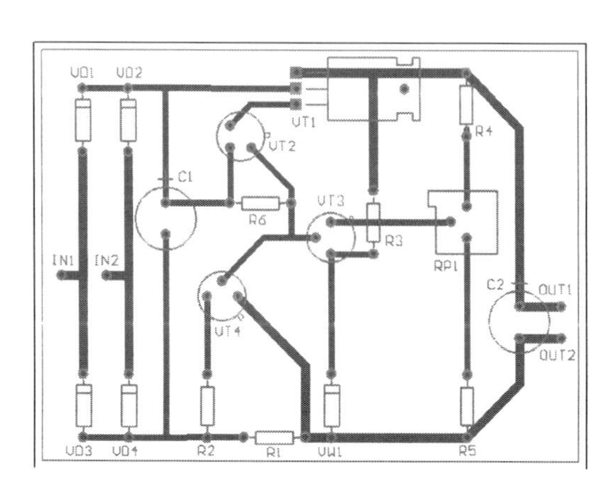


图 7-6　串联稳压电源电路布线图

注意：

（1）为了保证稳压电源质量可靠，最好能对半导体二极管、稳压二极管、三极管和阻容元件进行认真的测试和挑选。特别对稳压电源中采用的晶体管的极限参数（最大集电极功率、最大集电极电流和 $U_{(BR)CEO}$）仔细挑选，与手册相差太远的不能使用。对于调整管来说，$\beta$ 值应为 20～40；对于推动和放大管来说，$\beta$ 值应为 80～120。

（2）元器件装配过程应遵循“先里后外，先小后大，先轻后重”的原则。

2. 电路调试与参数测试

1）调试整流和滤波部分

先将整流滤波部分和稳压部分断开，用直流电压表测试整流滤波输出端，观察电压指示。如果没有电压指示，说明电路未接通或有元器件损坏，关断电源寻查事故原因加以排除；如果电压指示正确，说明电路工作状态正常。

2）空载调试

在通电前，先把整流滤波和稳压部分之间断开点接好，将负载断开。

（1）调整管工作状态。

将待调试的电源开关接通，用数字电压表观察输出电压和调整管的集-射极电压。

若输出电压为额定值，调整管集-射极电压为 5～8V，说明调整管处于正常的放大状态，可以继续进行调试。

若输出电压约为 0V，调整管的集-射极电压约为电源的额定输出电压，说明调整管处于截止状态，工作不正常。应该关断电源，查找原因，排除故障后再继续调试。

如果稳压电源的输出电压近似等于整流滤波输出电压，说明调整管的集-射极电压近似为零，说明调整管处于饱和状态，工作也不正常。这时也应该关掉电源，查找原因，排除故障后方能继续调试。

（2）输出电压的调节范围。

将待调试的电源开关接通，用数字电压表先测量基准电压是否与设计值基本相符。

然后调节电位器,测试输出电压是否随取样电路电位器的阻值变化而变化。如果输出电压不变,说明电路工作不正常,应该关掉电源,检查电路的接线和晶体管的工作点等情况,排除故障。

3）带载调试

接上可变负载,将待调试的电源开关接通,用数字电压表观察输出电压和调整管的集-射极电压。

输入 220V 额定电压,调整可变负载,若输出电压为额定值,调整管集-射极电压为 5～8V,说明调整管处于正常的放大状态,可以继续调试。若调整管处于截止和饱和状态,应该关断电源,查找原因,排除故障后再继续调试。

调整输入为最小 176V(电网电压降低 20%),测量输出电压是否低于额定值,同时察看调整管的集-射极压降,如果小于或等于 1V,说明调整管接近饱和,需要调整电源变压器的次级抽头或增大滤波电容的容量,以提高输入电压。

调整输入为最大额定值 264V(电网电压增加 20%),再调节取样电位器使输出电压降到最低值(9V),调节负载电阻使输出电流达到设计的最大值,该电流约等于调整管集电极电流。此时,调整管集电极与发射极之间的电压和集电极电流(负载电流)的乘积应小于调整管的集电极最大功耗。

4）参数测试

采用如图 7-4 所示的测试电路。

(1) 电压调整率 $S_V$。

电压调整率表示为

$$S_V = \left.\frac{\Delta U_o / U_o}{\Delta U_i}\right|_{\substack{\Delta I_o = 0 \\ \Delta T = 0}} = \frac{(U_{o2} - U_{o1})/U_o}{U_{i2} - U_{i1}} \times 100\%$$

输入 220V,调整取样电位器,使输出为最大。调整负载电阻 $R_L$,直流电流表指示为额定输出电流,测试并记下数字电压表的读数 $U_o$。

输入 176V,调整负载电阻 $R_L$,使直流电流表指示为额定输出电流,测试并记下数字电压表的读数 $U_{o1}$。

输入 264V,调整负载电阻 $R_L$,使直流电流表指示为额定输出电流,测试并记下数字电压表的读数 $U_{o2}$。

(2) 负载调整率 $S_I$ 。

输入 220V,调整取样电位器,使输出为最大。调整输出端的负载电阻 $R_L$,使直流电流为满载额定值 $I_{o\max}$,测试并记下输出端电压 $U_{o1}$。断开负载电阻,测试并记下直流数字电压表的空载读数 $U_{o2}$。此时

$$S_I = \frac{U_{o2} - U_{o1}}{U_{o2}} \times 100\%$$

输出电阻可由 $R_o = \frac{U_{o2} - U_{o1}}{I_{omax}}$ 计算而得。

(3) 纹波系数 $\lambda$。

输入 220V,调整取样电位器,使输出电压为最大,调整输出端的负载电阻 $R_L$,使直流电流为额定值 1.5A。

由示波器读出纹波电压的峰-峰值,由交流毫伏表读出纹波电压有效值 $U_{o1}$,同时测试并记下输出端直流数字电压表的读数 $U_{o2}$,最后依据 $\lambda = U_{o1}/U_{o2}$ 计算纹波系数。

(4) 电源效率测试 $\eta$。

输入 220V,调整取样电位器,使输出电压为最小 $U_{omin}$。调整输出端的负载电阻 $R_L$,使输出电流为额定值 1.5A。用功率表在稳压电源输入端测量输入总功率 $P_i$,则

$$\eta_{min} = \left.\frac{P_o}{P_i}\right|_{\substack{U_o = U_{omin} \\ I_o}} = \frac{U_{omin} I_o}{P_i}$$

# 7.2　任务十三　线性直流稳压电源设计

1. 任务描述

设计一个输出可调稳压电源,要求如下。

输入电压:220V±10%,50Hz;

输出电压:3～12V,1A;

输出纹波:峰-峰值≤5mV;

电压调整率:小于 0.5%;

负载调整率:小于 3%。

2. 学习要求

(1) 培养文献检索与信息处理能力,如收集资料和消化资料;

(2) 了解锁相环的作用及工作原理;

(3) 掌握线性直流稳压电源的设计、组装和调试方法。

## 7.2.1　背景知识

集成直流稳压电源根据不同的稳压控制方式分为两类,一类是连续控制由输入传给负载的功率,即线性稳压方式;另一类采用的是断续的开关控制方式稳压器,即开关稳压方式。目前,已有的线性集成稳压器主要是串联调整式,内部由调整器件、误差放大器、基准电压和比较取样等几个主要部分组成,一般还包括过流和过热保护等功能。

线性集成稳压器分为多端固定式、三端固定式、三端可调式和多端可调式等。集成直流稳压电源的输出电压和输出电流主要决定于选择的集成稳压器。

1. 三端固定式集成稳压电源

三端固定式集成稳压器的外形如图 7-7 所示,常用有 CW78XX/79XX 系列(或 LM78XX/79XX)。CW78XX 系列为正电压输出,而 CW79XX 为负电压输出,输出电

压有5V(7805/7905)、6V(7806/7906)、8V(7808/7908)、9V(7809/7909)、10V(7810/7910)、12V(7810/7910)、15V(7815/7915)、18V(7818/7909)、20V(7820/7920)和24V(7824/7924)等；输出电流有100mA(CW78LXX/79LXX)、500mA（CW78MXX/79MXX）和1.5A(CW78XX/79XX)等系列。片内有过流保护和过热保护功能，外接两只电容就可简单地构成稳压电路。此外，还有一些稳压器内有过载保护。稳压器本身的静态消耗电流为4～8mA(最大)。

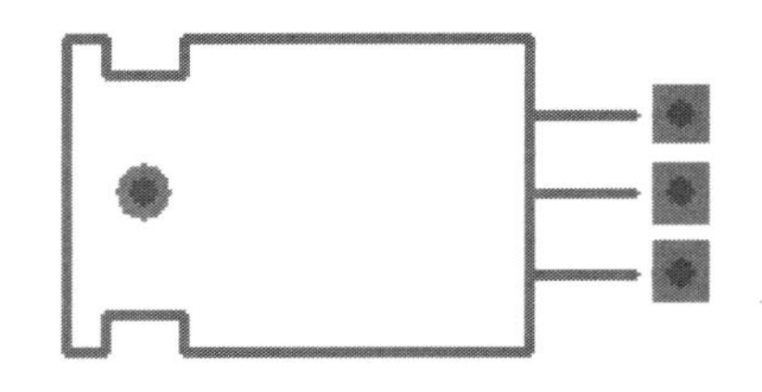

图7-7　三端固定式集成稳压器外形图

1）典型的应用电路

典型的应用电路如图7-8所示。220V交流输入经过变压、整流和滤波后输入到CW78XX的输入端，$C_1$为滤波电容，一般采用大容量的电解电容(电解电容选择见式(7-2))。CW7800输入电容$C_2$一般采用容量小于1$\mu$F的电容，以防止电路产生自激和抑制输入的过电压，保证瞬间输入不会超过CW78XX的允许值。CW78XX的输出电容$C_3$用于消除输出电压高频噪声，一般采用容量小于1$\mu$F的电容；为了减小输出纹波电压，$C_3$也可采用大容量的电解电容器，但当CW7800的输入端出现短路时，输出端上大电容器上储存的电荷将通过集成稳压器内部电路输出调整管的发射极-基极PN结释放，可能损坏集成稳压器输出调整管。为了保护集成稳压器，可在CW7800的输入和输出端之间跨接一个二极管，如图7-9所示。

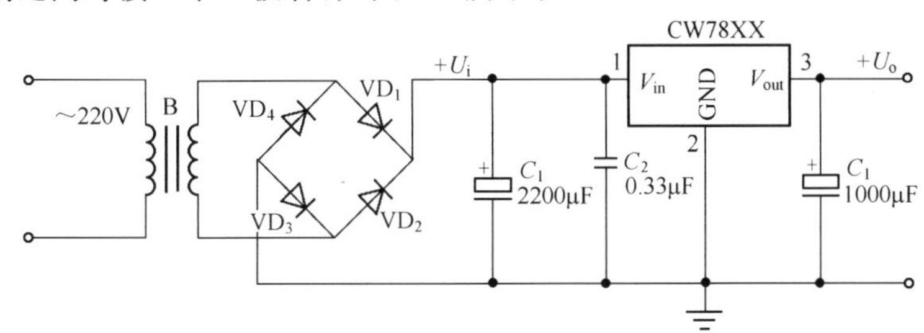


图7-8　三端固定式集成稳压器典型的应用电路

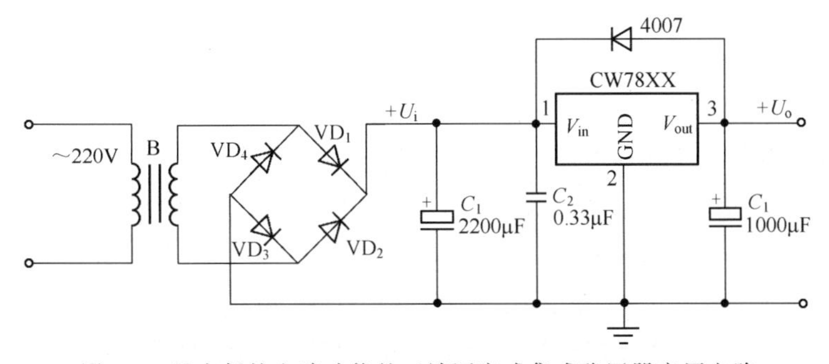


图7-9　具有保护电路功能的三端固定式集成稳压器应用电路

2）输出电压可调稳压电路

输出电压可调电路如图 7-10 所示，$U_{OREF}$ 为集成稳压器 CW7800 输出电压。输出电压 $U_o$ 表示为

$$U_o = (R_1 + R_2 + R_w)U_{OREF}/(R_1 + R'_W) \quad (7\text{-}25)$$

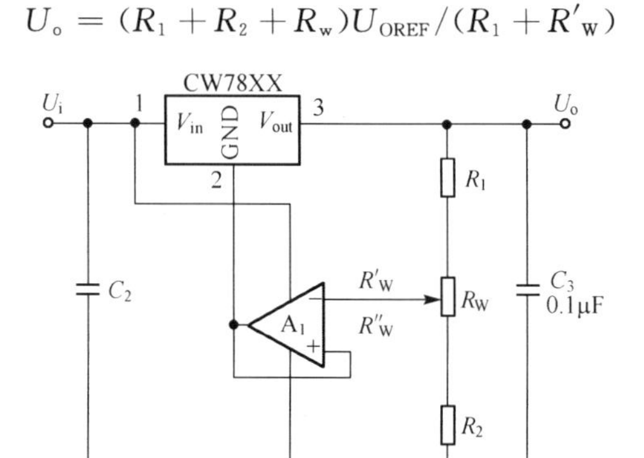


图 7-10　输出电压可调稳压电路

3）高输入输出可调电路

CW7800 稳压器输入输出电压差为 2～3V。当输入输出电压差较大时，为保护稳压器，可在输入端接一调整管环节，如图 7-11 所示。

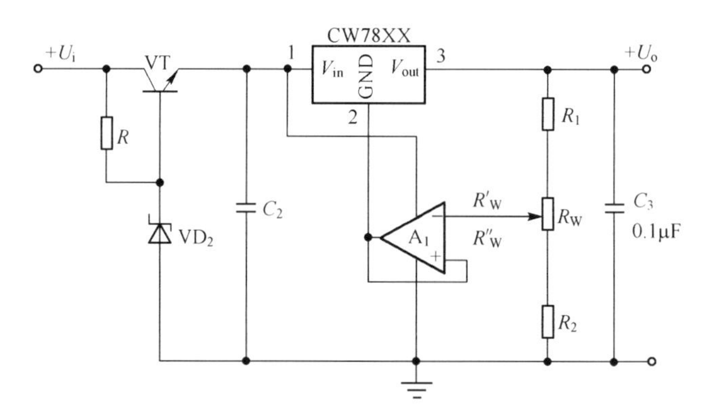


图 7-11　高输入输出可调稳压电路

2. 三端可调式集成稳压器

三端可调式集成稳压器的外形如图 7-12 所示。常用有 LM317/LM337（或 CW317/CW337）系列，内部基准电压为一般为 1.2V，输出电压由外接的两个电阻设定。其中，LM317X 为正输出电压，LM337X 为负输出电压；输出电流有100mA（LM317L/337L）和 1.5A（LM317/337 与 LM317HV/337HV）等系列。LM317/337 与 LM317L/337L 输出电压可调范围为 1.2～37V，LM317HV/337HV 输出电压可调范围较宽，为 1.2～57V。

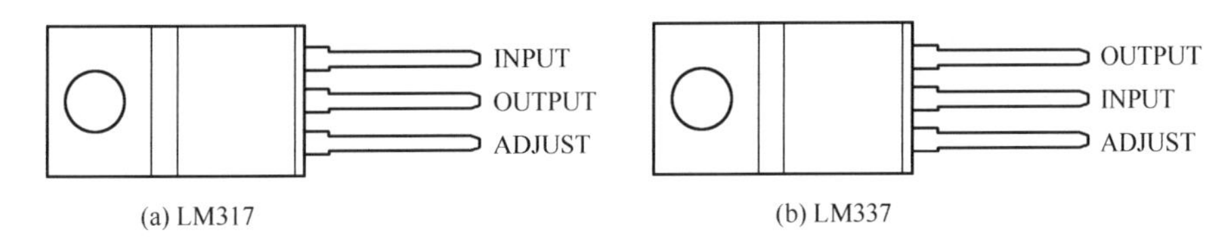


图 7-12　三端可调式集成稳压器外形图

1）典型的应用电路

典型的应用电路如图 7-13 所示。输入电容 $C_1$ 和输出电容 $C_2$ 与 CW78XX 一样采用容量小于 1μF 的电容，以防止输入电路产生自激、抑制输入的过电压和消除输出电压高频噪声。$VD_1$ 避免因输入端断开时输出向稳压器放电而损坏集成稳压器。调整端 $C_3$ 采用容量为 10μF 的电容，以减小 $R_2$ 的纹波电压。$VD_2$ 避免输出端短路时调整端 $C_3$ 向稳压器放电。$R_1$ 和 $R_2$ 构成取样回路，$R_1$ 一般为 100～120Ω。保护二极管 $VD_1$ 和 $VD_2$ 正常工作时截止。

调整取样回路的 $R_1$ 和 $R_2$ 就可得到 1.2～37V 的输出电压 $U_o$，即

$$U_o = U_{REF} + (I_{adj} + U_{REF}/R_1)R_2 \approx U_{REF}(1 + R_2/R_1) \tag{7-26}$$

式中，$U_{REF} = 1.2V$，$I_{adj} = 50\mu A$。

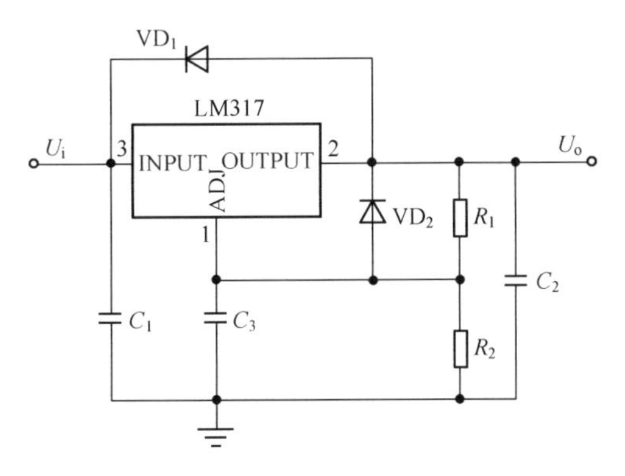


图 7-13　三端可调式集成稳压器典型的应用电路

2）正负输出电压可调

应用电路如图 7-14 所示。

3. 集成稳压器输出电流的扩展

不同型号三端稳压器的输出电流最大分别有 100mA、500mA 和 1.5A 等，实际需要输出的电流如果超过稳压器最大输出的电流时，可采用外接扩流电路的方法提高输出电流。

1）外接功率管扩流电路

外接功率管扩流电路如图 7-15 所示。

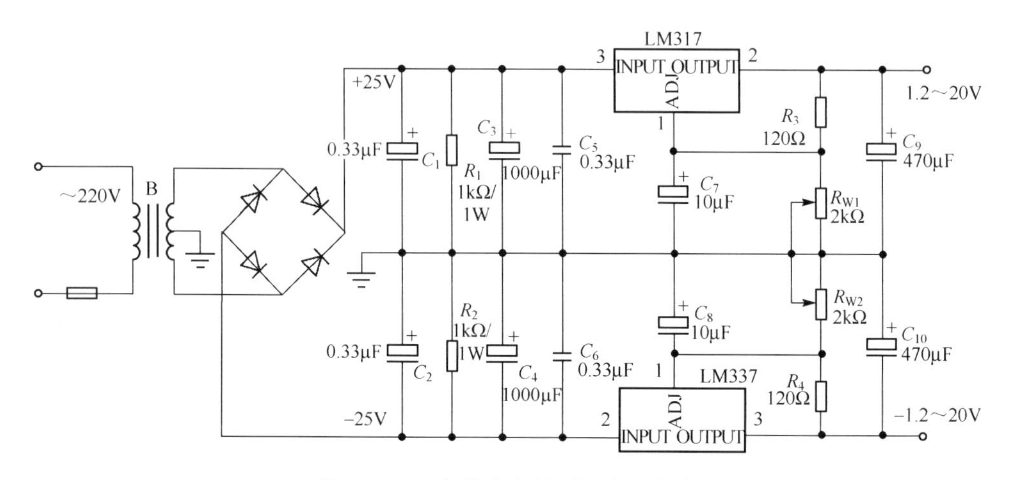


图 7-14　正负输出电压可调稳压电路

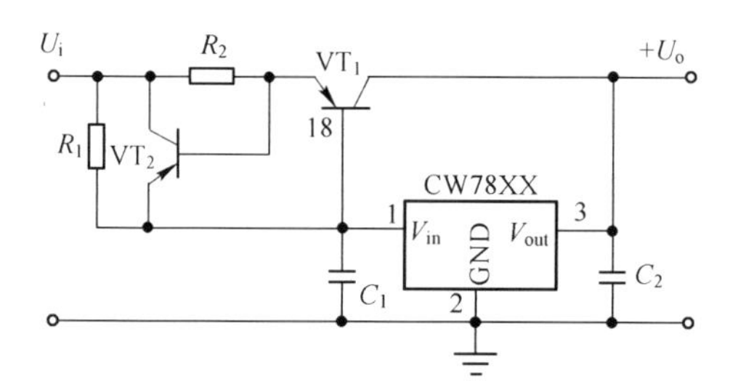


图 7-15　外接功率管扩流稳压电路

$VT_1$ 为 PNP 功率管,工作于放大状态,放大基极电流,可得到较大的输出电流 $I_o$。

$R_2$ 和 $VT_2$ 构成 $VT_1$ 的过流保护电路。

$$R_2 = U_{on}/I_{E1} \approx U_{on}/I_{CM1} \tag{7-27}$$

$U_{on}$ 为 $VT_2$ 发射极导通压降,$I_{CM1}$ 为 $VT_1$ 集电极最大工作电流。

$$I_{B1} = I_{C_1}/\beta_1 = I_{R_1} - I_{iW} = (I_{C_1}R_2 + U_{BE1})/R_1 - I_{iW} \tag{7-28}$$

$$I_{C_1} = \left(I_{iW} - \frac{U_{BE1}}{R_1}\right) \Big/ \left(\frac{R_2}{R_1} - \frac{1}{\beta_1}\right) \tag{7-29}$$

$$I_o = I_{oW} + I_{C_1} \tag{7-30}$$

$I_{C_1}$ 为 $VT_1$ 集电极输出电流,$I_{iW}$ 为集成稳压器输入电流,电流 $I_{oW}$ 为集成稳压器输出电流。选择扩流功率管要满足极限参数的要求。

为了获得较大的输出电流,$VT_1$ 还可以使用复合管。

2) 并联扩流电路

可以采用两只及以上的集成稳压器并联扩流,如图 7-16 和图 7-17 所示。集成运放用于平衡集成稳压器的输出电流。

$$I_o = I_{oW1} + I_{oW2} + L \tag{7-31}$$

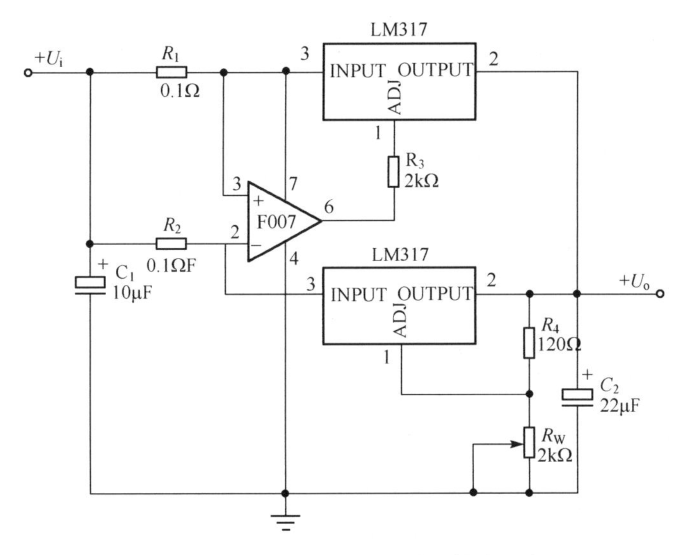


图 7-16　两只集成稳压器并联扩流电路

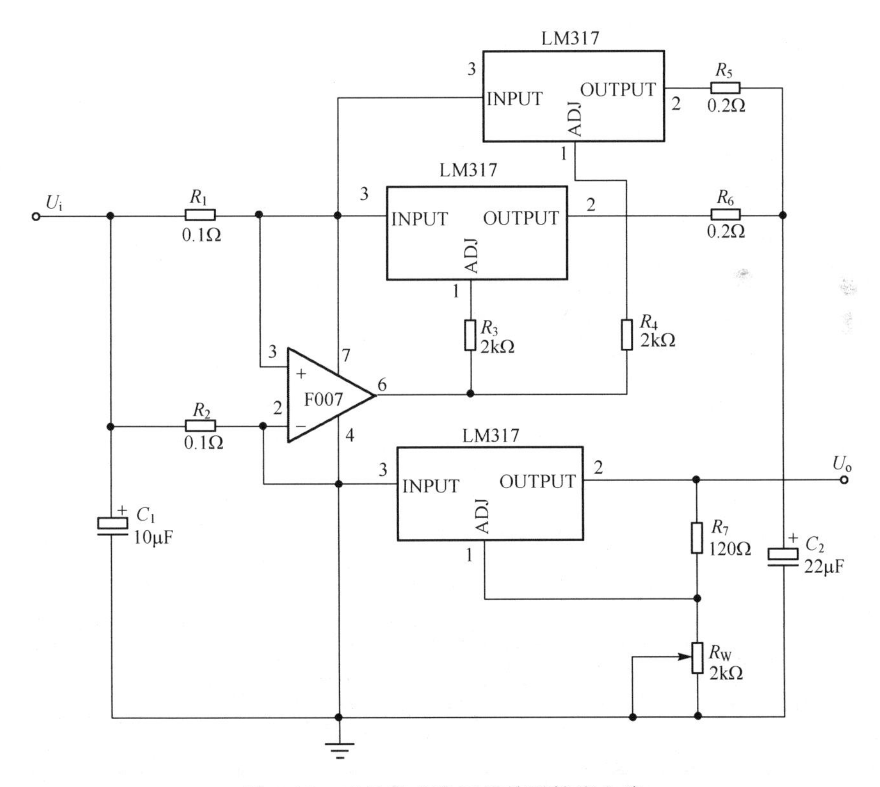


图 7-17　三只集成稳压器并联扩流电路

### 7.2.2　案例分析

1. 集成稳压器选择

根据设计任务可选择三端可调式集成稳压器 LM317。

LM317 特性参数如表 7-1 所示，它可以满足设计性能指标要求。电路结构如图 7-18所示。

**表 7-1　LM317 特性参数表**

| 参数名称 | 符　号 | 单　位 | 典型值 |
|---|---|---|---|
| 输入电压 | $U_i$ | V | 3～40 |
| 输出电压 | $U_o$ | V | 1.2～37 |
| 最大输入电压差 | $(U_i-U_o)_{min}$ | V | 40 |
| 最小输入电压差 | $(U_i-U_o)_{max}$ | V | 2 |
| 调整端电流 | $I_{adj}$ | μA | 50 |
| 电压调整率 | $S_V$ | %V | 0.02 |
| 电流调整率 | $S_I$ | % | 0.3 |
| 纹波抑制比 | RR | dB | 65 |
| 最小负载电流 | $I_{omin}$ | mA | 3.5 |
| 最大输出电流 | $I_{omax}$ | A | 1.5 |

2. 整流滤波电路

1）变压器选择

由于输出电压为 3～12V，当滤波电容容量满足 $R_LC=(3\sim5)T/2$ 时，输出电压 $U_{o(AV)}\approx1.2U_2$；同时，考虑集成稳压器电压差为 2～40V，可选择变压器副边电压 $U_2=(U_{omax}+10)/1.2\approx18V$；考虑电网电压波动为±10%，$U_{imin}=220V\times90\%=198V$，变压器匝数比 $n=198/18=11$，选择 11:1 的变压器。

当 $U_i=220V$ 时，$U_2=220V/11=20V$；

当 $U_i=U_{1min}=198V$ 时，$U_{2min}=198V/11=18V$；

当 $U_i=U_{1max}=242V$ 时，$U_{2max}=242V/11=22V$。

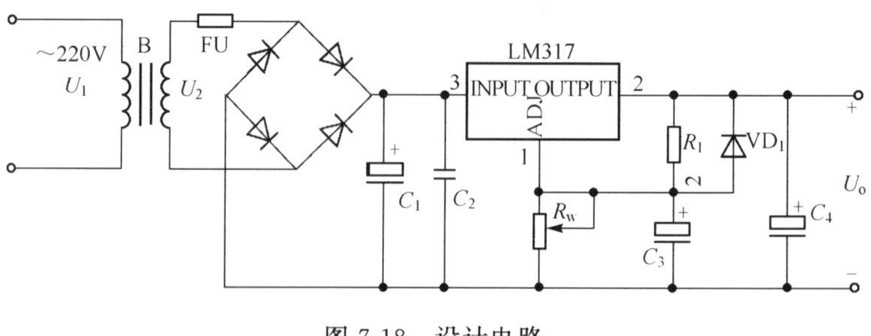


图 7-18　设计电路

2）整流二极管选择

整流二极管平均工作电流为 $I_{D(AV)} = I_{o(AV)}/2 \approx 0.75A$；

最大整流电流为 $I_F = 2I_{o(AV)} = 3A$；

耐压 $U_R > \sqrt{2}U_{2max} = \sqrt{2} \times 22 \approx 31.1V$。

3）滤波电容选择

考虑集成稳压器调整端电流 $I_d$ 和等效输入阻抗 $R_L$ 为

$$R_L = U_2/(I_o + I_d) \approx 31.4/1.6 \approx 19.6\Omega$$

选择 $\tau = R_L C = 5T/2 = 0.05s$ 时，滤波电容容量计算为 $C = \tau/R_L = 0.05/19.5 \approx 2551\mu F$，电容耐压值 $U_C > \sqrt{2}U_{2max} = 32V$。

因此，选用容量 3300μF，耐压 50V 的电容。

3. 调整取样回路 $R$ 和 $R_W$ 的计算

这里的 $U_{REF} = 1.25V$。

1）计算 $R$

$R_{max} = U_{REF}/I_{omin} = 1.25/3.5 = 0.357k\Omega$，取 $R = 300\Omega$。

2）计算 $R_W$

$$U_o = U_{REF} + (I_{adj} + U_{REF}/R)R_W$$

$$3V \leqslant U_{REF} + (I_{adj} + U_{REF}/R_o)R_W \leqslant 12V$$

$$415\Omega \leqslant R_W \leqslant 2.56k\Omega$$

$R_W$ 选择容量为 4.7kΩ 的电位器。

### 7.2.3　集成直流稳压电源的制作与参数测试

1. 集成直流稳压电源的制作

集成直流稳压电源电路的布线图如图 7-19 所示。

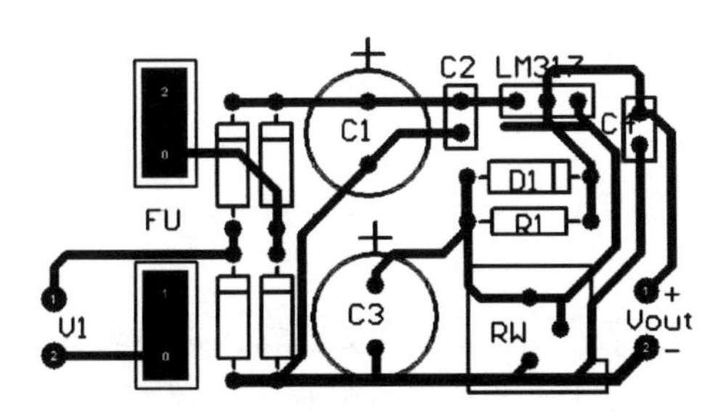


图 7-19　集成直流稳压电源布线图

2. 集成稳压器的选择和电源调试

1）集成稳压器的选择

集成稳压器根据设计要求和集成稳压器的参数进行选择。

集成稳压器的参数分为性能参数、工作参数和极限参数。

性能参数主要有电压调整率、电流调整率、纹波抑制比、输出阻抗和输出电压温漂等。工作参数主要有输入电压范围、输出电压范围、输出电压偏差、最小输入输出电压差、最大输入输出电压差、最大输出电流、最小输出电流、基准电压和静态工作电流等。极限参数主要有最大输入电压、最大输出电流、最大功耗和最大结温等。

集成稳压器的参数可以从元器件手册中查找，使用时也可采用 7.1.3 节串联直流稳压电源参数测试方法重新测试性能参数和工作参数。

2）集成直流稳压电源调试

电路调试参见 7.1.3 节串联直流稳压电源的调试。

## 7.3 任务十四 开关电源设计

1. 任务描述

设计一个开关稳压电源，要求如下。

（1）输入电压 220V，50Hz；

（2）输入电压变化范围为 180～260V；

（3）输出电压（三路输出），即±12V/0.3A 和＋5V/4A；

（4）输出最大功率为 27W；

（5）工作频率为 60kHz。

本电源具有二路输出：±12V 和＋5V，适合用于常见±12V 和＋5V 芯片的供电，可以给计算机硬盘、光驱、软驱和 USB 设备等外设的供电。

2. 学习要求

（1）培养文献检索与信息处理能力，如收集资料和消化资料；

（2）了解锁相环的作用及工作原理；

（3）掌握开关电源的设计、组装和调试方法。

### 7.3.1 背景知识

1. 开关电源基本结构

开关电源的主要构成如图 7-20 所示。交流输入电压经桥式整流器整流与电容滤波后供给 DC/DC 变换器，DC/DC 变换器由将直流电源变换为高频脉冲电压的逆变器与二次整流滤波电路等构成，二次整流滤波电路由将高频交流变换为直流的高速二极管、扼流圈及电解电容等组成。逆变器的控制电路由比较电路、放大电路及控制通/断时间比率的开关电路等构成。开关电源可将交流电源直接经过整流电路和电容 $C$ 滤波后得到直流电压，再由逆变器逆变成高频脉冲电压，此高频脉冲电压再经二极管进行二次整流和滤波转换成直流输出电压。

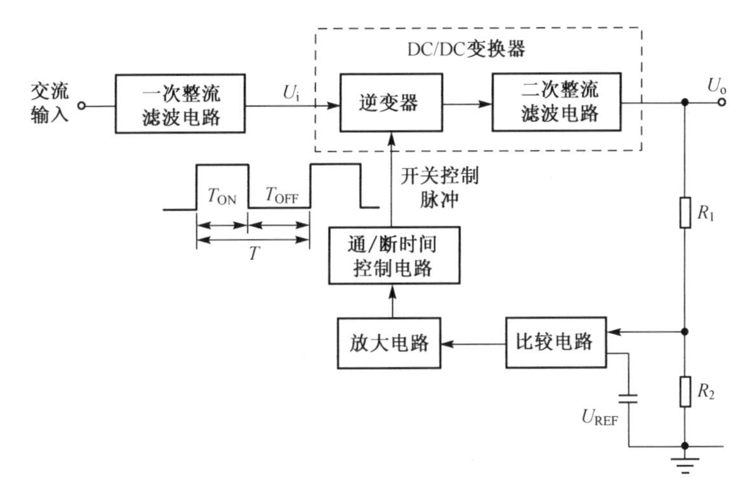


图7-20　开关电源原理框图

2. 开关电源分类

开关稳压电源的种类很多，一般根据储能电感串联或并联在输入与输出电压之间分为串联开关稳压和并联开关稳压。按激励方式分为自激式和他激式。按稳压控制方式分为脉宽调制型(PWM)、频率调制型(PFM)和混合调制型(脉宽-频率调制型)。按输入输出隔离方式分为隔离型和非隔离型。

串联型开关稳压的储能电感串联在输入与输出电压之间，并联型开关稳压的储能电感并联在输入与输出电压之间。

自激方式是用主开关部分进行振荡的工作方式，而他激方式是由其他电路产生振荡的工作方式，与振荡信号同步控制主开关通/断工作。

非隔离方式的直流输入与直流输出有一部分接在一起，而隔离方式输入与输出是分离隔开的。

脉宽调制型的开关工作频率固定不变，改变开关的导通时间控制输出；频率调制型的开关导通或截止时间固定不变，通过改变工作频率控制输出。

3. 开关电源特点

开关型稳压电源直接对电网电压进行整流、滤波和调整，然后由开关调整管进行稳压，通过控制开关的占空比调整输出电压不需要电源变压器，而电路中起隔离和电压变换作用的变压器是高频变压器，工作频率多在20kHz以上。高频变压器的体积可以很小，从而使整个电源的体积大为缩小，质量也大大减轻。该电路中起调节输出电压作用的逆变电路的电子器件都工作在开关状态，损耗很小，使得电源的效率可达80%～95%。功耗小，机内温升低，散热器也随之减小，这就提高了整机的稳定性和可靠性。此外，开关工作频率为几十千赫兹，滤波电容器和电感器数值较小。因此，开关电源具有质量轻和体积小等优点，对电网的适应能力也有较大的提高。串联稳压电源一般允许电压波动范围为220V±10%,而开关型稳压电源的电网电压在110～260V变化时都可以获得稳定的输出电压。

开关稳压电源的主要缺点是输出纹波较高,瞬态响应较差。

4. 集成DC/DC变换器

MC33063A、MC34063A/MC35063A是常用的单片DC/DC变换器控制电路,由基准电压源、电压比较器、振荡器、RS触发器和开关功率管等组成。该系列电压输入范围为3～40V,输出电压可调,输出开关电流可达1.5A,工作频率可达100kHz,内部参考电压精度为2%,有低电压时内部电路封锁功能。可通过外接电感器、电容器和续流二极管的不同连接方法实现升压、降压和电压反转等功能。

MC33063A芯片引脚①和⑧为两只开关功率管集电极的外引线;引脚②为开关功率管的发射极引线;引脚③为外接定时电容器$C_T$的引脚,调节$C_T$可改变振荡器的振荡频率在100Hz～100kHz范围内变化;引脚④为芯片的地线,引脚⑤为电压比较器的反相输入端,引脚⑥为电源端,即该芯片的输入电压$U_i$端,引脚⑦为峰值电流$I_{pk}$检测限制端,其作用是保证内部开关功率管的电流不超过其最大允许值$I$。

MC33063A芯片内部结构和外形如图7-21所示。

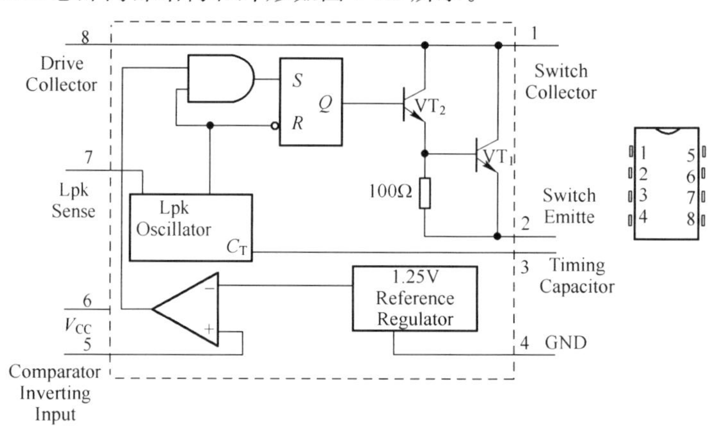


图7-21　MC33063A芯片内部结构和外形图

1) 升压电路

MC33063A升压电路如图7-22所示。

(1) 取样电阻计算。输出电压为

$$U_o = 1.25(1 + R_2/R_1) \tag{7-32}$$

为了减小功耗,一般选$I_R = (0.002 \sim 0.004)I_o$,再根据$R_1 + R_2 = U_o/I_R$和式(7-32)计算出$R_1$和$R_2$。

(2) 续流二极管的选择:耐压$U_{DR} \geqslant 2U_{imax}$,正向电流$I_D \geqslant 1.2I_o$具有快恢复特性。

(3) 电感$L$的计算。

$$\frac{t_{on}}{t_{off}} = \frac{U_o + U_d - U_{imin}}{U_i - U_{ces}} \tag{7-33}$$

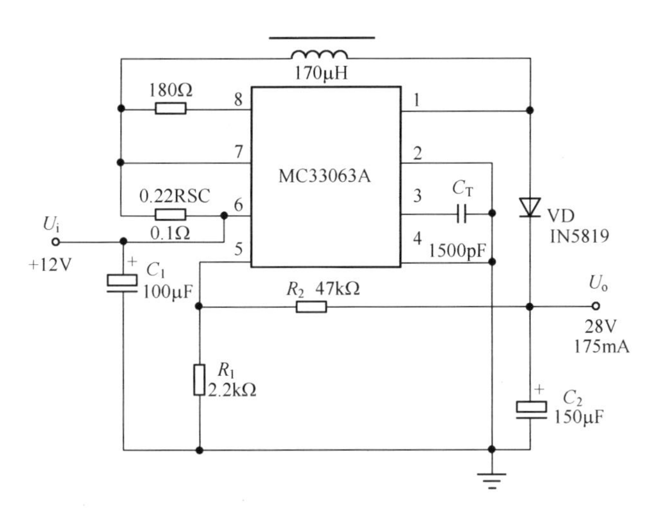


图 7-22　升压电路图

$$T = t_{on} + t_{off} = 1/f \tag{7-34}$$

$$t_{off} = \frac{T}{t_{on}/t_{off} + 1} \tag{7-35}$$

$$I_{pk} = 2I_o T/t_{off} \tag{7-36}$$

$$L = (U_i - U_{ces})t_{on}/I_{pk} \tag{7-37}$$

式中，$U_{ces}$ 为开关管饱和压降(一般，$U_{ces}=0.1V$)，$U_d$ 为续流二极管正向压降。

(4) 定时电容 $C_T$ 为

$$C_T = (2.5 \sim 4) \times 10^{-5} t_{on} \tag{7-38}$$

(5) 限流电阻的计算 $R_{SC}$。

过流保护依靠跨接在引脚⑥和⑦之间的外接限流电阻上的电压降实现，限流动作电压 $U_{pk} \approx 0.3V$，即

$$R_{SC} = U_{pk}/I_{pk} \tag{7-39}$$

(6) 输出滤波电容 $C_2$ 为

$$C_2 = 9I_o t_{on}/\Delta U_{o\,p\text{-}p} \tag{7-40}$$

式中，$\Delta U_{o\,p\text{-}p}$ 为输出纹波电压峰-峰值。

2) 降压电路

MC33063A 降压电路如图 7-23 所示，输出电压 $U_o$ 由式(7-32) 确定。

(1) 取样电阻、续流二极管、限流电阻的计算 $R_{SC}$ 和定时电容 $C_T$ 的选择与升压电路部分相同。

(2) 电感 $L$ 的计算。

$$\frac{t_{on}}{t_{off}} = \frac{U_o + U_d}{U_i - U_{ces} - U_o} \tag{7-41}$$

$$I_{pk} = 2I_o \tag{7-42}$$

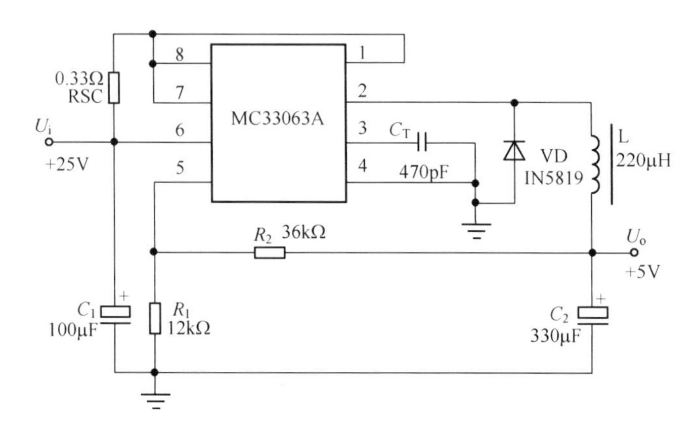


图 7-23　降压电路图

$$L = (U_i - U_{ces} - U_o)t_{on}/I_{pk} \tag{7-43}$$

（3）输出滤波电容 $C_2$ 为

$$C_2 = I_{pk}T/8\Delta U_{o\,p\text{-}p} \tag{7-44}$$

3）电压极性反转电路

电压极性反转电路如图 7-24 所示，输出电压 $U_o$ 由式(7-32) 确定。

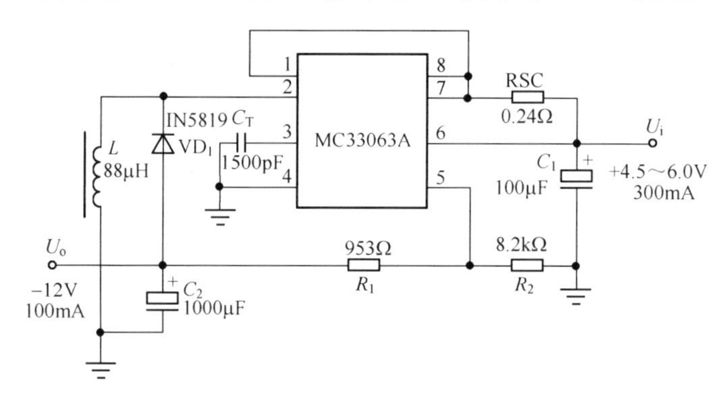


图 7-24　极性反转电路

$$\frac{t_{on}}{t_{off}} = \frac{|U_o| + U_d}{U_i - U_{ces}} \tag{7-45}$$

取样电阻、续流二极管、定时电容 $C_T$、限流电阻 $R_{SC}$、电感 $L$ 和输出滤波电容 $C_2$ 的选择与升压电路部分相同。

## 7.3.2　案例分析

1. 方案选择

为使电源结构简单紧凑，工作可靠，成本小，小功率开关稳压电源常采用单端反激型或单端正激型电路。单端反激型适合用于多端电压输出，这里选择单端反激型电路。

单端反激型电路当 MOSFET 导通时，将电能储存在高频变压器的初级绕组上，仅当 MOSFET 关断时，才向次级输送电能。由于开关频率很高，因此高频变压器能够快速存储和释放能量，经高频整流滤波后即可获得直流连续输出。这也是反激式电路的基本工作原理。反馈回路通过控制 UC3842PWM 元器件控制端的电流来调节占空比，以达到稳压的目的。

2. UC3842 芯片资料

UC3842 是 Unitorde 公司的一种高性能固定频率电流型开关电源控制器，可直接驱动双极型晶体管和 MOSFET，具有管脚数量少、外围电路简单、安装与调试简便、性能优良、价格低廉等优点，能通过高频变压器与电网隔离，适合用作构成无工频变压器的 20～50W 小功率开关电源。

UC3842 的内部电路框图和外形如图 7-25 所示。UC3842 采用固定工作频率脉宽调制方式，输出电压或负载变化时仅调整导通宽度，其内部基准电路产生的＋5V 基准电压作为 UC3842 的内部电源，经衰减得 2.5V 电压作为误差放大器基准，并可作为电

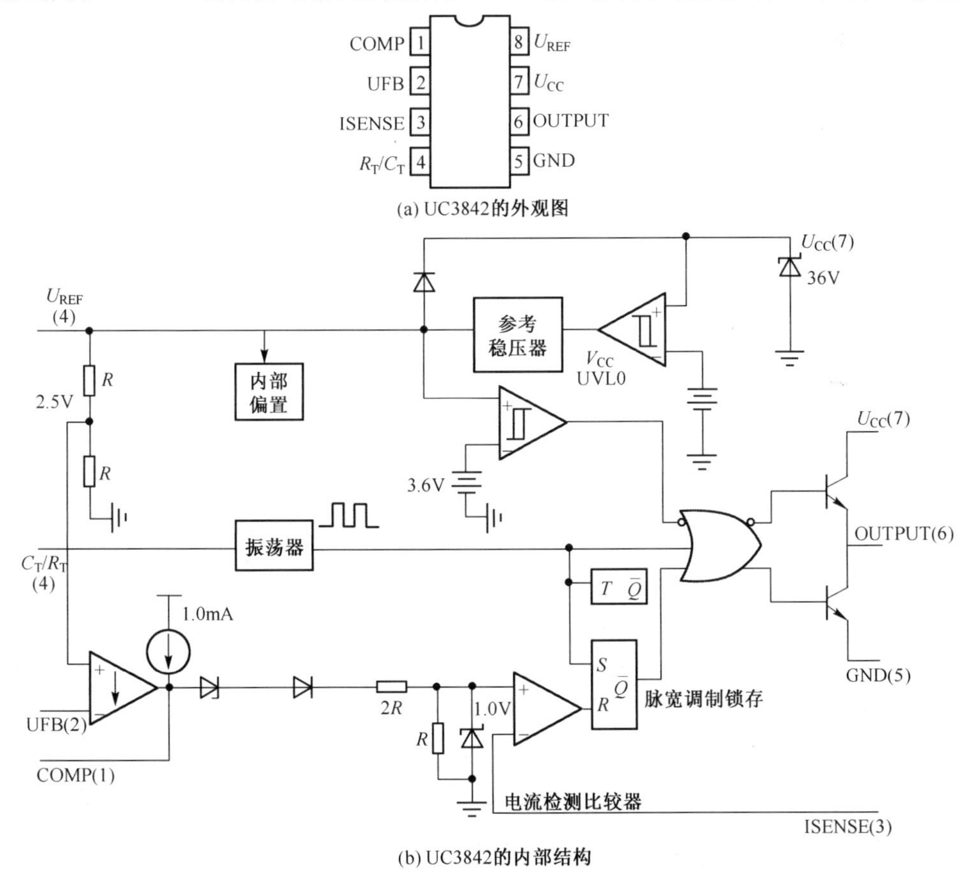


图 7-25　UC3842 外形图和内部电路框图

路输出 5V/50mA 的电源。UC3842 共 8 个引脚,各引脚功能如下:引脚①接内部误差放大器,外接 *RC* 网络以改变误差放大器的闭环增益和频率特性;引脚②为反馈电压输入引脚,此引脚电压与内部 2.5V 电压基准电压进行比较,产生控制电压,从而控制脉冲宽度;引脚③为电流检测端,用于检测开关管的电流,当引脚③电压大于或等于 1V 时,UC3842 就关闭输出脉冲,缩小导通脉宽,使电源处于间隙工作状态,保护开关管不至于过流损坏;引脚④为定时端,外接定时电阻 $R_T$ 和定时电容 $C_T$;引脚⑤接地;引脚⑥为输出端,内部为图腾柱式,上升和下降时间仅 50ns,驱动能力为±1A;引脚⑦为供电输入,启振后工作电压为 10～13V,低于 10V 时停止工作,功耗为 15mW;引脚⑧为内部 5V 基准电压输出端,输出电压经定时电阻 $R_T$ 向 $C_T$ 充电。UC3842PWM 控制器设有欠压锁定电路,其开启阈值为 16V,关闭阈值为 10V,可有效地防止电路在阈值电压附近工作时产生的振荡。

UC3842 的最高开关频率可达 500kHz;采用图腾柱输出电路,能够提供大电流输出,输出电流可达 1A;可直接对双极型晶体管和 MOSFET 进行驱动。

UC3842 内部有高稳定度的基准电压源,典型值为 5V,允许有±0.1V 的偏差。启动电流小于 1mA,正常工作电流为 15mA。

3. 电路结构

UC3842 单端反激型电路如图 7-26 所示。当输入电压为交流 220V 时,它通过直接整流滤波,获得大约 300V 的直流高压,当该电压在高频下通过高频变压器时,能有效地降低输入电压以获得低压输出。高频变压器的通断由集成脉宽控制器 UC3842 控制的高反压 MOS 管 VTs 决定,而集成电路的工作电源电压先由启动电阻 $R_{in}$ 和启动电容 $C_{in}$ 提供,待晶体管进入工作状态之后,由变压器附加绕组 $W_1$ 提供。

当 MOS 管 VT s 导通时,输出线圈的整流二极管反向偏置,能量储存在初级线圈的电感之中;当 MOS 管 VT s 关闭时,线圈 $W_2$ 的电压极性发生翻转,变压器初级线圈中储存的能量释放到次级线圈,整流二极管正向偏置,整流滤波后的稳定电压供给负载。

附加绕组 $W_1$ 不仅给 UC3842 提供工作电压,而且也提供反馈采样电压,经整流滤波衰减后送给控制器,进行脉冲宽度调整,并使输出电压稳定。由于没有直接从输出中取样,使输出部分与输入部分线路完全实现了隔离。

1）输入部分主要参数的计算

图 7-26 所示的输入部分电路由保险电阻、桥式整流和滤波电容组成。

输入整流二极管的反向耐压应大于 400V,其承受的冲击电流应大于额定整流电流的 7～10 倍。整流电流是由电源的输出功率与输入电压决定的,一旦计算出额定整流电流,则还应注意,选定的整流二极管的稳态电流容量应为计算值的两倍,因此选用 1N4007 作为整流二极管,其耐压为 1000V,额定电流为 1A。

交流输入电压 $U_i = 180 \sim 260\text{V}$ ,整流滤波后的空载峰值电压为 $\sqrt{2}U_i \approx 254 \sim 368\text{V}$ ,所以滤波电容选用 400V 以上的电解电容。

2）启动电阻和电容的计算

在图 7-26 中，$R_{in}$ 为启动电阻，$C_{in}$ 为启动电容。当直流输入电压 $U_{in}$ 达到 250V 以上时，集成脉宽调制器 UC3842 应启动开始工作。

UC3842 的典型启动电压值 $V_{CC}$ 为 16V，所需电流仅 1mA。考虑到外围电路消耗约 0.8mA 电流，即整个电路启动电流总和 $I=1+0.8=1.8$mA。所以 $R_{in}$ 的取值应为 $R_{in}=(U_{inmin}-V_{CC})/I=(250-16)/1.8=130\text{k}\Omega$。

$R_{in}$ 上的功耗 $P=I^2R=1.8^2\times 130=421$mW，所以取该电阻 $R_{in}$ 的功耗为 0.5W 以上。当电源关闭时，电阻 $R_{in}$ 也是电容 $C_{in}$ 的放电通路。

启动完成之后，UC3842 的消耗电流将随着对高反压 MOS 管的驱动而增至 100mA 左右（主要随负载变化），该电流由电容 $C_{in}$ 在启动时储存的电荷量来提供。这时，电容 $C_{in}$ 上的电压会降低，当电容上的电压降低到 10V 以上时，UC3842 仍能保持工作。这里选取 $C_{in}$ 为 100μF/25V。如果需要对高反压功率开关管提供更大一些的驱动电流，可提高 $C_{in}$ 的值。另外，$C_{in}$ 的容量加大，会使启动过程减慢。

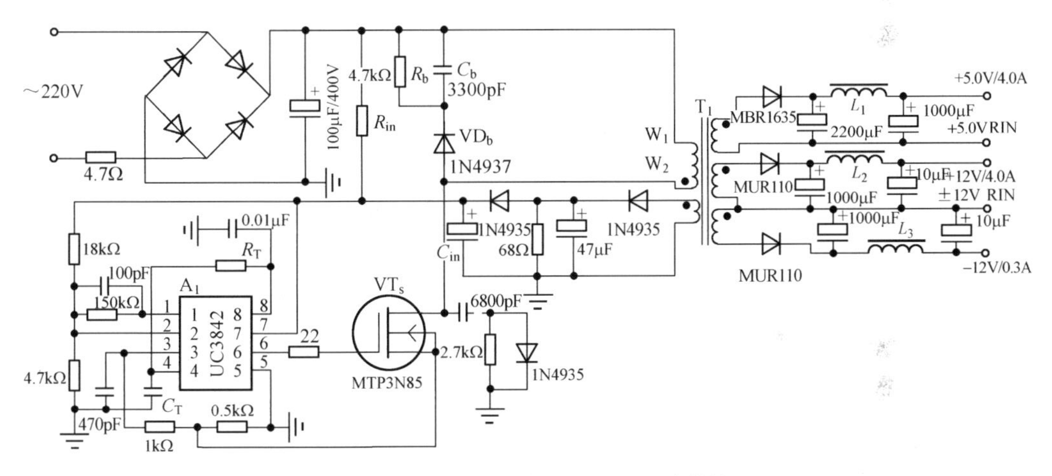


图 7-26　UC3842 单端反激型电路结构

3）定时电阻和电容的选择

接在引脚④与引脚⑧之间的定时电阻 $R_T$ 与接在引脚④与地之间的定时电容 $C_T$ 决定振荡器的振荡频率 $f\approx 1.8/R_TC_T$。本电路工作频率为 60kHz，选择 $C_T$ 为 10nF，则 $R_T$ 选择 3kΩ。

4）开关管的选择

小功率开关电源的可靠性主要取决于开关晶体管的选取及其质量。最大峰值开关电流 $I_{cm}$ 应大于 $I_{PM}$，$I_{PM}$ 为短路保护时变压器初级线圈流过的最大电流。$I_{cm}$ 按 1.3 倍的 $I_{PM}$ 计算，即

$$I_{PM}=1/0.5=2(\text{A})$$

$$I_{cm}=1.3\times 2=2.6(\text{A})$$

由于本电路选用的是 MOSEFT 功率开关管，所以漏极电流 $I_d \geqslant 2.6A$。

输入交流电压最大为 260V，整流滤波后的空载峰值电压为 368V，因此应选取耐压在 400V 以上的开关管。选取型号为 MTP3N85，工作电流为 $I_d = 3A$，最大耐压 $U_{mosmax} = 850V$，可以满足要求。

5）高频变压器的设计

在单端反激式开关电源中，高频变压器的设计是核心。设计时，要保证电源的调整率和对线圈的漏感要求，还要对高额变压器的外形尺寸及整个成本进行综合考虑。

本方案磁心选用 EC35，从厂家提供的磁心产品手册中可查得磁心有效横截面积 $A_e = 71mm^2$，最大磁心感应强度 $B_M = 0.2T$。

MOS 管最大电压 $U_{mosmax} = 850V$。

输入电压下限整流滤波后电压（考虑桥式整流器整流效率 $\eta' = 0.9$）

$$U_{dcmin} = U_{Imin} \times \sqrt{2} \times \eta' = 180 \times 1.414 \times 0.9 \approx 230(V)$$

输入电压上限整流滤波后电压输入最大直流电压

$$U_{dcmax} = U_{Imax} \times \sqrt{2} \times \eta' = 260 \times 1.414 \times 0.9 \approx 330(V)$$

确定最大占空比 δ

$$\delta = (U_{mosmax} - U_{dcmax} - 150)/(U_{mosmax} - U_{dcmax} + U_{dcmin} - 150) = 0.62$$

预设电源效率 $\eta = 0.8$，输入功率

$$P_{in} = P_{out}/\eta = 27/0.8 \approx 34(W)$$

初级线圈最大电流

$$I_{pmax} = 2P_{in}/\delta U_{dcmin} = 2 \times 34/(0.62 \times 230) = 0.48(A)$$

初级线圈最大电感

$$L_{pmax} = \delta U_{dcmin}/I_{pmax}f = 0.62 \times 230/(0.48 \times 60 \times 10^3) = 4.95(mH)$$

初级匝数

$$N_p = I_{pmax}L_{pmax} \times 10^8/A_e B_M$$
$$= 0.48 \times 4.95 \times 10^5/(0.71 \times 2000) = 167.3(\text{匝})\text{，实取 167 匝}$$

初级线径

$$D_p = \sqrt{4I_{pmax}/(3.62\pi)} = \sqrt{4 \times 0.48/(3.62 \times 3.14)} = 0.41(mm)$$

初级次级匝数比

$$n = (U_{mosmax} - U_{dcmax} - 150)/U_o = 369/12 = 30.75$$

次级匝数

$$N_{S1} = N_p/n = 167/30.75 = 5.4(\text{匝})$$
$$N_{S2} = N_p U_{o2}/nU_{o1} = (167 \times 5)/(30.75 \times 12) = 2.26(\text{匝})$$

$N_{S1}$ 实绕 6 匝，$N_{S2}$ 实绕 3 匝，在调整开关电压稳压范围时，再改变反馈电路串联电阻调整反馈量，使自激振荡在最低输入电压时能顺利起振，在最高输入电压时避免反馈量过大造成过饱和。

次级线径

$$D_{S1} = \sqrt{4I_{o1}/(3.62\pi)} = \sqrt{4 \times 0.3/(3.62 \times 3.14)} = 0.33(\mathrm{mm})$$

$$D_{S2} = \sqrt{4I_{o2}/(3.62\pi)} = \sqrt{4 \times 4/(3.62 \times 3.14)} = 1.19(\mathrm{mm})$$

次级绕组选用与初级相同的导线。次级线径根据电流的大小采用多股并绕的方法绕制。

次级反馈绕组选用：由于反馈电压应在 13～20V 之间，所以次级反馈线圈 $D_{F1}$ 绕 7 匝，经整流滤波后和电阻取样接 UC3842 的引脚 2。

6）误差放大器外接 *RC* 网络

在图 7-26 中，误差放大器外接 *RC* 网络以改变误差放大器的闭环增益和频率特性，反馈电阻取 150kΩ（一般要求大于 8.8kΩ），滤波电容取 100pF（一般为几百皮法）。

7）缓冲保护电路的设计

在图 7-26 中，由 $R_b$、$C_b$ 和 $VD_b$ 组成一个缓冲网络，该网络主要用于限制高频变压器漏感引起的尖峰电压，它产生在开关管由饱和转向关断的过程中，漏感中的能量通过 $VD_b$ 向 $C_b$ 充电。开关管在下半周由截止变为导通的过程中，$C_b$ 上的能量经 $R_b$ 进行释放。由于 $R_b$ 上有不少功耗，$R_b$ 应选取功率在 2W 以上的电阻。

8）低压输出部分的设计

在高频变压器次级的整流滤波电路中，选择整流二极管时，对应低压大电流，应选择肖特基整流二极管；对应较高电压较小电流，可选用超快恢复二极管。滤波电容可视输出对纹波电压的要求确定，一般按每安培电流 1000μF 电解电容的容量进行选择。并尽可能选择无感电容，也可用多个容量小的电容并联达到较高的容值。

### 7.3.3 开关电源的制作与测试

1. 印制电路板

印制电路图如图 7-27 所示。

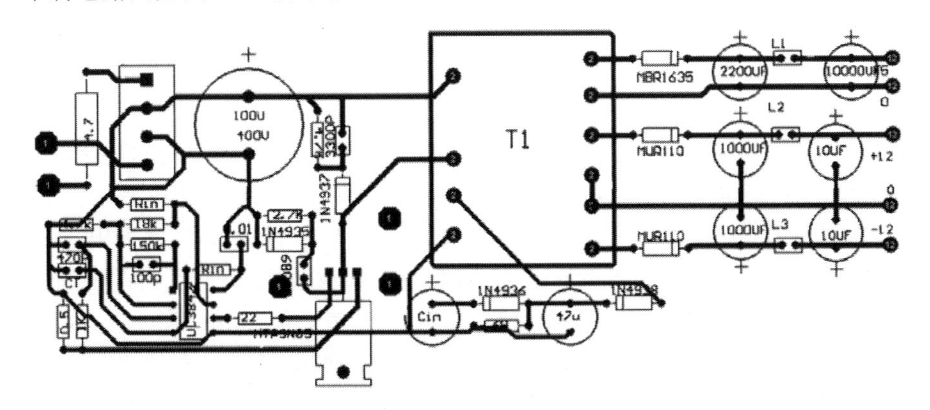


图 7-27 印制电路图

2. 电路装配

在印制板完成之后，即进行整机装配，按下面顺序进行。

（1）焊装低功耗电阻及小容值电容。

（2）焊装大功率电阻，并与印制电路板有一定的距离，有利于散热。

（3）装入整流二极管和开关二极管。

（4）安装控制 IC。

（5）装配高频变压器。

（6）装入所有体积较大的电容器，并注意电解电容的极性。

（7）安装大电流整流肖特基二极管，并同时装好散热器。

（8）安装高反压开关管。安装时，先将开关管固定在散热器上，尔后进行焊装。对于 MOS 管，应先焊装管的源极，再焊装栅极，最后焊装漏极。这样，可避免损坏 MOS 管。

所有元器件安装完毕之后再仔细检查，准备加电试验。

3. 高频开关电源的加电试验过程

在加电试验之前，首先对电路性能是否良好进行验证。验证脉冲宽度调制的方法如下。

（1）配备双路稳压直流电源一台，分别能提供 5～50V 可调电压。将其中一路加在高频变压器初级侧的控制电路供电端上：当初级回路电压在 16V 以下时，用示波器观察 UC3842 芯片的引脚⑥，应无输出驱动波形；当初级所加的电压大于 16V 时，应能观察到驱动波形。再使所加的电压逐渐降至略大于 10V，此时可看到驱动波形开始变化，占空比由窄变宽；当电压调至 10V 以下时，UC3842 停止工作，应无输出驱动波形。通过这一实验，就可确定 UC3842 工作正常。

（2）验证自馈电绕组的电压及其稳定性，具体方法是：在桥式整流器的正极和地之间加 50V 直流电压（次级可加轻度负载），另一组电源加在芯片的供电端，用 16V 左右的电压激励，使电源开始工作。这时，用示波器测量自馈电绕组的馈电情况及馈电电压，这个电压应在 13～20V 之间为佳，并观察自馈电压经滤波后的纹波情况，如果纹波电压很大，则不能加 AC 220V 进行试验，而应先查清情况及原因，否则，会出现电源烧毁的故障。如果自馈电电压过高，一方面会使芯片进入保护状态（大于 34V），另一方面会使电源处在不稳定工作状态。这时，应调整自馈电绕组的匝数，使自馈电电压达到最佳值，这样才能保证电源工作在稳定的状态。

（3）验证其他绕组的输出情况。测量其他绕组的输出情况，看输出电压是否在设计值范围内，否则应调整这些绕组的匝数，同时应观察纹波电压情况。如果纹波较大，则应检查输出回路的滤波措施和反馈回路工作的稳定性，并加以改善。

（4）加电试验。经上述验证之后，即可进行正常的加电测试。这时，电路一般进入正常工作状态，这时便可进行负载调整率、电压调整率、纹波电压和效率等项目测试，最后进行满负载输出的考机试验。同时，注意整机的散热设计是否达到设计要求。

# 第8章　数字逻辑电路设计

**【学习目标】**

本章主要介绍组合逻辑电路和时序逻辑电路设计的基本方法与原则。具体的学习目标如下：

(1) 理解组合逻辑电路组成原理,掌握组合逻辑电路的基本设计方法；

(2) 理解时序逻辑电路组成原理,掌握时序逻辑电路的基本设计方法；

(3) 理解组合逻辑电路设计中容易出现的问题及其消除方法；

(4) 了解时序逻辑电路状态的设置与调整。

## 8.1　任务十五　组合逻辑电路设计

1. 任务描述

(1) 以基本逻辑门为基础设计应用电路(编码器、译码器、加法器和显示器等)。

(2) 备选元器件:与非门 74LS00、或非门 74LS02、编码器 74LS147 和译码器 74LS48 等。

2. 学习要求

(1) 培养文献检索与信息处理能力,如收集资料和消化资料；

(2) 了解由基本逻辑门构成的应用电路的作用及工作原理；

(3) 掌握由基本逻辑门构成的应用电路的设计方法及其存在的问题与消除方法。

### 8.1.1　背景知识

在数字系统中,根据逻辑功能的不同特点,数字逻辑电路分为两大类:一类是组合逻辑电路,另一类是时序逻辑电路。

在逻辑电路中,任意时刻的输出状态仅取决于该时刻的输入状态,而与电路原来的状态无关,则该逻辑电路称为组合逻辑电路,简称组合电路。

组合逻辑电路没有记忆功能,因此组合逻辑电路的结构特点是:第一,全部由门电路组成,即不含记忆单元;第二,信号只有输入到输出的单向传输,没有输出到输入的反馈回路。组合逻辑电路逻辑功能的描述方法主要有 4 种:逻辑函数表达式、逻辑真值表、卡诺图和逻辑图。

1. 组合逻辑电路的设计原则与步骤

组合逻辑电路的设计是根据给定的逻辑功能要求，找出用最少的逻辑门实现该逻辑功能的电路，一般可分为以下几个步骤：

(1) 根据设计的逻辑要求列真值表。

(2) 根据真值表写出函数表达式。

(3) 化简函数表达式或在形式上适当变换。

(4) 画出逻辑图。

整个设计过程如图 8-1 所示。

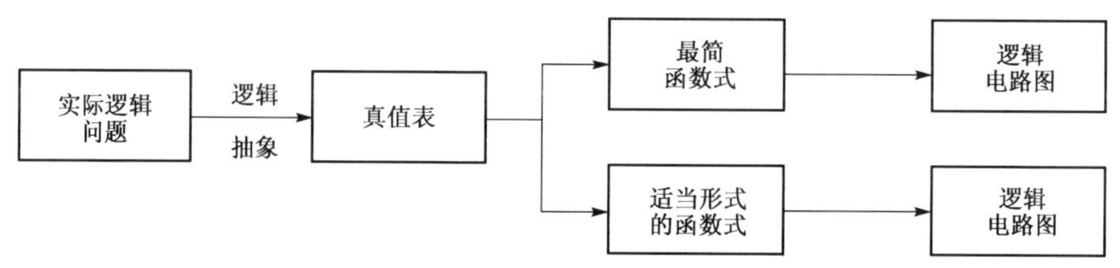


图 8-1　组合逻辑电路的设计框图

在四个设计步骤中，最关键的是第一步，即根据逻辑要求列真值表，列真值表就如同算术中的应用题列方程一样。任何逻辑问题，只要能列出它的真值表，就能把逻辑电路设计出来。然而，由于逻辑要求往往是用文字描述的，一般较难做到全面而确切，有时甚至是含糊不清的。因此，对设计者来说，建立真值表不是一件很容易的事，它要求设计者对逻辑问题有一个全面的理解，对每一种可能的情况都能正确判断。

在列真值表时以下三个方面的概念需了解清楚：

(1) 输入输出变量是什么？

(2) 0 和 1 代表的含义是什么？

(3) 输入输出之间的关系是什么？

当然，组合逻辑电路的设计步骤不是一成不变的，有些逻辑问题较简单，某些设计步骤就可省略。

2. 常用的组合逻辑电路简介

1) 编码器

为了区分一系列不同的事物，将其中的每一个事物用一个二值代码表示，这就是编码的含义。编码器的逻辑功能是把每一个高低电平信号编成一个对应的二进制编码。

(1) 普通编码器。

在普通编码器中，任何时刻只允许输入一个编码信号。以 3 位二进制普通编码器为例，其逻辑框图如图 8-2 所示。

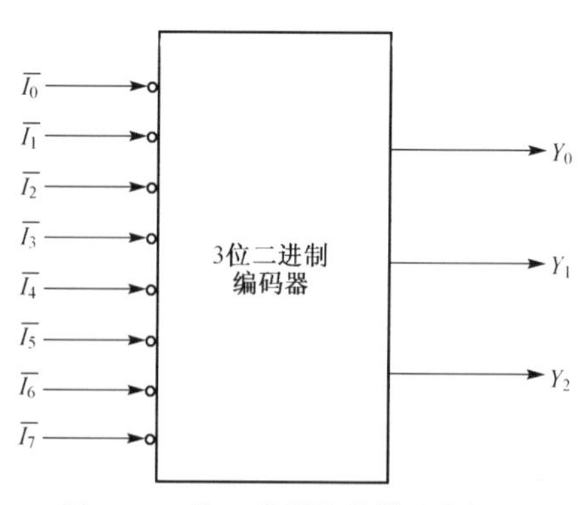


图 8-2　3 位二进制编码器示意框图

在图 8-2 中，$\overline{I_0} \sim \overline{I_7}$ 为 8 个编码信号输入端，且低电平有效；$Y_2 \sim Y_0$ 为 3 个代码输出端，输出 3 位二进制代码，此电路称为 8 线-3 线编码器。当任何一个输入端接低电平时，3 个输出端便会有一组对应的代码输出，真值表如表 8-1 所示。

**表 8-1　3 位二进制编码器真值表**

| $\overline{I_0}$ | $\overline{I_1}$ | $\overline{I_2}$ | $\overline{I_3}$ | $\overline{I_4}$ | $\overline{I_5}$ | $\overline{I_6}$ | $\overline{I_7}$ | $Y_2$ | $Y_1$ | $Y_0$ |
|---|---|---|---|---|---|---|---|---|---|---|
| 0 | 1 | 1 | 1 | 1 | 1 | 1 | 1 | 0 | 0 | 0 |
| 1 | 0 | 1 | 1 | 1 | 1 | 1 | 1 | 0 | 0 | 1 |
| 1 | 1 | 0 | 1 | 1 | 1 | 1 | 1 | 0 | 1 | 0 |
| 1 | 1 | 1 | 0 | 1 | 1 | 1 | 1 | 0 | 1 | 1 |
| 1 | 1 | 1 | 1 | 0 | 1 | 1 | 1 | 1 | 0 | 0 |
| 1 | 1 | 1 | 1 | 1 | 0 | 1 | 1 | 1 | 0 | 1 |
| 1 | 1 | 1 | 1 | 1 | 1 | 0 | 1 | 1 | 1 | 0 |
| 1 | 1 | 1 | 1 | 1 | 1 | 1 | 0 | 1 | 1 | 1 |

由表 8-1 知，当某个输入为 0，其余输入为 1 时，就输出与该输入端相对应的代码。例如，当输入 $\overline{I_1}=0$，其余输入为 1 时，用输出 $Y_2Y_1Y_0=001$ 表示对 $\overline{I_1}$ 的编码。普通编码器在任何时刻只能对一个输入信号进行编码，不允许有两个或两个以上的输入信号同时请求编码，否则得不到正确的编码输出。这种输入的编码信号是相互排斥的，故又称为互斥输入的编码器。

(2) 优先编码器。

在上述普通的二进制编码器中，如果多个输入端同时为 0，其输出是混乱的。在数字系统中，常要求当编码器同时有多个输入为有效时，输出不但有意义，且应按事先编排好的优先顺序输出，这就是优先编码器，即优先编码器允许几个输入端同时加上信号，电路只对其中优先级别最高的信号进行编码。

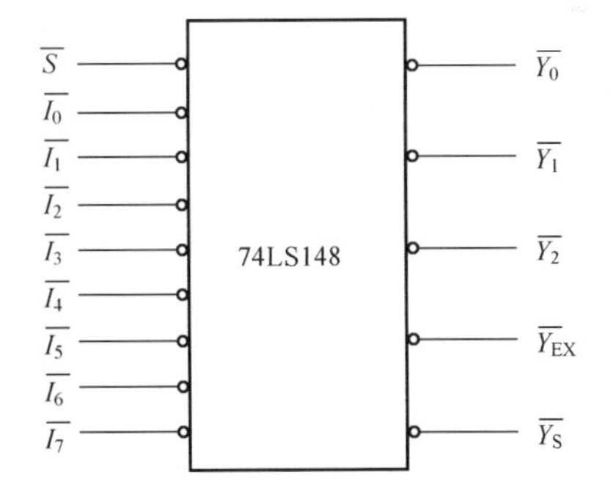

图 8-3　优先编码器 74LS148 编码器示意框图

8 线-3 线优先编码器 74LS148 的逻辑功能示意图如图 8-3 所示。在图 8-3 中，8 个编码输入端 $\overline{I_0} \sim \overline{I_7}$（输入信号低电平有效，表示有编码请求）。优先权的高低级别依次为 $\overline{I_7} \sim \overline{I_0}$；3 个编码输出端的高低级别为 $\overline{Y_2} \sim \overline{Y_0}$（输出信号低电平有效，输出 3 位二进制反码）。为了扩展编码器的功能，74LS148 增设了 3 个辅助控制端，即输入端增加了选通输入端 $\overline{S}$，输出端增加了选通输出端 $\overline{Y_S}$ 和扩展输出端 $\overline{Y_{EX}}$。74LS148 的功能表如表 8-2 所示。

**表 8-2　8 线-3 线优先编码器 74LS148 真值表**

| 输　入 | | | | | | | | | 输　出 | | | | |
|---|---|---|---|---|---|---|---|---|---|---|---|---|---|
| $\overline{S}$ | $\overline{I_0}$ | $\overline{I_1}$ | $\overline{I_2}$ | $\overline{I_3}$ | $\overline{I_4}$ | $\overline{I_5}$ | $\overline{I_6}$ | $\overline{I_7}$ | $\overline{Y_2}$ | $\overline{Y_1}$ | $\overline{Y_0}$ | $\overline{Y_S}$ | $\overline{Y_{EX}}$ |
| 1 | × | × | × | × | × | × | × | × | 1 | 1 | 1 | 1 | 1 |
| 0 | 1 | 1 | 1 | 1 | 1 | 1 | 1 | 1 | 1 | 1 | 1 | 0 | 1 |
| 0 | × | × | × | × | × | × | × | 0 | 0 | 0 | 0 | 1 | 0 |
| 0 | × | × | × | × | × | × | 0 | 1 | 0 | 0 | 1 | 1 | 0 |
| 0 | × | × | × | × | × | 0 | 1 | 1 | 0 | 1 | 0 | 1 | 0 |
| 0 | × | × | × | × | 0 | 1 | 1 | 1 | 0 | 1 | 1 | 1 | 0 |
| 0 | × | × | × | 0 | 1 | 1 | 1 | 1 | 1 | 0 | 0 | 1 | 0 |
| 0 | × | × | 0 | 1 | 1 | 1 | 1 | 1 | 1 | 0 | 1 | 1 | 0 |
| 0 | × | 0 | 1 | 1 | 1 | 1 | 1 | 1 | 1 | 1 | 0 | 1 | 0 |
| 0 | 0 | 1 | 1 | 1 | 1 | 1 | 1 | 1 | 1 | 1 | 1 | 1 | 0 |

由 74LS148 的功能表知：

①选通输入端 $\overline{S}$ 又称为使能端或片选端，低电平有效。当 $\overline{S}=0$ 时，编码器工作，对输入信号进行编码；当 $\overline{S}=1$ 时，禁止编码器工作，所有的输出端均被锁定在高电平，没有编码输出。

②选通输出端 $\overline{Y_S}$。编码状态下（$\overline{S}=0$），且 $\overline{I_0}\sim\overline{I_7}$ 均为 1（无编码输入）时，$\overline{Y_S}=0$。因此，$\overline{Y_S}=0$ 表示“电路工作，但无编码输入”。因此，两片 74LS148 串接使用，只要将高位片的 $\overline{Y_S}$ 和低位片的 $\overline{S}$ 相连，可在高位片无编码输入的情况下启动低位片工作，实现两片编码器之间优先级的控制。

③扩展输出端 $\overline{Y_{EX}}$。在编码状态下（$\overline{S}=0$），若有输入信号，则 $\overline{Y_{EX}}=0$。因此，$\overline{Y_{EX}}=0$ 表示“电路工作，且有编码输入”。在多片编码器串接使用时，$\overline{Y_{EX}}$ 可作为输出位的扩展。

2）译码器

译码是将表示特定意义信息的二进制代码翻译出来，实现译码功能的逻辑电路称为译码器。译码器的逻辑功能是将每个输入的二进制代码译成对应的高低电平信号。常用的译码器电路有二进制译码器、二进制-十进制译码器和显示译码器。

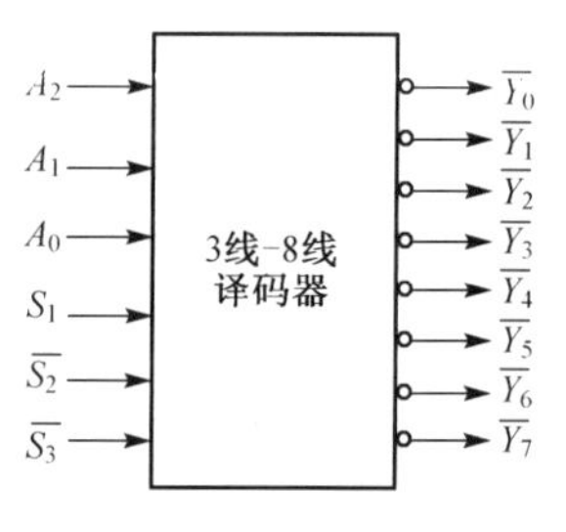


图 8-4　3 位二进制译码器 74LS138 框图

（1）二进制译码器。

二进制译码器的输入是一组二进制代码，输出的是一组与输入代码对应的高低电平信号。图 8-4 为 3 位二进制译码器 74LS138 的示意框图。

在图 8-4 中，$A_2$、$A_1$、$A_0$ 为代码输入端（输入 3 位二进制代码），$\overline{Y_0}\sim\overline{Y_7}$ 为 8 个译码输出端（低电平有效），$S_1$、$\overline{S_2}$、$\overline{S_3}$ 为 3 个使能端（又称为片选输入端）。译码器将每个输入代码译成对应的一根输出线上的高低电平信号。因此，译码器也称为 3 线-8 线译码器。表 8-3 为其真值表。

**表 8-3　3 线-8 线译码器 74LS138 功能真值表**

| 输入 | | | | | 输出 | | | | | | | |
|---|---|---|---|---|---|---|---|---|---|---|---|---|
| $S_1$ | $\overline{S_2}+\overline{S_3}$ | $A_2$ | $A_1$ | $A_0$ | $\overline{Y_0}$ | $\overline{Y_1}$ | $\overline{Y_2}$ | $\overline{Y_3}$ | $\overline{Y_4}$ | $\overline{Y_5}$ | $\overline{Y_6}$ | $\overline{Y_7}$ |
| 0 | * | * | * | * | 1 | 1 | 1 | 1 | 1 | 1 | 1 | 1 |
| * | 1 | * | * | * | 1 | 1 | 1 | 1 | 1 | 1 | 1 | 1 |
| 1 | 0 | 0 | 0 | 0 | 0 | 1 | 1 | 1 | 1 | 1 | 1 | 1 |
| 1 | 0 | 0 | 0 | 1 | 1 | 0 | 1 | 1 | 1 | 1 | 1 | 1 |
| 1 | 0 | 0 | 1 | 0 | 1 | 1 | 0 | 1 | 1 | 1 | 1 | 1 |
| 1 | 0 | 0 | 1 | 1 | 1 | 1 | 1 | 0 | 1 | 1 | 1 | 1 |
| 1 | 0 | 1 | 0 | 0 | 1 | 1 | 1 | 1 | 0 | 1 | 1 | 1 |
| 1 | 0 | 1 | 0 | 1 | 1 | 1 | 1 | 1 | 1 | 0 | 1 | 1 |
| 1 | 0 | 1 | 1 | 0 | 1 | 1 | 1 | 1 | 1 | 1 | 0 | 1 |
| 1 | 0 | 1 | 1 | 1 | 1 | 1 | 1 | 1 | 1 | 1 | 1 | 0 |

根据表 8-3 可得出 74LS138 的输出逻辑函数表达式为

$$\overline{Y}_0=\overline{\overline{A}_2\,\overline{A}_1\,\overline{A}_0}=\overline{m}_0\qquad \overline{Y}_1=\overline{\overline{A}_2\,\overline{A}_1\,A_0}=\overline{m}_1$$

$$\overline{Y}_2=\overline{\overline{A}_2\,A_1\,\overline{A}_0}=\overline{m}_2\qquad \overline{Y}_3=\overline{\overline{A}_2\,A_1\,A_0}=\overline{m}_3$$

$$\overline{Y}_4=\overline{A_2\,\overline{A}_1\,\overline{A}_0}=\overline{m}_4\qquad \overline{Y}_5=\overline{A_2\,\overline{A}_1\,A_0}=\overline{m}_5$$

$$\overline{Y}_6=\overline{A_2\,A_1\,\overline{A}_0}=\overline{m}_6\qquad \overline{Y}_7=\overline{A_2\,A_1\,A_0}=\overline{m}_7$$

由此可知，输出端同时又是输入端三个变量的全部最小项的译码输出，所以这种译码器称为最小项译码器。

（2）二进制-十进制译码器。

二进制-十进制译码器的逻辑功能是将输入 BCD 码的 10 个代码译成 10 个高低电平输入信号，它有 4 个输入端和 10 个输出端，又称为 4 线-10 线译码器。图 8-5 为它的逻辑框图。

在图 8-5 中，4 个代码输入端为 $A_3\ A_2\ A_1\ A_0$（输入 8421BCD 码），10 个译码输出端为 $\overline{Y_0}\sim\overline{Y_9}$（译码输出低电平有效）。在 8421BCD 码中，代码 1010～1111 这 6 种状态没有使用，即它们不属于 8421BCD 码，故称为伪码。4 线-10 线译码器 74LS42 功能表见表 8-4。

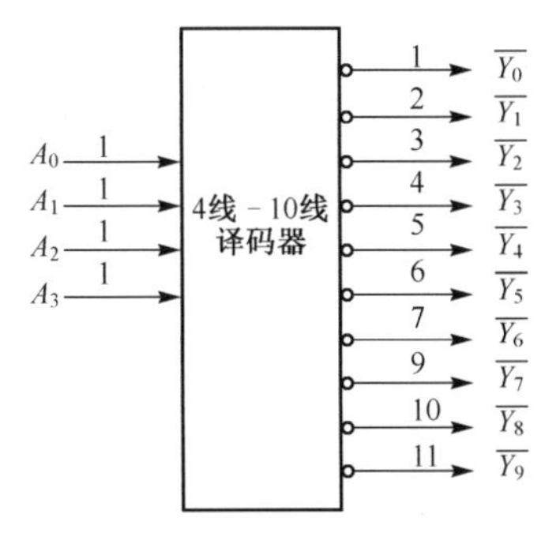

图 8-5　4 线-10 线译码器 74LS42 逻辑框图

由功能表 8-4 可知，当输入 0000～1001（即 8421BCD 码）时，每一组输入代码均有唯一一个相应的输出端 $\overline{Y_0}\sim\overline{Y_9}$ 输出有效电平。当输入出现伪码 1010～1111 时，译码器输出均为高电平（即无效电平），译码器拒绝译码，电路不会产生错误译码，所以该电路具有拒绝伪码输入的功能。

**表 8-4　二进制-十进制译码器 74LS42 的真值表**

| 序号 | 输入 | | | | 输出 | | | | | | | | | |
|---|---|---|---|---|---|---|---|---|---|---|---|---|---|---|
| | $A_3$ | $A_2$ | $A_1$ | $A_0$ | $\overline{Y}_0$ | $\overline{Y}_1$ | $\overline{Y}_2$ | $\overline{Y}_3$ | $\overline{Y}_4$ | $\overline{Y}_5$ | $\overline{Y}_6$ | $\overline{Y}_7$ | $\overline{Y}_8$ | $\overline{Y}_9$ |
| 0 | 0 | 0 | 0 | 0 | 0 | 1 | 1 | 1 | 1 | 1 | 1 | 1 | 1 | 1 |
| 1 | 0 | 0 | 0 | 1 | 1 | 0 | 1 | 1 | 1 | 1 | 1 | 1 | 1 | 1 |
| 2 | 0 | 0 | 1 | 0 | 1 | 1 | 0 | 1 | 1 | 1 | 1 | 1 | 1 | 1 |
| 3 | 0 | 0 | 1 | 1 | 1 | 1 | 1 | 0 | 1 | 1 | 1 | 1 | 1 | 1 |
| 4 | 0 | 1 | 0 | 0 | 1 | 1 | 1 | 1 | 0 | 1 | 1 | 1 | 1 | 1 |
| 5 | 0 | 1 | 0 | 1 | 1 | 1 | 1 | 1 | 1 | 0 | 1 | 1 | 1 | 1 |
| 6 | 0 | 1 | 1 | 0 | 1 | 1 | 1 | 1 | 1 | 1 | 0 | 1 | 1 | 1 |
| 7 | 0 | 1 | 1 | 1 | 1 | 1 | 1 | 1 | 1 | 1 | 1 | 0 | 1 | 1 |
| 8 | 1 | 0 | 0 | 0 | 1 | 1 | 1 | 1 | 1 | 1 | 1 | 1 | 0 | 1 |
| 9 | 1 | 0 | 0 | 1 | 1 | 1 | 1 | 1 | 1 | 1 | 1 | 1 | 1 | 0 |
| 伪码 | 1 | 0 | 1 | 0 | 1 | 1 | 1 | 1 | 1 | 1 | 1 | 1 | 1 | 1 |
| | 1 | 0 | 1 | 1 | 1 | 1 | 1 | 1 | 1 | 1 | 1 | 1 | 1 | 1 |
| | 1 | 1 | 0 | 0 | 1 | 1 | 1 | 1 | 1 | 1 | 1 | 1 | 1 | 1 |
| | 1 | 1 | 0 | 1 | 1 | 1 | 1 | 1 | 1 | 1 | 1 | 1 | 1 | 1 |
| | 1 | 1 | 1 | 0 | 1 | 1 | 1 | 1 | 1 | 1 | 1 | 1 | 1 | 1 |
| | 1 | 1 | 1 | 1 | 1 | 1 | 1 | 1 | 1 | 1 | 1 | 1 | 1 | 1 |

由功能表 8-4 得到输出逻辑函数式为

$$\overline{Y}_0 = \overline{\overline{A}_3\,\overline{A}_2\,\overline{A}_1\,\overline{A}_0} \qquad \overline{Y}_1 = \overline{\overline{A}_3\,\overline{A}_2\,\overline{A}_1\,A_0}$$

$$\overline{Y}_2 = \overline{\overline{A}_3\,\overline{A}_2\,A_1\,\overline{A}_0} \qquad \overline{Y}_3 = \overline{\overline{A}_3\,\overline{A}_2\,A_1\,A_0}$$

$$\overline{Y}_4 = \overline{\overline{A}_3\,A_2\,\overline{A}_1\,\overline{A}_0} \qquad \overline{Y}_5 = \overline{\overline{A}_3\,A_2\,\overline{A}_1\,A_0}$$

$$\overline{Y}_6 = \overline{\overline{A}_3\,A_2\,A_1\,\overline{A}_0} \qquad \overline{Y}_7 = \overline{\overline{A}_3\,A_2\,A_1\,A_0}$$

$$\overline{Y}_8 = \overline{A_3\,\overline{A}_2\,\overline{A}_1\,\overline{A}_0} \qquad \overline{Y}_9 = \overline{A_3\,\overline{A}_2\,\overline{A}_1\,A_0}$$

除此之外，还有显示译码器，在此不再重述。

3）数据选择器

数据选择器又称为多路选择器（Multiplexer，MUX），它有 $n$ 位地址输入、$2^n$ 位数据输入和 1 位输出。4 选 1 数据选择器的功能示意图如图 8-6 所示，它是一种多路输入单路输出的组合电路。

在图 8-6 中，4 个数据输入端为 $D_3\ D_2\ D_1\ D_0$，1 个数据输出端为 $F$，两个地址输入端为 $A_1\ A_0$。表 8-5 为 4 选 1 数据选择器真值表。

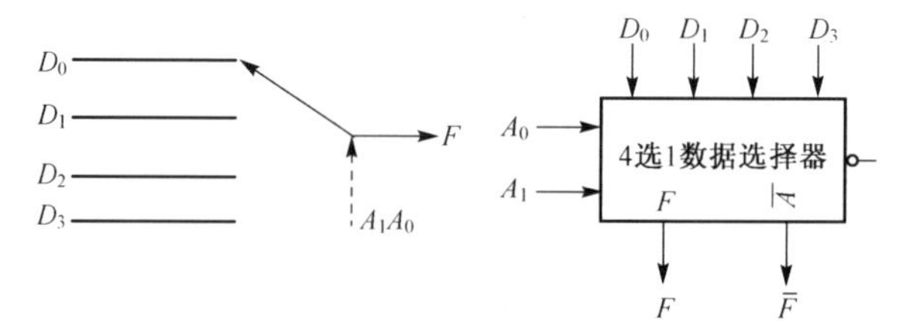


图 8-6　4 选 1 数据选择器

**表 8-5　4选1数据选择器真值表**

| 选通 | 地址输入 | | 数据输入 | | | | 输出 |
|---|---|---|---|---|---|---|---|
| $\overline{Y_0}$ | $A_1$ | $A_0$ | $D_3$ | $D_2$ | $D_1$ | $D_0$ | $F$ |
| 1 | × | × | × | × | × | × | 0 |
| 0 | 0 | 0 | × | × | × | $D_0$ | $D_0$ |
| 0 | 0 | 1 | × | × | $D_1$ | × | $D_1$ |
| 0 | 1 | 0 | × | $D_2$ | × | × | $D_2$ |
| 0 | 1 | 1 | $D_3$ | × | × | × | $D_3$ |

由表 8-5 可知，两位地址输入代码 $A_1\ A_0$ 分别为 00、01、10 和 11 时，可从 4 路输入数据 $D_3\ D_2\ D_1\ D_0$ 中选择对应的一路输入数据送到输出端 $F$，如输入地址代码 $A_1\ A_0=01$时，选择输入数据 $D_1$ 送到输出端 $F$，$F=D_1$。由此，可写出 4 选 1 数据选择的输出逻辑表达式为

$$F=(\overline{A_1}\ \overline{A_0}D_0+\overline{A_1}A_0D_1+A_1\ \overline{A_0}D_2+A_1A_0D_3)\ \overline{S}$$

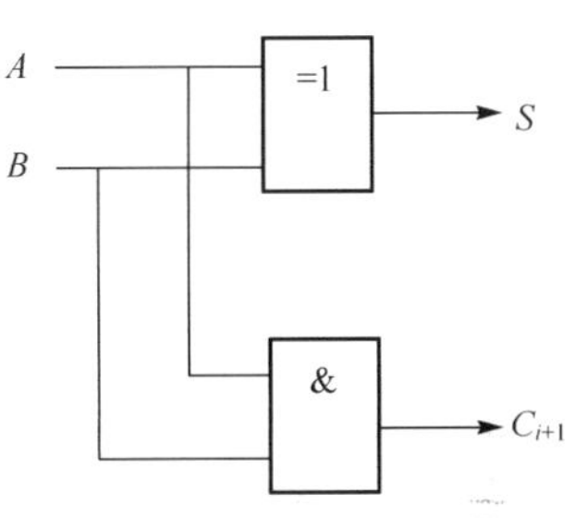


图 8-7　半加器逻辑图

4）加法器

两个二进制数之间的算术运算加减乘除，目前在计算机中都是化为若干步加法运算进行的。因此，加法器是构成算术运算的基本单元。

(1) 半加器与全加器。

如果不考虑有来自低位的进位将两个 1 位二进制数相加，称为半加。逻辑图如图 8-7 所示，其真值表如表 8-6 所示。

**表 8-6　半加器真值表**

| $A$ | $B$ | $S$ | $C_{i+1}$ |
|---|---|---|---|
| 0 | 0 | 0 | 0 |
| 0 | 1 | 1 | 0 |
| 1 | 0 | 1 | 0 |
| 1 | 1 | 0 | 1 |

由半加器真值表可写出半加器的表达式，即

$$S=A\overline{B}+\overline{A}B=A\oplus B$$

$$C_{i+1}=AB$$

能够实现加数、被加数和来自低位的进位数三者相加的电路称为全加器。设 $A$ 和 $B$ 两个数中的第 $i$ 位二进制数相加，$A_i$和 $B_i$分别为加数和被加数，$C_{i-1}$为相邻低位(第 $i-1$ 位)来的进位数，$S_i$为本位的和数，$C_{i+1}$为向高位(第 $i+1$ 位)的进位数。根据二进制加法运算规则和全加器的功能可列出全加器的真值表，见表 8-7。

由全加器的真值表 8-7 可得到输出逻辑函数表达式为

$$S_i=\overline{A_i}\,\overline{B_i}\,C_{i-1}+\overline{A_i}\,B_i\,\overline{C_{i-1}}+A_i\,\overline{B_i}\,\overline{C_{i-1}}+A_i\,B_i\,C_{i-1}=A_i\oplus B_i\oplus C_{i-1}$$

$$C_{i+1}=A_i\,\overline{B_i}\,C_{i-1}+\overline{A_i}\,B_i\,C_{i-1}+A_i\,B_i\,\overline{C_{i-1}}+A_i\,B_i\,C_{i-1}=(A_i\oplus B_i)\ C_{i-1}+A_iB_i$$

**表 8-7　全加器真值表**

| $A_i$ | $B_i$ | $C_{i-1}$ | $S_i$ | $C_{i+1}$ |
|---|---|---|---|---|
| 0 | 0 | 0 | 0 | 0 |
| 0 | 0 | 1 | 1 | 0 |
| 0 | 1 | 0 | 1 | 0 |
| 0 | 1 | 1 | 0 | 1 |
| 1 | 0 | 0 | 1 | 0 |
| 1 | 0 | 1 | 0 | 1 |
| 1 | 1 | 0 | 0 | 1 |
| 1 | 1 | 1 | 1 | 1 |

根据得到的输出逻辑函数表达式可画出全加器的逻辑图,如图 8-8 所示。

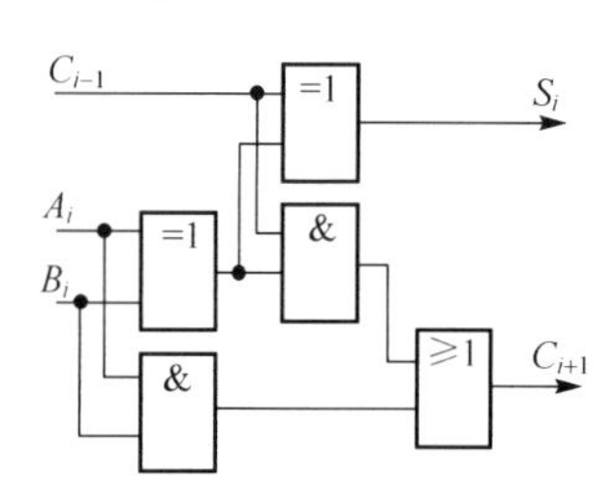


图 8-8　用异或门构成的全加器

(2) 集成多位加法器。实现多位二进制数加法运算的电路称为多位加法器。

74LS283 是集成 4 位超前进位加法器,其逻辑功能示意图和外引脚排列如图 8-9 所示。

5) 数值比较器

用来将两个同样位数的二进制数 $A$ 和 $B$ 进行比较,并能判别其大小关系的逻辑器件称为数值比较器。

(1) 一位数值比较器。

将两个一位数 $A$ 和 $B$ 进行大小比较,一般有三种可能:$A>B$,$A<B$ 和 $A=B$。因此,比较器应有两个输入端:$A$ 和 $B$。三个输出端:$F_{A>B}$,$F_{A<B}$ 和 $F_{A=B}$。假设与比较结果相符的输出为 1,不符的为 0,则可列出其真值表,如表 8-8 所示。

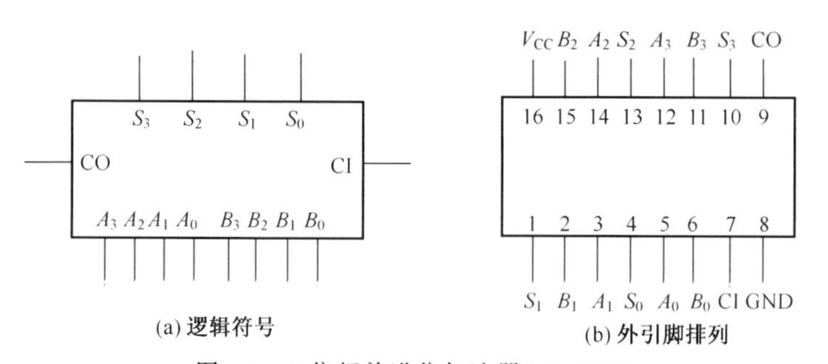


图 8-9　4 位超前进位加法器 74LS283

**表 8-8　一位数值比较器真值表**

| 输　入 | 输　出 | | |
|---|---|---|---|
| $A$　$B$ | $F_{A>B}$ | $F_{A<B}$ | $F_{A=B}$ |
| 0　0 | 0 | 0 | 1 |
| 0　1 | 0 | 1 | 0 |
| 1　0 | 1 | 0 | 0 |
| 1　1 | 0 | 0 | 1 |

由表 8-8 可得出各输出逻辑表达式为

$$F_{A>B} = A\overline{B}$$

$$F_{A<B} = \overline{A}B$$

$$F_{A=B} = \overline{A}\,\overline{B} + AB = A \odot B$$

根据输出逻辑表达式可画出 1 位数值比较器的逻辑图，如图 8-10 所示。

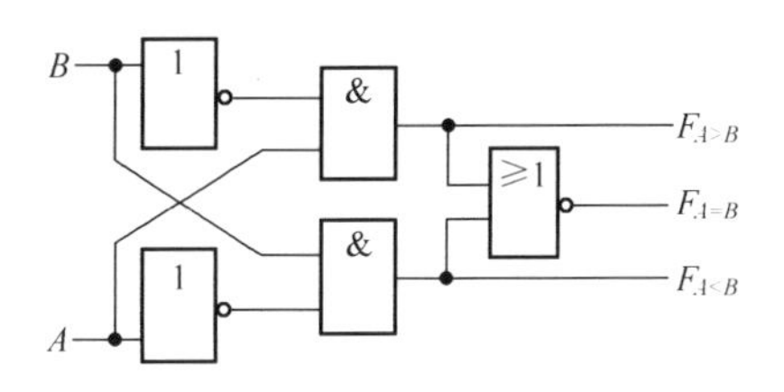


图 8-10　1 位数值比较器逻辑图

(2) 多位数值比较器。

比较两个多位数 $A$ 和 $B$，需从高而低逐位比较。设两个 4 位二进制数 $A_3A_2A_1A_0$ 和 $B_3B_2B_1B_0$ 进行比较，比较原则为：

① 若 $A_3>B_3$，则可以肯定 $A>B$，这时输出 $F_{A>B}=1$；若 $A_3<B_3$，则可以肯定 $A<B$，这时输出 $F_{A<B}=1$。

② 当 $A_3=B_3$ 时，再去比较次高位 $A_2$ 和 $B_2$。若 $A_2>B_2$，则 $F_{A>B}=1$；若 $A_2<B_2$，则 $F_{A<B}=1$。

③ 只有当 $A_2=B_2$ 时，再继续比较 $A_1$ 和 $B_1$。

④ 依次类推，直到所有的高位都相等时，才比较最低位。

集成 4 位数值比较器 74LS85 逻辑框图如图 8-11 所示。

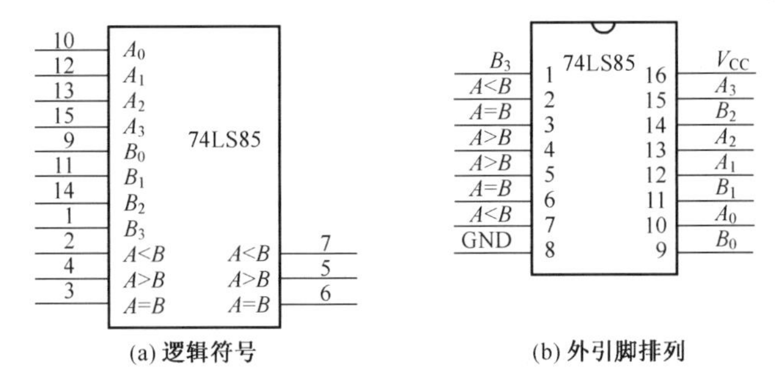


图 8-11　4 位数字比较器 74LS85

### 8.1.2　案例分析

组合逻辑电路设计时普遍采用中小规模集成电路(一片包括数个门至数十个门)产品，应根据具体情况，尽可能减少所用器件的数目和种类，这样可以使设计的电路结构紧凑，达到工作可靠而且经济的目的。所以，组合逻辑电路的设计通常以电路简单和所用器件最少为目标。用代数法和卡诺图法化简逻辑函数，就是为了获得最简的形式，以便能用最少的门电路设计出逻辑电路。

在日常生活中，人们普遍使用十进制数据，而计算机只能识别二进制的 0 和 1。因此，如何将十进制数的二进制编码送入计算机中，经过处理后，又如何将由二进制编码表示的十进制数以十进制的形式显示出来，是相当重要的。这主要由 BCD 码编码器和 BCD 码七段显示译码器实现，如图 8-12 所示。

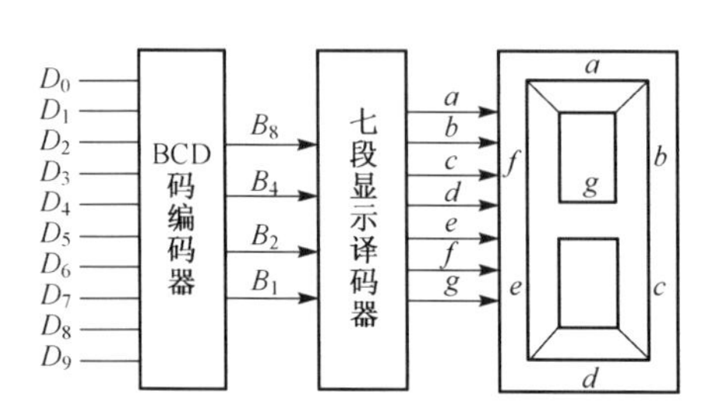


图 8-12 BCD码编码器和七段译码器框图

BCD码编码器和BCD码七段显示译码器都属于组合逻辑电路，下面举例说明组合逻辑电路设计的一般方法和步骤。

1. BCD码编码器的设计

BCD码编码器的作用是将输入的十进制数以BCD码的形式输出，如图8-12所示。其中，$D_0$，$D_1$，…，$D_9$为十进制数据输入端，分别代表0，1，…，9。除$D_0$以外，当某个输入端为1时，表示以其对应的十进制数作为输入。显然，除$D_0$以外的9个输入端应是互斥的，任何时候只能是一个有效。当10个输入端都为0时，表示输入的是十进制数0(当然也可以约定$D_0$为1，其余为0时，表示输入的是0，之所以如此是因为最终设计出的电路可以将$D_0$去掉，省去一个输入端)。$B_8$、$B_4$、$B_2$和$B_1$为输入数字对应的BCD码输出端。

BCD码编码器的设计过程如下。

(1) 列出真值表。

根据以上对BCD码编码器功能的分析，可列出如表8-9所列的部分真值表(由于问题的特殊性不需列出完整的真值表)。

**表 8-9 BCD码编码器真值表**

| 数字 | $D_9$ | $D_8$ | $D_7$ | $D_6$ | $D_5$ | $D_4$ | $D_3$ | $D_2$ | $D_1$ | $D_0$ | $B_8$ | $B_4$ | $B_2$ | $B_1$ |
|---|---|---|---|---|---|---|---|---|---|---|---|---|---|---|
| 0 | 0 | 0 | 0 | 0 | 0 | 0 | 0 | 0 | 0 | 1 | 0 | 0 | 0 | 0 |
| 1 | 0 | 0 | 0 | 0 | 0 | 0 | 0 | 0 | 1 | 0 | 0 | 0 | 0 | 1 |
| 2 | 0 | 0 | 0 | 0 | 0 | 0 | 0 | 1 | 0 | 0 | 0 | 0 | 1 | 0 |
| 3 | 0 | 0 | 0 | 0 | 0 | 0 | 1 | 0 | 0 | 0 | 0 | 0 | 1 | 1 |
| 4 | 0 | 0 | 0 | 0 | 0 | 1 | 0 | 0 | 0 | 0 | 0 | 1 | 0 | 0 |
| 5 | 0 | 0 | 0 | 0 | 1 | 0 | 0 | 0 | 0 | 0 | 0 | 1 | 0 | 1 |
| 6 | 0 | 0 | 0 | 1 | 0 | 0 | 0 | 0 | 0 | 0 | 0 | 1 | 1 | 0 |
| 7 | 0 | 0 | 1 | 0 | 0 | 0 | 0 | 0 | 0 | 0 | 0 | 1 | 1 | 1 |
| 8 | 0 | 1 | 0 | 0 | 0 | 0 | 0 | 0 | 0 | 0 | 1 | 0 | 0 | 0 |
| 9 | 1 | 0 | 0 | 0 | 0 | 0 | 0 | 0 | 0 | 0 | 1 | 0 | 0 | 1 |

(2) 写出函数表达式。

根据真值表可直接写出输出函数表达式为

$$B_1 = D_1 + D_3 + D_5 + D_7 + D_9 \qquad B_2 = D_2 + D_3 + D_6 + D_7$$

$$B_4 = D_4 + D_5 + D_6 + D_7 \qquad B_8 = D_8 + D_9$$

(3) 表达式已为最简，考虑到多输出函数尽量使用公共项，可作如下变换，即

$$B_1 = \overline{\overline{D_1 + D_9}\;\overline{D_3 + D_7}\;\overline{D_5 + D_7}} \qquad B_2 = \overline{\overline{D_3 + D_7}\;\overline{D_2 + D_6}}$$

$$B_4 = \overline{\overline{D_5 + D_7}\;\overline{D_4 + D_6}} \qquad B_8 = \overline{\overline{D_8 + D_9}}$$

(4) 画出逻辑电路图，如图8-13所示。

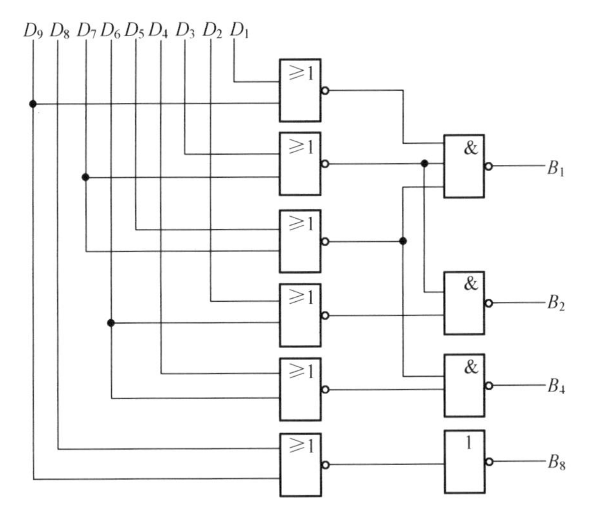


图 8-13　BCD 码编码器逻辑电路图

2. BCD 码七段显示译码器的设计

BCD 码七段显示译码器的作用是将 BCD 码表示的十进制数转换成七段 LED 显示器的 7 个驱动输入端，如图 8-12 所示。其中，七段显示译码器的输入端为 $B_8$、$B_4$、$B_2$ 和 $B_1$；输出 $a \sim g$ 为七段 LED 显示器的 7 个驱动输入端。

七段 LED 显示器由 7 个条形发光二极管(LED)组成，不同段 LED 的亮灭组合即可显示 0～9 十个不同的数字。LED 显示器有共阳极和共阴极两种连接形式，如图 8-14 所示。

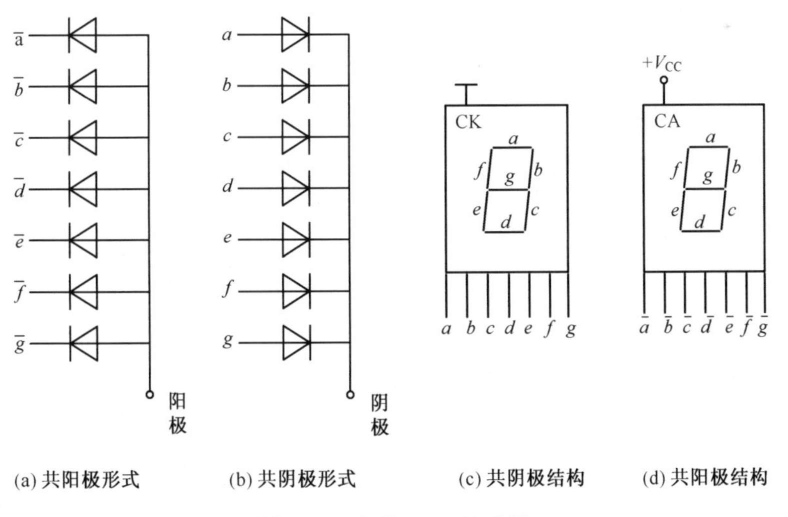


(a) 共阳极形式　(b) 共阴极形式　(c) 共阴极结构　(d) 共阳极结构

图 8-14　七段 LED 显示器

共阳极形式是将 7 个 LED 的阳极连在一起并接高电平，当需要某段 LED 点亮时，就让其阴极接低电平即可，否则接高电平。共阴极形式和共阳极形式相反，将 7 个

LED的阴极连在一起并接低电平，当需要某段LED点亮时，就让其阳极接高电平即可，否则接低电平。

BCD码七段显示译码器的设计过程如下。

(1) 列出真值表。

假设采用共阴极连接形式，根据以上功能分析，可列出如表8-10所示的真值表。

表8-10　BCD码七段显示译码器真值表

| 数字 | $B_8$ | $B_4$ | $B_2$ | $B_1$ | $a$ | $b$ | $c$ | $d$ | $e$ | $f$ | $g$ |
|---|---|---|---|---|---|---|---|---|---|---|---|
| 0 | 0 | 0 | 0 | 0 | 1 | 1 | 1 | 1 | 1 | 1 | 0 |
| 1 | 0 | 0 | 0 | 1 | 0 | 1 | 1 | 0 | 0 | 0 | 0 |
| 2 | 0 | 0 | 1 | 0 | 1 | 1 | 0 | 1 | 1 | 0 | 1 |
| 3 | 0 | 0 | 1 | 1 | 1 | 1 | 1 | 1 | 0 | 0 | 1 |
| 4 | 0 | 1 | 0 | 0 | 0 | 1 | 1 | 0 | 0 | 1 | 1 |
| 5 | 0 | 1 | 0 | 1 | 1 | 0 | 1 | 1 | 0 | 1 | 1 |
| 6 | 0 | 1 | 1 | 0 | 0 | 0 | 1 | 1 | 1 | 1 | 1 |
| 7 | 0 | 1 | 1 | 1 | 1 | 1 | 1 | 0 | 0 | 0 | 0 |
| 8 | 1 | 0 | 0 | 0 | 1 | 1 | 1 | 1 | 1 | 1 | 1 |
| 9 | 1 | 0 | 0 | 1 | 1 | 1 | 1 | 0 | 0 | 1 | 1 |
| 10 | 1 | 0 | 1 | 0 | d | d | d | d | d | d | d |
| 11 | 1 | 0 | 1 | 1 | d | d | d | d | d | d | d |
| 12 | 1 | 1 | 0 | 0 | d | d | d | d | d | d | d |
| 13 | 1 | 1 | 0 | 1 | d | d | d | d | d | d | d |
| 14 | 1 | 1 | 1 | 0 | d | d | d | d | d | d | d |
| 15 | 1 | 1 | 1 | 1 | d | d | d | d | d | d | d |

(2) 列出函数表达式并化简。

因为输出的函数共有7个，按多输出函数进行化简十分复杂。因此，这里按7个单输出函数进行单独化简，也可由真值表直接画出卡诺图并进行化简，卡诺图从略。直接写出输出函数表达式为

$$a = B_8 + \overline{B_4}\,\overline{B_1} + B_2 B_1 + B_4 B_1 \qquad b = \overline{B_4} + B_2 B_1 + \overline{B_2}\,\overline{B_1}$$

$$c = B_4 + \overline{B_2} + B_1 \qquad d = \overline{B_4}\,\overline{B_1} + \overline{B_4} B_2 + B_2\,\overline{B_1} + B_4\,\overline{B_2} B_1$$

$$e = \overline{B_4}\,\overline{B_1} + B_2\,\overline{B_1} \qquad f = B_8 + \overline{B_2}\,\overline{B_1} + B_4\,\overline{B_2} + B_4\,\overline{B_1}$$

$$g = B_8 + B_2\,\overline{B_1} + \overline{B_4} B_2 + B_4\,\overline{B_2}$$

(3) 画出逻辑电路图。

如用与非门实现上述函数，并考虑公共项，则其逻辑电路图如图8-15所示。

将设计的BCD码七段显示译码器的输出$a$、$b$、$c$、$d$、$e$、$f$和$g$对应地接上七段数码管，即可直观显示十进制数。

下面介绍由门电路集成的编码器和译码器芯片构成的四人抢答数码显示电路的设计。

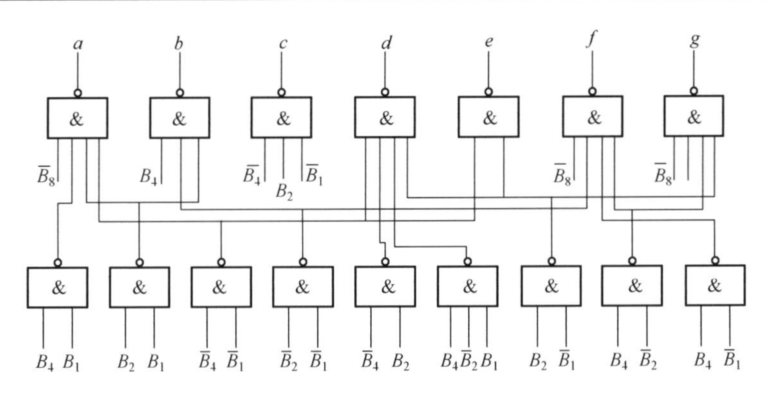


图 8-15　BCD 七段译码器逻辑电路图

四人抢答数码显示电路的设计电路如图 8-16 所示。下面介绍其工作过程。

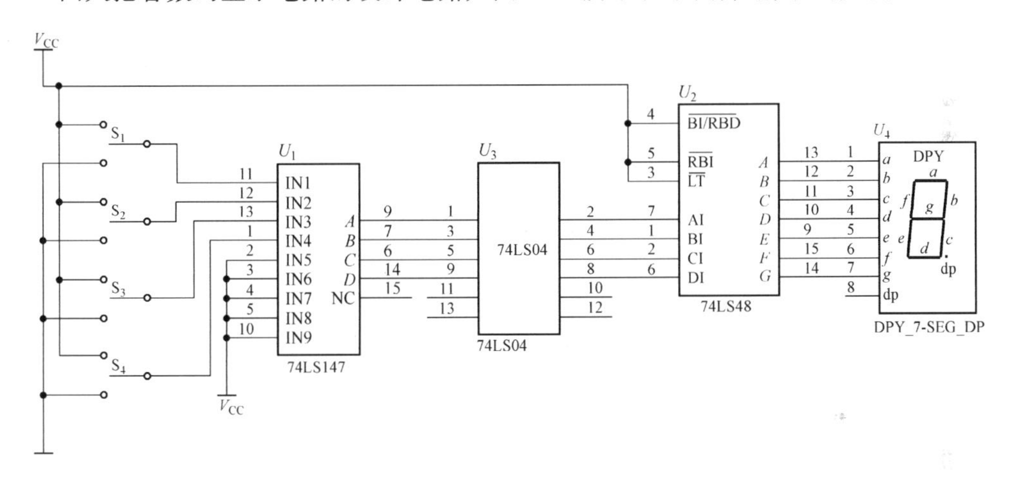


图 8-16　四人抢答数码显示电路

(1) 编码器 74LS147 工作过程及功能测试。74LS147 是一个优先编码器，IN9 状态信号的级别最高，IN1 状态信号的级别最低，低电平输入为有效信号，则对应每一个低电平输入信号，在编码器输出端 $A$、$B$、$C$ 和 $D$ 将得到一组对应的二进制编码(8421BCD 码)。编码器输出端 $A$、$B$、$C$ 和 $D$ 以反码输出，$D$ 为最高位，$A$ 为最低位。每组 4 位二进制代码表示 1 位十进制数。

(2) 数码管功能测试。将共阴极数码管的公共电极接地，分别给 $a$～$g$ 七个输入端加上高电平，观察数码管的发亮情况，记录输入信号与发亮显示段的对应关系。

(3) 显示译码器 74LS48 的功能测试。

① 译码功能。将$\overline{\mathrm{LT}}$、$\overline{\mathrm{RBI}}$和$\overline{\mathrm{BI/RBD}}$端接高电平，输入十进制数 0～9 的任意一组 8421BCD 码(原码)，则输出端 $a$～$g$ 也会得到一组相应的 7 位二进制代码，将这组代码输入到数码管，就可以显示出相应的十进制数。

② 试灯功能。给试灯输入端$\overline{\mathrm{LT}}$加低电平，而$\overline{\mathrm{BI/RBD}}$端加高电平时，则输出端 $a$～

$g$ 均为高电平。若将其输入数码管，则所有的显示段都发亮。此功能可以用于检查数码管的好坏。

③ 灭灯功能。将低电平加于灭灯输入端$\overline{BI/RBD}$时，不管其他输入电平的状态，所有的输出端都为低电平。将这样的输出信号加至数码管，数码管将不发亮。

④ 动态灭灯功能。$\overline{RBI}$为灭零输入信号，其作用是将数码管显示的数字 0 熄灭。当$\overline{RBI}=0$，且 $ABCD=0000$ 时，若$\overline{LT}=1$，且 $a\sim g$ 输出为低电平，则数码管无显示。利用该灭零端，可熄灭多位显示中不需要的零。不需要灭零时，$\overline{RBI}=1$。

根据需要，在计算机及其他各种数字设备中普遍采用多种类型的代码，这些代码在必要时需要相互转换。下面举例说明 8421BCD 码转换成余三代码转换电路的设计方法。

方法一：利用门电路设计。

**解**：设输入的 8421BCD 码用 $B_8$、$B_4$、$B_2$和 $B_1$ 表示，输出的余三码用 $E_4$、$E_3$、$E_2$和 $E_1$表示。设计过程如下。

(1) 列出真值表，如表 8-11 所示。

**表 8-11　8421BCD 码转换成余三码真值表**

| 数字 | 8421 码 | | | | 余三码 | | | |
|---|---|---|---|---|---|---|---|---|
| | $B_8$ | $B_4$ | $B_2$ | $B_1$ | $E_4$ | $E_3$ | $E_2$ | $E_1$ |
| 0 | 0 | 0 | 0 | 0 | 0 | 0 | 1 | 1 |
| 1 | 0 | 0 | 0 | 1 | 0 | 1 | 0 | 0 |
| 2 | 0 | 0 | 1 | 0 | 0 | 1 | 0 | 1 |
| 3 | 0 | 0 | 1 | 1 | 0 | 1 | 1 | 0 |
| 4 | 0 | 1 | 0 | 0 | 0 | 1 | 1 | 1 |
| 5 | 0 | 1 | 0 | 1 | 1 | 0 | 0 | 0 |
| 6 | 0 | 1 | 1 | 0 | 1 | 0 | 0 | 1 |
| 7 | 0 | 1 | 1 | 1 | 1 | 0 | 1 | 0 |
| 8 | 1 | 0 | 0 | 0 | 1 | 0 | 1 | 1 |
| 9 | 1 | 0 | 0 | 1 | 1 | 1 | 0 | 0 |
| 10 | 1 | 0 | 1 | 0 | d | d | d | d |
| 11 | 1 | 0 | 1 | 1 | d | d | d | d |
| 12 | 1 | 1 | 0 | 0 | d | d | d | d |
| 13 | 1 | 1 | 0 | 1 | d | d | d | d |
| 14 | 1 | 1 | 1 | 0 | d | d | d | d |
| 15 | 1 | 1 | 1 | 1 | d | d | d | d |

(2) 写出函数表达式并化简。

由真值表画出卡诺图，如图 8-17 所示。

由卡诺图化简可得

$$E_4 = B_8 + B_4B_2 + B_4B_1 \qquad E_3 = \overline{B_4}B_2 + \overline{B_4}B_1 + B_4\,\overline{B_2}\,\overline{B_1}$$

$$E_2 = B_2B_1 + \overline{B_2}\,\overline{B_1} \qquad E_1 = \overline{B_1}$$

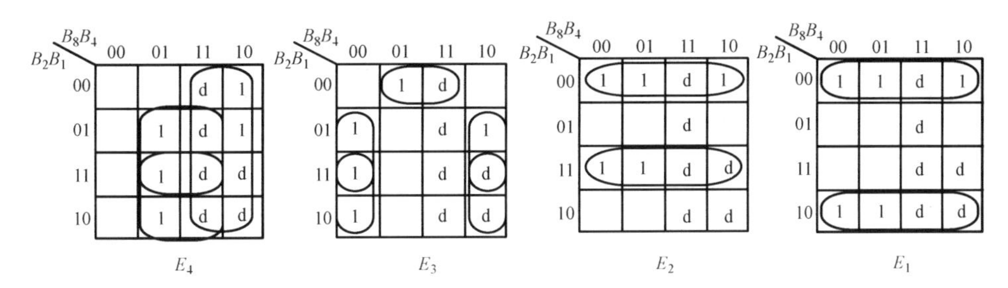


图 8-17　8421BCD 码转换成余三码的卡诺图

(3) 画出逻辑电路图。

采用与非门实现的逻辑电路图如图 8-18 所示。

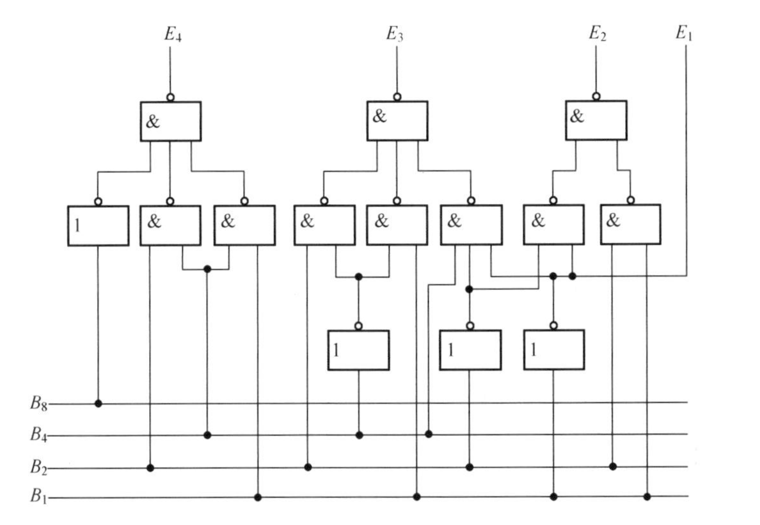


图 8-18　8421BCD 码转换成余三码的电路图

方法二:利用芯片设计。

**解**:由于 8421BCD 码加 0011 即为余三代码,所以其转换电路就是一个加法电路,如图 8-19 所示。

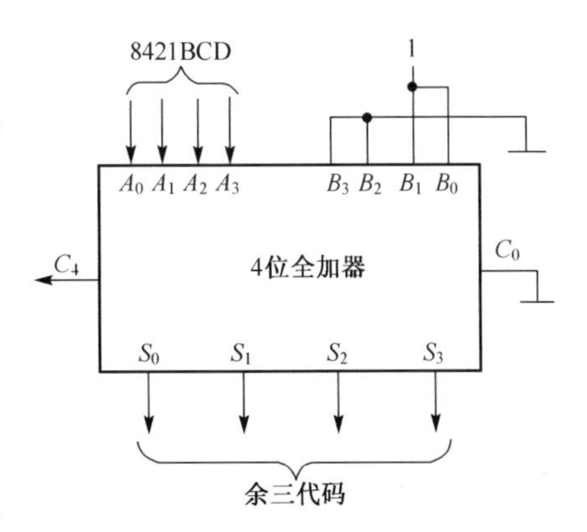


图 8-19　用全加器构成 8421BCD 码到余三代码的转换电路

### 8.1.3　组合逻辑电路存在的问题与消除方法

组合逻辑电路的理想情形是:输入与输出为稳定状态而没有考虑信号通过导线和逻辑门的传输延迟时间。

组合逻辑电路的实际情形是:信号通过导线和门电路时都存在延迟时间 $t_{pd}$,信号发生变化时也有一定的上升时间 $t_r$ 或下降时间 $t_f$。这就使得电路的输入达到稳定状态时，输出并不一定能立即达到稳定状态。例如，假定一个两输入与非门的延迟时间为 $t_{pd}$，当输入 $B$ 为 1 时，若让 $A$ 从 0 变到 1 再变回到 0，则输出将由 1 变到 0 再变到 1，如图 8-20 所示。可见，输入信号经过延迟时间 $t_{pd}$后才传输到输出端，即输出对输入的响应滞后了 $t_{pd}$的时间。

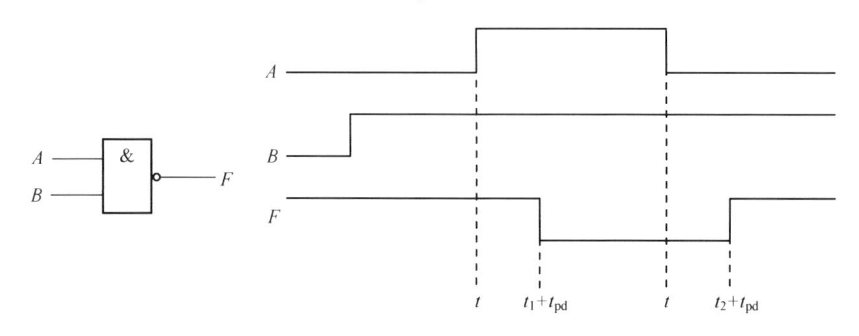


图 8-20　与非门延迟时间的影响

一般来说，延迟时间对数字系统是一个不利因素，如可使系统操作的速度变慢，并引起电路中信号的波形参数变坏，更为严重的是可能产生竞争和冒险现象。

竞争：同一个门的一组输入信号由于在此前通过不同数目的门，又经过不同长度导线的传输，到达门输入端的时间会有先有后的现象。

冒险：逻辑门因输入端的竞争而导致输出产生不应有的尖峰干扰脉冲（又称为过渡干扰脉冲）的现象。

例如，在图 8-21(a)中，输出 $Y=A+\overline{A}$，理想情况下的工作波形如图 8-21(b)所示；若考虑到 $G_1$门的平均传输延迟时间 $t_{pd}$，则工作波形如图 8-21(c)所示。

可见，$G_2$门的两个输入信号 $A$ 和 $\overline{A}$ 由于传输路径不同，到达 $G_2$输入端时，信号 $\overline{A}$ 比 $A$ 延迟了 $1t_{pd}$。因此，$G_2$输出端出现了很窄的负脉冲。按照设计要求，这个负尖峰脉冲是不应出现的，否则可能会导致负载电路的错误动作。

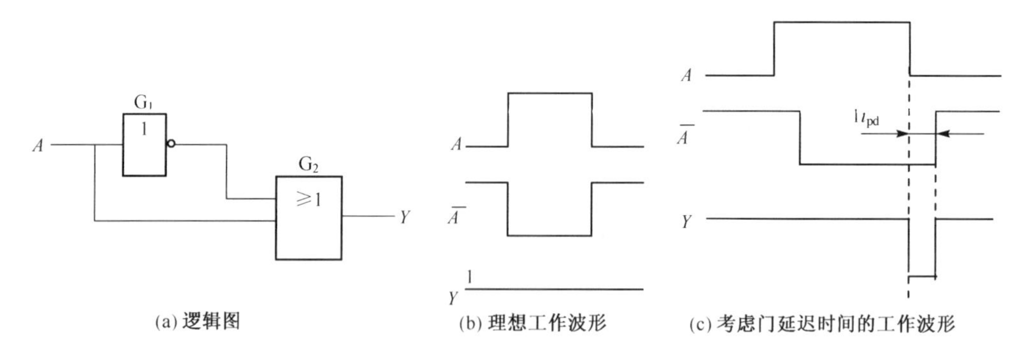


图 8-21　产生负尖峰脉冲冒险

在图 8-22(a)中，输出 $Y=A\overline{A}$，理想情况下的工作波形如图 8-22(b)所示；若考虑到 $G_1$门的平均传输延迟时间 $t_{pd}$，则工作波形如图 8-22(c)所示。

可见，$G_2$门的两个输入信号 $A$ 和 $\overline{A}$ 由于传输路径不同，到达 $G_2$ 输入端时，信号 $\overline{A}$ 比 $A$ 延迟了 $1t_{pd}$。因此，使 $G_2$ 输出端出现了很窄的正脉冲。按照设计要求，这个正尖峰脉冲是不应出现的，否则可能会导致负载电路的错误动作。

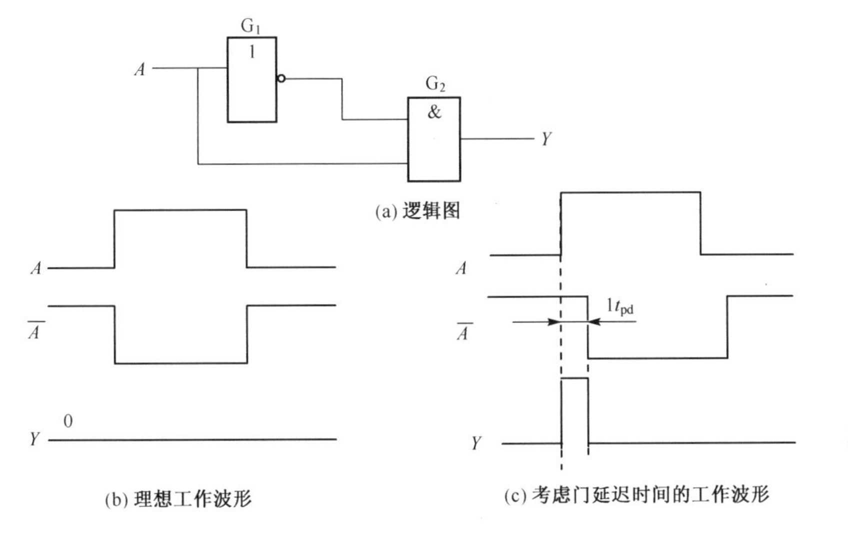


图 8-22　产生正尖峰脉冲冒险

1. 冒险现象的判别

在组合逻辑电路中，是否存在冒险现象，可通过代数法和卡诺图法判别。

1）代数法

代数法是根据函数表达式的结构判断是否有产生冒险所需要的条件。具体的方法是：首先检查函数表达式中是否有某个变量 $X$ 同时以原变量和反变量的形式在函数表达式中出现。若有，则消去函数表达式中的其他变量，方法是将这些变量的各种取值组合依次代入到函数表达式中，从而使表达式仅含被研究的变量 $X$。最后，再看函数表达式是否能化成 $X+\overline{X}$ 或 $X\cdot\overline{X}$ 的形式，若能，则对应的逻辑电路存在产生冒险的可能性，即 $Y=X\overline{X}$，可能出现 1 型冒险。$Y=X+\overline{X}$，可能出现 0 型冒险。

下面举例说明。

**【例 8.1】**试判别逻辑函数 $Y=A\overline{B}+\overline{A}C+B\overline{C}$ 是否可能出现冒险现象。

**解：**当取 $A=1,C=0$，$Y=B+\overline{B}$ 时，出现冒险现象。

当取 $B=0,C=1$，$Y=A+\overline{A}$ 时，出现冒险现象。

当取 $A=0,B=1$，$Y=C+\overline{C}$ 时，出现冒险现象。

由上分析可知，逻辑函数 $Y=A\overline{B}+\overline{A}C+B\overline{C}$ 表达式存在冒险现象。

2）卡诺图法

判断冒险的另一种方法是卡诺图法。当电路对应的逻辑函数已是“与-或”式时，卡诺图法比代数法更直观方便。具体的方法是：首先画出函数的卡诺图，并画出和函数表达式中各“与”项对应的卡诺圈,然后观察卡诺圈。若发现某两个卡诺圈存在“相切”关系,即两个卡诺圈之间存在不被同一个卡诺圈包含的相邻最小项,则该电路可能产生冒险。

**【例 8.2】**判断函数 $F=\overline{A}D+\overline{A}C+AB\overline{C}$ 对应的逻辑电路是否可能产生冒险。

**解:**首先,画出函数 $F$ 的卡诺图,并画出各“与”项对应的卡诺圈,如图 8-23 所示。

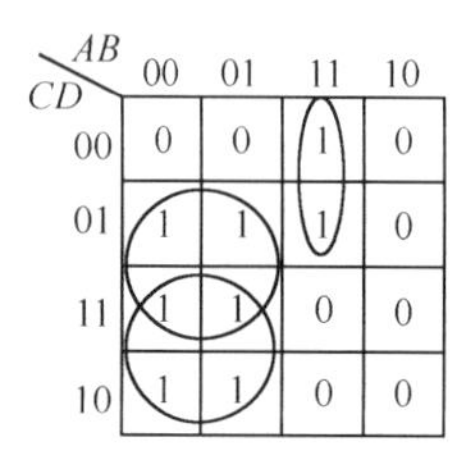


图 8-23　例 8.2 的卡诺图

观察卡诺图可以发现,包含最小项 $m_1$、$m_3$、$m_5$ 和 $m_7$ 的卡诺圈和包含最小项 $m_{12}$ 和 $m_{13}$ 的卡诺圈之间存在相邻最小项 $m_5$ 和 $m_{13}$,且 $m_5$ 和 $m_{13}$ 不被同一个卡诺圈所包含,所以这两个卡诺圈“相切”。这就说明相应的电路可能产生冒险现象。

用代数法进一步验证可以发现,当 $BCD=101$ 时,函数表达式可化成 $F=A+\overline{A}$ 的形式,可见变量 $A$ 的变化可能使电路产生冒险现象。

**说明:**由于冒险出现的可能性很多,而且组合电路的冒险现象只是可能产生,而不是一定产生,更何况非临界冒险是允许存在的。因此,实用的判别冒险的方法是测试。可以认为只有实验的结果才是最终的结论。

2. 消除冒险现象的方法

为使所设计的电路可靠地工作,设计者应设法消除或避免电路中可能出现的冒险。下面介绍几种常用的方法。

1) 修改逻辑设计,增加冗余项

增加冗余项的方法,是通过在函数表达式中加上多余的“与”项或乘上多余的“或”项,使原函数不再可能在某种条件下化成 $X\cdot\overline{X}$ 或“$X+\overline{X}$”的形式,从而将可能产生的冒险现象消除。冗余项的具体选择方法可采用代数法或卡诺图法。

**【例 8.3】**试用增加冗余项的方法消除图 8-24 所示电路存在的竞争冒险。

**解:**写出图 8-24 电路逻辑图的逻辑函数为 $F=AB+\overline{A}C$。

当 $B=C=1$ 时,电路函数为 $F=A+\overline{A}$,所以电路存在竞争冒险。

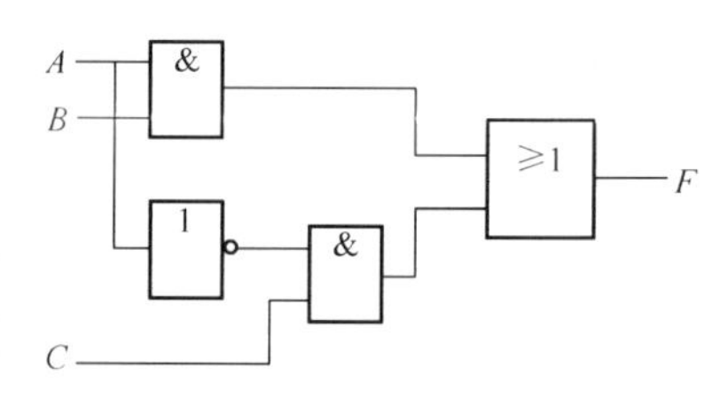


图 8-24　例 8.3 电路逻辑图

电路中存在的竞争冒险可以用代数法消除。考虑当 $B=C=1$ 时,若函数 $F=A+\overline{A}+1$ 则消除了竞争冒险。即函数改为 $F=AB+\overline{A}C+BC$,便满足上述条件,原函数没有变化,只不过增加了一项冗余项。

**【例 8.4】**电路中存在的竞争冒险也可由 $F=AB+\overline{A}C$ 通过卡诺图法消除,即通过增加包围圈,使卡诺图中不存在相切而不相交的包围圈,亦就消除了竞争冒险。

2）增加惯性延时环节法

在实际的电路中，用来消除冒险现象的另一种方法是在组合电路的输出端串接一个惯性延时环节，通常采用 *RC* 电路作为惯性延时环节，如图 8-25(a)所示。

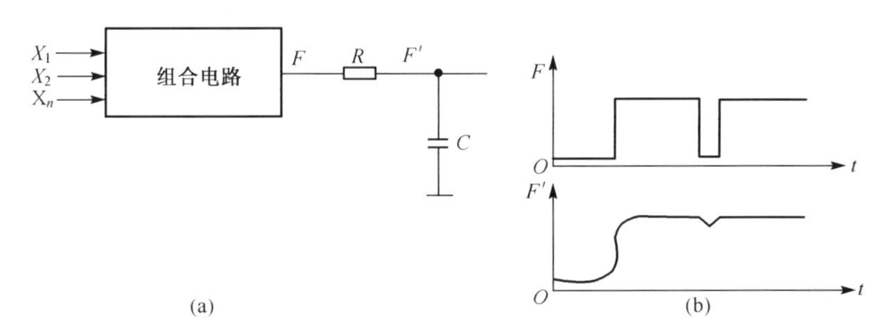


图 8-25　惯性延时环节

由电路知识可知，图 8-25 中的 *RC* 电路实际上是一个低通滤波器。由于组合电路输出信号的频率较低，而由竞争引起的冒险现象是一些频率较高的尖峰脉冲。因此，冒险现象在通过 *RC* 电路后能基本被滤掉，保留下来的仅是一些幅度较小的毛刺，它们不再对电路的可靠性产生影响。图 8-25(b)示出了这种方法的效果。可以看出，输出的规律和力学系统中物体惯性运动的规律相似，所以称其为"惯性"环节。

但要注意，采用这种方法必须选择适当的惯性环节的时间常数 $\tau(\tau=RC)$。一般要求 $\tau$ 大于尖峰脉冲的宽度，以便能将尖峰脉冲削平；$\tau$ 也不能太大，否则会使电路的正确输出信号产生不允许的畸变。

3）加选通脉冲

增加冗余项和增加惯性延时环节均可以消除组合逻辑电路中的冒险现象，但这两种方法的缺点是要增加额外的设备。对于组合逻辑电路中的冒险现象，除了可用以上两种方法消除以外，还可以采取另一种完全不同的方法，即避开冒险现象而不是消除冒险现象的方法。选通法就是基于这样一种思想的方法：它不需要增加任何设备，仅仅利用选通脉冲的作用，从时间上对脉冲加以控制，使冒险现象脉冲无法输出。

由于组合电路中的冒险现象总是发生在输入信号发生变化的过程中，而且冒险现象总是以尖峰脉冲的形式输出。因此，只要对输出波形从时间上加以选择和控制，利用选通脉冲选择输出波形的稳定部分，而有意避开可能出现的尖峰脉冲，便可获得正确的输出。

例如，如图 8-26 所示电路的输出函数表示为 $F=\overline{\overline{A\cdot 1}\cdot\overline{\overline{A}\cdot 1}}=A+\overline{A}$。可见，当 $A$ 发生变化时，可能产生 0 型冒险现象。

为了避开冒险现象，可采用选通脉冲对该电路的输出门加以控制。在选通脉冲到来之前，该输入线上为低电平，门 $G_4$ 关闭，电路输出被封锁，使冒险现象脉冲无法输出。当选通脉冲到来后，相应的输入线上变为高电平，门 $G_4$ 开启，电路送出稳定输出信号。

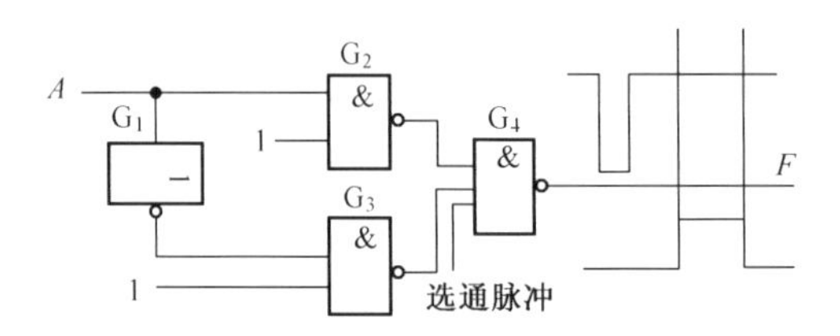


图 8-26　用选通法避开冒险现象原理图

这种在时间上让信号有选择地通过的方法称为选通法。

这里存在一个矛盾：为节省器材要将函数进行化简，去掉冗余项；化简后，为消除竞争冒险又要增加冗余项。这一矛盾该怎样处理呢？首先，不考虑竞争冒险，将函数化简；然后，检查是否存在尖峰脉冲，若存在，则用增加适当的冗余项消除。

# 8.2　任务十六　时序逻辑电路设计

1. 任务描述

(1) 以基本逻辑门和各类触发器为基础设计应用电路(寄存器和计数器等)。

(2) 备选器件：与非门 74LS00、JK 触发器 74LS112 和 D 触发器 74LS74 等。

2. 学习要求

(1) 培养文献检索与信息处理能力，如收集资料和消化资料；

(2) 了解基本逻辑门和由触发器构成的应用电路的作用及工作原理；

(3) 掌握基本逻辑门和由触发器构成的应用电路的设计方法及电路状态的调整。

## 8.2.1　背景知识

在数字系统中，根据逻辑功能的不同特点，数字逻辑电路分为两大类：一类是组合逻辑电路，另一类是时序逻辑电路。

在逻辑电路中，任一时刻产生的稳定输出信号，不仅取决于该时刻电路的输入信号，而且还取决于电路原来的状态，这样的数字电路称为时序逻辑电路，简称时序电路。

时序逻辑电路有记忆功能，从结构上看，时序逻辑电路有两个特点：第一，它包含组合电路和存储电路两部分，组合电路在某些时序逻辑电路中可以没有，而存储电路则必不可少；第二，组合电路至少有一个输出反馈到存储电路的输入端，存储电路的输出至少有一个作为组合电路的输入，与其他输入信号共同决定时序逻辑电路的输出。

时序逻辑电路的分类有多种，主要的分类是按照其存储电路中各触发器是否有统一的时钟控制划分为同步时序逻辑电路和异步时序逻辑电路。

1. 时序逻辑电路的设计原则与步骤

时序逻辑电路设计又称为时序电路综合，它是时序逻辑电路分析的逆过程，即根据给定的逻辑功能要求,选择适当的逻辑器件,设计出符合要求的时序逻辑电路。

时序逻辑电路的设计原则:根据给定问题的逻辑要求设计出的逻辑电路应力求电路最简,工作稳定。

时序逻辑电路的设计一般可分为以下几个步骤:

(1) 根据逻辑问题的文字描述建立原始状态表。进行这一步时,可借助于原始状态图,再构成原始状态表。这一步得到的状态图和状态表是原始的,其中可能包含多余的状态。

(2) 采用状态化简方法将原始状态表化为最简状态表。

(3) 进行状态分配(或状态赋值),即将状态符号用二进制代码表示,得到二进制形式的状态表。

(4) 根据二进制状态表和选用的触发器特性求电路的激励函数和输出函数。求激励函数可用表格法或代数法,并检查电路自启动功能。

(5) 根据激励函数和输出函数表达式画出所要求的逻辑图。

整个设计过程如图 8-27 所示。

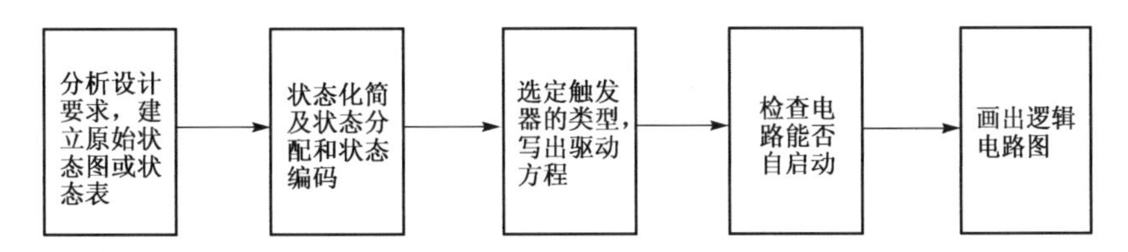


图 8-27　时序逻辑电路的设计框图

2. 常用的时序逻辑电路芯片简介

1) 集成双向移位寄存器

在单项移位寄存器的基础上,增加由门电路组成的控制电路,就可以构成既能实现左移又能实现右移的双向移位寄存器。

74LS194 是 4 位集成双向移位寄存器,其引脚排列和逻辑符号如图 8-28 所示。在图 8-28 中,$\overline{R}_D$为清零端;$M_1$和$M_0$为工作方式控制端,控制寄存器的功能;$D_{SL}$为左移数据输入端;$D_{SR}$为右移数据输入端;$D_0 \sim D_3$为并行数据输入端;$Q_0 \sim Q_3$为数据输出端。74LS194 的功能如表 8-12 所示。

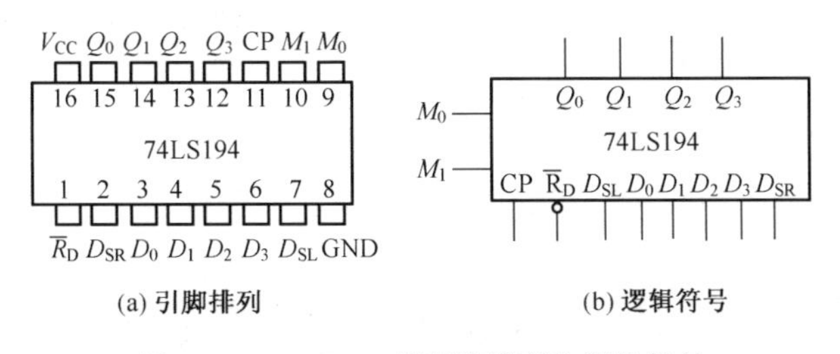


(a) 引脚排列　　(b) 逻辑符号

图 8-28　74LS194 的引脚排列和逻辑符号

**表 8-12　74LS194 功能表**

| $\overline{R_D}$ | $M_1$ | $M_0$ | CP | 功能 |
|---|---|---|---|---|
| 0 | × | × | × | 清零 |
| 1 | × | × | 0 | 保持 |
| 1 | 0 | 0 | × | 保持 |
| 1 | 0 | 1 | ↑ | 右移 |
| 1 | 1 | 0 | ↑ | 左移 |
| 1 | 1 | 1 | ↑ | 并行输入 |

由表 8-12 可知，74LS194 有以下功能：

(1) 清零。当 $\overline{R_D}=0$ 时，寄存器输出 $Q_3Q_2Q_1Q_0=0000$。

(2) 保持。当 $\overline{R_D}=1$，CP=0 或 $M_1M_0=00$ 时，移位寄存器均具有保持功能。

(3) 右移。当 $\overline{R_D}=1$，$M_1M_0=01$ 时，在 CP↑作用下，执行右移功能，$D_{SR}$端输入的数码依次送入寄存器。

(4) 左移。当 $\overline{R_D}=1$，$M_1M_0=10$ 时，在 CP↑作用下，执行左移功能，$D_{SL}$端输入的数码依次送入寄存器。

(5) 并行送数。当 $\overline{R_D}=1$，$M_1M_0=11$ 时，在 CP↑作用下，使并行输入端的数码($D_0 \sim D_3$)送入寄存器，并从输出端($Q_0 \sim Q_3$)直接并行输出。

4 位双向移位寄存器 74LS194 是一种常用而功能较强的中规模集成电路，与它逻辑功能和外引脚排列都兼容的芯片有 CC40194、CC4022 和 74LS198 等。

2) 集成同步计数器 74LS161

74LS161 是具有多种功能的集成同步 4 位二进制计数器，其外引脚排列和逻辑符号如图 8-29 所示。其中，$\overline{R_D}$为清零端；$\overline{LD}$为预置数端；EP 和 ET 为输入控制端；$A \sim D$ 为数据输入端；$Q_A \sim Q_D$为数据输出端。74LS161 的功能如表 8-13 所示。

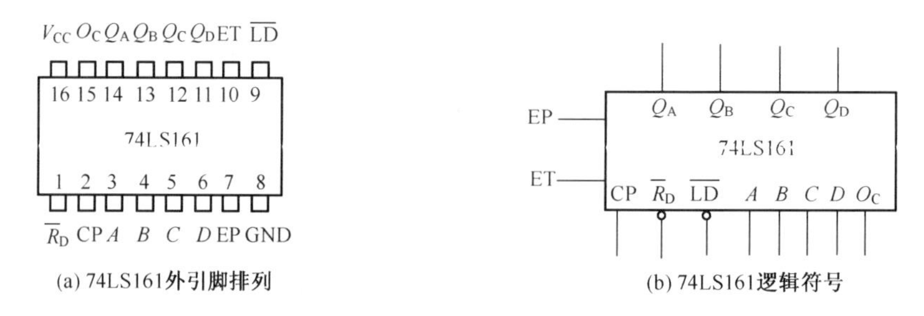


(a) 74LS161外引脚排列　　(b) 74LS161逻辑符号

图 8-29　74LS161 的引脚排列和逻辑符号

由表 8-13 可知，74LS161 有以下功能：

(1) 异步清零。当 $\overline{R_D}=0$ 时，不管其他输入端的状态如何，不论有无时钟脉冲 CP，计数器输出将被直接清零($Q_DQ_CQ_BQ_A=0000$)，这称为异步清零。

表 8-13　74LS161 功能表

| 输入 | | | | | | | | | 输出 | | | |
|---|---|---|---|---|---|---|---|---|---|---|---|---|
| $\overline{R_D}$ | $\overline{LD}$ | EP | ET | CP | $D$ | $C$ | $B$ | $A$ | $Q_D$ | $Q_C$ | $Q_B$ | $Q_A$ |
| 0 | × | × | × | × | × | × | × | × | 0 | 0 | 0 | 0 |
| 1 | 0 | × | × | ↑ | d | c | b | a | d | c | b | a |
| 1 | 1 | 0 | × | × | × | × | × | × | 保持 | | | |
| 1 | 1 | × | 0 | × | × | × | × | × | 保持 | | | |
| 1 | 1 | 1 | 1 | ↑ | × | × | × | × | 计数 | | | |

(2) 同步并行预置数。当$\overline{LD}=0$，$\overline{R_D}=1$时，在输入脉冲 CP↑作用下，并行输入端的数据 dcba 被置入计数器的输出端，即 $Q_DQ_CQ_BQ_A=$dcba。由于这个操作要与 CP↑同步，所以称为同步预置数。

(3) 保持。当$\overline{R_D}=\overline{LD}=1$，且 EP·ET=0 时，则计数器保持原状态不变。这时，如果 EP=0，ET=1，则进位信号 $O_C$($O_C=Q_DQ_CQ_BQ_A$ET)保持不变；如果 ET=0，则不管 EP 状态如何，进位信号 $O_C=0$。

(4) 计数。当$\overline{R_D}=\overline{LD}=$EP=ET=1 时，在 CP 端输入计数脉冲的作用下，计数器进行二进制加法计数。

### 8.2.2　案例分析

1. 同步时序逻辑电路系统设计

同步时序逻辑电路设计方法的基本指导思想是使用尽可能少的时钟触发器和门电路实现待设计的时序电路。下面以实例说明时序逻辑电路设计的方法与步骤。

试设计一个串行数据检测器，它具有一个输入端和一个输出端，输入 $X$ 为一串随机信号。连续输入三个或三个以上的 1 时，输出为 1，否则输出为 0。设

输入序列 $X$：1　0　1　1　0　0　1　1　1　0　1　1　1　1　0

输出序列 $Z$：0　0　0　0　0　0　0　0　1　0　0　0　1　1　0

1) 建立原始状态表

建立原始状态表的方法可以借助于原始状态图。由于时序电路在某一时刻的输出信号不仅与当时的输入信号有关，而且还与电路原来的状态有关。因此，设计时序电路时，首先必须分析给定的逻辑功能，从而求出对应的状态转换图。这种直接由要求实现的逻辑功能求得的状态转换图称为原始状态图。正确画出原始状态图是设计时序电路的最关键的一步，具体的步骤是：

(1) 分析给定的逻辑功能，确定输入变量、输出变量及该电路应包含的状态，并用字母 $S_0$、$S_1$…表示这些状态。

(2) 分别以上述状态为现态，考察在每一个可能的输入组合作用下应转到哪个状态及相应的输出，便可求得符合题意的状态图。

第一步：设定电路内部状态。

检测电路的输入信号是串行数据，输出信号是检测结果，从起始状态出发，要记录连续输入三个和三个以上1的情况，大体上应设置四个内部状态，即取 $M=4$。用 $S_0$ 表示起始状态，即电路在没有输入1以前的状态（初态）为 $S_0$，输入一个1以后的状态为 $S_1$，连续输入两个1以后的状态为 $S_2$，连续输入三个或三个以上1以后的状态为 $S_3$，此时输出 $Z$ 为1。

第二步：建立原始状态图。

现用 $X/Z$ 表示电路的输入数据/输出信号，依题意可建立起原始状态图8-30(a)。起始状态 $S_0$，输入第一个1，输出为0，状态转换到 $S_1$；连续再输入一个1，输出为0，状态转换到 $S_2$；连续输入第三个1，输出为1，状态转换到 $S_3$。此后只要连续不断地输入1，输出应该总是1，电路也应该保持 $S_3$ 不变。不难理解，电路无论处于何种状态，只要输入为0，电路都将回到初始状态 $S_0$，表示检测器需要重新记录连续输入1的个数。由原始状态图可得原始状态表，如图8-30(b)所示。

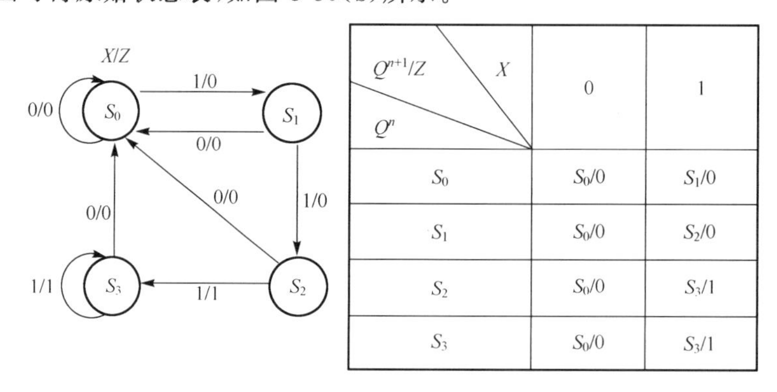


| $Q^n$ \ $X$ ($Q^{n+1}/Z$) | 0 | 1 |
|---|---|---|
| $S_0$ | $S_0/0$ | $S_1/0$ |
| $S_1$ | $S_0/0$ | $S_2/0$ |
| $S_2$ | $S_0/0$ | $S_3/1$ |
| $S_3$ | $S_0/0$ | $S_3/1$ |

(a) 原始状态图　　(b) 原始状态表

图8-30　原始状态图和状态表

2) 状态表的化简

根据给定要求得到的原始状态图不一定是最简的，很可能包含多余的状态，电路中状态的数目越多，所需的存储元器件就越多。因此，在得到原始状态表后，下一步工作就是进行状态表的化简，尽量减少所需状态的数目，使实现它的电路最简单。

状态化简是建立在“状态等价”这个概念的基础上的。所谓“状态等价”，是指在原始状态图中，如果有两个或两个以上的状态，在输入相同的条件下，不仅有相同的输出，而且向同一个次态转换。凡是等价状态都可以合并。如图8-30所示的状态 $S_2$ 和 $S_3$，当输入 $X=0$ 时，输出 $Z$ 都是0，且都向同一个次态 $S_0$ 转换；当 $X=1$ 时，输出 $Z$ 都是1，次态都是 $S_3$，所以 $S_2$ 和 $S_3$ 是等价状态，可以合并为 $S_2$，取消 $S_3$，即将图8-30(a)中代表 $S_3$ 的圆圈及由该圆圈出发所有的连线去掉，将原先指向 $S_3$ 的连线改而指向 $S_2$，得到化简后的状态图和状态表如图8-31所示。显然，状态化简使状态数目减少，从而可以减少电路中所需要触发器的个数和门电路的个数。

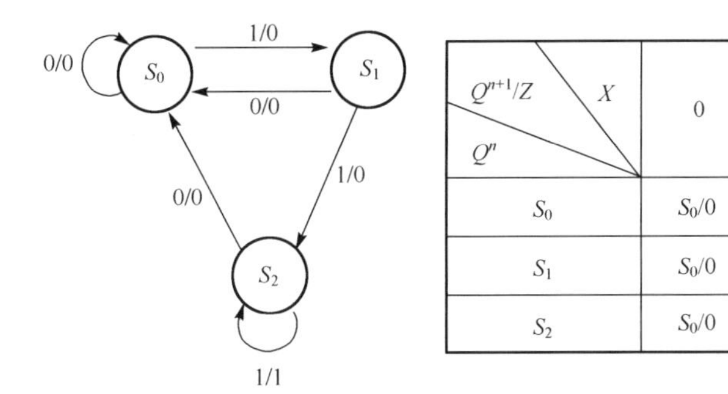


| $Q^{n+1}/Z$ \ $X$ / $Q^n$ | 0 | 1 |
|---|---|---|
| $S_0$ | $S_0/0$ | $S_1/0$ |
| $S_1$ | $S_0/0$ | $S_2/0$ |
| $S_2$ | $S_0/0$ | $S_2/1$ |

图 8-31　简化的状态图与状态表

3）状态编码

在得到简化的状态图后，要对每一个状态指定一个二进制代码，这就是状态编码（或称状态分配）。编码的方案不同，设计的电路结构也就不同。编码方案选择得当，设计结果可以很简单。为此，选取的编码方案应该有利于所选触发器的驱动方程及电路输出方程的简化。为了便于记忆和识别，一般选用的状态编码都遵循一定的规律，如用自然二进制码。

编码方案确定后，根据简化的状态图 8-31 知状态数 $M=3$，故需要 2 位二进制代码，即触发器的数目 $n=2$。令 $S_0=00$，$S_1=01$，$S_2=10$，编码后画出编码形式的状态图及状态表，如图 8-32 所示。

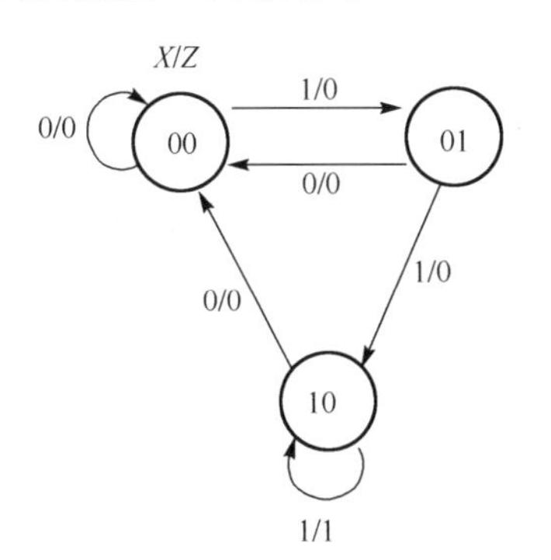


| $Q_1^{n+1}\ Q_0^{n+1}/Z$ \ $X$ / $Q_1^nQ_0^n$ | 0 | 1 |
|---|---|---|
| 0　0 | 00/0 | 01/0 |
| 0　1 | 00/0 | 10/0 |
| 1　0 | 00/0 | 10/1 |
| 1　1 | ××/× | ××/× |

图 8-32　二进制状态图与状态表

4）选择触发器并求出驱动方程和输出方程

选用两个 CP 下降沿触发的 JK 触发器，分别用 $FF_0$ 和 $FF_1$ 表示。采用同步方案，即取 $CP_0=CP_1=CP_2$。由于输出 $Z$ 是现态和输入 $X$ 的函数，根据二进制状态图 8-32，可得如图 8-33(a)、(b)所示输出 Z 的卡诺图和如图 8-33(c)、(d)所示触发器 $Q_1$ 与 $Q_0$ 次态的卡诺图。

根据编码后的状态表及触发器的驱动表可求得电路的输出方程和各触发器的驱动方程。化简后可求出输出方程为 $Z=XQ_1^n$。由图 8-33(c)、(d)可得状态方程为

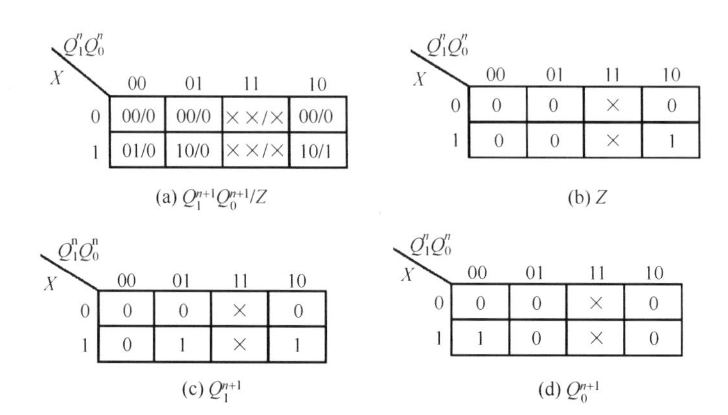


图 8-33　输出函数和各激励函数的卡诺图

$$\begin{cases} Q_0^{n+1} = X\overline{Q_1^n}\,\overline{Q_0^n} \\ Q_1^{n+1} = X\,Q_1^n + XQ_0^n \end{cases}$$

而 JK 触发器特性方程为 $Q^{n+1} = J\,\overline{Q^n} + \overline{K}\,Q^n$。变换状态方程，使之形式与特性方程相同，得

$$\begin{cases} Q_0^{n+1} = X\overline{Q_1^n}\,\overline{Q_0^n} + \overline{1}Q_0^n \\ Q_1^{n+1} = X\,Q_0^n\,\overline{Q_1^n} + XQ_1^n \end{cases}$$

与特性方程比较，得驱动方程

$$\begin{cases} J_1 = XQ_0^n \qquad K_1 = \overline{X} \\ J_0 = X\,\overline{Q_1^n} \qquad K_0 = 1 \end{cases}$$

5）画逻辑电路图(图 8-34)，并检查自启动能力

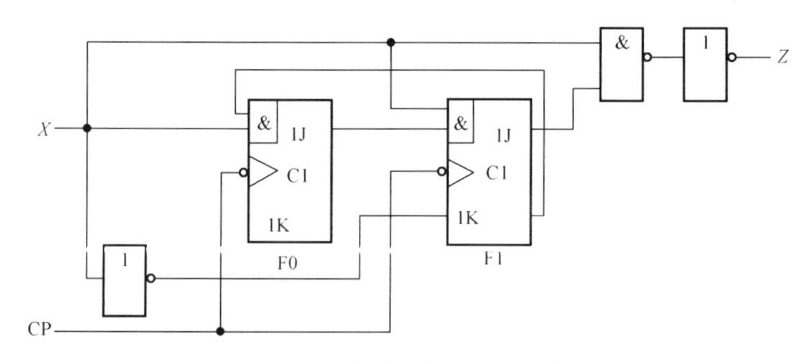


图 8-34　用 JK 触发器组成的序列检测器

将电路的无效状态 11 代入输出方程和状态方程进行计算，结果如下：

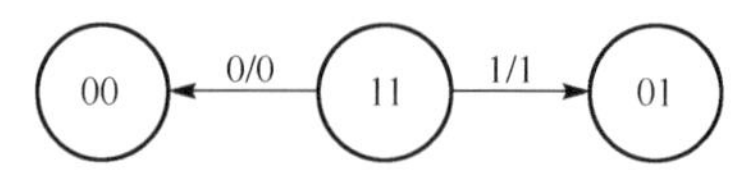


可见设计的电路能够自启动。

2. 异步时序逻辑电路系统设计

分析和设计异步时序逻辑电路的方法和步骤与同步电路基本相同。两者最大的区别在于同步时序电路设计时，不需要考虑每一级触发器时钟端的连接方式，而在异步时序电路中，触发器的状态不仅与输入端的驱动方程有关，还取决于是否有时钟脉冲输入，而各触发器的输入时钟脉冲不完全相同，因此在分析和设计时应把 CP 信号的触发沿也作为状态方程中的变量，需要另列出时钟方程。这里通过设计一个异步十进制计数器实例具体介绍设计的方法和步骤。

(1) 建立最简的原始状态图，进行状态编码。依题意画出的原始状态转换图，如图 8-35 所示。$C$ 为进位输出信号。

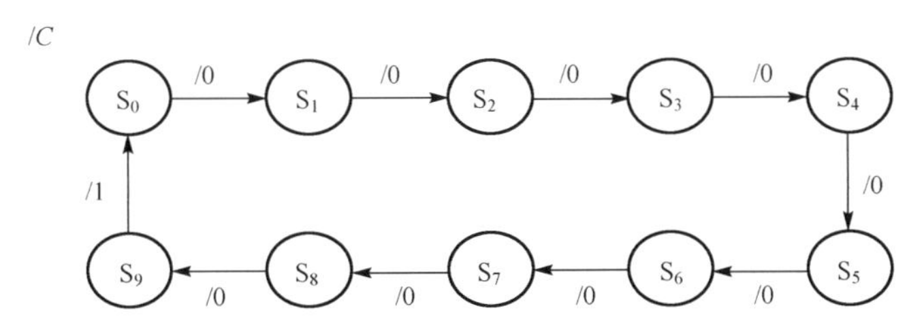


图 8-35　原始状态转换图

由于已经明确该计数器的编码为 8421 码，则可按 8421 码对状态进行编码，得到编码的结果，如图 8-36 所示。

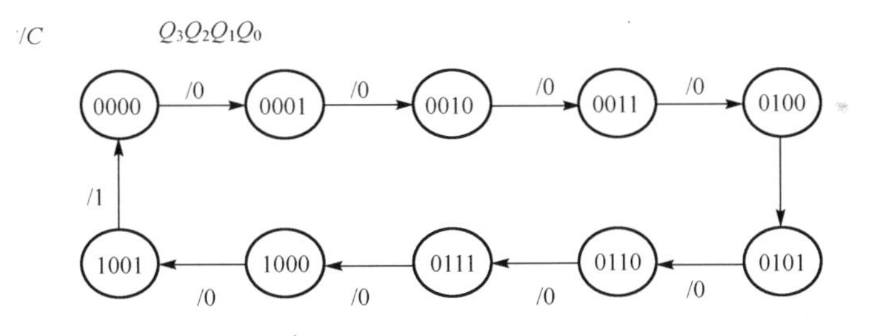


图 8-36　状态编码转换图

(2) 画出时序图，求触发器的时钟方程。

求触发器的时钟方程是异步计数器设计时增加的步骤，也是很关键的一步。之所以在这里就画出时序图，目的就是要求出各级触发器的时钟方程，因为用时序图确定各级触发器的时钟方程是比较直观的。

假设设计使用的是下降沿触发的触发器，则可以根据如图 8-36 所示的状态编码图分别画出各个触发器的次态输出在 CP 时钟下降沿触发下的时序图，如图 8-37 所示。

在确定各级触发器的时钟方程时应遵循以下规则：

① 最前面的一级触发器(即 $Q_0$)只能选择系统时钟 CP，后面各级触发器可以选择前级触发器的 $Q$ 或 $\overline{Q}$ 作为触发脉冲，也可以选择系统时钟 CP。

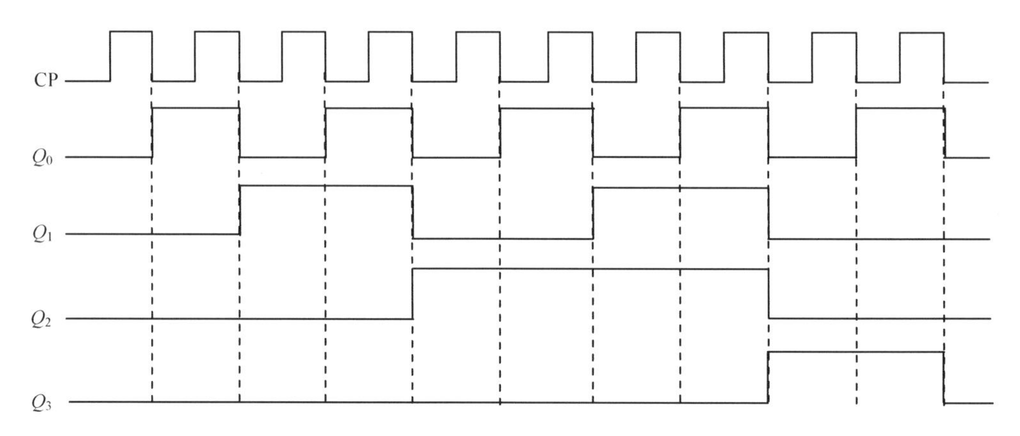


图 8-37　电路时序图

② 所选的时钟必须保证本级触发器翻转时有相同的边沿。例如,第三级触发器在0111 和 1001 两组初态下发生翻转时,$Q_3$前面只有系统时钟 CP 和 $Q_0$在这两次翻转时都提供了相同的下降沿,虽然 $Q_1$、$Q_2$在 $Q_3$由 0 到 1 时提供了相同的下降沿,但在 $Q_3$由 1 到 0 时没有提供下降沿,所以 $CP_3$只能选择 CP 或 $Q_0$。

③ 所选择的时钟变化的次数越少越好。时钟变化的次数越少,可以使设计的电路越简单。例如,$Q_0$的变化次数比 CP 少,所以 $CP_3$应选择 $Q_0$作为时钟。

根据以上规则,各级触发器的时钟方程确定如下(方程式中的符号↓表示下降沿有效):

$$CP_0 = CP\downarrow$$

$$CP_1 = Q_0\downarrow$$

$$CP_2 = Q_1\downarrow$$

$$CP_3 = Q_0\downarrow$$

(3) 画出状态转换卡诺图,化简求状态方程和输出方程。

根据状态编码画出状态转换卡诺图,如图 8-38 所示。由于触发器的时钟不同,因此要把 $Q_3^{n+1}$ $Q_2^{n+1}$ $Q_1^{n+1}$ $Q_0^{n+1}$状态转换卡诺图分别画出,如图 8-39 所示。在卡诺图中,“×”表示编码时没有使用的状态,作为约束项处理;“$\Phi$”表示没有时钟的状态。由于触发器没有时钟就不能变化,因此把这些状态也作为约束项处理。

根据图 8-38 和图 8-39 化简得出的状态方程和输出方程如下(其中,$Q_0^{n+1}$ 和输出 $C$ 从图 8-38 直接观察得到):

$$Q_0^{n+1} = \overline{Q_0^n}CP\downarrow \qquad Q_1^{n+1} = \overline{Q_3^n}\,\overline{Q_1^n}Q_0\downarrow$$

$$Q_2^{n+1} = \overline{Q_2^n}Q_1\downarrow \qquad Q_3^{n+1} = Q_2^nQ_1^n\,\overline{Q_3^n}Q_0\downarrow$$

$$C = \overline{\overline{Q_3^nQ_0^n}}$$

| $Q_3^nQ_2^n$ \ $Q_1^nQ_0^n$ | 00 | 01 | 11 | 10 |
|---|---|---|---|---|
| 00 | 0001/0 | 0010/0 | 0100/0 | 0011/0 |
| 01 | 0101/0 | 0110/0 | 1000/0 | 0111/0 |
| 11 | ××××/ | ××××/ | ××××/ | ××××/ |
| 10 | 1001/0 | 0000/1 | ××××/ | ××××/ |

图 8-38　电路状态转换卡诺图

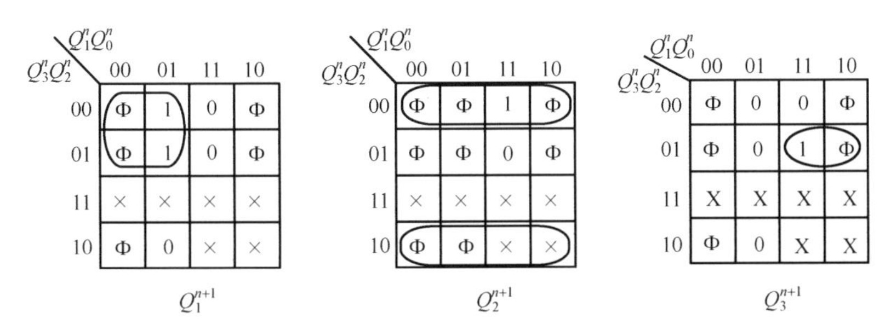


图 8-39　$Q_3^{n+1}$ $Q_2^{n+1}$ $Q_1^{n+1}$ 展开后画出的状态转换卡诺图

(4) 检查自启动特性。异步计数器在设计时,有可能会出现由无效状态构成的死循环,因此一般都要进行自启动检查。检查自启动特性的过程与其分析的方法相同,即需要首先确定触发器的时钟是否有效,若时钟有效,则将它们的原态代入状态方程中计算出其次态;若时钟无效,则次态与原态相同。按照此规则得到 6 个无效状态的状态转换情况,如表 8-14 所示。由表 8-14 可知,该电路具有自启动特性。

**表 8-14　检查自启动结果**

| $Q_3^n\ Q_2^n\ Q_1^n\ Q_0^n$ | $Q_3^{n+1}\ Q_2^{n+1}\ Q_1^{n+1}\ Q_0^{n+1}$ | $CP_3$　$CP_2$　$CP_1$　$CP_0$ | $C$ |
|---|---|---|---|
| 1 0 1 0 | 1 0 1 1 | × × × √ | 0 |
| 1 0 1 1 | 0 1 0 0 | √ √ √ √ | 1 |
| 1 1 0 0 | 1 1 0 1 | × × × √ | 0 |
| 1 1 0 1 | 0 1 0 0 | √ × √ √ | 1 |
| 1 1 1 0 | 1 1 1 1 | × × × √ | 0 |
| 1 1 1 1 | 0 0 0 0 | √ √ √ √ | 1 |

(5) 选择触发器的类型,求驱动方程。

本例设计选择 JK 触发器作为存储元器件,将其特性方程 $Q^{n+1}=J\overline{Q^n}+\overline{K}Q^n$ 与上述得到的状态方程比较,得到驱动方程为

$$J_0=K_0=1$$

$$J_1=\overline{Q_3^n}\quad K_1=1$$

$$J_2=K_2=1$$

$$J_3=Q_1^nQ_0^n\quad K_3=1$$

(6) 画出逻辑图。根据得到的时钟方程、驱动方程和输出方程,即可得到异步十进制计数器的逻辑图,如图 8-40 所示。

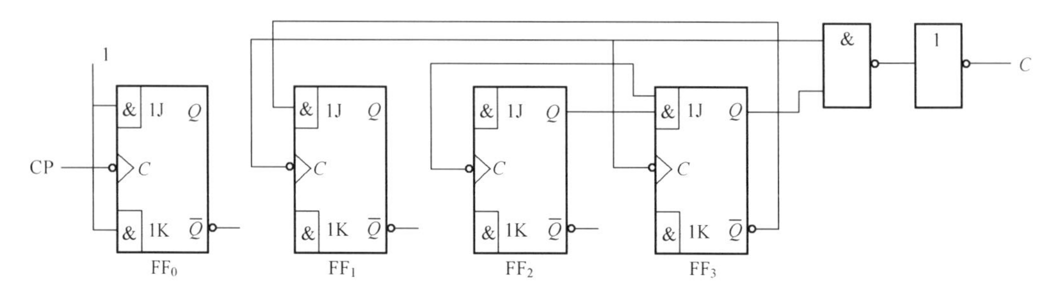


图 8-40　异步十进制计数器电路逻辑图

以上以设计异步十进制计数器为例,介绍了有关异步计数器设计的步骤和方法,这些步骤和方法可以推广到其他模值异步计数器的设计中。至于一般异步时序逻辑电路的设计,也可以参照上述步骤和方法进行。

综上所述,对时序逻辑电路的设计可归纳如下几点。

(1) 作状态图和列状态表是分析与设计时序逻辑电路的重要步骤。

(2) 分析过程是根据电路写出输出逻辑表达式、驱动方程和状态方程,在此基础上作出状态图或列出状态表,然后总结电路的逻辑功能和特点。设计是分析的逆过程。

(3) 在分析和设计同步时序逻辑电路时,把 CP 信号作逻辑 1 处理,对异步时序逻辑电路则把 CP 信号作为一个变量。

下面介绍由寄存器和计数器芯片构成的汽车尾灯控制电路的设计与调试。

汽车在夜间行驶过程中,其尾灯的变化规律如下:正常行驶时,车后 6 只尾灯全部亮;左转弯时,左边 3 只灯依次从右向左循环闪动,右边 3 只灯熄灭;右转弯时,右边 3 只灯依次从左向右循环闪动,左边 3 只灯熄灭;当车辆停车时,6 只灯一明一暗同时闪动。图 8-41 是实现这样控制的一种电路图。其中,$L$ 和 $R$ 状态表示汽车的行驶状态,其值由用户通过控制器设置。下面分析其工作原理。

(1) 计数器 74LS161 的工作过程。图 8-41 的 74LS161 采用清零法构成模三进制计数器。由 74LS161 的逻辑功能可知,$Q_0$ 端输出是按 001001001…规律变化的序列信号。

(2) 汽车正常行驶时。$L=0,R=0$,译码器 74LS138 的输出 $\overline{Y}_0=0,\overline{Y}_1=\overline{Y}_2=1$,则两片 74LS194 的 $S_1S_0=11$,进行置数操作。由于 $G_2$ 输出为 1,所以 74LS194(Ⅰ)的 $Q_3Q_2Q_1$ 与 74LS194(Ⅱ)的 $Q_2Q_1Q_0$ 均为 111,故 6 只尾灯全亮。

(3) 汽车左转弯时。$L=0,R=1$,这时译码器 74LS138 的输出 $\overline{Y}_1=0,\overline{Y}_0=\overline{Y}_2=1$,则 74LS194(Ⅱ)的 $\overline{\mathrm{MR}}_\mathrm{D}=0$,$Q_2Q_1Q_0=000$,右灯 $R_1$、$R_2$ 和 $R_3$ 全部熄灭;74LS194(Ⅰ)的 $S_1S_0=10$,进行左移操作,左移串行输入端 $D_{SL}$ 的数码来自计数器 74LS161 的 $Q_0$ 端的 001001001…序列信号,故 $Q_3Q_2Q_1$ 的变化规律为 100→010→001→100→…(假设初始状态为 100),所以汽车左转时其尾灯按 $L_3$→$L_2$→$L_1$→$L_3$→…规律变化。

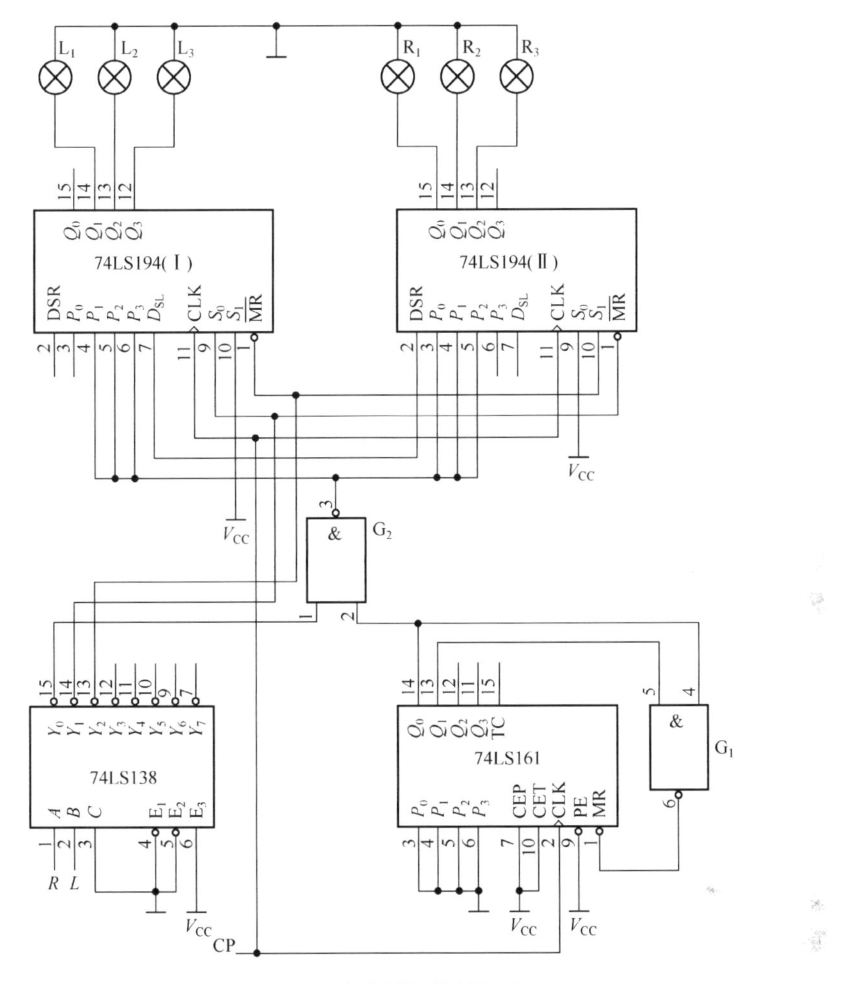


图 8-41　汽车尾灯控制电路

(4) 汽车右转弯时。$L=1,R=0$，这时译码器 74LS138 的输出 $\overline{Y}_2=0$、$\overline{Y}_0=\overline{Y}_1=1$，则 74LS194(Ⅰ)的 $\overline{MR}=0$，$Q_3Q_2Q_1=000$，左灯 $L_1$、$L_2$ 和 $L_3$ 全部熄灭；74LS194(Ⅱ)的 $S_1S_0=01$，进行右移操作，右移串行输入端 $D_{SR}$ 的数码也来自计数器 74LS161 的 $Q_0$ 端的 001001001…序列信号，故 $Q_0Q_1Q_2$ 的变化规律为 100→010→001→100→…(假设初始状态为 100)，所以汽车右转时其尾灯按 $R_1$→$R_2$→$R_3$→$R_1$→…规律变化。

(5) 汽车停车时。$L=1,R=1$，这时译码器 74LS138 的输出 $\overline{Y}_0=\overline{Y}_1=Y_2=1$，则两片 74LS194 的 $S_1S_0=11$，进行置数操作，此时两片 74LS194 并行输入端的数据完全由 74LS161 的 $Q_0$ 端确定。当 $Q_0=0$ 时，并行输入数据全为 1，在时钟 CP 的作用下，6 只尾灯全部点亮；当 $Q_0=1$ 时，并行输入数据全为 0，在时钟 CP 的作用下，6 只尾灯全部熄灭。由于 $Q_0$ 的输出是按 001001001…规律变化的序列信号，因此 6 只尾灯随 CP 两个周期亮和一个周期暗的方式闪烁。

# 第9章　单片机控制电路设计

**【学习目标】**

本章主要介绍单片机应用系统的开发流程及手机充电器设计、短距离无线传输系统设计和智能寻迹小车设计等几个单片机应用系统的设计任务。具体学习目标如下：

（1）了解单片机应用系统的开发流程；

（2）理解手机充电器的工作原理，并设计基于MAX1898和单片机的手机充电电路硬件，编写控制程序，实现智能充电；

（3）理解nRF2401的工作原理，并能基于单片机及nRF2401设计一套短距离无线传输系统；

（4）理解ST188传感器电路、LM324比较器和H桥电机驱动电路的工作原理，并能基于上述模块及单片机设计一款智能寻迹小车。

## 9.1　单片机应用系统的开发流程

单片机应用系统是指以单片机为核心，辅以输入、输出和存储等外围电路而实现的控制系统。

单片机应用系统由硬件和软件组成，硬件是应用系统的基础，软件在硬件的基础上对其资源进行合理调配和使用，从而完成应用系统所要求的任务，二者相互依赖，缺一不可。

在单片机应用系统的开发中，为达到软硬件协调开发的目的，一般采用如图9-1所示的流程。各主要步骤的功能如下。

1. 总体设计

先确立任务，明确目标，分配软硬件的功能，进行总体设计。在这过程中，需考虑其功能是否全部满足规定的要求。

2. 硬件设计

根据总体设计中确立的功能特性要求，确定单片机的型号、所需的外围扩展芯片、存储器、I/O电路和驱动电路，可能还有A/D和D/A转换电路及其他模拟电路，设计出应用系统的电路原理图。运用Proteus和Protel等软件绘制硬件电路并形成目标板。

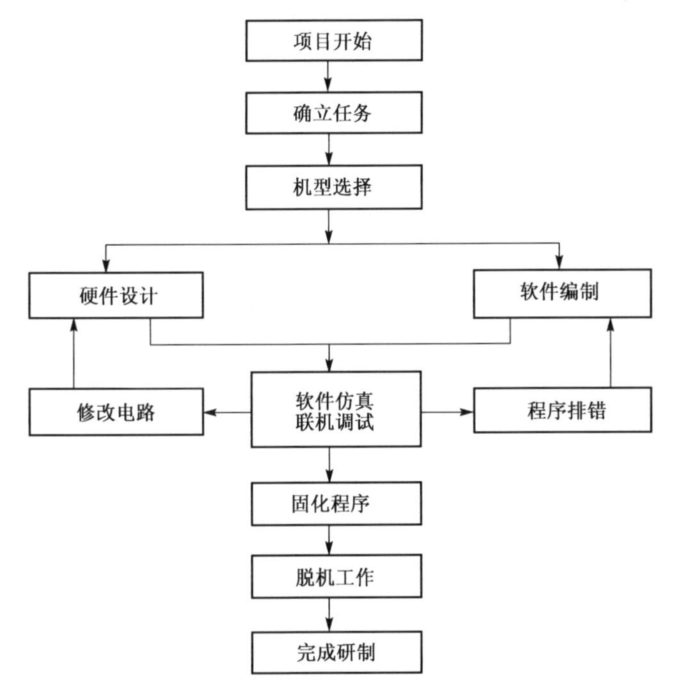


图 9-1　单片机应用系统的开发流程

3. 软件设计

先确定程序的结构，绘制流程图，然后可基于 Keil 或 IAR 等 IDE 工具，通过 C 语言或汇编语言编制程序，进行调试并生成扩展名为 hex 或 bin 的可执行文件。

4. 程序固化，联机调试

利用 Proteus 等软件加载程序进行仿真调试，在满足预期功能的前提下，通过 ISP、串口或编程器等方式将程序固化到单片机中，然后联机调试。

## 9.2　任务十七　手机充电器设计

1. 任务描述

基于 AT89C51 单片机及 MAX1898，设计一款手机智能充电器，实现预充、充电保护、自动断电和充电完成报警提示功能。它主要适用于外出或旅行时能对手机及时充电。

2. 学习要求

(1) 培养文献检索与信息处理能力，如阅读数据手册的能力；

(2) 理解手机充电器的工作过程，并能基于 51 单片机和 MAX1898 设计手机充电器硬件电路。

(3) 理解单片机定时器及外部中断的工作原理，并能基于 KeilC51 IDE 工具，通过 C 语言编写充电器应用程序。

### 9.2.1 背景知识

一块高质量的充电器不仅能实现快速充电功能，还可以对电池起到一定的维护作用，修复由于使用不当造成的记忆效应及容量下降(电池活性衰退)现象，同时避免由电池发热引起的不安全因素。

目前，很多公司推出了专用充电控制芯片，配合微处理器即可实现智能充电。专用的充电芯片可以检测出电池充电饱和时发出的电压变化信号，比较精确地结束充电工作，而通过单片机对这些芯片的控制，则可以实现充电过程的智能化。

### 9.2.2 案例分析

1. 方案设计

本设计任务要求以 AT89C51 单片机为控制核心，基于 MAX1898 设计了一款手机智能充电器，实现预充、充电保护、自动断电和充电完成报警提示功能。

为了实现智能化充电，需考虑如下两方面：一是充电的实现，包括充电过程的控制和基本充电电压的产生方法；二是在充电电路中引入单片机控制，如在充电后增加及时关断电源和蜂鸣报警等功能。

设计的总体方案如图 9-2 所示，由单片机最小系统、充电控制电路、5V 直流供电电路和光耦隔离电路组成。为了实现智能控制，简化设计，各部分分别选用 AT89C51、MAX1898、6N137 和 CW7805 等集成电路。

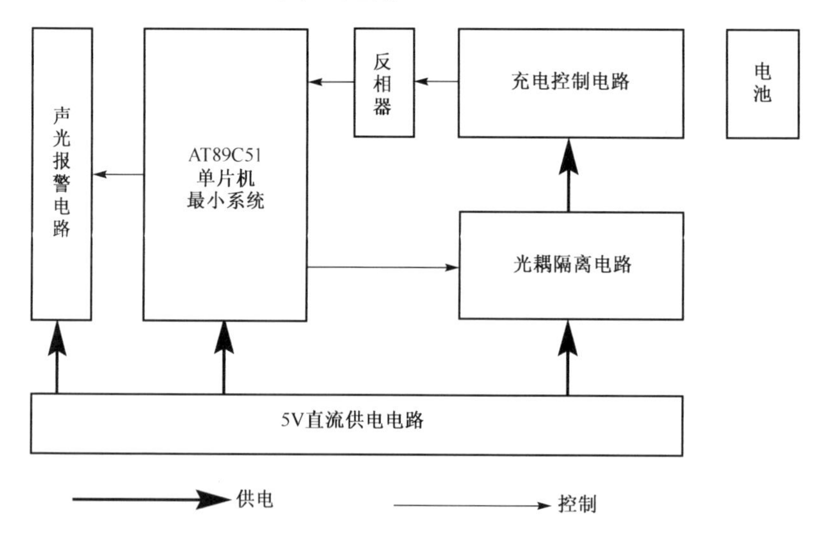


图 9-2　基于 MAX1898 的手机智能充电器设计方案

单片机的引脚 P2.1 接蜂鸣器，实现声音报警提示功能。单片机的引脚 P2.0 输出控制光耦元器件，在需要时可以及时关断充电电源。芯片 LNK304 与 CW7805 等器件共同作用将 220V 的输入电压转换为 5V 直流电压，经 DN137 光耦隔离后，为充电控制电路供电。充电控制电路的核心元器件为充电芯片 MAX1898，其充电状态输出引脚/CHG 经过 74LS04 反相后与单片机 INT0 相连，触发外部中断。

在 MAX1898 和外部单片机的共同作用下，实现了如下的充电过程。

(1) 预充。在安装好电池之后，接通输入直流电源，当充电器检测到电池时将定时器复位，从而进入预充过程。在此期间内充电器以快充电流的 10% 给电池充电，使电压和温度恢复到正常状态，预充电时间由外接电容确定。如果在预充时间内电池电压达到 2.5V，且电池温度正常，则进入快充过程；如果超过预充时间后，电池电压低于 2.5V，则认为电池不可充电，充电器显示电池故障，由单片机发出故障指令，LED 指示灯闪烁。

(2) 快充。快充就是以恒定电流对电池充电，恒流充电时，电池的电压缓慢上升。一旦电池电压达到所设定的终止电压时，恒流充电终止，充电电流快速递减，充电进入满充过程。

(3) 满充。在满充过程中，充电电流逐渐递减，直到充电速率降到设置值以下，或满充超时时，转入顶端截止充电。顶端截止充电时，充电器以极小的充电电流为电池补充能量。由于充电器在检测电池电压是否达到终止电压时有充电电流通过电阻，尽管在满充和顶端截止充电过程中充电电流逐渐下降，减小了电池内阻和其他串联电阻对电池端电压的影响，但串联在充电回路中的电阻形成的压降仍然对电池终止电压的检测有影响。一般情况下，满充和顶端截止充电可以延长电池 5%～10% 的使用时间。

(4) 断电。电池充满后，MAX1898 芯片的引脚②(/CHG)发送的脉冲电平会由低变高，这会被单片机检测到，引起单片机中断。在中断中，如果判断出充电完毕，则单片机将通过 P2.0 口控制光耦切断 LM7805 向 MAX1898 供电，从而保证芯片和电池的安全，同时也减小功耗。

(5) 报警。电池充满后，MAX1898 本身会熄灭 LED 显示。但是，为了安全起见，单片机在检测到充满状态的脉冲后，不会马上自动切断 MAX1898 的供电，而且会通过蜂鸣器报警，提醒用户及时取出电池。当电池出错时，MAX1898 本身会控制 LED 以低频率闪烁，提示用户。

2. 硬件设计

1) AT89C51 单片机最小系统

单片机最小系统以 AT89C51 单片机为核心，由单片机、时钟电路和复位电路等组成，如图 9-3 所示。单片机最小系统的功能是实现充电器的智能控制，如通过单片机对光耦模块的控制可以及时关断充电电源，保证芯片和电池的安全，减小功耗，同时还开启蜂鸣完成报警提示功能。

AT89C51 单片机与 MCS51 系列单片机产品兼容，内部自带有 4KB 的 Flash 存储器及 256KB RAM 单元，不需另外扩展 EEPROM 及静态 RAM，可以在线下载程序，易于日后的升级。

在图 9-3 中，P2.0 为控制切断电源引脚，P2.1 接蜂鸣器。当充电器完成充电时，引起单片机的 INT0 中断。如果在中断中，判断出不是充电出错，则控制引脚 P2.0 切断电源，控制引脚 P2.1 启动蜂鸣器报警。

时钟电路由 XTAL1 和 XTAL2 之间跨接的晶体振荡器和电容构成。时钟电路中晶体振荡器的频率高则系统的时钟频率就好，所以该系统采用 11.0592 MHz 的晶体振荡器。

复位电路有两种形式：手动按键复位和上电复位，本系统采用的是手动按键复位。在图 9-2 中，$R_1$、$C_3$ 和 $S_1$ 组成系统手动按键复位电路。

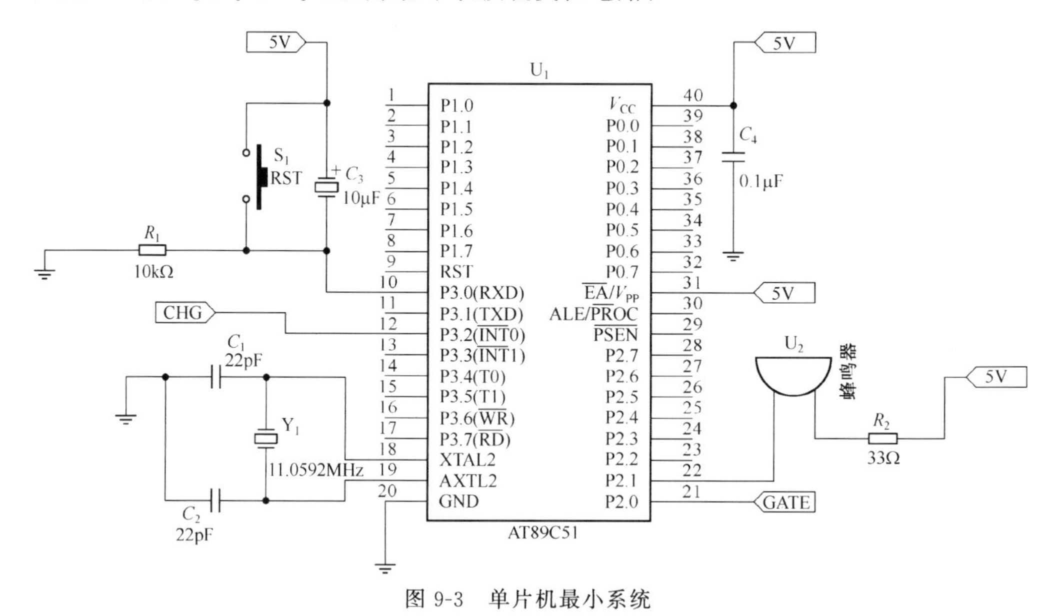


图 9-3　单片机最小系统

2）充电控制电路

为提高性能，充电控制电路一般采用专用芯片实现。目前，市场上存在大量的电池充电芯片，它们可以直接用于充电器的设计。在选择具体的电池充电芯片时，需要参考以下标准。

电池类型：不同的电池（锂电池、镍氢电池和镍镉电池）需选择不同的充电芯片。

电池数目：可充电池的数目。

电流值：充电电流的大小决定了充电时间的长短。

充电方式：是快充、慢充还是可控充电过程。

本任务实现的是手机的单节锂离子电池充电器，要求充电快速且具有优良的电池保护能力，据此选择 Maxim 公司的 MAX1898 作为电池充电芯片。

（1）MAX1898 简介。

MAX1898 是由 Maxim 公司出品的电池充电芯片，可对所有化学类型的锂电池进行安全充电。它具有高集成度，在小尺寸内集成更多的功能，尽可能地覆盖基本应用电路，只需辅以外部 PNP 或 PMOS 晶体管，就可以组成完整的单节锂电池充电器。MAX1898 提供精确的恒流/恒压充电，电池电压调节精度为±0.75%，提高了电池性能并延长电池的使用寿命。充电电流可由用户设定，采用内部检流电阻。MAX1898 提供了充电状态的输出指示、输入电源是否与充电器连接的输出指示和充电电流指示。MAX1898 还具有其他一些功能，包括输入关断控制、可选的充电周期重启（无须重新上电）、可选的充电终止安全定时和过放电电池的低电流预充。

MAX1898 内部电路包括输入电流调节器、电压检测器、充电电流检测器、定时器、温度检测器和主控器。输入电流调节器用于限制电源的总输入电流，包括系统负载电流与充电电流。当检测到输入电流大于设定的门限电流时，通过降低充电电流从而控制输入电流。因为系统工作时电源电流的变化范围较大，如果充电器没有输入电流检测功能，则输入电源必须能够提供最大负载电流与最大充电电流之和，这将使电源的成本增高，体积增大，而利用输入限流功能则能够降低充电器对直流电源的要求，同时也简化了输入电源的设计。

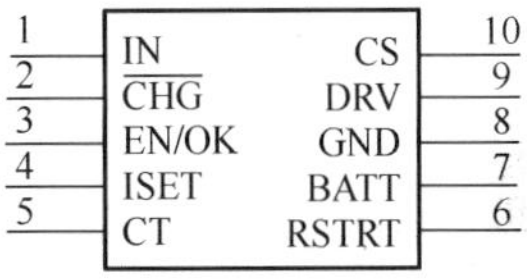

1 IN　　CS 10
2 $\overline{\text{CHG}}$　　DRV 9
3 EN/OK　　GND 8
4 ISET　　BATT 7
5 CT　　RSTRT 6

图 9-4　MAX1898 引脚分布图

MAX1898 为 10 引脚超薄型的 uMAX 封装，其引脚分布如图 9-4 所示，各引脚的功能如表 9-1 所示。

**表 9-1　MAX1898 引脚功能**

| 引脚号 | 引脚名称 | 引脚功能 |
|---|---|---|
| 1 | IN | 传感输入，检测输入的电压或电流，即 5V 直流电输入端 |
| 2 | $\overline{\text{CHG}}$ | 充电状态指示引脚，同时驱动 LED |
| 3 | EN/OK | 使能输入引脚/输入电源“好”输出指示引脚。EN 为输入引脚，可以通过输入禁止芯片工作；OK 为输出引脚，用于指示输入电源是否与充电器连接 |
| 4 | ISET | 充电电源调节引脚。通过串接一个电阻到地来设置最大充电电流 |
| 5 | CT | 安全充电时间设置引脚。接一个时间电容来设置充电时间，电容为 100μF 时，几乎为 3 小时，此引脚直接接地将禁用此功能 |
| 6 | RSTRT | 自动重新启动控制引脚。当此引脚直接接地时，如果电池电压掉至基准电压阈值以下（200mV），将会重新开始一轮充电周期，此引脚通过电阻接地时，可以降低它的电压阈值。此引脚悬空或者 CT 引脚接地（充电时间设置功能禁用）时，自动重启启动功能被禁用 |
| 7 | BATT | 电池传感输入引脚，接单个锂电池的正极。此引脚需接一个大电解电容到地 |
| 8 | GND | 接地端 |
| 9 | DRV | 外部晶体管驱动器，接晶体管的基极 |
| 10 | CS | 电流传感输入，接晶体管的发射极 |

(2) 充电控制电路。

充电控制电路如图 9-5 所示，核心器件为充电芯片 MAX1898。其中，5V 直流充电电源电压从 IN 口输入(MAX1898 输入电压范围为 4.5～12V)，锂电池要求的充电方式是恒流恒压方式，电源的输入需要采用恒流恒压源，为了减小体积，一般采用开关电源。充电状态输出引脚(/CHG)经过 74LS04 反相后与单片机 P3.2 口(INT0)相连，触发外部中断。LED_R 为红色发光二极管，红灯表示电源接通；LED_G 为绿色发光二极管，绿灯表示处于充电状态。$VT_1$ 为 PNP 型三极管，由 MAX1898 提供驱动。$R_4$ 为设置充电电流的电阻，阻值为 2.8kΩ，设置最大充电电流为 500mA。$C_{11}$ 为设置充电时间的电容，容值为 100nF，设置最大充电时间为 3 小时。

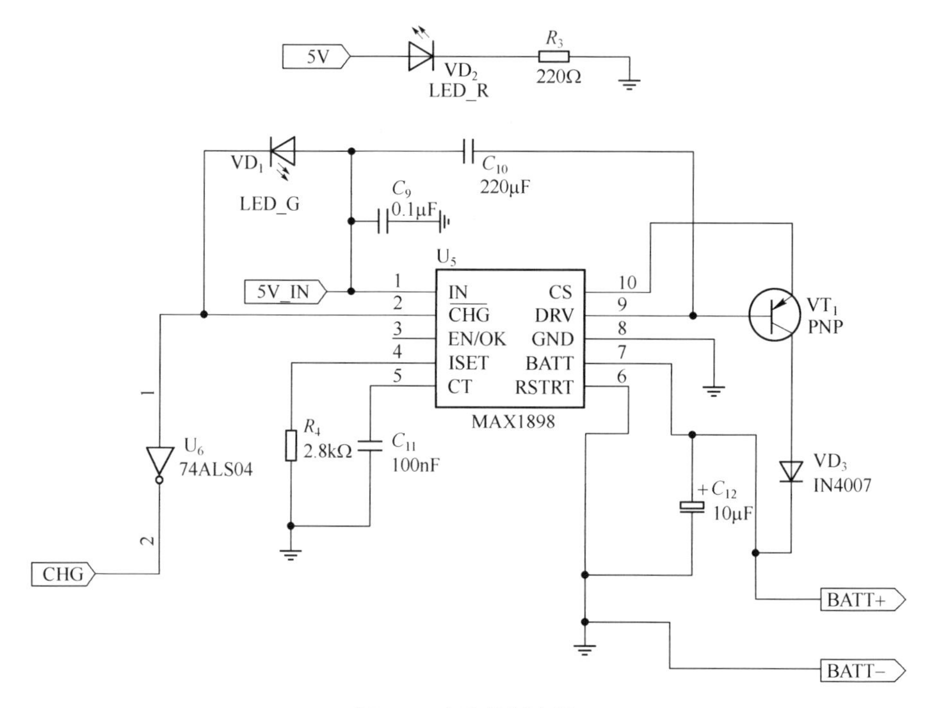


图 9-5　充电控制电路

通过外接的电容 $C_{11}$ 设置充电时间 $T$。这里的充电时间指的是快充时的最大充电时间，它和定时电容的关系为

$$C_{11} = 34.33T \tag{9-1}$$

式中，$T$ 的单位为 h，$C_{11}$ 的单位为 nF。

大多数情况下的快充时最大充电时间不超过 3 小时，因此常取 $C_{11}$ 为 100nF。在限制电流的模式下，通过外接电阻 $R_4$ 设置最大充电电流 $I$，关系为

$$I = 1400/R_4 \tag{9-2}$$

式中，$R_4$ 的单位为 Ω，$I$ 的单位为 A。

当充电电源和电池在正常的工作温度范围内时，插入电池将启动一次充电过程。平均的脉冲充电电流低于设置的快充电流 20%，或者充电时间超出片上预置的最大充电时间时，充电周期结束。MAX1898 能够自动检测充电电源，没有电源时自动关断以减少电池的漏电。启动快充后，打开外接的 P 型场效应管，当检测到电池电压达到设定的门限时进入脉冲充电方式，P 型场效应管打开的时间越来越短。充电结束，LED 指示灯将会呈现周期性的闪烁，具体的闪烁含义如表 9-2 所述。

**表 9-2　MAX1898 典型充电电路的 LED 指示灯状态说明**

| 充电状态 | LED 指示灯 |
|---|---|
| 电池或充电器没有安装 | 灭 |
| 预充或快充 | 亮 |
| 充电结束 | 灭 |
| 充电出错 | 以 1.5Hz 频率闪烁 |

3）光耦隔离电路

光耦隔离电路主要的元器件是 6N137 芯片，其作用就是为了降低电源的干扰，保持电路的稳定。

（1）6N137 简介。

6N137 光耦合器是一款用于单通道的高速光耦合器，其内部由一个 850nm 波长的 AlGaAs LED 和一个集成检测器组成，而检测器由一个光敏二极管、高增益线性运放及一个肖特基钳位的集电极开路的三极管组成。具有温度、电流和电压补偿功能，高的输入输出隔离，LSTTL/TTL 兼容，高速(典型为 10MBd)，5mA 的极小输入电流。

6N137 的主要特性：① 转换速率高达 10Mbit/s；② 摆率高达 10kV/μs；③ 扇出系数为 8；④ 逻辑电平输出；⑤ 集电极开路输出。

6N137 的工作参数：最大输入电流，低电平为 250μA 最大输入电流，高电平为 15mA 最大允许低电平电压(输出高)；0.8V 最大允许高电平电压；$V_{CC}$最大电源电压输出；5.5V 扇出(TTL 负载)；8 个(最多)工作温度范围为－40～＋85℃；典型应用为高速数字开关、马达控制系统和 A/D 转换等。

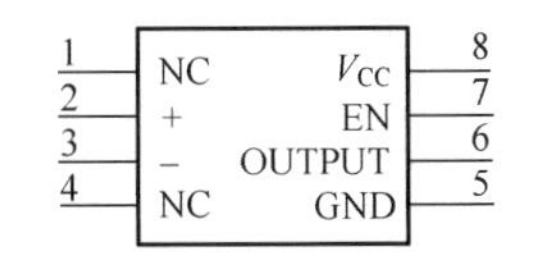

图 9-6　6N137 引脚分布图

6N137 的引脚分布图如 9-6 所示。

6N137 引脚功能如表 9-3 所述。

**表 9-3　6N137 引脚功能**

| 引脚号 | 引脚名称 | 引脚功能 |
|---|---|---|
| 1 | NC | 悬空 |
| 2 | ＋ | 发光二极管的正极 |
| 3 | － | 发光二极管的负极 |

续表

| 引脚号 | 引脚名称 | 引脚功能 |
|---|---|---|
| 4 | NC | 悬空 |
| 5 | GND | 接地 |
| 6 | OUTPUT | 输出端 |
| 7 | EN | 使能端。为低时，无论有无输入，输出都为高。不使用时，悬空即可 |
| 8 | $V_{CC}$ | 电源输入端 |

(2) 光耦隔离电路。

基于6N137的光耦隔离电路如图9-7所示，在将+5V充电电源送给MAX1898之前，先经过一次光耦模块6N137的处理，不仅可降低电源的干扰，保持电路的稳定，还能通过单片机对光耦模块的控制及时地关断充电电源。

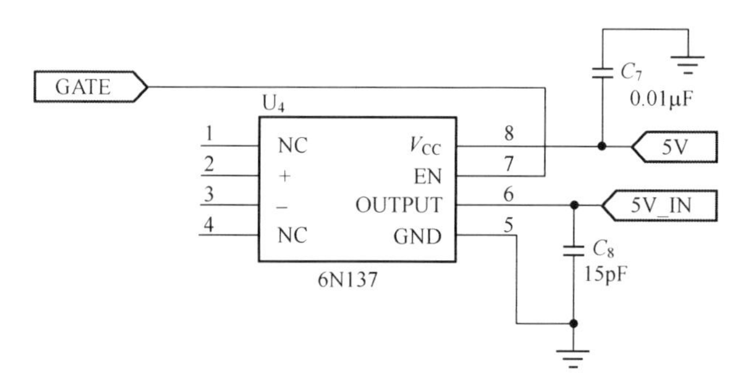


图 9-7　光耦隔离电路

3. 软件设计

1) 程序流程

单片机最小系统以AT89C51单片机为核心，单片机、时钟电路和充电器的充电过程主要由MAX1898控制，而单片机芯片主要对电流起保护作用。所以，本软件设计较为简单，主要功能如下。

当MAX1898完成充电时，/CHG引脚会产生由低位到高位的跳变，该跳变引起单片机的INT0中断。/CHG输出为高存在3种情况：一是电池不在位或充电输入端无电压，二是充电完毕，三是充电出错(此时，实际上/CHG会以1.5Hz频率反复跳变)。显然，前两种情况下的单片机都可以直接控制光耦切断充电电源，所以程序只要区别对待第三种充电出错的情况即可。因此，在此中断中，如果判断出不是充电出错，则控制引脚P2.0切断电源，控制引脚P2.1启动蜂鸣器报警。

基于MAX1898手机充电器工作的程序流程分别如图9-8～图9-10所示。

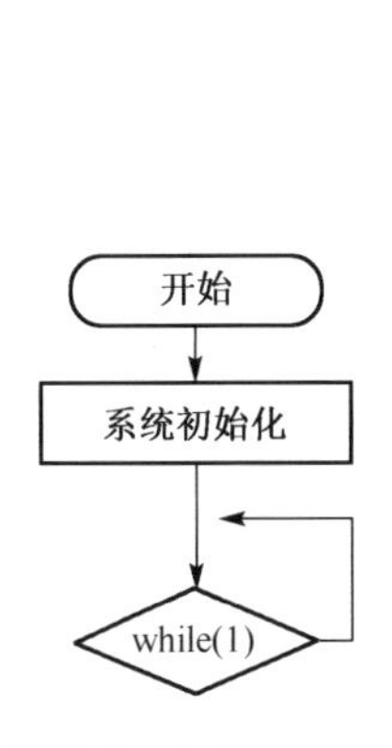


图 9-8　主程序流程

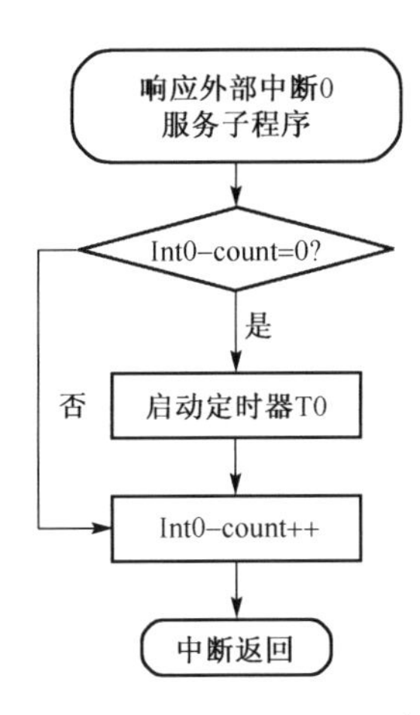


图 9-9　外部中断 0 服务子程序流程

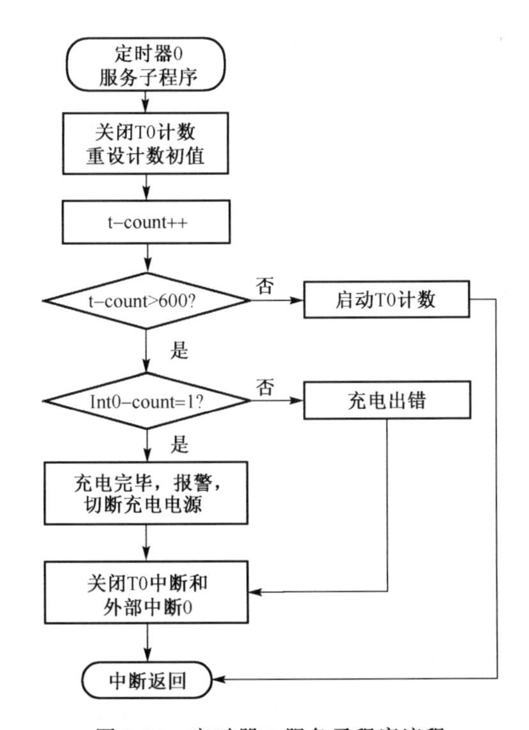


图 9-10　定时器 0 服务子程序流程

2）主要程序代码及说明

```
# define_BATTCHARGER_H
# include "reg51.h"
# define uchar unsigned char
# define uint unsigned int
```

```
sbit GATE=P2^0;
sbit BP=P2^1;
uint t_count,int0_count;
void timer0() interrupt 1 using 1        //定时器 0 中断服务程序
{
    TR0=0;                               //停止计数
    TH0=- 5000/256;                      //重设计数初值
    TL0=- 5000%256;
    t_count++ ;
    if (t_count> 600)                    //第一次外部中断 0 产生后 3s
    {
        if (int0_count==1)               //还没有出现第二次外部中断 0,则认为充
                                           电完毕
        {
            GATE=0;                      //关闭充电电源
            BP=0;                        //打开蜂鸣器报警
        }
        else                             //否则即是充电出错
        {
            GATE=1;
            BP=1;
        }
        ET0=0;                           //关闭 T0 中断
        EX0=0;                           //关闭外部中断 0
        int0_count=0;
        t_count=0;
    }
    else
    TR0=1;                               //启动 T0 计数
}
void int0() interrupt 0 using 1          //外部中断 0 服务程序
{
    if (int0_count==0)
    {
        TH0= - 5000/256;                 //5ms 定时
        TL0= - 5000%256;
        TR0=1;                           //启动定时/计数器 0 计数
        t_count=0;                       //产生定时器 0 中断的计数器清零
    }
        int0_count++ ;
}
void init()                              //初始化
{
    EA=1;                                //打开 CPU 中断
    PT0=1;                               //T0 中断设为高优先级
```

```
        TMOD=0x01;                        //模式 1,T0 为 16 位定时/计数器
        ET0=1;                            //打开 T0 中断
        IT0=1;                            //外部中断 0 设为边沿触发
        EX0=1;                            //打开外部中断 0
        GATE=1;                           //光耦正常输出电压
        BP=1;                             //关闭蜂鸣器
        int0_count=0;                     //产生外部中断 0 的计数器清零
    }
    void main()
    {
        init();   /* 调用初始化函数 * /
        while(1) ;
    }
```

### 9.2.3　电路制作与联机调试

1. 电路制作

在 Protel 99SE 的环境下,按照“绘制电路原理图→电气规则检查→生成网络表→规划电路板→导入网络表→元件布局与调整→布线”等步骤设计印制电路板底图及 3D 效果图,如图 9-11 所示。然后,用专门仪器或手工制作相应的印制板。最后,根据所设计的印制电路板组装电路。注意,在有贴片元件的情况下,应先焊接 MAX1898 等贴片元件,然后遵循“先里后外,先小后大,先轻后重”的原则,装配其他元器件。

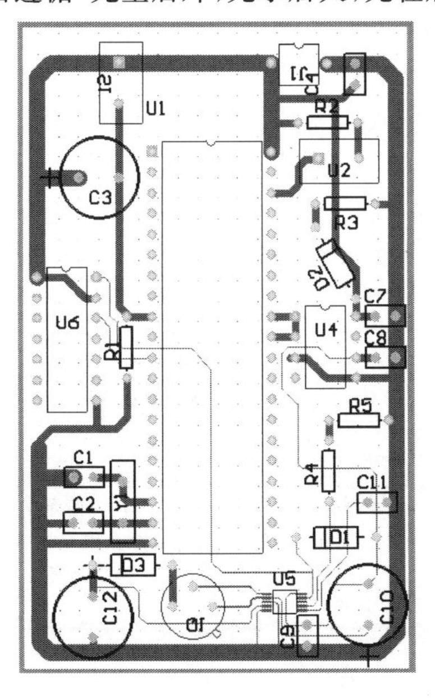


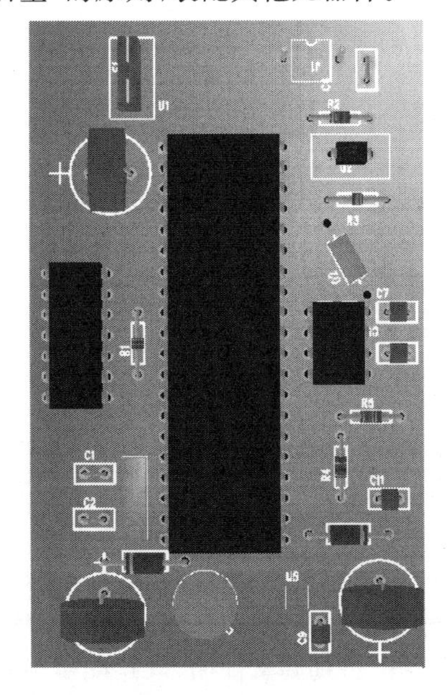

图 9-11　基于 MAX1898 的手机充电器印制电路板底图及 3D 效果图

2. 联机调试

联机调试的主要步骤如下。

(1) 下载软件。

(2) 功能测试:本处采用仿真方式测试各项功能。首先在 Proteus 7.5 中画出如图 9-12所示的仿真图。其中,用 $R_1$ 和 $K_1$ 支路模拟中断源,通过电压表 $V_1$ 观测单片机对光耦器件 6N137 的控制信号(GATE)电压的变化情况,并用扬声器($LS_1$) 查看充电完毕或故障状态下是否有声音报警。测试方法及结果分别如表 9-4、表 9-5 所示。

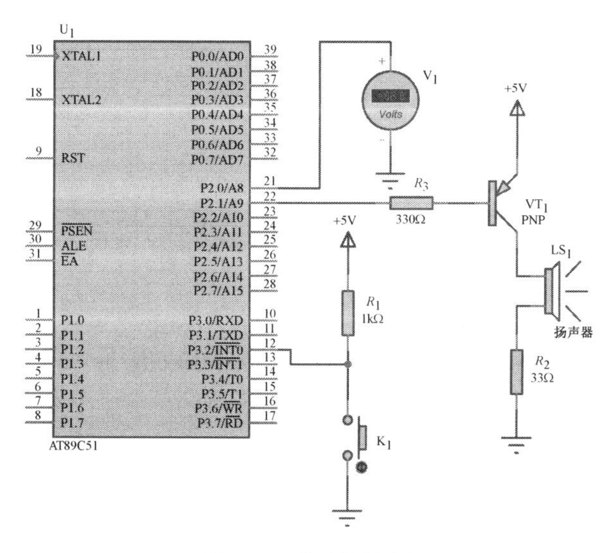


图 9-12 仿真原理图

**表 9-4 测试项目与测试方法**

| 序号 | 测试项目 | 测试方法 |
| --- | --- | --- |
| 1 | 是否能正常充电 | (1) 在 Proteus 7.5 下运行如图 9-12 所示的仿真图;<br>(2) 在没有按下按键 $K_1$(用于产生中断源)时,观察电压表 $V_1$ 所指示的电压值,查看 P2.1 口的电平(是高电平还是低电平),扬声器有否发声 |
| 2 | 充电完毕后是否能关断充电电源并产生声音报警 | (1) 在 Proteus 7.5 下运行如图 9-12 所示的仿真图;<br>(2) 按下按键 $K_1$ 产生中断源,观察电压表 $V_1$ 所指示的电压值,查看 P2.1 口的电平(是高电平还是低电平),再看扬声器有否发声 |
| 3 | 充电发声故障时是否能关断充电电源并产生声音报警 | (1) 在 Proteus 7.5 下运行如图 9-12 所示的仿真图;<br>(2) 按下按键 $K_1$ 产生中断源,观察电压表 $V_1$ 所指示的电压值,查看 P2.1 口的电平(是高电平还是低电平),扬声器有否发声 |

结论:经过仿真调试证明,电路能实现预期功能。

表 9-5　测试结果及充电器运行状态分析

| 序号 | 测试项目 | 测试结果 | 充电器运行状态分析 |
|---|---|---|---|
| 1 | 是否能正常充电 | 电压表 $V_1$ 所指示的电压值为 5V；P2.1 口为高电平；扬声器未发声 | 正常充电 |
| 2 | 充电完毕后是否能关断充电电源并产生声音报警 | 电压表 $V_1$ 所示的电压值为 0.02V；P2.1 口为低电平；扬声器发声 | 充电完毕，关闭充电电源并产生声音报警 |
| 3 | 充电发生故障时是否能关断充电电源并产生声音报警 | 电压表 $V_1$ 所示的电压值为 0.02V；P2.1 口为低电平；扬声器发声 | 充电出错，关闭充电电源并产生声音报警 |

## 9.3　任务十八　短距离无线传输系统设计

### 9.3.1　背景知识

在一些特殊的应用场合中，单片机通信不能采用有线数据传输方式，而是需要采用短距离的无线传输方式。短距离无线传输具有抗干扰能力强、可靠性高、安全性好、受地理条件限制少和安装灵活的优点，在许多领域中都有着广阔的应用前景。随着无线通信市场的不断发展，各大通信厂商均推出了各自的无线网络解决方案，也出现了许多无线通信协议，如蓝牙、IEEE 802.11(Wi-Fi)和 IrDA 无线协议等。

本任务是设计一款由 51 单片机和专用无线传输芯片 nRF2401、液晶显示 LCD1602 和按键控制模块组成的简易的短距离单工无线传输系统，进行数据的发送和接收。与蓝牙技术相比，该设计是一套成本低、功耗低及协议简单的短距离无线传输方案。

### 9.3.2　案例分析

1. 任务要求

利用两套无线模组和两套 51 单片机，实现短距离无线数据传输，基本要求如下。

(1) 通过其中一套 51 单片机和无线模块(A 套)实现字母或数字的发射；利用按键控制输入待传送的字母或数字，并在发射部分显示出来，然后将其发送出去，并以红色 LED 亮指示发送完毕。

(2) 通过另一套 51 单片机和无线模块(B 套)接收 A 套发送的字母或数字，接收方在收到信息后，以红色 LED 灯亮指示收到，并在接收部分 LCD 上显示收到的内容。

(3) 通过一定的协议实现 A 套和 B 套的单工通信。

2. 方案设计

根据任务要求确定总体方案，如图 9-13 所示，各部分的作用如下。

单片机最小系统：其作用是和外围的 nRF2401A 芯片通信，并控制数据传输的过程，采集数据信息并予以处理。

nRF2401A 无线收发模块：其作用是和单片机连接进行数据的接收和发送。

键盘模块：键盘是单片机应用系统最常用的输入设备，操作人员可以通过键盘向单片机系统输入数据。

液晶显示模块：单片机读取 nRF2401A 芯片中的信息，通过液晶显示器显示。采用 LCD1602 作为显示器，具有界面友好和功耗低的优点。

电源模块：用 220V 市电经整流、滤波和稳压后，输出稳定的＋5V 直流电为单片机和液晶显示供电；利用 LM317T 三端可调正稳压块通过调整可调电阻输出 3.3V 电压为 74LVC4245 和 nRF2401A 模块供电。

74LVC4245 电平转换模块：采用专用的双向电平转换芯片 74LVC4245 保证两个芯片在电压允许范围内进行双向通信。

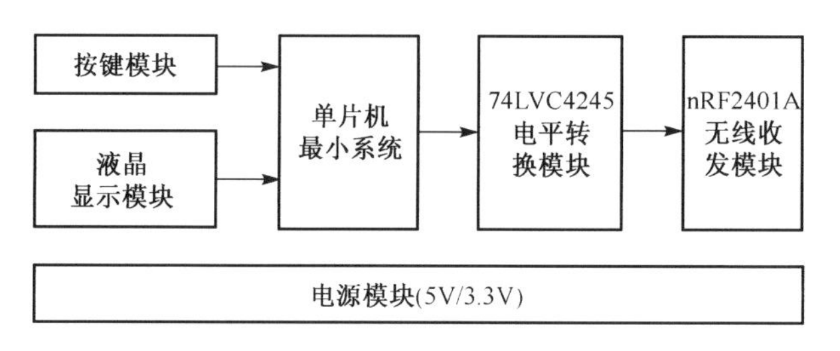


图 9-13 短距离无线收发系统的组成

3. 硬件设计

1) nRF2401A 无线收发模块

(1) nRF2401A 芯片简介。

nRF2401A 是挪威 Nordic 公司推出的 2.4G 单片无线射频收发芯片，芯片内置频率合成器、功率放大器、晶体振荡器和调制器等功能模块，输出功率和通信频道可通过程序进行配置。该芯片具有接收灵敏度高、外围电路少、发射功率低、传输速率高和低功耗等优点。nRF2401 适用于多种无线通信的场合，如无线鼠标、无线数据采集、小型无线网络、无线抄表、门禁系统、小区传呼、监控系统、非接触 RF 智能卡、无线遥控和无线音频/视频数据传输等。

芯片的主要特性有：单芯片无线收发；GFSK 调制模式；收发载波频率为 2.4～2.5GHz；数据传输率为 0～1Mbit/s；外围元器件极少；125 阶可调收发频率（梯度 1MHz）；地址比较和 CRC 校验；DuoCeive™ 技术，支持双通道接收；ShockBurst™ 技术，低功耗，缓解 CPU 发送压力；宽电压范围为 1.9～3.6V；超低功耗，发送 10.5mA；接收 18mA。

该芯片采用 QFP24 封装，其引脚排布如图 9-14 所示，对应的 I/O 连接和功能描述如表 9-6 所示。

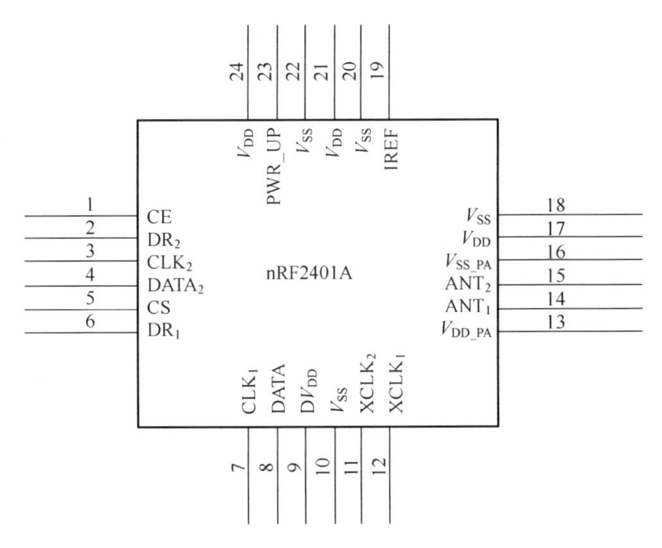


图 9-14　nRF2401A 引脚图

**表 9-6　nRF2401A 芯片引脚功能**

| 引脚号 | 对应引脚名称 | 引脚功能 | 描　述 |
|---|---|---|---|
| 1、5、23 | CE、CS、PWR-UP | 数字输入 | CE 用于激活芯片的接收或发送模式；CS 片选，用于激活配置模式；PWR-UP 功率上限 |
| 2 | $DR_2$ | 数据输出 | 数据信道 2 接收数据准备好输出，表示可以接收数据 |
| 3、7、8 | $CLK_2$、$CLK_1$、DATA | 数字输入/输出 | $CLK_2$ 接收数据信道的时钟输出/输入；$CLK_1$ 数据信道 1 的 3-线接口发送时钟输入和接收时钟输入/输出；DATA 接收信道 1/发送数据输入/3-线接口 |
| 4、6 | $DATA_2$、$DR_1$ | 数字输出 | $DATA_2$ 接收数据信道 2 输出；$DR_1$ 表示数据信道 1 接收数据已准备好 |
| 9、(10、18、20、22)、16、(17、21、24) | $DV_{DD}$、$V_{SS}$、$V_{SS\text{-}PA}$、$V_{DD}$ | 功率 | $DV_{DD}$ 数字电源正端，使用时应退藕；$V_{SS}$ 地(0V)；$V_{SS\text{-}PA}$ 接地(0V)；$V_{DD}$ +3V 直流电源 |
| 11、12 | $XC_2$、$XC_1$ | 模拟输出 | $XC_2$、$XC_1$ 均为晶振接入端 |
| 13 | $V_{DD\text{-}PA}$ | 功率输出 | 功率放大器电源端(1.8V) |
| 14、15 | $ANT_1$、$ANT_2$ | 射频 | $ANT_1$ 天线接口 1；$ANT_2$ 天线接口 2 |
| 19 | IREF | 模拟输入 | 参考电流输入 |

(2) nRF2401A 电路设计。

nRF2401A 及其外围电路如图 9-15 所示，包括 nRF2401A 芯片部分、稳压部分、晶振部分和天线部分。电压 $V_{DD}$经电容 $C_1$、$C_2$、$C_3$ 滤波后为芯片提供工作电压。晶振部分包括 $Y_1$、$C_9$ 和 $C_{10}$，晶振 $Y_1$ 允许值为 4MHz、8MHz、12MHz 和 16MHz，如果需要 1Mbit/s 的通信速率，则必须选择 16MHz 晶振。天线部分包括电感 $L_1$ 和 $L_2$，用来将 nRF2401A 芯片 $ANT_1$ 和 $ANT_2$ 管脚产生的 2.4G 电平信号转换为电磁波信号，或者将电磁波信号转换为电平信号，输入芯片的 $ANT_1$ 和 $ANT_2$ 管脚。

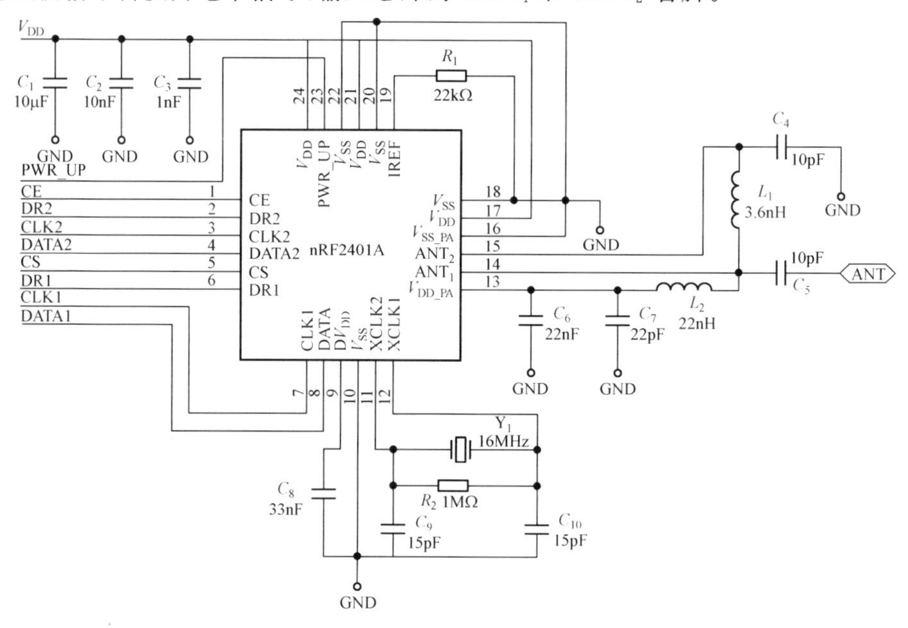


图 9-15　nRF2401A 及其外围电路

2) 51 单片机最小系统

单片机最小系统以 AT89C51 单片机为核心，由单片机、时钟电路和复位电路等组成，如图 9-16 所示。它主要负责各个模块的初始化工作，读取并处理数据，处理按键响应，以及控制液晶显示等。

3) 按键模块

键盘模块设置了两个按键：KEY0 和 KEY1。其中，KEY0 为数据发送键，用 KEY1 键控制数据的输入及显示。电路连接如图 9-17 所示。两个上拉电阻可以保证在没有按键输入时，进入单片机四个 I/O 口的按键状态均为高电平，防止产生干扰；当有按键按下时，相应的端口线状态转为低电平。

4) 液晶显示模块

LCD 显示器分为字段显示和字符显示两种。其中，字段显示与 LED 显示相似，只要送对应的信号到相应的引脚就能显示。字符显示是根据需要显示基本字符。本任务采用字符型显示 LCD1602 作为显示器件输出信息，可以显示 2 行 16 个汉字。与传统

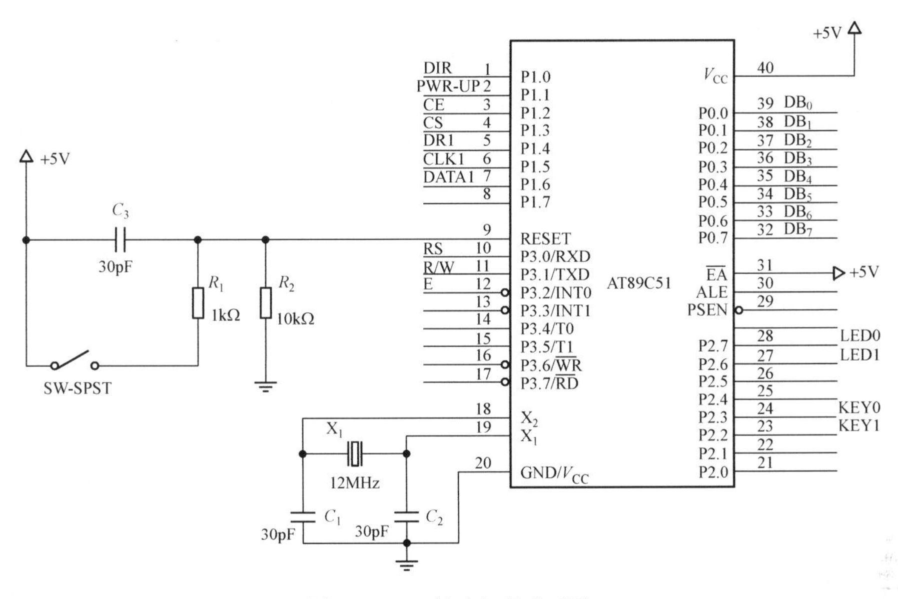


图 9-16　51 单片机最小系统

的 LED 数码管显示器件相比，液晶显示模块具有体积小、功耗低、显示内容丰富和不需要外加驱动电路等优点，是单片机应用设计中最常用的显示器件。

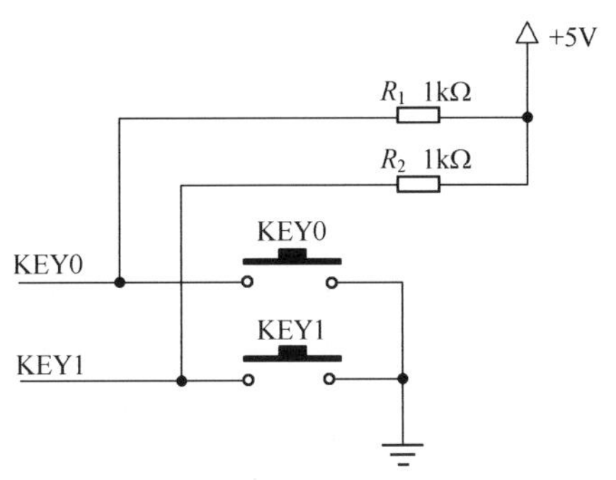


图 9-17　按键电路

5）74LVC425 电平转换模块

74LVC425 是一种典型的双电源供电的双向收发器，通过 DIR 引脚控制传输方向。引脚定义如表 9-7 所示。

其中，$\overline{OE}$为低电平收发器工作，高电平截止；DIR 为高电平时 $A$ 为输入端，$B=A$；DIR 为低电平时 $B$ 为输入端，$A=B$。

因为单片机和无线传输模块 nRF2401A 逻辑电平不一致，对不同的逻辑电路不能正确传送逻辑信号，如果把两者直接相连，数据的流向可能会对 nRF2401A 造成损害，所以在设计中采用 74LVC4245 进行总线电平转换。74LVC4245 是双向电平转换芯片，它能够实现电平从 5V 到 3.3V 和从 3.3V 到 5V 的双向转换，接口电路如图 9-18 所示。

表 9-7　74LVC425 引脚定义

| 引脚号 | 引脚名称 | 引脚号 | 引脚名称 |
|---|---|---|---|
| 1 | $V_{CCA}$（+5V 供电） | 13 | GND |
| 2 | DIR | 14 | $B_8$ |
| 3 | $A_1$ | 15 | $B_7$ |
| 4 | $A_2$ | 16 | $B_6$ |
| 5 | $A_3$ | 17 | $B_5$ |
| 6 | $A_4$ | 18 | $B_4$ |
| 7 | $A_5$ | 19 | $B_3$ |
| 8 | $A_6$ | 20 | $B_2$ |
| 9 | $A_7$ | 21 | $B_1$ |
| 10 | $A_8$ | 22 | $\overline{OE}$ |
| 11 | GND | 23 | $V_{CCB}$（+3.3V 供电） |
| 12 | GND | 24 | $V_{CCB}$（+3.3V 供电） |

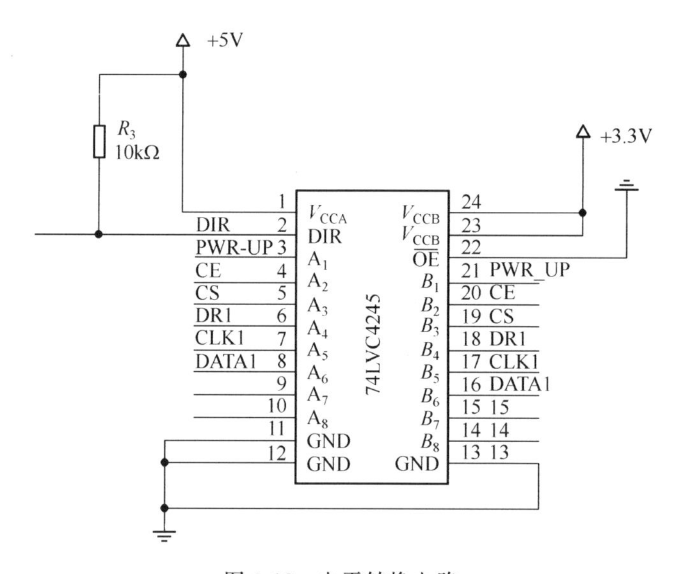


图 9-18　电平转换电路

6）电源模块

(1) 5V DC 电源电路。

用 220V 市电经整流、滤波和稳压后，输出稳定的+5V 直流电为单片机和液晶显示供电。+5V 稳压器采用 CW7805，其应用电路如图 9-19 所示。其中，滤波电容 $C_6$ 和 $C_8$ 的值为 1000μF，$C_7$ 和 $C_9$ 为 0.33μF。发光二极管 $VD_6$ 的作用是显示电源是否接通，若接通则 $VD_6$ 灯亮，无接通则 $VD_6$ 灯灭。

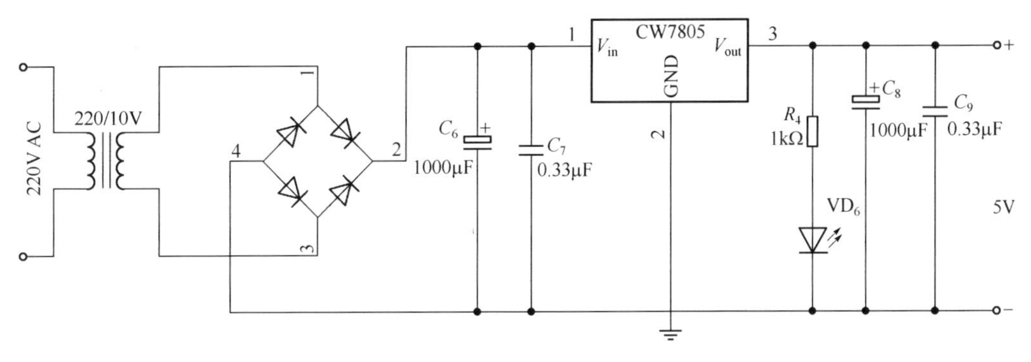


图 9-19　5V 电源电路

(2) 3.3V DC 电源电路。

采用 LM317T 三端稳压器构成的 3.3V 电源电路如图 9-20 所示。

LM317T 的输出电压可以从 1.25V 连续调节到 37V，其输出电压值可由 $U_o = 1.25(1+R/R_1)$ 算出。$R_1$ 一般取 200Ω，因此 $R$ 的值约为 330Ω。

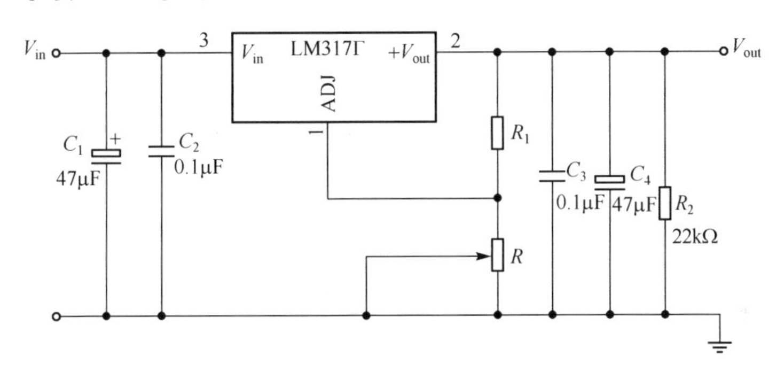


图 9-20　3.3V 电源电路

4. 软件设计

1) 主程序设计

系统主程序分发送和接收两部分。

(1) 发送部分。

发送部分的主程序流程如图 9-21(a)所示。首先进行 nRF2401A 和 LCD1602 的初始化，然后判断 KEY1 是否按下，若检测到按键按下，则输入数据并显示。然后判断 KEY0 是否按下，若按下则发送数据。待数据发送完毕后，点亮红色 LED 指示灯，并在 LCD1602 上显示数据发送完毕。

发送部分的主要代码如下：

```
void main(void)
{
    unsigned int i,j;
```

```
unsigned char shuzi,rx_state= 0;
LCD_init();
                                        //LCD_CLR
                                        //nRF2401A 初始化,必须执行的配置
                                          操作
Config2401();
Delay100();
                                        //系统初始化后的收发测试,不需要按
                                          键支持
TxRxBuf[0] = 1;
TxRxBuf[DATA1_W/8 - 1]=1;               //初始化发送数据(测试)
SetTxMode();                            //设置为发送模式
nRF2401A_TxPacket(TxRxBuf);             //发送测试数据
LED0= 0;                                //发送指示灯亮
for(i= 0;i< 100;i++ )                   //延时使 LED 灯点亮
    Delay100();
LED0= 1;                                //发送指示灯灭
TxRxBuf[0]= 0xff;
TxRxBuf[DATA1_W/8 - 1]=0xff;
SetRxMode();                            //设置 nRF2401A 为接收模式
for (i= 0;i< 30;i++ )
    for (j= 0;j< 30;j++ )
        {;}
if (nRF2401A_RxPacket(TxRxBuf)==1)      //返回 1,表明有数据包接收到
{
    LED1= 0;                            //接收指示灯亮
    for(i= 0;i< 100;i++ )               //延时使 LED 灯点亮
        Delay100();
        LED0=1;                         //发送指示灯灭
}
TxRxBuf[0]=0;                           //数据缓存区清零
TxRxBuf[DATA1_W/8 - 1]=0;
                                        //测试完毕
LCD_prints(0,0,"Tx/Rx System");
LCD_prints(0,1,"Designer:ZBG");
                                        //进入人工控制发送模式
while(1)
{
    if(KEY1==0&&shuzi< =255)
```

```
        {
            delay200ms();
            {
                if(KEY1==0&&shuzi< = 255)
                {
                    LCD_CLR();
                    LCD_prints(0,0,"Send No.:");
                    shuzi+ + ;
                    TxRxBuf[0]=shuzi;
                    LCD_printn(12,0,TxRxBuf[0]);
                }
            }
        }
        if(KEY0==0)
        {
            delay200ms();
            {
                if(KEY0==0)
                {
                    LCD_CLR
                    LCD_prints(0,0,"Sending:");
                    SetTxMode();                    //设置为发送模式
                    nRF2401_TxPacket(TxRxBuf);      //发送数据
                    LCD_printn(12,0,TxRxBuf[0]);
                    LED0=0;
                    Delay100();
                    LED0=1;                         //发送指示灯灭
                    for(i=0;i< 20;i++ )
                    delay200ms();
                    LCD_CLR();
                    LCD_prints(0,0," Send completed.");
                    for(i=0;i< 20;i++ )
                    delay200ms();
                    LCD_prints(0,0," Tx/Rx System");
                    LCD_prints(0,1," Designer:ZBG");
                }
            }
        }
}
```

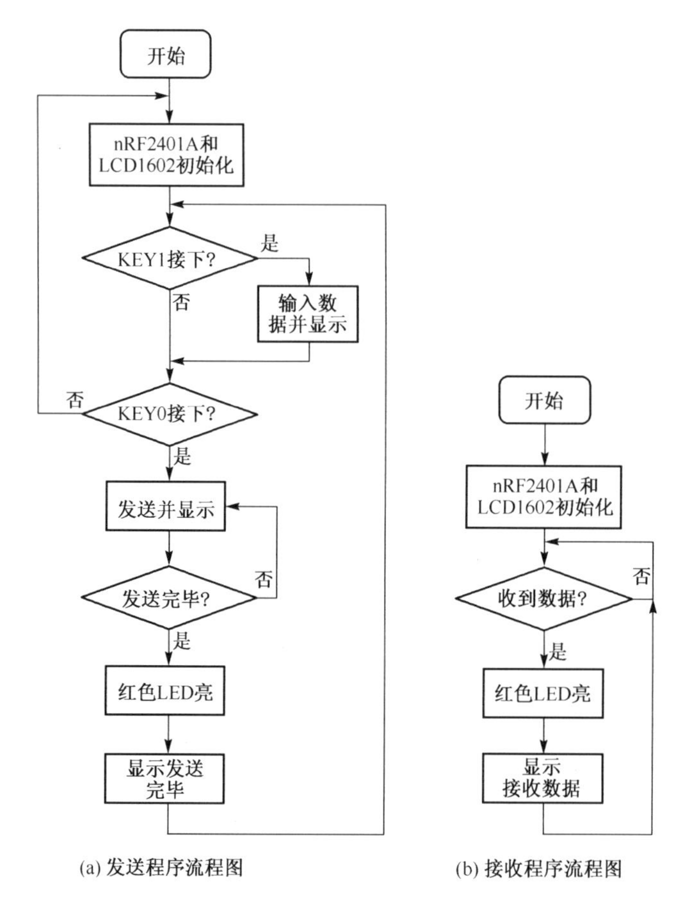


(a) 发送程序流程图　　(b) 接收程序流程图

图 9-21　系统主程序流程图

(2) 接收部分。

接收部分的主程序流程如图 9-21(b)所示。在完成初始化后,首先判断是否收到数据,若收到则点亮红色 LED 灯;然后显示所接收到的数据。接收部分的主要代码如下:

```
void main()
{
    ……
    while(1)
    {
        SetTxMode();                              //设置为接收模式
        rx_state=nRF2401A_RxPacket(TxRxBuf);      //接收数据
        if(rx_state)
        {
            LCD_prints(0,0,"Receive:");
```

```
            LCD_printn(8,0,TxRxBuf[0]);
            LED1=0;
            Delay100();
            LED1=1;                              //接收指示灯灭
        }
    }
}
```

2）nRF2401A 初始化程序

初始化流程如图 9-22 所示，包括 nRF2401A 上电和向芯片写控制字操作。nRF2401A 上电是将芯片的 PWR_UP 引脚设置为高电平，上电以后才可以对 nRF2401A 进行控制和读写操作。nRF2401A 共有 18Byte(144bit)的命令字，配置字格式如表 9-8 所示。

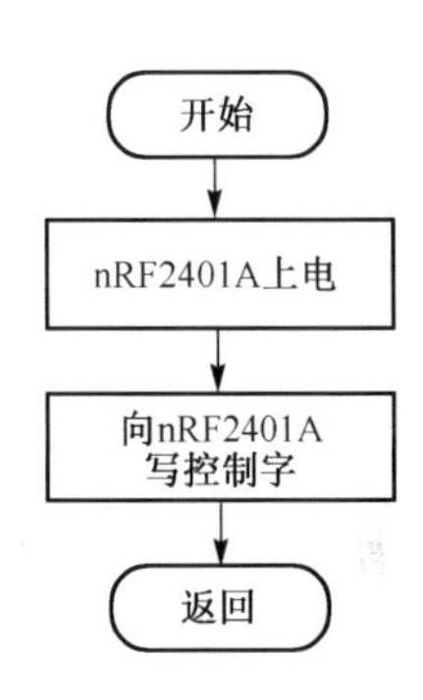


图 9-22　初始化程序流程

向 nRF2401A 写控制字操作的时序如图 9-23 所示。PWR_UP为高电平，CE 为低电平时，置位 CS，芯片处于命令字写入状态，通过通道 1 向芯片的控制字缓冲区写入命令字，按照由高位到低位的顺序，命令字全部写入后，将 CS 置低，nRF2401A 芯片将会根据命令字配置相应的内部模块。在第一次配置操作结束后，只有最后两个字节的命令字可以被更改，前 16 字节的修改无效，如果需要修改前 16 字节的命令字(如通道接收地址和接收数据长度等)，则需要掉电(PWR_UP 置低)后重新上电(PWR_UP 置高)，才能对芯片彻底进行初始化操作。

**表 9-8　配置字格式**

| 位(bit) | 位数 | 名字 | 功　能 |
|---|---|---|---|
| 111～104 | 8 | DATA1_W | 通道 1 有效数据长度 |
| 63～24 | 0 | ADDR1 | 通道 1 地址 |
| 23～18 | 6 | ADDR_W | 通道 1 地址长度 |
| 17 | 1 | CRC_L | 8 或 6 位 CRC，0 是 8 位，1 是 16 位 |
| 16 | 1 | CRC_EN | CRC 使能位 |
| 14 | 1 | CM | 1 是 ShockBurst™模式 |
| 12～10 | 3 | XO_F | 晶振频率选择 |
| 9～8 | 2 | RF_PWR | 发射功率 |
| 7～1 | 7 | RF_CH# | 信道频率 |
| 0 | 1 | RXEN | 0 使能发射，1 使能接收 |

3）数据发送程序

nRF2401A 采用 ShockBurst™(突发模式)方式发送数据。单片机向 nRF2401A 发送数据的流程图如图 9-24 所示。

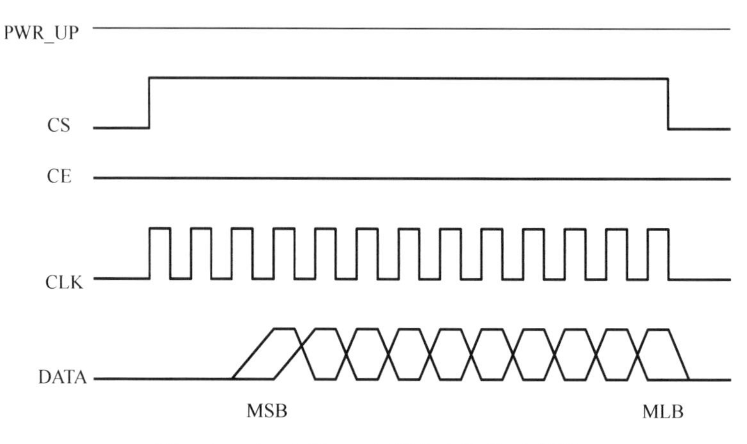


图 9-23　向 nRF2401A 写命令字的时序图

单片机向 nRF2401A 发送数据的时序图如图 9-25所示。

单片机向 nRF2401A 发送的数据格式如图 9-26 所示。$A_n \sim A_0$ 为接收机地址，不超过 40 位，通过更换地址，可以向多个 nRF2401A 模块发送数据；$D_k \sim D_0$ 为待发送的数据。以上数据由单片机发送到 nRF2401A 之后，nRF2401A 将会进行打包并发送，打包后的数据格式如图 9-27 所示。其中，Pre 为 8 位的校验头，CRC 为 8 位或 16 位的校验尾，在 ShockBurst™模式下由 nRF2401A 自动添加。

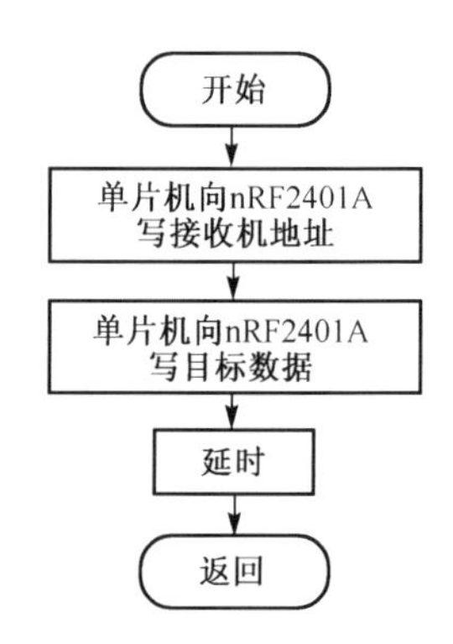


图 9-24　单片机向 nRF2401A 发送数据流程图

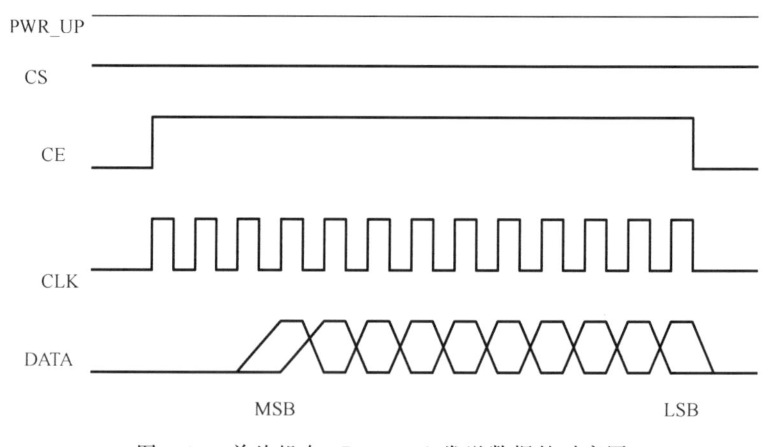


图 9-25　单片机向 nRF2401A 发送数据的时序图

4）数据接收程序

当接收端成功接收到数据后，将会置位对应的引脚数据请求 $DR_1/DR_2$，单片机

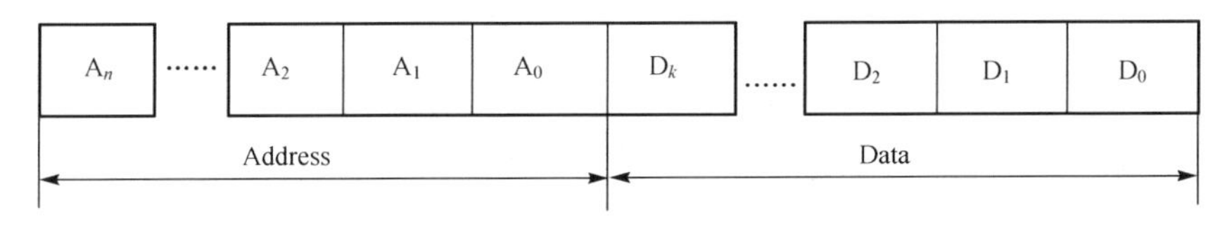


图 9-26　单片机向 nRF2401A 发送数据格式

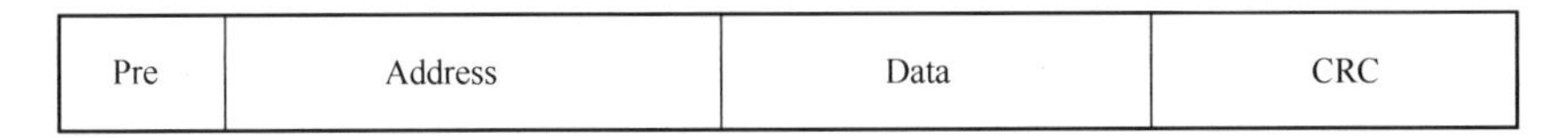


图 9-27　nRF2401A 对外发送数据的打包格式

通过按键查询该引脚状态，或者通过中断方式接收数据。数据接收流程如图 9-28 所示。

单片机从 nRF20401A 中读取数据的时序图如图 9-29 所示。

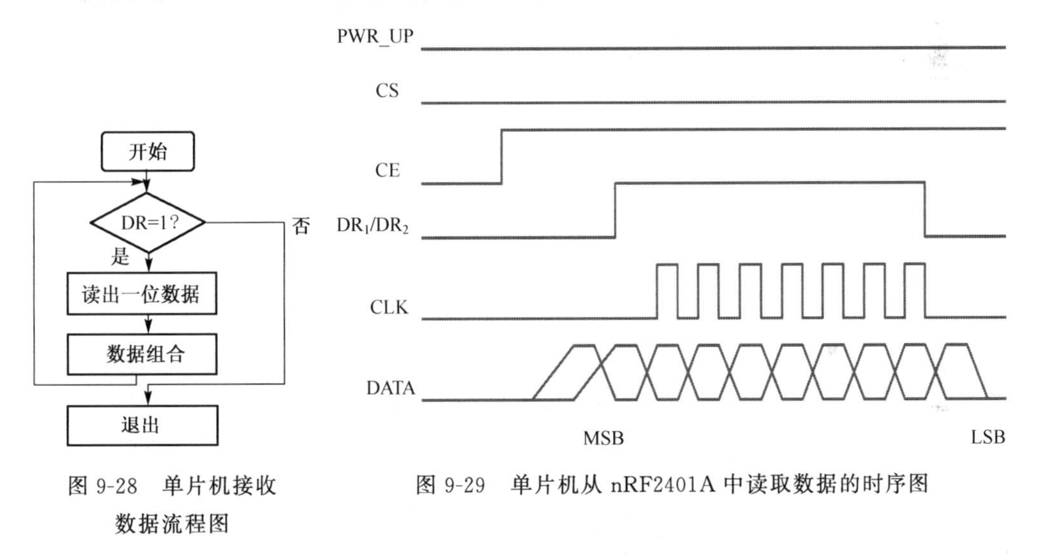


图 9-28　单片机接收数据流程图

图 9-29　单片机从 nRF2401A 中读取数据的时序图

### 9.3.3　电路制作与联机调试

1. 电路制作

在 Protel 99SE 环境下，按照“绘制电路原理图→电气规则检查→生成网络表→规划电路板→导入网络表→元件布局与调整→布线”等步骤设计印制电路板底图。然后，用专门仪器或手工制作相应的印制板。最后，根据所设计的印制电路板组装电路。注意，在有贴片元件的情况下，应先焊接 nRF2401A 等贴片元件，然后遵循“先里后外，先小后大，先轻后重”的原则装配其他元器件。

本任务的硬件采用模块化设计思想，nRF2401A 模块的硬件如图 9-30 所示。

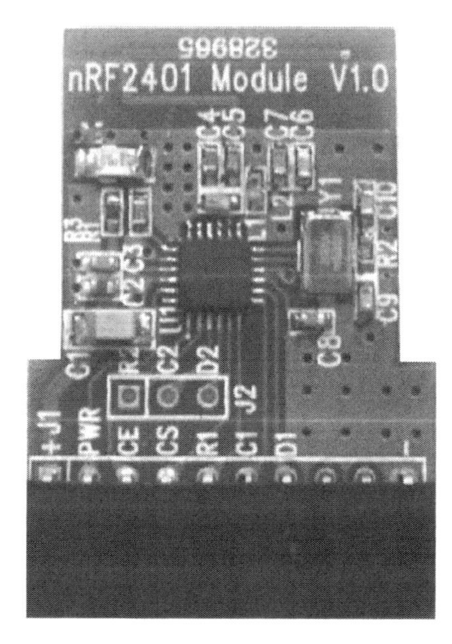


图 9-30　nRF2401 模块实物图

2. 联机调试

1) 仿真测试

在 Proteus 7.7 下,绘制如图 9-31 所示的仿真电路,载入所生成的软件目标代码。启动仿真后,初始状态如图 9-31 所示,LCD 上显示了"TX/RX System"等字样,等待用户输入信息。

按下 KEY1 共 5 次后,LCD 显示"Send No.:5",表示待发送的数据为"5",如图 9-32 所示;再按下 KEY0 后,结果如图 9-33 所示,LCD 显示"Sending:5",表明发送数据"5";发送完毕后的结果如图 9-34 所示。

2) 通信故障排除方法

收发通信不成功的原因可能在发送端也可能在接收端,重点检查以下几个参数。

(1) 发送端发送的地址与接收端的通道地址(包括地址值和有效位)是否一致;

(2) 发送端发送的数据宽度和接收端的设置是否一致;

(3) 发送端的发射频率与接收端的接收频率是否一致。

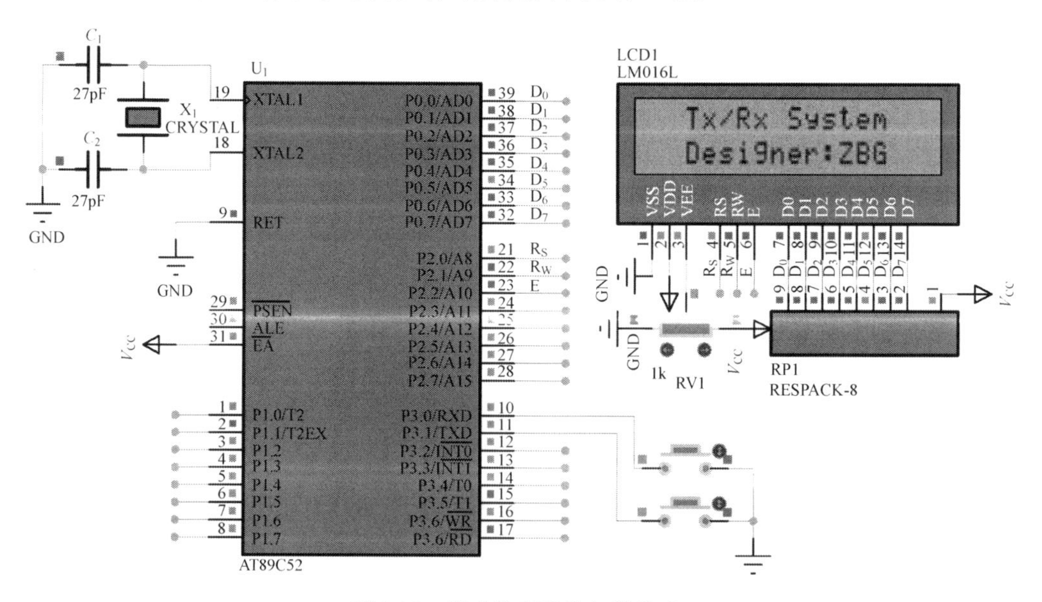


图 9-31　启动仿真后的初始状态

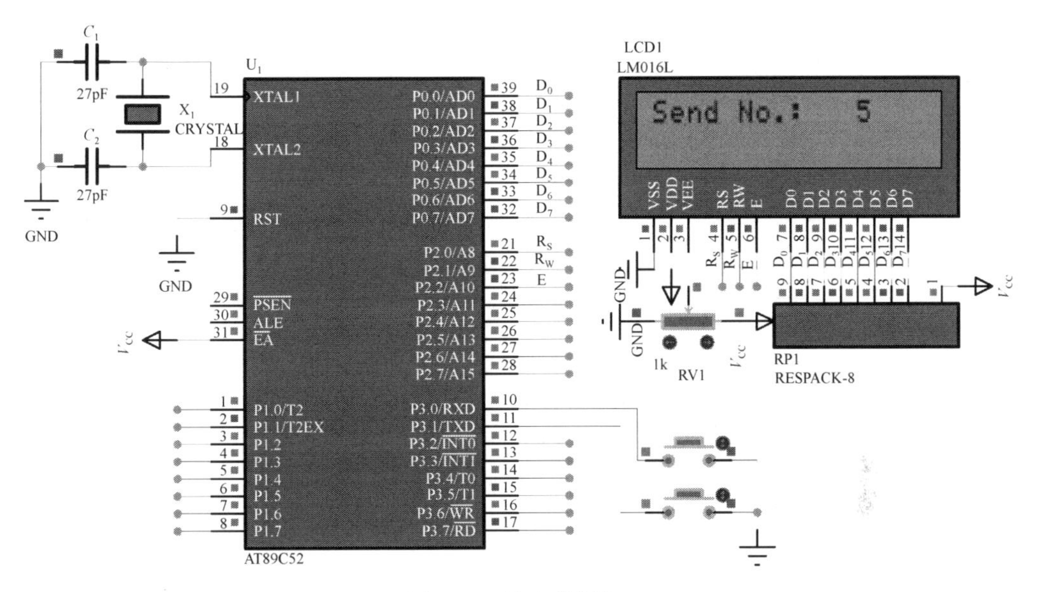


图 9-32 输入数据“5”

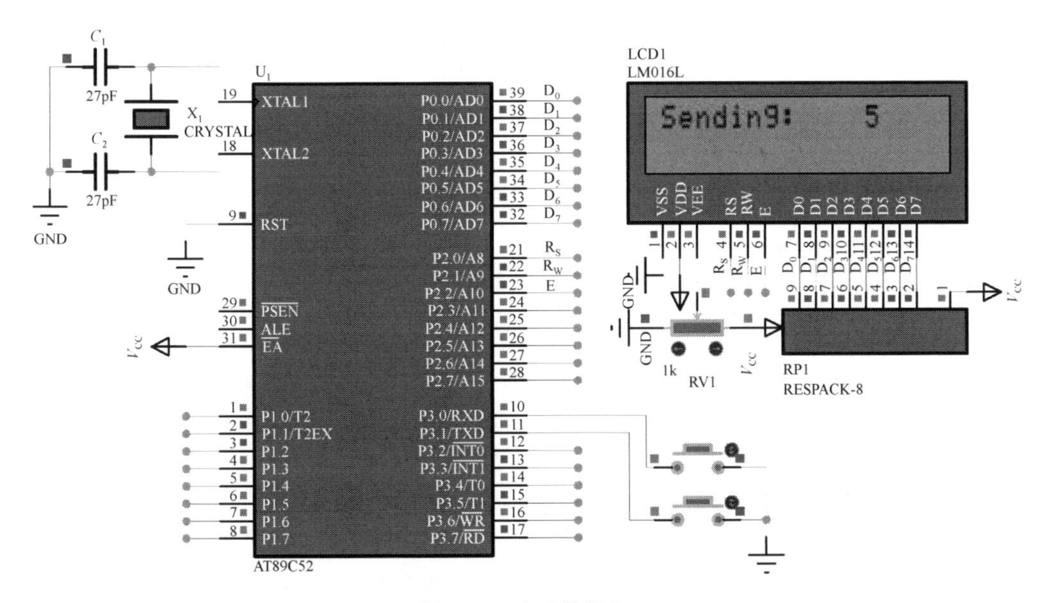


图 9-33 发送数据“5”

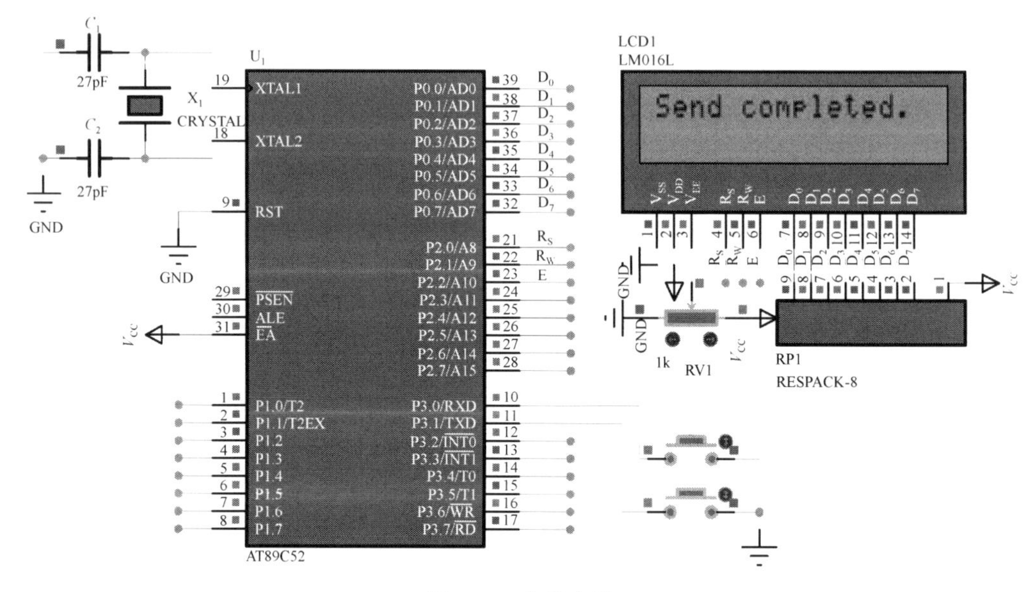


图 9-34　发送完毕

# 9.4　任务十九　智能寻迹小车设计

## 9.4.1　背景知识

在历届全国大学生电子设计竞赛中，多次出现了集光、机、电一体的简易智能小车题目，如寻迹小车、坦克打靶小车。另外，在很多职业院校，单片机课程的教学也选择了小车这个载体。

本任务是设计一款基于 51 单片机、ST188 红外传感器、L298 电机驱动芯片的智能寻迹小车，最后完成在模拟环境中的寻迹、定位等功能。

## 9.4.2　案例分析

1. 任务要求

设计并制作一款智能寻迹小车，其行驶路线如图 9-35 所示。

基本要求如下：

(1) 寻迹小车从起跑线出发(车体不得超过起跑线)，沿引导线(黑色电工胶带)行驶，到达“十”或“T”形路口(标识物)时停车 10s，然后继续行驶，直到跑完全程。

(2) 寻迹小车完成上述任务后应立即停车。全程行驶时间不能大于 180s，行驶时间达到 180s 时必须立即自动停车。

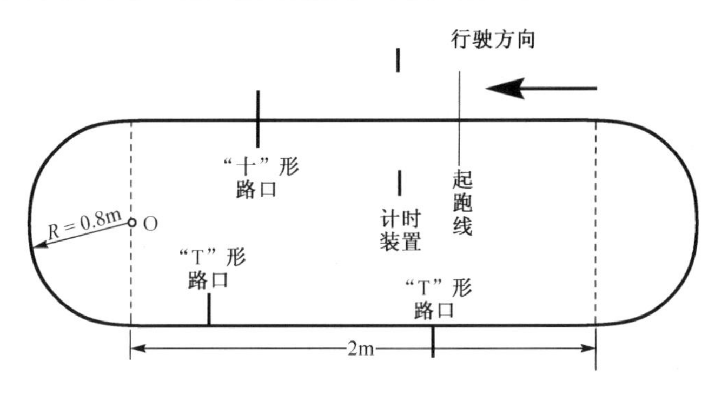


图 9-35 智能寻迹小车行驶路线图

2. 方案设计

1）寻迹原理

这里的"寻迹"是指小车在黑色地板上循白线行走，通常采取的方法是红外探测法。它利用红外线在不同颜色的物体表面具有不同反射性质的特点，在小车行驶过程中不断地向地面发射红外光，当红外光遇到白色纸质地板时发生漫反射，反射光被装在小车上的接收管接收；如果遇到黑线则红外光被吸收，小车上的接收管接收不到红外光。单片机以是否收到反射回来的红外光为依据确定黑线的位置和小车的行走路线。红外探测器探测的距离有限，一般最大不应超过 3cm。

2）总体方案

根据设计要求，本系统主要由电源模块、51 单片机控制器模块、寻迹传感器模块、电压比较模块、直流电机及其驱动模块等模块构成，如图 9-36 所示。

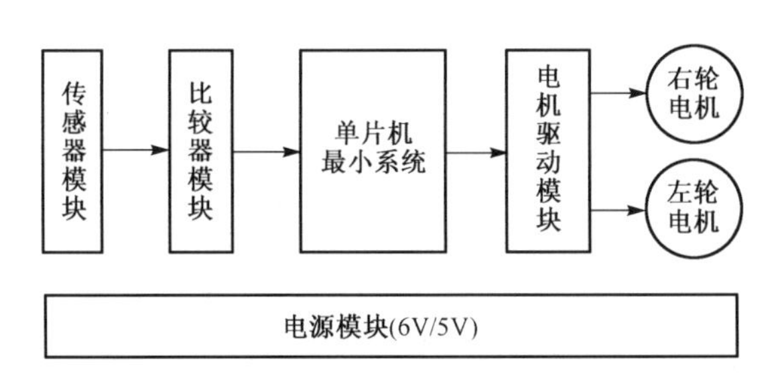


图 9-36 智能寻迹小车的电路组成

各组成部分的作用如下。

（1）电源模块：+6V 直流电源为电机驱动部分提供工作电源。+5V 直流电源为传感器模块、比较器模块，以及单片机最小系统提供工作电源。

（2）传感器模块：传感器好比小车的"眼睛"，小车在如图 9-35 所示的沿轨迹引导线行驶过程中可能会遇到"十"或"T"形路口、正常行驶、向右偏离轨道和向左偏离轨道等几种状态。在不同的状态下需做出不同的下一步动作，如表 9-9 所示。

表 9-9　小车现行状态及下一步调整动作

| 序号 | 现行状态 | 下一步调整指令 |
| --- | --- | --- |
| 1 | 正常 | 继续行驶 |
| 2 | 遇到“十”或“T”形路口 | 停止 |
| 3 | 右偏离轨道 | 调整电机使小车左转 |
| 4 | 左偏离轨道 | 调整电机使小车右转 |

(3) 比较器模块：传感器电路输出的信号是模拟信号，不宜直接送 51 单片机处理。在传感器模块与单片机之间加上比较器，其目的就是将模拟信号转换为单片机可以处理的 TTL 电平。

(4) 电机驱动模块：小车需要完成“前进”、“后退”、“左转”、“右转”和“停止”五个基本动作，这些都需要由单片机控制驱动模块来实现，同时它还为电机提供足够的工作电流。

3. 硬件设计

1) 电源模块

一次电源采用 6 节 5 号干电池供电，经过 LM7806 和 LM7805 分别降压及稳压到 +6V 和 +5V，详细的电路如图 9-37 所示。此方案电路简单，安装方便，调试容易。以 +6V 直流输出为例，干电池提供 +9V 直流电从 J1 接入，经过输入滤波电容 $C_1$ 和 $C_2$ 滤波后，送到三端稳压器 LM7806 进行降压及稳压，经电容 $C_3$ 和 $C_4$ 输出滤波后，由 J2 输出 +6V 直流电。$VD_1$ 为电源指示灯，$R_1$ 起到分压和限流的作用。

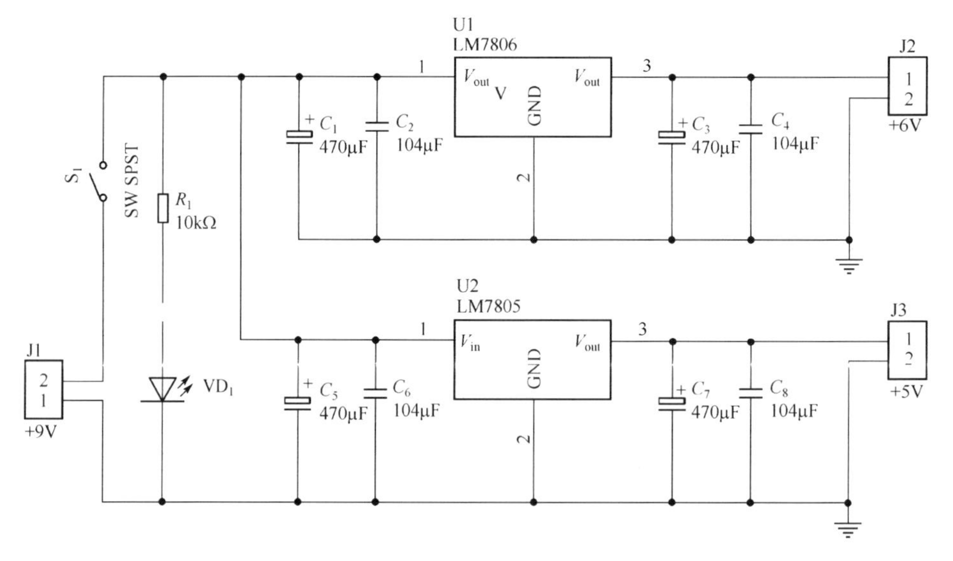


图 9-37　电源电路

2) 传感器模块

传感器模块采用 ST188 反射式红外传感器进行探测。只要选择数量和探测距离都合适的红外传感器，可以精确地判断出黑线的位置。ST188 实物图如图 9-38(a)所示，它内部有一个红外发光二极管和一个光电耦合三极管，A 为 ST188 内部二极管的阳极，K 为内部二极管的阴极，E 为三极管的发射极，C 为三极管的集电极。反射过程如图 9-38(b)所示。

为了顺利实现寻迹，传感器电路至少需采用 3 路。为便于扩展避障功能，本设计采用 4 路传感器。基于 ST188 的传感器电路如图 9-39 所示（一路）。$R_{c11}$ 为二极管的限流电阻。红外发光二极管发射红外光经白色地面反射后使三极管导通（黑色地面截止），信号从取样电阻 $R_{c12}$ 中输出。

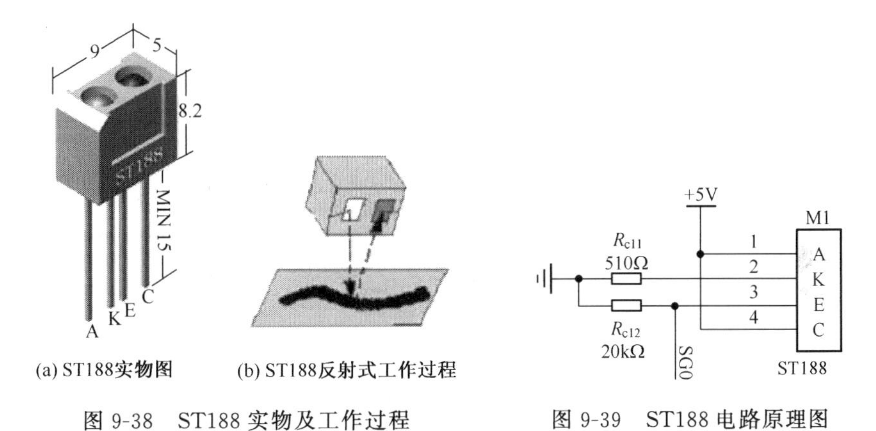


(a) ST188实物图　(b) ST188反射式工作过程

图 9-38　ST188 实物及工作过程　　图 9-39　ST188 电路原理图

3）比较器模块

利用比较原理直接将传感器模块输出的信号送入比较器，与阈值电压进行比较，输出高电平或低电平送单片机，单片机根据电平高低判断传感器是否在黑线上。本设计采用 LM324 实现比较器，其电路如图 9-40 所示。其中，来自传感器模块的信号由各运放反相输入端输入，比较器的同相输入端由 15kΩ 和 10kΩ 电阻分压形成 3V 阈值电压。

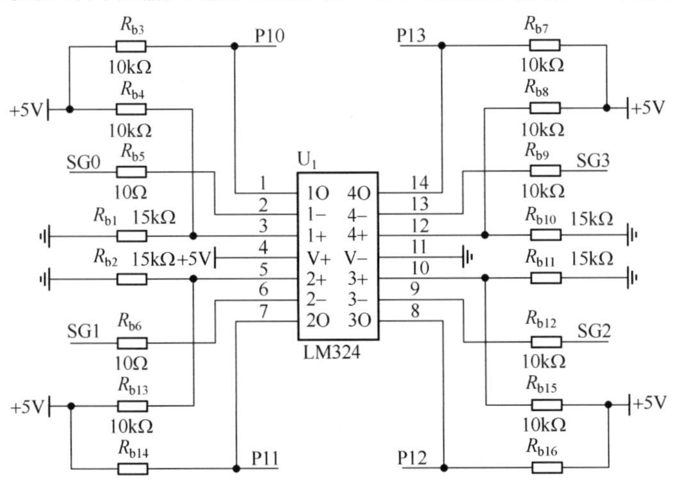


图 9-40　基于 LM324 的比较器电路

4）电机驱动模块

本任务采用由三极管构成的 H 桥驱动电路驱动左右轮电机，电路原理如图 9-41 所示。$VT_9$、$VT_{10}$、$VT_{11}$、$VT_{12}$四个三极管组成 H 桥的四个桥臂，$VT_{10}$和 $VT_{12}$组成一组，$VT_9$和 $VT_{11}$组成一组，$VT_7$控制 $VT_9$和 $VT_{10}$的导通与关断，$VT_8$控制 $VT_{11}$和 $VT_{12}$的导通与关断，而 $VT_7$和 $VT_8$由 $Q_i$和 $H_i$控制（注：$Q_i$和 $H_i$不能同时为低电平，否则会出现短路），各三极管的工作情况如表 9-10 所示。

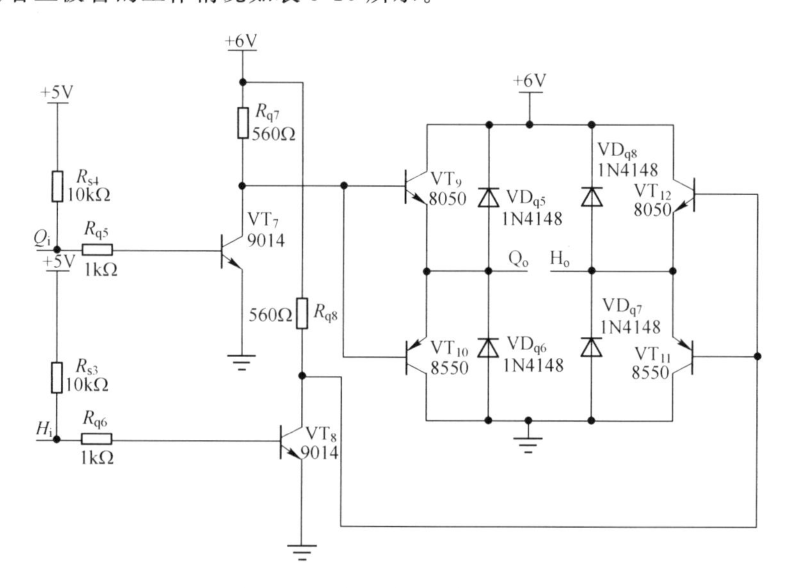


图 9-41　电机驱动电路原理图

**表 9-10　三极管及电机状态表**

| $Q_i$ | $H_i$ | $VT_7$ | $VT_8$ | $VT_9$ | $VT_{10}$ | $VT_{11}$ | $VT_{12}$ | 电机 |
|---|---|---|---|---|---|---|---|---|
| 0 | 0 | 截止 | 截止 | 导通 | 截止 | 截止 | 导通 | 短路 |
| 0 | 1 | 截止 | 导通 | 导通 | 截止 | 导通 | 截止 | 反转 |
| 1 | 0 | 导通 | 截止 | 截止 | 导通 | 截止 | 导通 | 正转 |
| 1 | 1 | 导通 | 导通 | 截止 | 导通 | 导通 | 截止 | 停止 |

4. 软件设计

1）程序流程

程序流程如图 9-42 所示，单片机首先读取 P1.0～P1.2 口的状态，然后决定如何向 P2 口送出控制电平，驱动小车完成前进、后退、停止、左转和右转动作。

2）主要程序代码

```
# include"reg51.h"
# define QJ 0xa0
# define HT 0x50
```

```
# define ZG 0xe0
# define YG 0xb0
# define TZ 0xf0
sbit P10=P1^0;
sbit P11=P1^1;
sbit P12=P1^2;
void main()
{
    unsigned char i;
    while(1)
    {
        P1=0xff;
        i=P1&0xef;
        if(i==0x08)
            P2=QJ;
        if(i==0)
            P2=HT;
        if(i==0x01||i==0x02||i==0x04)
            P2=YG;
        if(i==0x10||i==0x20||i==0x40)
            P2=ZG;
        if(P10==1&&P11==1||P11==1&&P12==1||)
        //行驶到“十”或“T”形路口停车 10s 后前进
        {   P2=TZ;delay(1000);
           P2=QJ;delay(10) ;
        //延时是为了保证小车走过黑线
        }
    }
}
```

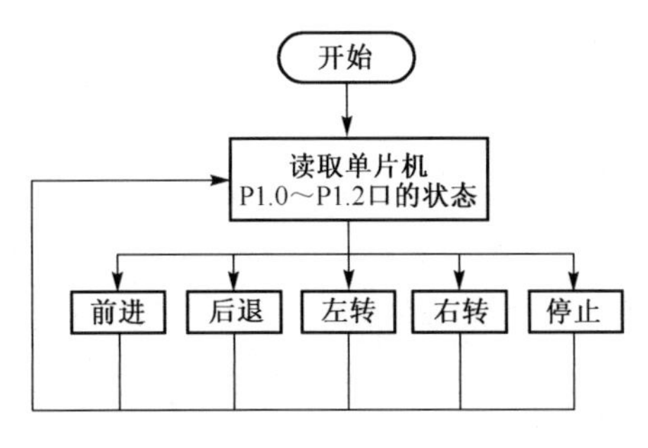


图 9-42　寻迹小车程序流程图

### 9.4.3　电路制作与联机调试

1. 电路制作

在 Protel 99SE 环境下，按照“绘制电路原理图→电气规则检查→生成网络表→规划电路板→导入网络表→元件布局与调整→布线”等步骤设计印制电路板底图。本任务的关键是传感器电路板设计，因为它涉及传感器的排列方式及安装位置。具有寻迹和避障设计的传感器电路 PCB 及其 3D 效果图分别如图 9-43、图 9-44 所示。

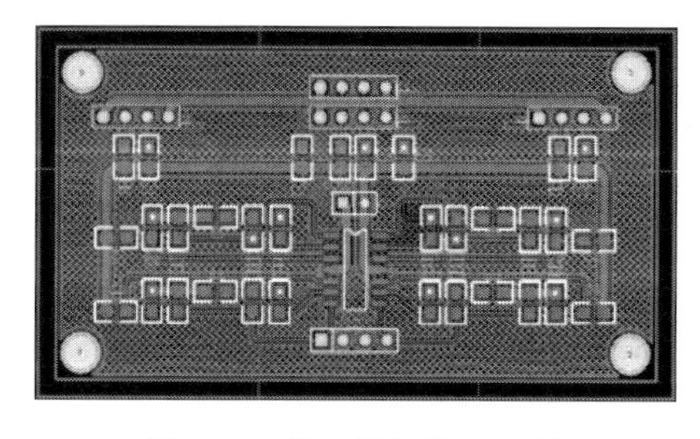

图 9-43　传感器电路 PCB 图

图 9-44　传感器电路 PCB 的 3D 效果图

2. 联机调试

1）传感器模块测试

测试要求如表 9-11 所示。

**表 9-11　传感器模块测试内容、步骤及结果清单**

| 测试项目 | 测试方法及步骤 | 测试结果 |
| --- | --- | --- |
| 电气特性测试 | (1) 检查元器件(特别是三极管)的安装是否正确。<br>(2) 对照原理图和印制板图，测试电路是否有短路和断路现象(如排除该连接的地方没有连接，不该连接的地方有连接) | |
| 动态测试 | (1) 为信号采集电路板加上 +5V 的直流供电。<br>(2) 分别测试如下两种情况下，每只传感器输出的电压是否正常。<br>① 传感器正对黑线(正常时应输出低电平)；<br>② 传感器正对白色反光面(正常时应输出高电平)。<br>(3) 测试当信号采集电路在敷设于白纸上的黑色寻迹线上来回移动时，其输出电压将如何变化 | |

2）比较器模块测试

测试要求如表 9-12 所示。

**表 9-12　比较器器模块测试内容、步骤及结果清单**

| 测试项目 | 测试方法及步骤 | 测试结果 |
| --- | --- | --- |
| 电气特性测试 | (1) 检查元器件(特别是三极管)的安装是否正确；<br>(2) 对照原理图和印制板图，测试电路是否有短路和断路现象(如排除该连接的地方没有连接，不该连接的地方有连接) | |

续表

| 测试项目 | 测试方法及步骤 | 测试结果 |
| --- | --- | --- |
| 动态测试 | (1) 给信号采集电路及信号处理电路接上+5V 的电源；<br>(2) 将传感器正对白色物品上 0.5～1cm，用万用表测试比较器输出电压(应为低电平)；<br>(3) 将传感器放正对黑色物品上 0.5～1cm，再用万用表测比较器输出电压(应为高电平)。确保每个比较器都输出正确的电压。(注：若输出的电压不正确，可能是同向分压电阻选择不对) | |

3) 电机驱动模块测试

测试要求如表 9-13 所示。

**表 9-13　电机驱动模块测试内容、步骤及结果清单**

| 测试项目 | 测试方法及步骤 | 测试结果 |
| --- | --- | --- |
| 电气特性测试 | (1) 检查元器件(特别是三极管)的安装是否正确；<br>(2) 对照原理图和印制板图，测试电路是否有短路和断路现象(如排除该连接的地方没有连接，不该连接的地方有连接) | |
| 静态测试 | (1) 电机驱动电路有两路输出，要分模块(分组)调试；<br>(2) 首先给电机驱动电路接上+6V 的直流电源，但先不要接上负载(电机)；<br>(3) 测试空载情况下输出端的电压，判断各三极管的工作状态并记录 | |
| 动态测试 | (1) 用直流稳压电源(带输出电压和电流显示功能)依次为每一路驱动电路加上+6V 的直流供电，然后接上负载(电机)；<br>(2) 分以下三种情况依次为各组驱动电路加上对应的控制信号，查看电机的工作情况(注意要避免出现第四种状态)； 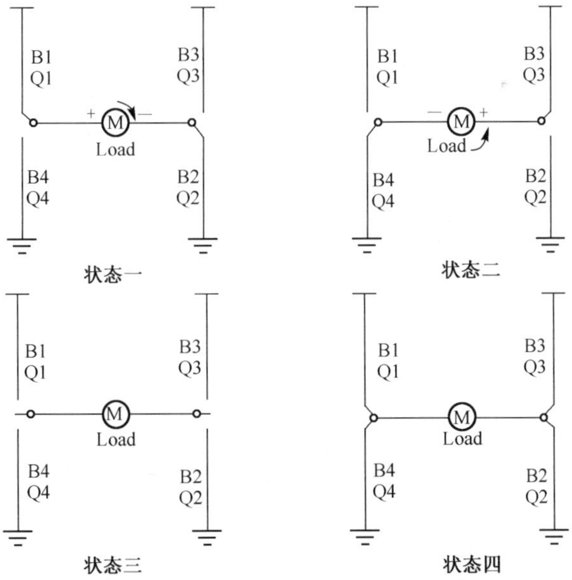<br>B1 Q1　B3 Q3　M Load　B4 Q4　B2 Q2<br>状态一　状态二<br>状态三　状态四<br>(3) 在调测过程中要随时观察三极管的工作现象(特别要注意感知三极管的温度变化情况。若电机不能正常转动，一般会出现三极管发烫的现象，此时要及时断开电源，然后查找故障原因)，分析其工作状态及影响工作状态的原因并记录 | |

# 第 10 章　综合电路设计

**【学习目标】**

本章主要介绍锁相环及其应用电路设计、模拟调幅接收机设计、2FSK 调制解调器设计和红外遥控台灯调光器设计等几个综合设计任务。具体的学习目标如下：

（1）理解锁相环的工作原理，掌握锁相环应用电路的设计和制作方法；

（2）理解超外差收音机的工作原理，掌握基于 TA7641BP 单片收音机集成电路调幅收音机的设计和制作方法；

（3）理解 2FSK 调制解调的原理，掌握 2FSK 电路的设计和制作方法；

（4）了解红外遥控的编解码原理，掌握基于 51 单片机和 HS0038 的红外遥控系统的设计和制作方法。

## 10.1　任务二十　锁相环及其应用电路设计

1. 任务描述

（1）以集成锁相环为基础设计其应用电路（分频、倍频、频率合成和调制解调等）。

（2）备选器件：电调谐锁相环 LC7218、CD4046 和 NE564 等。

2. 学习要求

（1）培养文献检索与信息处理能力，如收集资料和消化资料；

（2）了解锁相环的作用及工作原理；

（3）掌握锁相环应用电路的设计、组装和调试方法。

### 10.1.1　背景知识

锁相环路是现代各种电子系统，特别是接收机中应用广泛的一种反馈控制电路。与 AFC 相比，锁相环路通过相位来控制频率，以维持频率不变。由反馈控制原理可知，锁相环路虽然存在剩余相位差，但不存在剩余频差，即输出信号频率等于输入信号频率。因此，锁相环路比 AFC 更优越。

1. 锁相环的基本工作原理

锁相环路的系统框图如图 10-1 所示，由鉴相器（Phase Detector，PD）、环路滤波器（Loop Filter，LF）和压控振荡器（VCO）组成，其中 LF 为低通滤波器。

各部分功能如下。

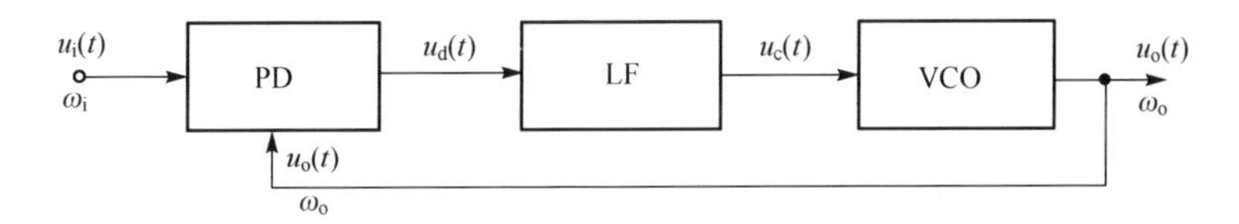


图 10-1　锁相环的基本组成框图

1）鉴相器(PD)

鉴相器是一种相位比较器,对输入信号相位与 VCO 输出信号相位进行比较,得误差相位 $\varphi_e(t)=\varphi_i(t)-\varphi_o(t)$。

2）环路滤波器(LF)

环路滤波器是一种低通滤波器(LPF),作用是把鉴相器输出电压 $u_d(t)$中的高频分量及干扰杂波抑制掉,得到纯正的控制信号电压 $u_c(t)$。

3）压控振荡器(VCO)

压控振荡器是一种电压-频率变换器,它的瞬时振荡频率 $\omega_o(t)$是用控制电压 $u_c(t)$控制振荡器得到,即用 $u_c(t)$控制 VCO 的振荡频率,使 $\omega_i$与 $\omega_o$的相位不断减小,最后保持在某一预期值。

当锁相环路处于"失锁"状态时,$u_i(t)$和 $u_o(t)$进行相位比较,由 PD 输出一个与相位差成正比的误差电压 $u_d(t)$。$u_d(t)$经 LF 滤波,取出其中缓慢变化的直流或低频电压分量 $u_c(t)$作为控制电压。显然,$u_c(t)$也将随着相位差的变动作相应的变化。$u_c(t)$加到 VCO 上,从而控制 VCO 的振荡频率,使 $\omega_o$不断改变,$u_i(t)$和 $u_o(t)$的相位差不断减小,直至锁相环路进入"锁定"状态。

### 2. 锁相环的主要参数与常见的应用领域

锁相环的主要参数包括捕捉带和跟踪带。所谓捕捉带,是指环路由失锁进入锁定状态所允许信号频率偏离 $\omega_r$的最大值;所谓跟踪带(也称为同步带),是指能够维持环路锁定所允许的最大固有频差$|\Delta\omega_i|$,跟踪带和环路滤波器的带宽及压控振荡器的频率控制范围有关。

锁相环的基本特性包括:良好的窄带特性,即环路相当于一个高频窄带滤波器,只让输入信号频率附近的频率成分通过;锁定后没有频差,即环路锁定后,输出信号与输入信号频率相等,没有剩余频差(有微小固定相差);自动跟踪特性,即环路在锁定时,输出信号频率和相位能在一定范围内跟踪输入信号频率和相位的变化。

### 3. 集成锁相环 CD4046 简介

过去的锁相环多由分立元件和模拟电路构成,现在常使用集成锁相环。CD4046 是通用的 CMOS 锁相环集成电路,其特点是电源电压范围宽(3～18V),输入阻抗高(约 100MΩ),动态功耗小。在电源电压 $V_{DD}=15V$ 时,最高频率可达 1.2MHz,常用在中低频段。在中心频率 $f_o$为 10kHz 以下时,功耗仅为 600μW,属微功耗器件。

图 10-2 是 CD4046 的内部结构及引脚排列图。从引脚排列看，CD4046 采用 16 脚双列直插式封装，各引脚功能如表 10-1 所示。

**表 10-1　集成锁相环 CD4046 引脚功能表**

| 引脚 | 功能 | 引脚 | 功能 |
|---|---|---|---|
| 1 | 相位输出端，环路锁定时为高电平，环路失锁时为低电平 | 9 | 压控振荡器的控制端 |
| 2 | 相位比较器 1 的输出端 | 10 | 解调输出端 |
| 3 | 比较信号输入端 | 11 | 外接振荡电阻 |
| 4 | 压控振荡器输出端 | 12 | 外接振荡电阻 |
| 5 | 使能端，高电平时禁止，低电平时允许压控振荡器工作 | 13 | 相位比较器 2 的输出端 |
| 6 | 外接振荡电容 | 14 | 信号输入端 |
| 7 | 外接振荡电容 | 15 | 内部独立的齐纳稳压管负极 |
| 8 | 电源负极 | 16 | 电源正极 |

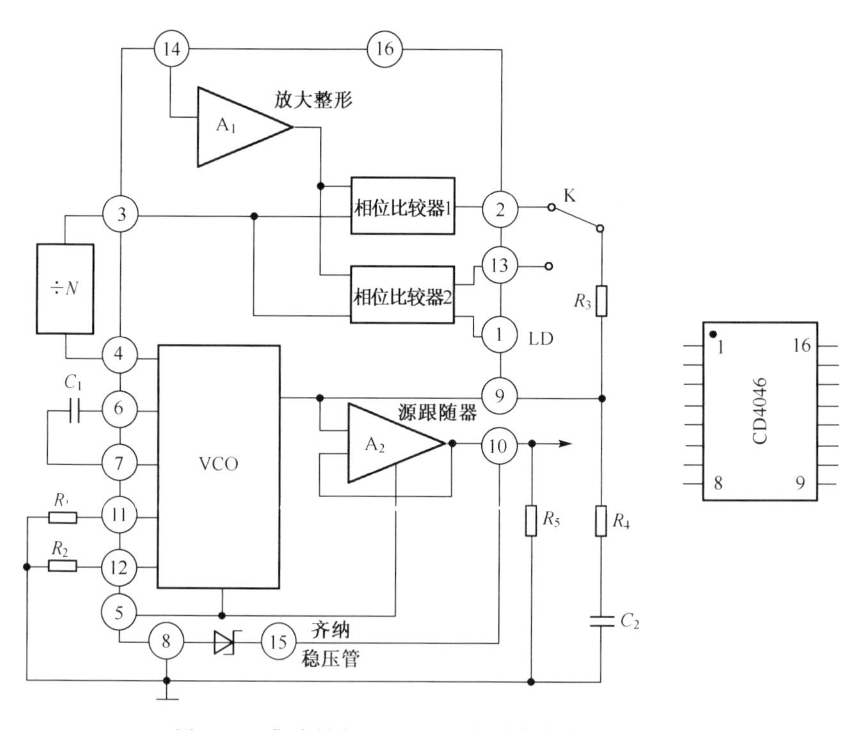


图 10-2　集成锁相环 CD4046 的内部结构和引脚图

从内部结构看，CD4046 主要由相位比较器 1 和 2、压控振荡器(VCO)、线性放大器、源跟随器和整形电路等部分构成。

相位比较器 1 采用异或门结构，两个输入信号分别来自引脚⑭的 $u_i$ 和引脚③的 $u_o$，当二者电平状态相异时，引脚②的输出信号 $u_\Psi$ 为高电平；反之，$u_\Psi$ 输出为低电平。当 $u_i$ 和 $u_o$ 的相位差 $\Delta\varphi$ 在 0°～180°范围内变化时，$u_\Psi$ 的脉冲宽度 $m$ 亦随之改变，即占空比亦在改变。由相位比较器 1 的输入和输出信号的波形（图 10-3）可知，输出信号的频率等于输入信号频率的两倍，与两个输入信号之间的中心频率保持 90°相移，而且 $u_\Psi$ 也不一定是对称波形。对相位比较器 1 而言，要求 $u_i$ 和 $u_o$ 的占空比均为 50%（即方波），这样才能使锁定范围最大。

相位比较器 2 是一种由信号的上升沿控制的数字存储网络。它对输入信号占空比的要求不高，允许输入非对称波形；它具有很宽的捕捉频率范围，而且不会锁定在输入信号的谐波上。它提供数字误差信号和锁定信号（相位脉冲）两种输出，当达到锁定时，在相位比较器 1 的两个输入信号之间保持 0°相移。

对相位比较器 1 而言，当引脚⑭的输入信号比引脚③的比较信号频率低时，输出为逻辑电平 0；反之，则输出逻辑电平 1。如果两信号的频率相同而相位不同，当输入信号的相位滞后于比较信号时，相位比较器 1 输出的为正脉冲，当相位超前时则输出为负脉冲。在这两种情况下，引脚①都有与上述正负脉冲宽度相同的负脉冲产生。相位比较器 1 输出的正负脉冲宽度均等于两个输入脉冲上升沿之间的相位差。当两个输入脉冲的频率和相位均相同时，相位比较器 1 的输出为高阻态，则引脚①输出高电平。上述波形如图 10-3 所示，由图 10-3 可知，从引脚①输出信号是负脉冲还是固定高电平就可以判断两个输入信号的情况。

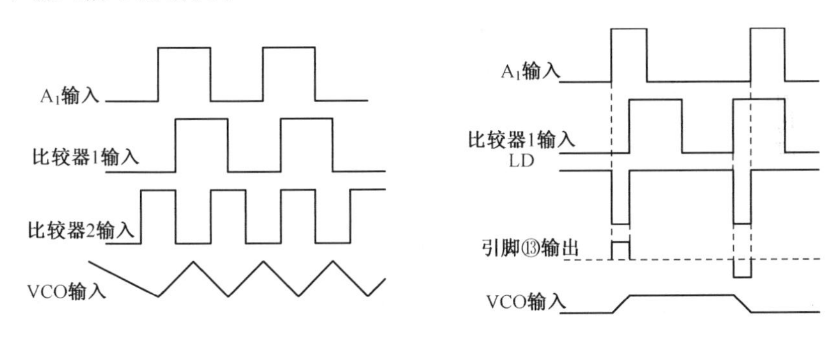


图 10-3　集成锁相环 CD4046 比较器 1 和 2 的输入输出波形图

CD4046 采用的是 $RC$ 型压控振荡器，必须外接电容 $C_1$ 和电阻 $R_1$ 作为充放电元件。电阻 $R_2$ 起到频率补偿作用，当 PLL 对跟踪的输入信号频率宽度有要求时可选用。VCO 的振荡频率不仅与 $R_1$、$R_2$ 和 $C_1$ 有关，还和电源电压有关，电源电压越高，振荡频率越高。由于 VCO 是电流控制振荡器，定时电容 $C_1$ 的充电电流与从引脚⑨输入的控制电压成正比，使 VCO 的振荡频率亦正比于该控制电压。当 VCO 控制电压为 0V 时，其输出频率最低；当输入控制电压等于电源电压 $V_{DD}$ 时，输出频率则线性地增大到最高输出频率。由于它的充电和放电都由同一个电容 $C_1$ 完成，故它的输出波形是对称方波。CD4046 的最高频率一般为 1.2MHz（$V_{DD}=15V$）；若 $V_{DD}<15V$，则最高频率要降低一些。

CD4046 内部还有线性放大器和整形电路，可将引脚⑭输入的 100mV 左右的微弱输入信号变成方波或脉冲信号送至两相位比较器。源跟踪器是增益为 1 的放大器，VCO 的输出电压经源跟踪器至引脚⑩作 FM 解调用。齐纳二极管可单独使用，其稳压值为 5V；若与 TTL 电路匹配时，可用做辅助电源。

综上所述，CD4046 的工作原理如下：输入信号 $u_i$从引脚⑭输入后，经放大器 $A_1$ 进行放大整形后加到相位比较器 1 和 2 的输入端，图 10-2 的开关 K 拨至引脚②，则比较器 1 将从引脚③输入的比较信号 $u_o$与输入信号 $u_i$作相位比较，从相位比较器输出的误差电压 $u_\Psi$则反映出两者的相位差。$u_\Psi$经 $R_3$、$R_4$ 及 $C_2$ 滤波后得到一控制电压 $u_d$加至压控振荡器(VCO)的输入端引脚⑨，调整 VCO 的振荡频率 $f_2$，使 $f_2$迅速逼近信号频率 $f_1$。VCO 的输出又经除法器再进入相位比较器 1，继续与 $u_i$进行相位比较，最后使得 $f_2=f_1$，两者的相位差为一定值，实现了相位锁定。若开关 K 拨至引脚⑬，则相位比较器 2 工作过程与上述相同，不再赘述。

### 10.1.2　案例分析

本例以集成锁相环 CD4046 为例，简要介绍其在锁相倍(分)频、频率合成和调制解调等方面的应用电路。

1. 锁相倍(分)频

锁相倍(分)频将一种频率变换为另一种频率。例如，将 35kHz 的频率变换为 70kHz 为二倍频，反之则为二分频。

图 10-4 所示为用 CD4046 实现任意数字的倍频或分频电路，CC4017 和 CC4022 分别为分频比为 $M$ 和 $N$ 的分频器。当 CD4046 工作在锁定状态时，有 $f_i/M=f_o/N$，即 $f_o=Nf_i/M$。因此，只要通过调整分频比 $M$ 和 $N$，就可以实现相应的倍频或分频。

以一个 100 倍频电路为例，考虑到倍频系数大，可以选择 $M=1$，$N=100$，因此，可以从电路中省去 CC4017，而反馈支路上的 100 分频比则可以用 BCD 加法计数器 CD4518 构成。电路如图 10-5 所示。

CD4518 为双 BCD 加法计数器，提供 16 脚多层陶瓷双列直插(D)、熔封陶瓷双列直插(J)、塑料双列直插(P)和陶瓷片状载体(C)4 种封装形式。双列直插式的引脚排列、内部结构图和功能表分别如图 10-6 和表 10-2 所示。

CD4518 由两个相同的同步 4 级计数器组成，计数器级为 D 型触发器。CD4518 具有内部可交换 CP 和 EN 线，用于在时钟上升沿或下降沿加法计数。在单个单元运算中，EN 输入保持高电平，且在 CP 上升沿进位。1CR 和 2CR 复位端为高电平时，计数器清零。计数器在脉动模式下可级联，将 Q3 连接至下一计数器的 EN 输入端，同时置后级计数器 CP 为低电平，可实现级联。为了构成 100 的分频系数，可将内部的计数器 1 与计数器 2 级联使用，即 1Q3 与 2EN 连接，然后将 2CP、1CR、2CR 和 $V$ss 接地。

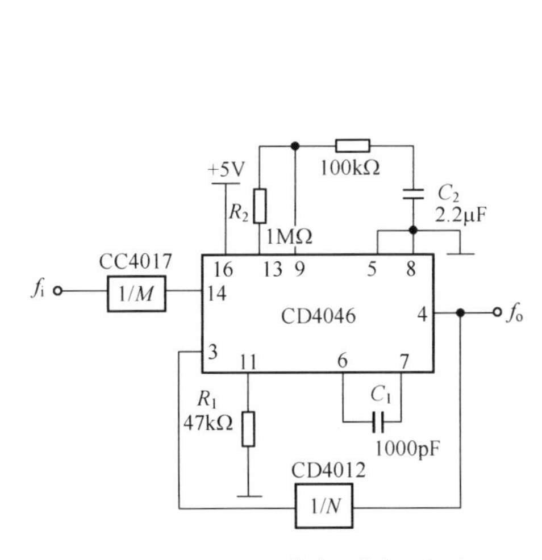


图 10-4　CD4046 倍频(分频)电路

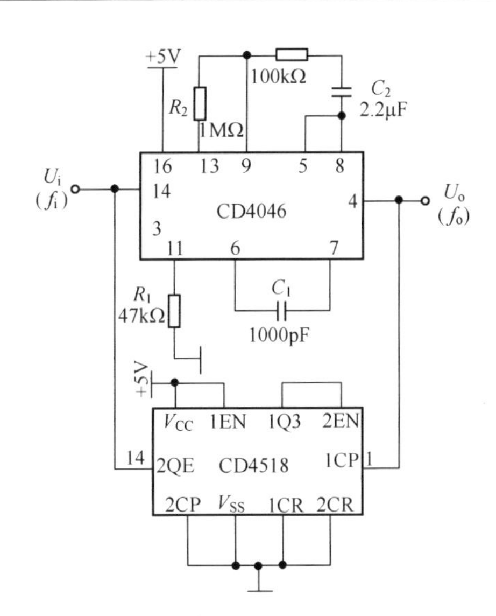


图 10-5　由 CD4046 与加法计数器 CD4518 构成的倍频电路

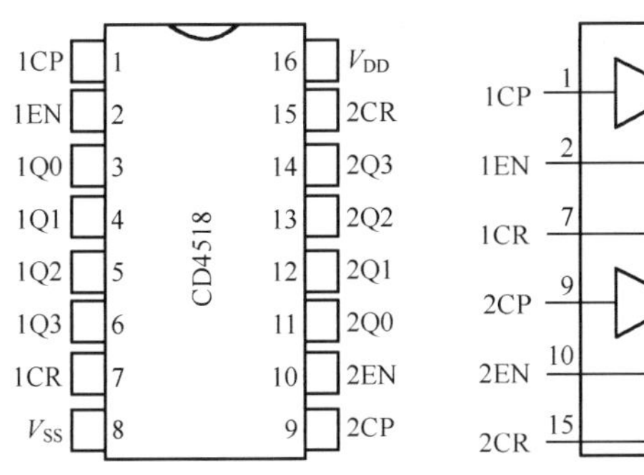


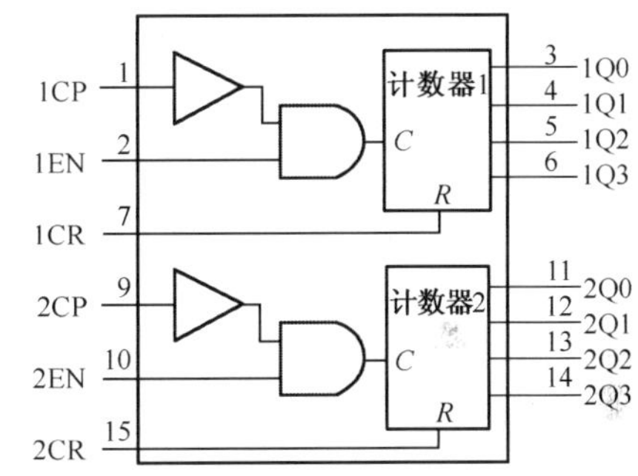


图 10-6　加法计数器 CD4518 的引脚排列及内部结构图

**表 10-2　CD4518 引脚功能表**

| 引脚 | 英文代号 | 功能 | 引脚 | 英文代号 | 功能 |
|---|---|---|---|---|---|
| 1、9 | 1CP、2CP | 时钟输入端 | 3～6 | 1Q0～1Q3 | 计数器 1 输出端 |
| 7、15 | 1CR、2CR | 复位端 | 11～14 | 2Q0～2Q3 | 计数器 2 输出端 |
| 2、10 | 1EN、2EN | 计数允许控制端 | 16、8 | $V_{DD}$、$V_{SS}$ | 电源正极、地端 |

刚开机时，$f_o$可能不等于 $f_i$。假定 $f_o<f_i$，此时相位比较器 2 输出信号 $u_\Psi$为高电平，经滤波后 $u_d$逐渐升高使 VCO 输出频率 $f_o$迅速上升，$f_o$增大值至 $f_o=100f_i$。如果此时 $u_i$滞后 $u_o$，则相位比较器 2 输出 $u_\Psi$为低电平。$u_\Psi$经滤波后得到的 $u_d$信号开始下降，这就迫使 VCO 对 $f_o$进行微调，最后达到 $f_o/N=f_i$，并且 $f_2$与 $f_i$的相位差 $\Delta\varphi=0°$，进入锁定状态。如果此后 $f_i$又发生变化，锁相环能再次捕获 $f_i$，使 $f_o$与 $f_i$相位锁定。

2. 锁相解调

图 10-7 所示为 CD4046 锁相环用于调频信号的解调电路。当从引脚⑭输入一被音频信号调制的调频信号(中心频率与 CD4046 压控振荡器的中心频率相同),则相位比较器输出端将输出一个与音频信号具有相同变化频率的包络信号,经低通滤波器滤去载波后,即获得解调后的音频信号。

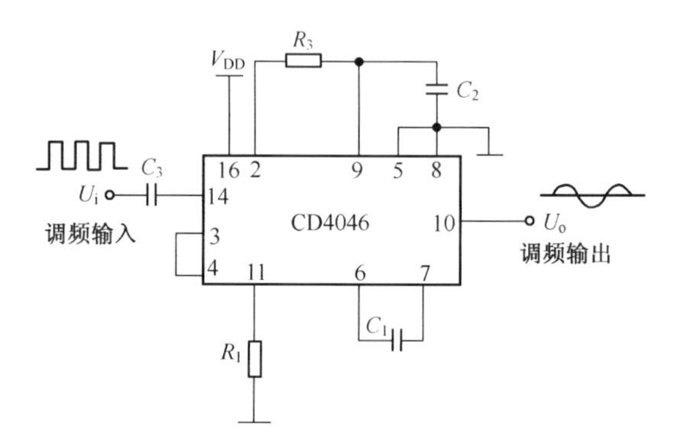


图 10-7　CD4046 构成的频率解调电路

VCO 的中心频率 $f_o$ 由 $R_1$ 和 $C_1$ 确定,设计参数时,只需由 $f_o$ 查图 10-8(电源电压 $V_{DD}$ 为 9V 时的曲线,横坐标为 $C_1$ 取值)求出 $C_1$ 与 $R_1$ 即可。

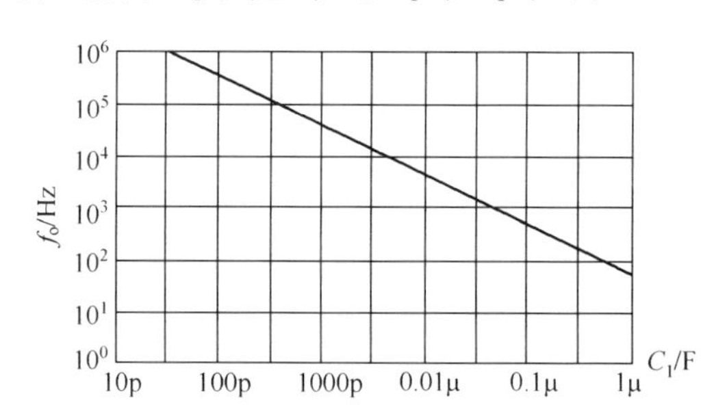


图 10-8　CD4046 在不同外部元器件参数下的特性曲线

环路的相位比较器采用比较器 1,因为需要锁相环系统中的中心频率 $f_o$ 等于调频信号的载频,这样会引起压控振荡器输出与输入信号产生不同的相位差,从而在压控振荡器输入端产生与输入信号频率变化相对应的电压变化,这个电压变化经源跟踪器隔离后在压控振荡器的解调输出端引脚⑩输出解调信号。

3. 锁相信号发生器

图 10-9 所示为用 CD4046 的 VCO 组成的方波发生器,当其引脚⑨输入端接电源 $V_{DD}$ 或恒定直流控制电压时,电路起基本方波振荡器的作用,信号从引脚④输出。振荡器的充放电电容 $C_1$ 接在引脚⑥与引脚⑦之间,调节电阻 $R_1$ 阻值即可调整振荡器振荡频率。

4. 锁相频率合成器

频率合成器可在如图 10-4 所示的倍频(分频)电路基础上,通过合理地分配分频系数 $M$ 和 $N$ 实现。本设计的参考频率源选用 COMS 石英晶体多谐振荡器产生 2MHz 的矩形脉冲信号,电路如图 10-10 所示。

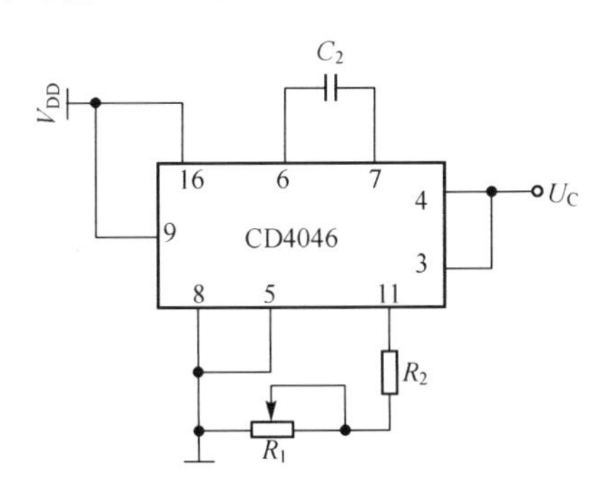


图 10-9　由 CD4046 的 VCO 构成的方波发生器

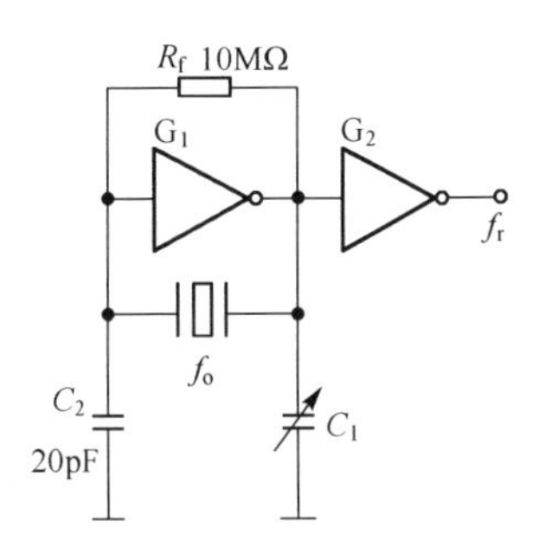


图 10-10　基准频率信号发生器

可变分频器由集成 4 位二进制同步加法计数器 74LS161 实现。这里采用 4 片 74LS161 通过预置数的方法实现可变分频。为提高工作速度,可采用如图 10-11 所示的接法。利用同步方案最高可实现 65536 分频,预制值=65536−$N$。经过可变分频后获得的信号是窄脉冲信号,在输出端可利用 74LS74 对该信号进行二分频,以便获得方波信号,从而满足相位比较器 1 占空比的要求。此时的实际分频系数变为 $2N$。

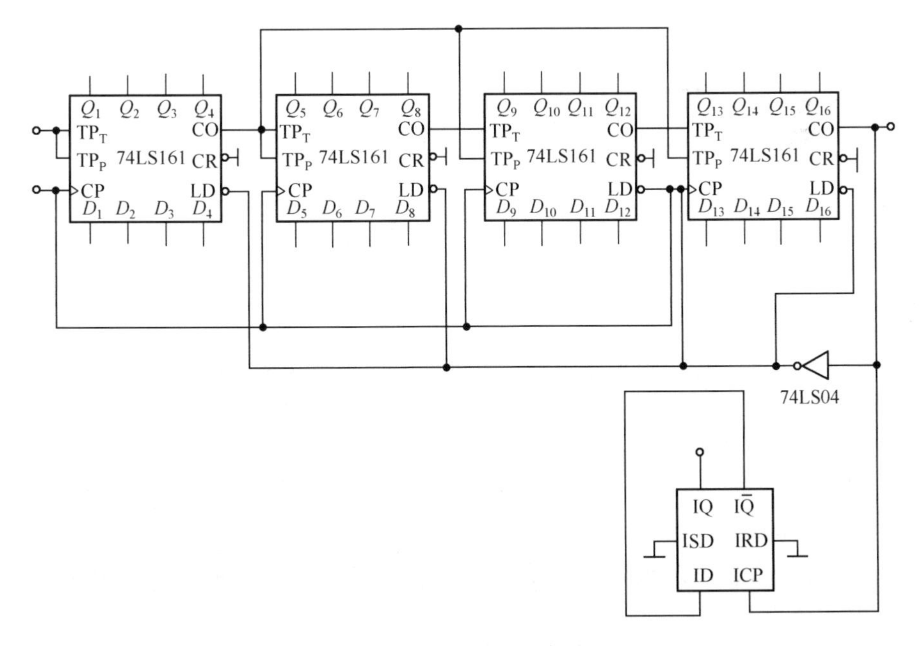


图 10-11　可变分频器电路原理图

# 10.2 任务二十一 模拟调幅接收机设计

1. 任务描述

(1) 设计一款中波调幅接收机。

(2) 主要技术指标:

① 工作频率 535~1605kHz;

② 输出功率 $P_o \geqslant 100$mW;

③ 灵敏度<1mV;

④ 选择性≥20dB;

⑤ 调谐方式为手动电调谐。

(3) 备选器件:

① 电源为 7805、7905、7812 和 7912;

② AM 接收 IC 为 TA7642、UN2224 和 CX1600P/M;

③ 电调谐锁相环为 LC7218 和 CD4060;

④ AM 接收输入回路线圈和磁性天线。

2. 学习要求

(1) 培养文献检索与信息处理能力,如收集资料和消化资料;

(2) 了解 AM 接收机的主要技术指标;

(3) 理解 AM 超外差式接收机的工作原理;

(4) 掌握超外差调幅接收机的设计、组装和调试方法;

(5) 了解常用集成电路的选用和替换原则。

## 10.2.1 背景知识

1. 调幅接收机的主要技术指标

1) 工作频率范围

调幅接收机的工作频率是与调幅发射机的工作频率相对应的。由于调幅制一般适用于广播通信,调幅发射机的工作频率范围为 300~30MHz,所以调幅接收机的工作频率范围也为 300~30MHz。

2) 灵敏度

接收机输出端在满足额定输出功率和一定输出信噪比的条件下,接收机输入端所需的最小信号电压称为接收的灵敏度。调幅接收机的灵敏度一般为 5~50μV。

3) 选择性

接收机从接收天线感生出的许多不同频率的信号(包括干扰信号)中选择有用信号,同时抑制直邻近频率信号干扰的能力称为选择性,通常用接收机接收信号的 3dB

带宽和接收机邻近频率的衰减能力表示，一般要求 3dB 带宽不小于 6kHz，40dB 带宽不大于 30kHz。

4）中频抑制比

接收机抑制中频干扰的能力称为中频抑制比。通常以输入信号频率为本机中频时的灵敏度 $S_{IF}$ 与接收机灵敏度 $S$ 之比表示中频抑制比，一般以 dB 为单位。中频抑制比数越大，抗中频干扰能力越强。中频抑制比 $=20\lg(S_{IF}/S)$，一般应大于 60dB。

5）镜频抑制比

接收机对于镜频（镜像频率）干扰的抑制能力称为镜频抑制比。镜频 $=f_s \pm 2f_I$。其中，$f_s$ 为信号频率；$f_I$ 为中频频率。对于本振频率高于信号频率的接收机，其镜频为 $f_s+2f_I$；对于本振频率低于信号频率的接收机，其镜频为 $f_s-2f_I$。通常以输入信号频率为镜频时的灵敏度 $S_{IM}$ 与接收灵敏度 $S$ 之比表示镜频抑制比，一般以 dB 为单位，镜频抑制比越大，抗镜频干扰能力越强。镜频抑制比 $=20\lg(S_{IM}/S)$。镜频抑制比通常应大于 60dB。

对于有两个中频的接收机，其中频抑制比和镜频抑制比分为第一中频抑制比、第二中频抑制比和第一镜频抑制比、第二镜频抑制比。

6）自动增益控制能力

接收机利用接收信号的载波控制其增益以保证输出信号幅度稳定的能力称为自动增益控制能力。测量时，通常使接收机输入信号从某规定值开始逐步增加，直至接收机输出变化到某规定数值（如 3dB），此时输入信号电平所增加的分贝数即为接收机的自动增益控制能力。

7）输出功率

接收机在输出负载上的最大不失真功率称为输出功率。

2. 调幅接收机的组成及原理

超外差式调幅接收机的组成框图如图 10-12 所示。其工作原理是：天线接收到的高频信号经输入回路送至高频放大器，输入回路选择接收机工作频率范围内的信号，高频放大电路将输入信号放大后送至混频电路。本振信号是频率可变的信号源，外差式接收机本振信号的频率 $f_o$ 与接收信号的频率 $f_s$ 之和为固定中频 $f_I$，内差式接收机本振信号的频率 $f_o$ 与接收信号的频率 $f_s$ 之差为固定中频 $f_I$。本振输出也送至混频电路，混

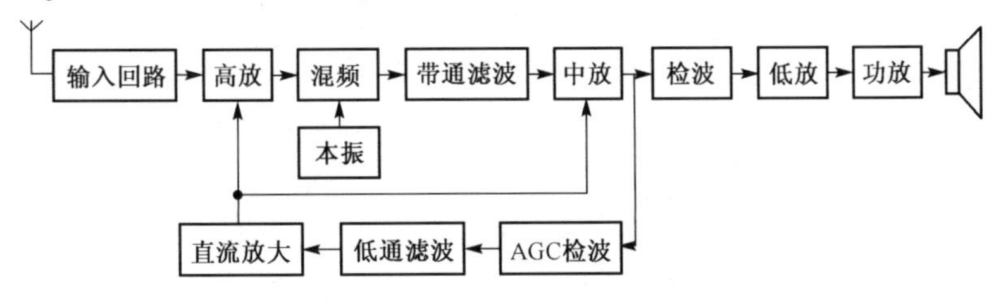


图 10-12　超外差式调幅接收机的组成框图

频输出为含有 $f_s$、$f_o$和 $f_o+2f_s$频率成分的信号。中频放大器放大频率为 $f_I$的信号，结果输出送至解调电路。解调器输出为低频信号，低频功放电路将解调后的低频信号进行功率放大，推动扬声器工作或推动控制器工作。自动增益控制电路产生控制信号，控制高频放大级及中频放大级的增益。

图 10-12 各组成部分的作用如表 10-3 所示。

**表 10-3　超外差式调幅接收机的组成部分及其功能描述**

| 组成部分 | 功能描述 |
|---|---|
| 输入回路 | 选择接收信号，应将输入回路调谐于接收机的工作频率 |
| 高放 | 将输入信号进行选频放大，其选频回路应调谐于接收机工作频率 |
| 混频 | 将输入高频已调信号变频为固定中频(465kHz)信号 |
| 本振 | 为解调器提供与输入信号载波同频同相的同步信号 |
| 带通滤波 | 又称为中频变压器或中周，作用是选取中频 $f_I$ 信号以滤除其他谐波信号 |
| 中放 | 放大混频输出中频信号 |
| 检波 | 将已调幅信号还原为低频信号(从高频载波中取出原调制信号) |
| 低放和功放 | 音频前置放大和功率放大，推动扬声器发声 |

## 10.2.2　案例分析

1. 方案设计

1) 方案比较

根据设计的要求及相关的技术指标，拟定如下几种方案。

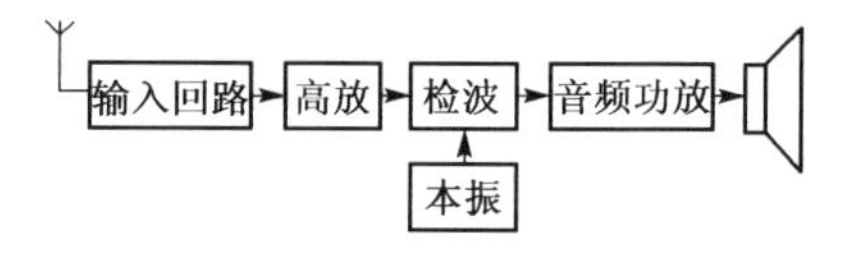


图 10-13　调幅接收机组成框图(方案 1)

方案 1：以模拟乘法器为主体的同步检波方案。因模拟乘法器用作检波时必须有一与接收信号同频同相的本振信号。因此，拟定调幅接收机框图如图 10-13 所示。

方案 2：以锁相环 CD4046 为主体的科斯塔斯环检波方案。该方案用锁相环构成频率合成器，提供高稳定度的本振信号源。由于科斯塔斯环兼具检波功能，因此可形成高性能的解调方案。采用科斯塔斯环构成的调幅接收机的组成框图如图 10-14 所示。

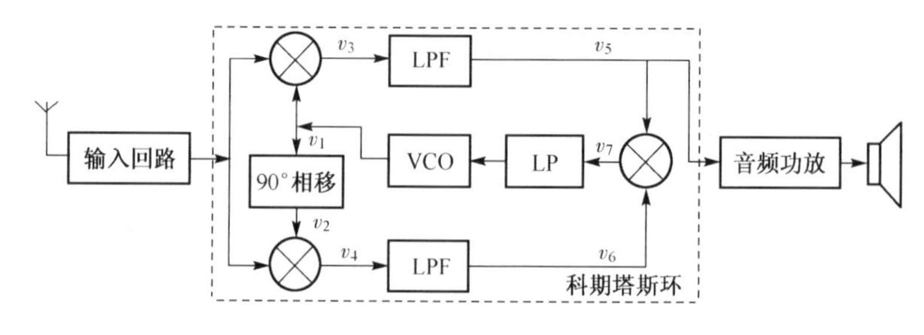


图 10-14　调幅接收机组成框图(方案 2)

方案 3:以 AM 检波芯片 TA7641BP 为主体的同步检波方案。因 TA7642 芯片内部自带前置放大、混频、中频放大、输出音频放大及自动增益控制电路,故只需要少量外围元器件即可实现调幅接收。采用 TA7641BP 构成的集成调幅接收机的组成框图如图 10-15 所示。

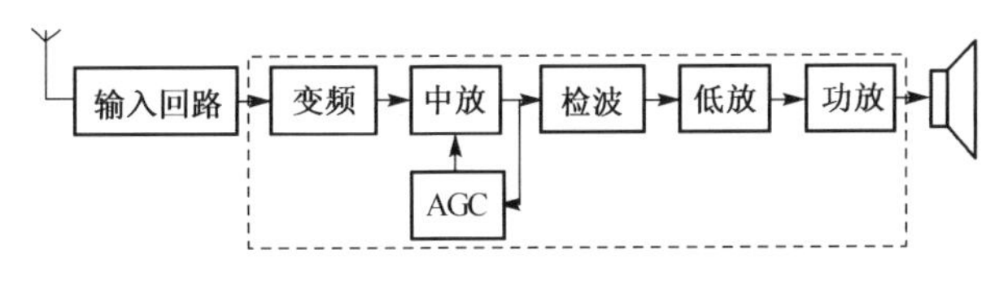


图 10-15　调幅接收机组成框图(方案 3)

对上面三种方案进行比较可知,第一种方案需要设计复杂的外围电路,元器件参数计算繁琐,且分立元件高频分布参数大,因此系统性能不能保证。第二种方案效果好,但科斯塔斯环检波方案要求压控振荡器输出本振信号与输入回路调谐在同一频率上,因此实现难度较大,不易调谐。第三种方案较之于前两种方案的最大优点是系统高度集成且电路简单,所需外围元器件少,静态电流小,功耗低,外接连动调谐回路工作频带宽,但选择性差于第二种方案。因此,从实现的难易程度及所能达到的性能指标方面考虑,选择方案三实现模拟调幅接收机。

2) 方案论证

在图 10-15 中,虚线框内的组成部分都集成在 TA7641BP 内部,输入回路用于前置接收及后级选频。虽然 TA7641BP 内部有自动增益控制(AGC)电路,但并没有连接到内部的中频放大器上,因此在实际应用时需要在芯片相应的引脚上接适当的外围元器件以构成 AGC 电路。

2. 硬件设计

1) 器件介绍

TA7641BP 单片收音机集成电路是日本东芝公司的产品,国产同类产品的型号有 CD7641、XG7641、FY7641 和 TB7641 等。TA7641BP 的特点是将调幅收音机所需的从变频到功率放大所有的电路都集成到一块芯片上,所需外围元器件少,静态电流小,使用方便。

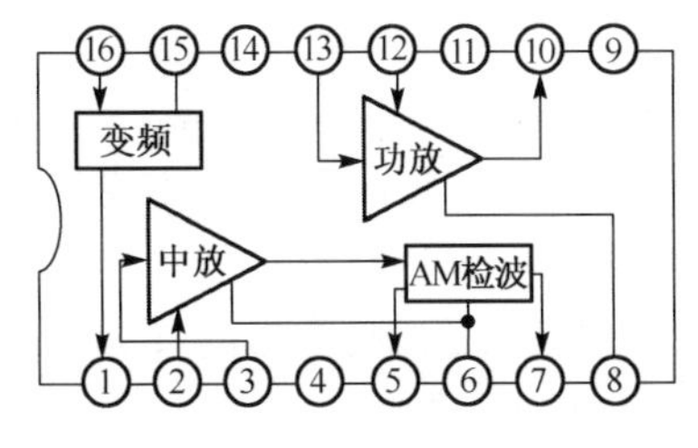


图 10-16　TA7641BP 的基本结构及引脚

(1) 基本结构与引脚功能。

TA7641BP 采用 16 脚双列直插式封装,它的内部包含变频、中放、AM 振幅检波、低放和功放等电路。其引脚图及功能参数分别如图 10-16 和表 10-4 所示。

(2) 工作过程。

直流电压由引脚⑨和引脚④馈入,提供接收机工作电源。由天线回路接收下来的已调幅高频信号从引脚①输出，经外接中频调谐回路选频，再由引脚③送到中频放大器进行放大，然后送给检波器进行检波。检波后的音频信号由引脚⑦输出，经外接音量电位器分压后送入引脚⑬给功率放大器放大，再经过引脚⑩到外接扬声器。

**表 10-4　TA7641BP 引脚功能参数**

| 引脚编号 | 英文缩写 | 引脚功能 | 电阻参数 | | 直流电压参数 | | |
|---|---|---|---|---|---|---|---|
| | | | 正笔接地 | 负笔接地 | 电源通 | 有信号 | 无信号 |
| 1 | OUT | 变频输出 | ∞ | 5.8 | | 2.9 | |
| 2 | BYPASS | 旁路 | 120 | 5.8 | | 1.8 | |
| 3 | IF IN | 中放输入 | 22 | 100 | | 1.8 | |
| 4 | $V_{CC}$ | 电源(+3V) | 35 | 4.7 | | 3 | |
| 5 | IF OUT | 中放输出 | 32 | 5.9 | | 2.9 | |
| 6 | FILTER | AGC 滤波 | 25 | 6.5 | | 1.7 | |
| 7 | DET | 检波输出 | 7.4 | 11.2 | | 1.2 | |
| 8 | BOOTSTRAP | 自举电路 | ∞ | 5.6 | | 3 | |
| 9 | $V_{CC}$ | 电源(+3V) | ∞ | 4.8 | | 3 | |
| 10 | P OUT | 功率输出 | ∞ | 5.1 | | 1.5 | |
| 11 | GND | 接地 | 0 | 0 | | 0 | |
| 12 | NF | 负反馈输入 | ∞ | ∞ | | 1.4 | |
| 13 | AUDIO IN | 音频输入 | ∞ | 36 | | 0.7 | |
| 14 | BYPASS | 旁路 | 51 | 5.9 | | 1.5 | |
| 15 | BYPASS | 旁路 | ∞ | 5.9 | | 2.6 | |
| 16 | RF IN | 高频输入 | ∞ | ∞ | | 2.9 | |

电路内部设置了自动增益控制电路(AGC)以控制中放级的增益。为了使电路工作稳定，低频功率放大器的电源与中放和检波等电路分开设置。

2)电路设计

图 10-17 所示为由 TA7641BP 组成的单片调幅接收机电路。其中，$T_1$是磁棒天线，接收自由空间的电磁波信号。双连电容的 $C_{1-1}$与 $T_2$的初级电感组成天线回路(输入回路)，选择所需的电台信号送至引脚⑯变频器的输入端。本振变压器 $T_2$构成互感耦合振荡器，双连电容 $C_{1-2}$与 $T_2$的初级电感组成本机振荡回路，产生本振频率，用于选择电台并调节频率，使与天线输入信号载频差拍出 465kHz 的中频信号。$T_3$是变频器的负载回路，也是中频放大器的输入回路，需调谐于 465kHz。$LC_{12}$是中频放大器的负载回路，调谐于 465kHz。$R_p$是音量调节电位器，并附带电源开关，调节后的音频信号回送到引脚⑬，经低频放大和功率放大后由引脚⑩输出至扬声器发声。

3) 元件选择

相关参数与元件列表如表 10-5 所示。

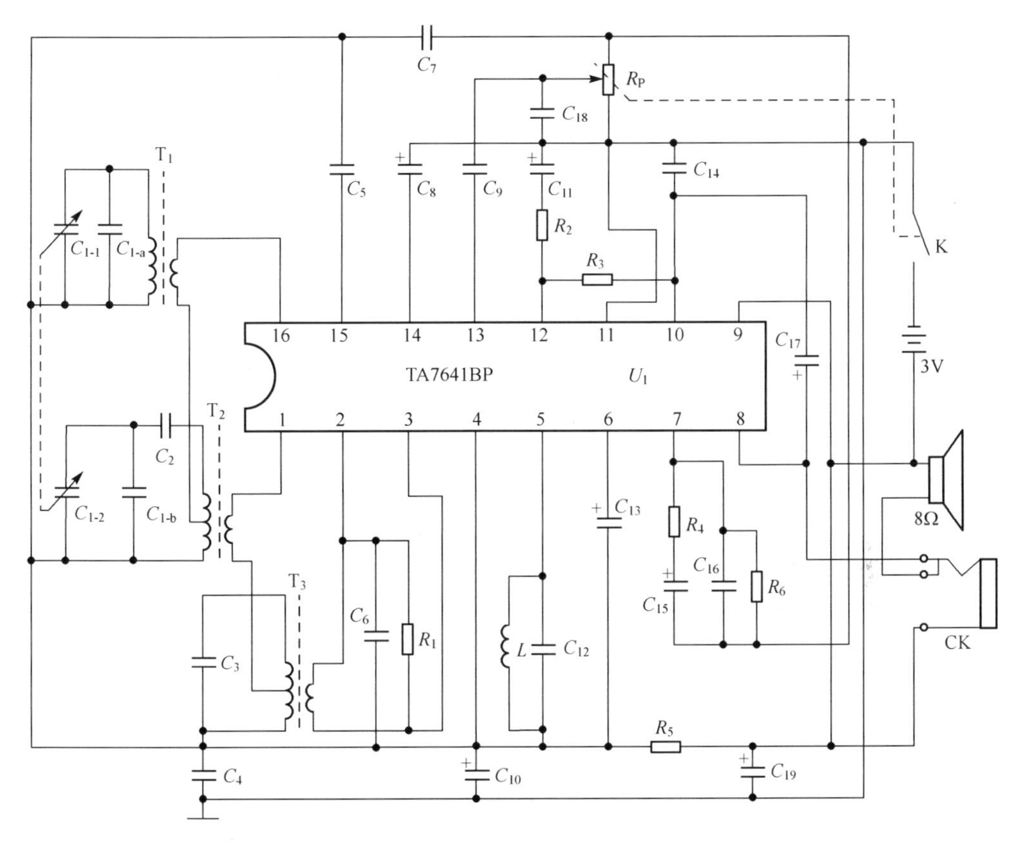


图 10-17　TA7641BP 调幅接收机

**表 10-5　TA7641BP 调幅接收机元件列表**

| 元件名称 | 元件参数 | 元件名称 | 元件参数 | 元件名称 | 元件参数 |
|---|---|---|---|---|---|
| $R_1$ | 1kΩ | $C_3$ | 300pF | $C_{15}$ | 4.7μF |
| $R_2$ | 3.3kΩ | $C_4$ | 0.022μF | $C_{16}$ | 5100pF |
| $R_3$ | 120kΩ | $C_5$ | 1000pF | $C_{17}$ | 100μF |
| $R_4$ | 2.2kΩ | $C_6$ | 0.022μF | $C_{18}$ | 330pF |
| $R_5$ | 330Ω | $C_7$ | 3300pF | $C_{19}$ | 100μF |
| $R_6$ | 3.3kΩ | $C_8$ | 47μF | $T_1$ | 天线线圈 |
| $R_p$ | 0～50kΩ | $C_9$ | 0.022μF | $T_2$ | 振荡线圈 |
| $C_{1-1}$ | 3～10pF | $C_{10}$ | 100μF | $T_3$ | 中周 |
| $C_{1-2}$ | 3～10pF | $C_{11}$ | 1μF | $L$ | 中周 |
| $C_{1-a}$ | 130pF | $C_{12}$ | 300pF | TA7641BP | 集成电路一块 |
| $C_{1-b}$ | 130pF | $C_{13}$ | 10μF | | |
| $C_2$ | 130pF | $C_{14}$ | 0.47μF | | |

### 10.2.3 电路制作与联机调试

1. 电路制作

在 Protel 99SE 环境下,按照“绘制电路原理图→电气规则检查→生成网络表→规划电路板→导入网络表→元件布局与调整→布线”等步骤设计印制电路板底图和 3D 效果图,如图 10-18 所示。然后,用专门仪器或手工制作相应的印制板。最后,根据所设计的印制电路板组装电路。注意,元器件装配过程中应遵循“先里后外,先小后大,先轻后重”的原则,可先安装 TA7641BP,然后向外逐步安装其他元器件。

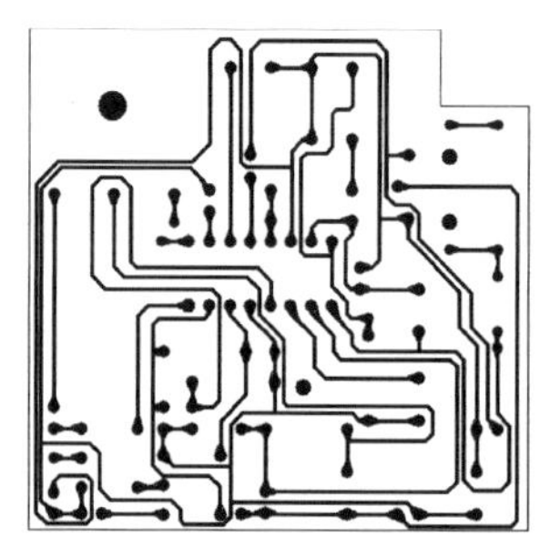
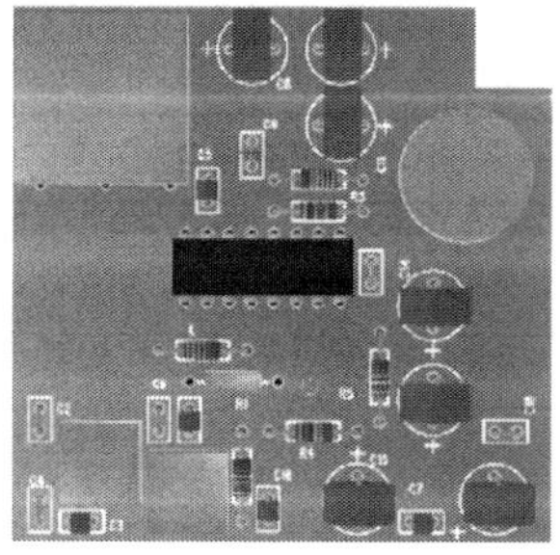

图 10-18 TA7641BP 调幅接收机印制电路板底图和 3D 效果图

2. 整机联调时常见的故障分析

整机联调常见的故障及其检修方法如下。

1) 闭合电源开关,收不到电台信号,扬声器中也无“沙沙”声

分析检修 1:首先检查电池是否完好及馈线有无折断,若电池完好且馈线无折断,可将万用表置 R×100 挡,红笔接地,黑笔测 TA7641BP 功放的输出端引脚⑩,扬声器若无声,说明输出信号受阻。检查输出电容 $C_{17}$(100$\mu$F)无异常,观察外接耳机插座 CK 触点短路,清除短接点后,恢复正常。

分析检修 2:分析检修 1 中若用镊子触碰功放输出端引脚⑩有“喀喀”声,但触碰音频信号输入端引脚③却无声,说明低放电路有问题。测相关引脚⑧～⑩和⑫～⑭的电压,除引脚⑨电源端正常外,其余引脚的电压均与正常值有差异。检查有关的引脚外接元器件均无异常,怀疑是 TA7641BP 内部损坏,更换后故障排除。

2) 扬声器有“沙沙”声,但收不到任何电台的信号

分析检修 1:用镊子触碰音量电位器 $R_p$ 中心头时扬声器有声,表明低放部分正常。再触碰 TA7641BP 中放输入端引脚③和检波输出端引脚⑦也有声,但触碰变频输出端引脚①却无声,说明问题在引脚①和③间的中频选频电路中。测引脚①电压为 0V,正常值为 2.8V。检查 $R_5$ 左侧电压为 2.8V,由此判断是振荡线圈 $T_2$ 次级或中频变压器 $T_3$ 初级绕组开路。检查发现 $T_2$ 次级一端从根部折断,焊接好后故障排除。

分析检修 2:用镊子触碰 $R_p$ 中心头扬声器有“喀喀”声,触碰 TA7641BP 检波输出

端引脚⑦却无声，说明在引脚⑦与$R_p$间信号传输电路有问题。依次检查$R_4$(2.2kΩ)、$R_6$(3.3kΩ)、$C_{15}$(4.7μF)和$C_{16}$(5100pF)，发现$C_{16}$内部开路，更换后恢复正常，故障排除。

3）音量调不大，声音阻塞，电池寿命短

分析检修：测整机静态电流为4.8mA(比1.8mA正常值大很多)。查电源滤波电容$C_{10}$(100μF)和$C_{19}$(100μF)，发现$C_{19}$严重漏电，更换后故障排除。

4）声音小，但灵敏度正常

分析检修：此现象说明功放增益下降，而高中频电路工作正常。检查TA7641BP功放负反馈端引脚⑫外接元器件，$R_3$(120kΩ)、$C_{11}$(1μF)正常，发现$R_2$(3.3kΩ)阻值增大至15kΩ，导致负反馈加深，降低了功放增益，更换$R_2$后故障排除。

5）有啸叫声，并随音量大小有变化

分析检修：有啸叫声说明前级电路选择性不好，引入了过多的谐波分量。经分析可知，啸叫声来自音量电位器$R_p$以前的变频或中频级。试用代换法检查高频旁路电容$C_5$、中频旁路电容$C_4$和$C_6$均无效，用10μF电容并联在中放AGC滤波电容$C_{13}$(10μF)两端时故障排除。说明$C_{13}$容量减退，更换后恢复正常。

6）中波高端出现啸叫，低端收音正常

分析检修：将天线线圈$T_1$次级两端对调后，啸叫有所减轻，说明是本机振荡过强引起的。为衰减本振电流，在TA7641BP引脚①与本振线圈$T_2$间串联一只200Ω～1kΩ的电阻(调试决定)后故障排除。

## 10.3　任务二十二　2FSK调制解调器设计

1. 任务描述

(1) 以集成锁相环或模拟双向开关为基础设计一个2FSK调制解调器，要求主要技术指标如下：

① 锁相环的中心频率$f_o$=5MHz；

② 解调器在$U_{im}$≥1V及无外部干扰的条件下，解调后误码率为0。

(2) 备选器件：锁相环LC7218、CC4060和NE564，以及模拟双向开关CD4066等。

2. 学习要求

(1) 培养文献检索与信息处理能力，如收集资料和消化资料；

(2) 了解2FSK的工作原理及应用；

(3) 掌握2FSK调制解调器的设计、组装和调试方法。

### 10.3.1　背景知识

在数字通信系统中，由于数字信号具有丰富的低频成分，不宜进行无线传输或长距离电缆传输，因而同模拟调制一样，需要将基带信号进行高频正弦调制，即数字调制。

模拟调制与数字调制并无本质区别，都属于正弦波调制。但是，数字调制系统也有自身的特点，其技术要求与模拟调制系统也不同。数字调制技术可分为两种类型：一是利用模拟方法实现数字调制，即把数字基带信号当做模拟信号的特殊情况来处理；二是利用数字信号的离散取值特点键控载波，从而实现数字调制，这种方法通常称为键控法。常用的数字调制方式有幅移键控（ASK）、频移键控（FSK）和相移键控（PSK）等。

1. 2FSK 的基本工作原理

频移键控利用待传送的消息（调制信号）控制载波的频率，利用载波的频率变化反映消息的变化情况。若调制信号为二进制数字信号，则为二进制频移键控（2FSK）。图 10-19 所示为调制信码为 1001 时的 2FSK 信号波形，显然，输出端信号的频率受调制信码 1 和 0 的控制。

1) 2FSK 信号的产生

模拟调制法和键控法均能产生 2FSK 信号，其实现原理如图 10-20 和图 10-21 所示。

图 10-19　2FSK 信号波形图　　图 10-20　2FSK 信号模拟调制法产生原理框图

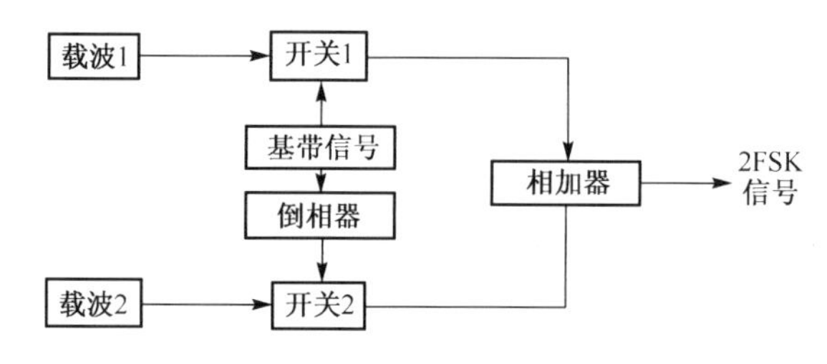


图 10-21　2FSK 信号键控法产生原理框图

2) 2FSK 信号的解调

2FSK 信号的解调有模拟解调法、相干解调法、非相干解调法及过零解调法等四种，其实现原理如图 10-22～图 10-25 所示。

图 10-22　2FSK 模拟解调法原理框图

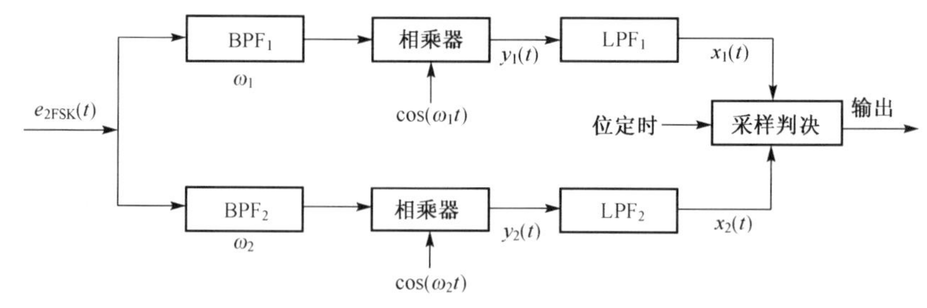


图 10-23　2FSK 相干解调法原理框图

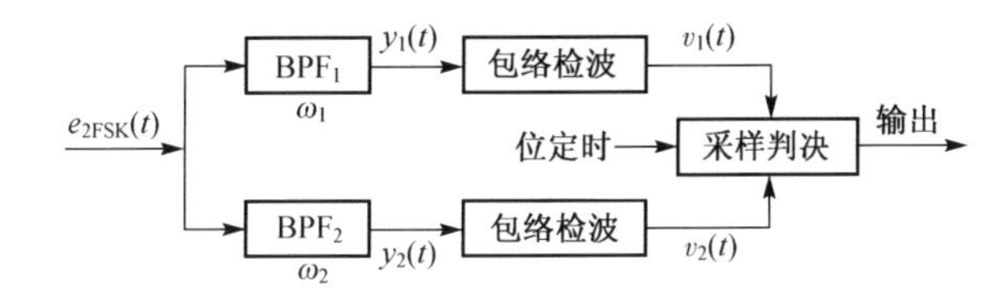


图 10-24　2FSK 非相干解调法原理框图

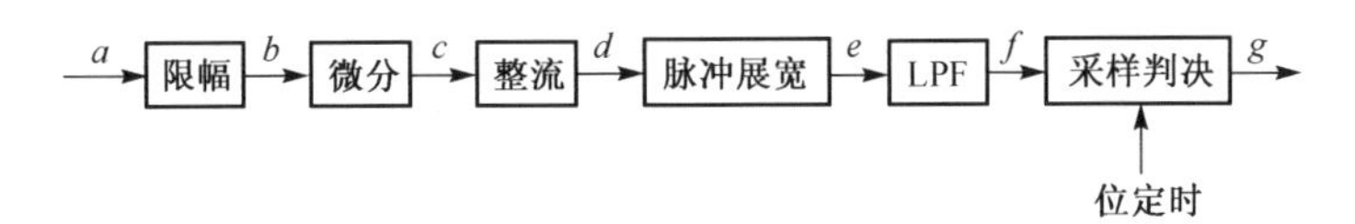


图 10-25　2FSK 过零解调法原理框图

2. 2FSK 的应用简介

2FSK 是信息传输中使用得较早的一种调制方式，主要优点是：实现起来较容易，抗噪声与抗衰减的性能较好。因此，它在中低速数据传输中得到了广泛的应用。

### 10.3.2　案例分析

1. 方案设计

1）方案比较

根据设计要求及相关技术指标，可拟定如下几种方案。

方案 1：调制器选用如图 10-21 所示的方案，采用石英晶体振荡器构成两个不同频率的载波发生器，用模拟双向开关 CD4066 实现开关 1 和开关 2，最后用集成运放构成加法电路，最终实现 2FSK 调制。解调器选用如图 10-23 所示的方案，以 $LC$ 谐振回路实现带通滤波，然后用两个模拟乘法器实现相干解调，最后用集成运放构成采样判决器，实现 2FSK 信号的解调。

方案 2：采用如图 10-20 和图 10-22 所示的方案实现模拟调制解调，以高频锁相环 NE564 为主体，辅以适当的外围元器件即可实现。若要构成适用的发射器及接收器，只需增加合适的发射功放接收滤波及解调放大电路即可。

2）方案论证

相比较而言，选用方案 2 更为经济可靠。实际上，此法也是几年前流行的一种方案。目前，随着集成电路技术的发展，市面上已有多类专用 2FSK 收发芯片，如 Micro-electronic Integrated Systems 公司的 TH7108、TH71112 和 MICRF500 芯片等。

2. 硬件设计

1）器件介绍

高频模拟锁相环 NE564 是 Philips Semiconductors 公司（荷兰飞利浦公司）的产品，国产同类产品的型号有 XD564 和 L564 等。NE564 最高工作频率可达到 50MHz，采用＋5V单电源供电，特别适用于高速数字通信中FM调频信号及移频键控信号的调制和解调，而无需外接复杂的滤波器。

NE564采用双极性工艺，其外部引脚图和内部组成框图分别如图10-26和图10-27所示。

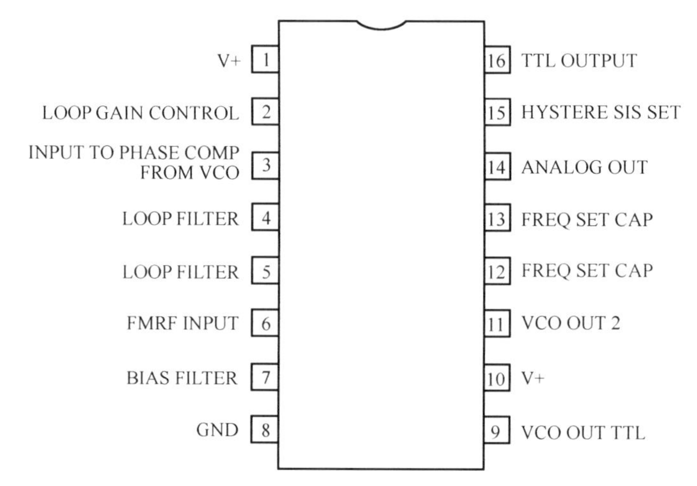


图10-26　NE564的外部引脚图

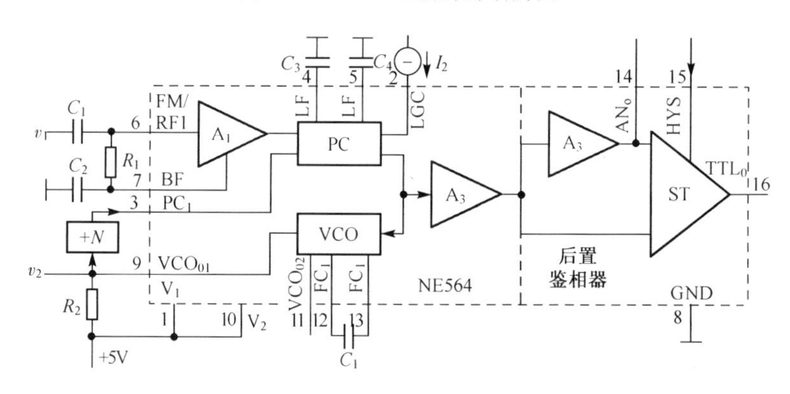


图10-27　NE564的内部组成框图

其中，$A_1$为限幅器，可抑制调频信号的寄生调幅；相位比较器(鉴相器)的内部含有限幅放大器，以提高对调幅信号的抗干扰能力；外接电容$C_3$和$C_4$组成低通滤波器，用来滤出比较器输出的直流误差电压的纹波；改变引脚②的输入电流可改变环路增益；压控振荡器的内部接有固定电阻$R(R=100\Omega)$，只需外接一个定时电容$C_t$就可产生振荡，振荡频率$f_v$与$C_t$的关系曲线如图10-28所示。VCO有两个电压输出端：$VCO_{01}$输出TTL电平，$VCO_{02}$输出ECL电平。后置鉴相器由单位增益跨导放大器$A_3$和施密特触发器ST组成：$A_3$提供解调FSK信号时的补偿直流电平，又用作线性解调FM信号时的后置鉴相滤波器；ST的回差电压可通过引脚⑮外接直流电压进行调整，以消除输出信号$TTL_0$的相位抖动。

由图 10-26 可知，NE564 为双列直插 16 脚封装，各引脚的功能如表 10-6 所示。

**表 10-6　NE564 引脚功能**

| 引脚编号 | 英文缩写 | 引脚功能 | 引脚编号 | 英文缩写 | 引脚功能 |
|---|---|---|---|---|---|
| 1 | $V_{+1}$ | $V_{CC}$，接+5V | 9 | $VCO_{01}$ | VCO 输出 1，TTL 电平 |
| 2 | LGC | 环路增益控制端，电流约为 200μA | 10 | $V_{+}$ | $V_{CC}$，接+5V |
| 3 | $PC_1$ | 鉴相器输入端，来自分频器，占空比 50% | 11 | $VCO_{02}$ | VCO 输出 2，ECL 电平 |
| 4 | LF | 环路滤波引出端 | 12 | $FC_1$ | 振荡频率设置电容引出端 |
| 5 | LF | 环路滤波引出端 | 13 | $FC_1$ | 振荡频率设置电容引出端 |
| 6 | $RF_1$ | 信号输入端，占空比 50% | 14 | $AN_0$ | 模拟输出端（用于调解输出） |
| 7 | BF | 偏置滤波输入端 | 15 | HYS | 延迟设置端（设置门限值） |
| 8 | GND | 地端 | 16 | $TTL_0$ | TTL 电平输出端（用于调解输出） |

2）电路设计

（1）2FSK 调制器电路设计。

利用锁相环 VCO 输出信号频率随输入信号大小而变化的特点，可将待传输的调制信码直接送入 NE564 的 VCO 输入端，从而实现 2FSK 调制。图 10-29 是由 NE564 构成的 2FSK 调制器电路。调制信码从双态信号控制 CD4016 模拟开关引脚⑬输入，NE564 的引脚⑥电压在 5～1.42V 之间转换（即 $5[R_6/(R_5+R_6)]=1.42V$），经缓冲放大器 $A_1$ 及相位比较器中的放大器放大后，直接控制 VCO 的输出频率。因此，引脚⑨输出的是 2FSK 信号。

PD 输出端不再接滤波电容，而是接电位器 $R_{P2}$，用于调整环路增益并可细调压控振荡器的固有频率 $f_v$。

$C_1$ 是输入耦合电容，$R_1$ 和 $C_2$ 组成差分放大器 $A_1$ 的输入偏置电路滤波器，可滤除调制信码中的杂波。$R_2$（包含电位器 $R_{P1}$）对引脚②提供输入电流 $I_2$，可控制环路增益和 VCO 锁定范围，$R_2$ 与电流 $I_2$ 的关系可表示为

$$R_2 = \frac{V_{CC} - 1.3V}{I_2} \qquad (10\text{-}1)$$

$I_2$ 一般为 200μA。调整时，可先设置 $I_2$ 的初值为 100μA，待环路锁定后再调节电位器 $R_{P1}$，使环路增益和压控振荡器的锁定范围达到最佳值。

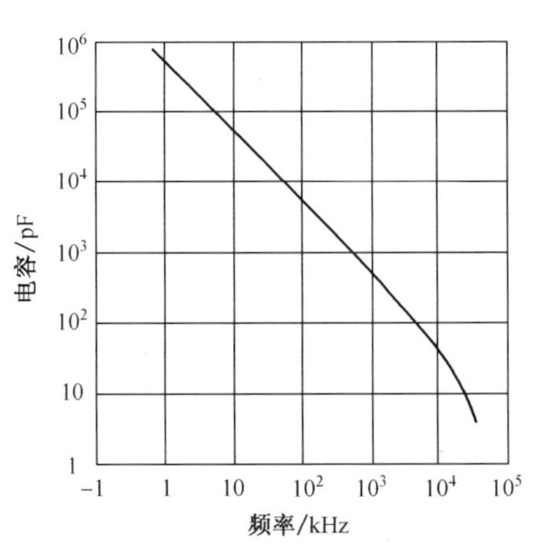


图 10-28　$f_v$ 与 $C_t$ 的关系曲线

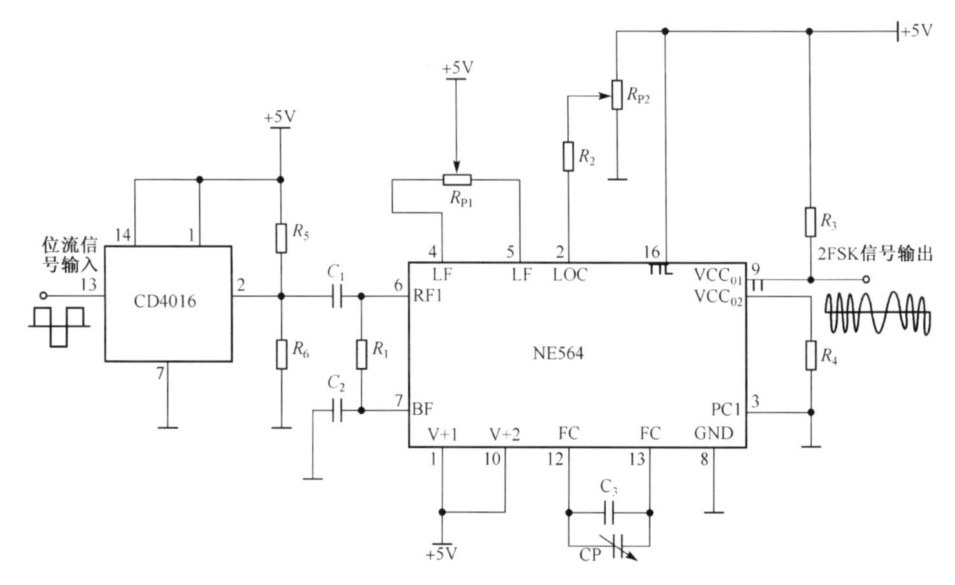


图 10-29　由 NE564 构成的 2FSK 调制电路

$R_3$是压控振荡器输出端必须接的上拉电阻，一般为几千欧姆，这里取 2kΩ。$R_4$是VCO 输出 ECL 电平和鉴相器输入端之间的限流电阻，可取值 3kΩ。

压控振荡器的固有振荡频率可表示为

$$f_v \approx \frac{1}{2200C_t} \tag{10-2}$$

若已调 2FSK 信号中心频率 $f_v=5\text{MHz}$，则 $C_t=90\text{pF}$(可取标称值 82pF 与 8.2pF 可调电容并联构成)。若调制信码的波特率为 500kBaud，则引脚⑨输出 2FSK 信号频率范围为 $f_o=(5\pm1)\text{MHz}$。

(2) 2FSK 解调器电路设计。

由 NE564 构成的 2FSK 解调器电路如图 10-30 所示。已知输入信号 $u_i$的频率$f_i=(5\pm1)\text{MHz}$，调制信码(由 0 和 1 组成的方波)的频率 $f_\Omega=500\text{kHz}$。已调制信号直接送入 NE564 的 VCO 输入端，与压控振荡器输出的 5MHz(引脚⑨输出)进行相位比较，输出信号经环路滤波后由 $A_2$放大，从引脚⑯输出解调后的方波(TTL 电平)。电阻 $R_6$和电位器 $R_{P2}$用于调整施密特触发器的回差电压，可改善输出方波的波形。$R_7$为上拉电阻，增加 $R_7$的值亦可改善输出波形。

由于输入信号的频率 $f_i=(5\pm1)\text{MHz}$，解调时必须使压控振荡器工作在 4～6MHz 并保证 NE564 锁定，此时引脚⑯输出才为高电平 1；超出此范围失锁，则引脚⑯输出为低电平 0。因此，压控振荡器的固有振荡频率 $f_v$和捕捉带 $\Delta f_v$必须十分准确。由已知条件可得：压控振荡器的固有振荡频率 $f_v=5\text{MHz}$，$\Delta f_v=f_{imax}-f_{imin}=2.0\text{MHz}$。由式(10-2) 得 $C_t=90\text{pF}$，可取标称值 82pF 与 8.2pF 可调电容并联，以便精确调整固有振荡频率，使 $f_v=5\text{MHz}$。

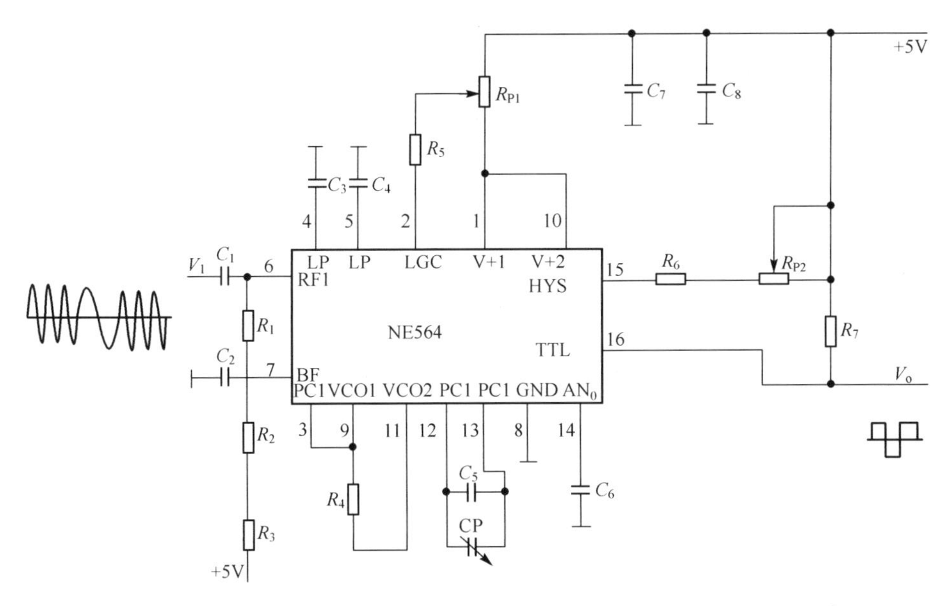


图 10-30 由 NE564 构成的 2FSK 解调电路

外接电容 $C_3$ 和 $C_4$ 与内部两个对应电阻(阻值 $R=1.3\text{k}\Omega$)分别组成一阶低通滤波器,其截止角频率可表示为

$$\omega_C = \frac{1}{RC_3} \tag{10-3}$$

滤波器的性能对环路入锁时间的快慢有一定影响,由于本例输出信号频率较高,低通滤波器的截止角频率也要相应提高,计算可取 $C_3=C_4=300\text{pF}$。制作实物电路时可通过观测引脚④~⑤的输出波形调整电容的值,使输出波形更为清晰。

电容 $C_6$ 的作用是滤除内部单位增益跨导放大器 $A_3$ 输出的补偿直流电压中的交流成分。因此,对 $C_6$ 的耐压有一定要求,通常取耐压大于电源电压的电解电容,这里取 $C_6=10\mu\text{F}/8\text{V}$。$C_7$ 和 $C_8$ 为电源滤波电容,一般取 $0.2\mu\text{F}$。

### 10.3.3 电路制作与联机调试

1. 电路制作

在 Protel 99SE 环境下,按照“绘制电路原理图→电气规则检查→生成网络表→规划电路板→导入网络表→元件布局与调整→布线”等步骤设计印制电路板底图。然后,用专门仪器或手工制作相应的印制板。最后,根据所设计的印制电路板组装电路。注意,元器件装配过程中应遵循“先里后外,先小后大,先轻后重”的原则,可先安装 NE564,然后向外逐步安装其他元器件。

2. 整机联调

将调制解调部分制作成印制电路板后进行联调时,采用两根 5cm 的导线作为简易天线，天线相距 5cm，在解调部分的输出端解调出了方波。尝试增大解调电路差分放大器的输入偏置电路滤波器的电容值，使输入的 2FSK 已调信号的寄生调幅得到改善。调节引脚⑭的外接电容可改善输出信号波形。

# 10.4 任务二十三 红外遥控台灯调光器的设计

1. 任务描述

(1) 采用单片机设计一款简易适用的台灯调光器，可通过红外遥控方式调节台灯的亮度。

(2) 备选器件：AT89C51 单片机和 NE555 等。

2. 学习要求

(1) 培养文献检索与信息处理能力，如收集资料和消化资料；

(2) 了解常用红外遥控的原理及应用；

(3) 掌握红外遥控台灯调光器的设计、组装和调试方法。

## 10.4.1 方案设计

根据设计要求，确定系统如图 10-31 所示的总体框图。该方案以 AT89C51 单片机为核心，包括红外发射模块、红外接收模块和 LED 调光模块等。发射部分由单片机输出红外编码信号调制到 38kHz 载波上，由红外发射管发射。接收部分收到红外遥控信号后进行解码，由单片机处理并向 LED 调光模块输出 PWM 控制信号，调节台灯的亮度。

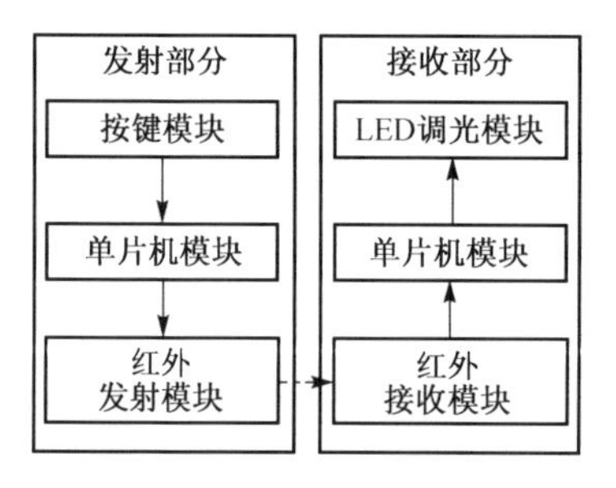


图 10-31 红外遥控台灯调光器的组成框图

1. 红外发射模块

方案 1：采用专用的红外遥控编码及解码集成电路，具有制作简单等特点，由于这些芯片价格较高，功能键数及功能受到特定的限制，且相互之间采用的遥控编码格式可能互不兼容。

方案 2：将该部分与单片机模块融合，用单片机进行遥控系统的应用设计，具有硬件接口简单方便、编程灵活多样，以及操作码个数可随意设定等优点。

经比较，本任务采用方案 2。

2. 红外接收模块

方案 1：红外线接收器是红外线通信成败的关键所在，以前大多采用红外线接收专用芯片 CA20106A 及外围部分元器件(红外线接收管、电阻和电容等)。实际使用时常出现接收灵敏度过高或过低、工作欠稳定、装配焊接麻烦、调试不便、体积大和抗干扰能力较差等问题。

方案2：目前采用最多的是一种一体化的红外线接收头HS0038，外形小巧（类似于三极管），价格低廉，使用方便，无须调整，抗干扰能力强，工作稳定可靠。

经比较，本任务采用方案2。

3. LED调光模块

方案1：采用模拟调光方案，通过控制可控硅的导通情况控制电流大小。模拟调光的缺点是LED电流的调节范围局限在最大值至该最大值10%之间（调光范围10:1）。

方案2：采用PWM调光方案，利用单片机输出PWM信号，控制LED驱动电路（H桥驱动电路），达到无级调速的目的。利用PWM调光的优势不会出现闪烁现象，在整个调光范围内LED颜色色调保持一致，不但能确保输出电流大小均匀，而且也能确保画面有极高的光暗对比度。

经比较，本任务采用方案2。

### 10.4.2　硬件设计

1. 红外发射部分电路设计

1）红外发射模块

红外发射模块的工作过程是：单片机模块检测按键的状态（是否有按键按下和有哪个键按下等）并获取信息码，经过软件编码后由P3.4口输出控制码并进行放大，然后调制到由NE555多谐振荡器产生的占空比为1/3的38kHz载波上，驱动红外发射管工作，送出红外调光信号。

NE555多谐振荡器如图10-32所示，电阻$R_1$和$R_2$分别选用20kΩ（203）和50kΩ（503）电位器。根据式（6-1）和式（6-2）可知，当$R_1$调节为12.65kΩ，及$R_2$调节为25.31kΩ时，引脚③就能输出占空比为1/3的38kHz载波。

为了使信号能更好地被传输，发送端将二进制信号调制为脉冲串信号，通过红外发射管发射。

发射部分的信息码由AT89C51单片机的定时器1中断产生红外线方波信号，由P3.4口输出经过三极管$VT_1$放大。用NE555定时器，产生38kHz方波，经过三极管$VT_2$调制，由红外线发射管发送。红外线发射器须经调试后方能正常工作。对红外线发射器的振荡频率进行调整，务必使它与红外线接收器的工作频率相吻合。

调制电路如图10-33所示，其中三极管$VT_1$、$VT_2$分别用于放大和调制，$VD_5$是红外发射二极管，$VD_4$是状态指示二极管。经单片机编码后的控制信息码（data）经$VT_1$放大后输入$VT_2$的集电极，与NE555多谐振荡器注入的38kHz载波进行调制，然后通过$VD_5$发射。

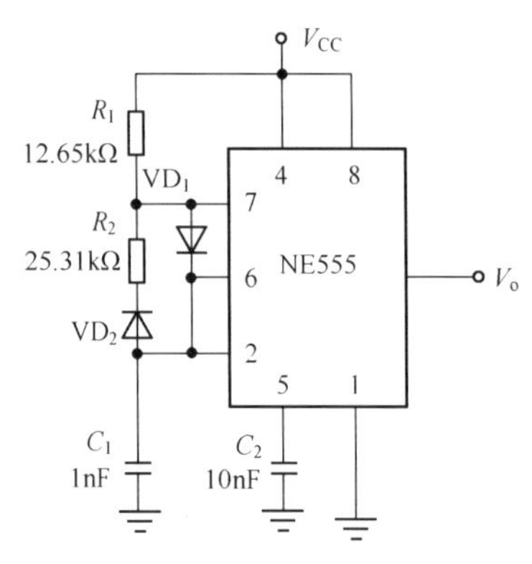

图 10-32 基于 NE555 的多谐振荡器

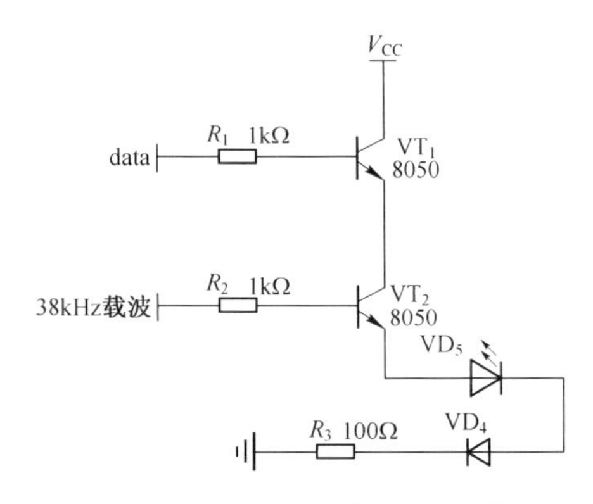


图 10-33 红外发射信号调制电路

红外发射编码的数据帧格式如图 10-34 所示。起始码为 9ms 高电平和 4.5ms 低电平,用于接收端判断是否有数据接收;16 位正反用户码用于选择正确的接收端;16 位正反数据码用于传送 LED 亮度调节信息,实现亮灭控制和亮度调节功能。

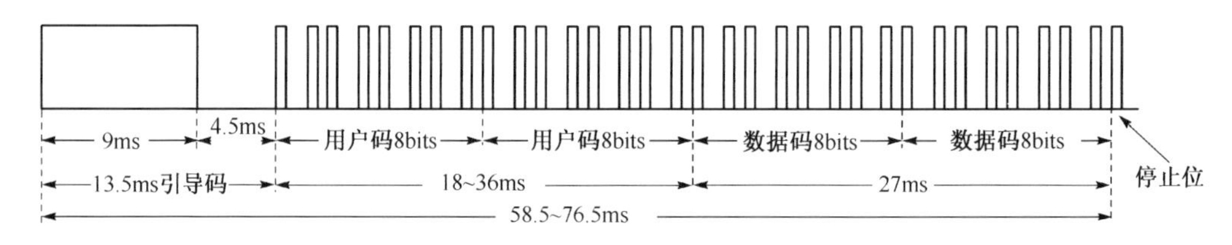


图 10-34 红外遥控数据帧格式

2) 按键模块

根据设计需求,本设计采用 8 个独立按键实现 LED 灯亮灭控制和亮度调节,详细的电路如图 10-35 所示。其中,$K_1$～$K_4$ 用于 4 只 LED 灯的亮灭控制,$K_5$ 用于全部 LED 灯的亮灭,$K_6$ 用于黄色 LED 灯的亮度调节,$K_7$ 和 $K_8$ 分别用于黄灯任意增减亮度调节。每个按键的一端接地,另一端接单片机 P1 口,并通过 10kΩ 的上拉电阻接＋5V 电源。当有键被按下时相应的 I/O 口变为低电平,而未被按下的键对应的 I/O 口保持为高电平,单片机可通过读 I/O 状态判断是否有键按下和哪一个键被按下。

2. 红外接收部分电路设计

1) 红外接收模块

红外接收模块采用红外一体化接收头 HS0038 实现,它将具有接收、放大、检波和整形等功能,并能输出 TTL 信号,因此可直接与 51 单片机兼容。基于 HS0038 的接收电路如图 10-36 所示,其输出脚(DATA)连接到单片机的中断输入脚(P3.4),便于采用查询或中断方式解码。

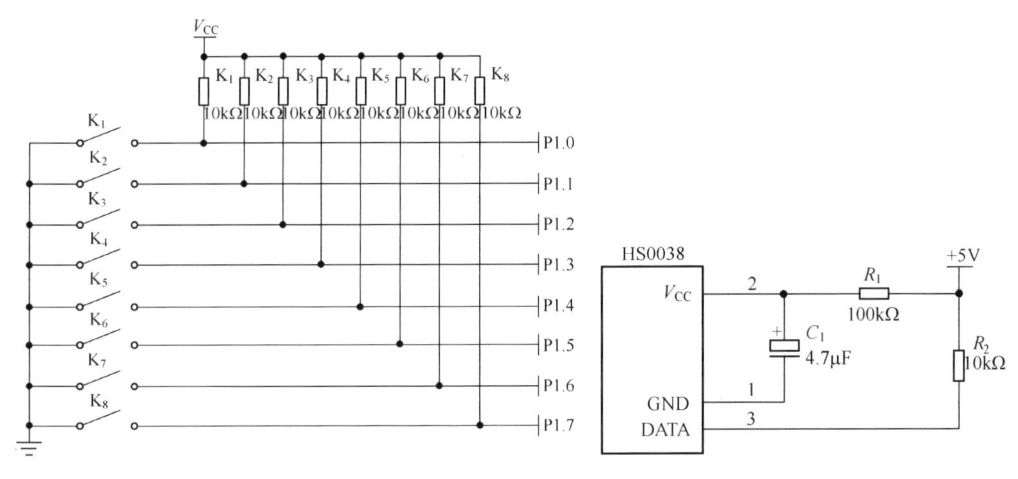


图 10-35　按键电路　　　图 10-36　红外接收电路原理图

红外解码原理如图 10-37 所示。由于发射端是通过脉冲宽度实现信号调制，因此接收端需利用单片机的定时器 0 计算接收脉冲的时间间隔。当判出高电平的时长为 1.125ms，则解码为 0；若判出高电平的时长为 2.25ms，则解码为 1。

2）LED 调光模块

LED 亮度的控制有正向工作电流调节方式和脉宽调制方式两种方法。电流调节方式调节范围大，线性度好，但是功耗很大，所以很少采用。现在普遍采用脉宽调制方式（PWM）。

基于 PWM 的 LED 调光电路如图 10-38 所示。它利用单片机中断方式，由 P1 口输出 PWM 脉冲，对 LED 驱动管 8050 的工作状态（导通、截止、放大）进行控制，达到调光的目的。此电路利用占空比 5%递进的 PWM 脉冲实现对 LED 的 20%～100%的亮度调节。

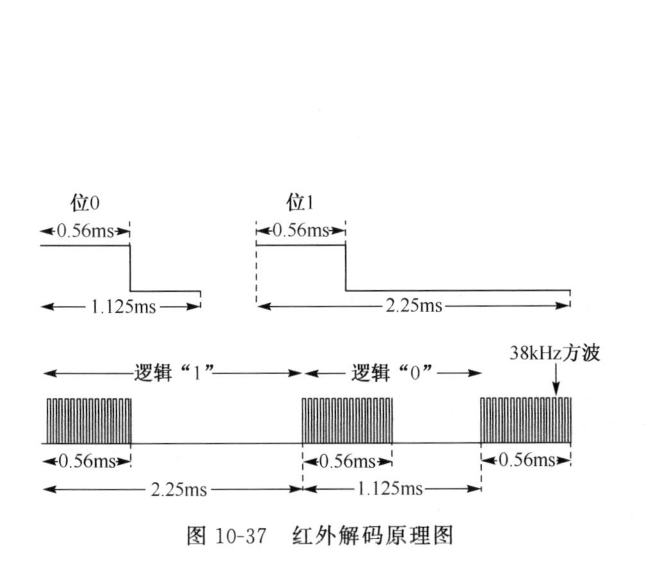


图 10-37　红外解码原理图

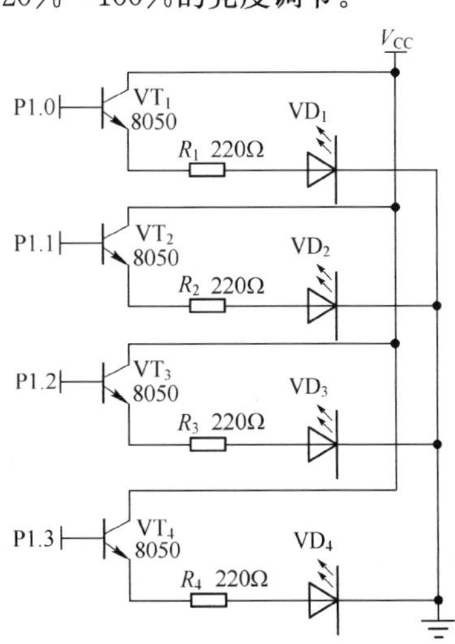


图 10-38　LED 驱动电路原理图

### 10.4.3　软件设计

1. 程序流程图

根据模块化程序设计思路，将系统的软件分为发射(编码)、接收(解码)和功能控制等三个模块，其程序流程分别如图10-39～图10-41所示。在发射部分，首先检测P1口

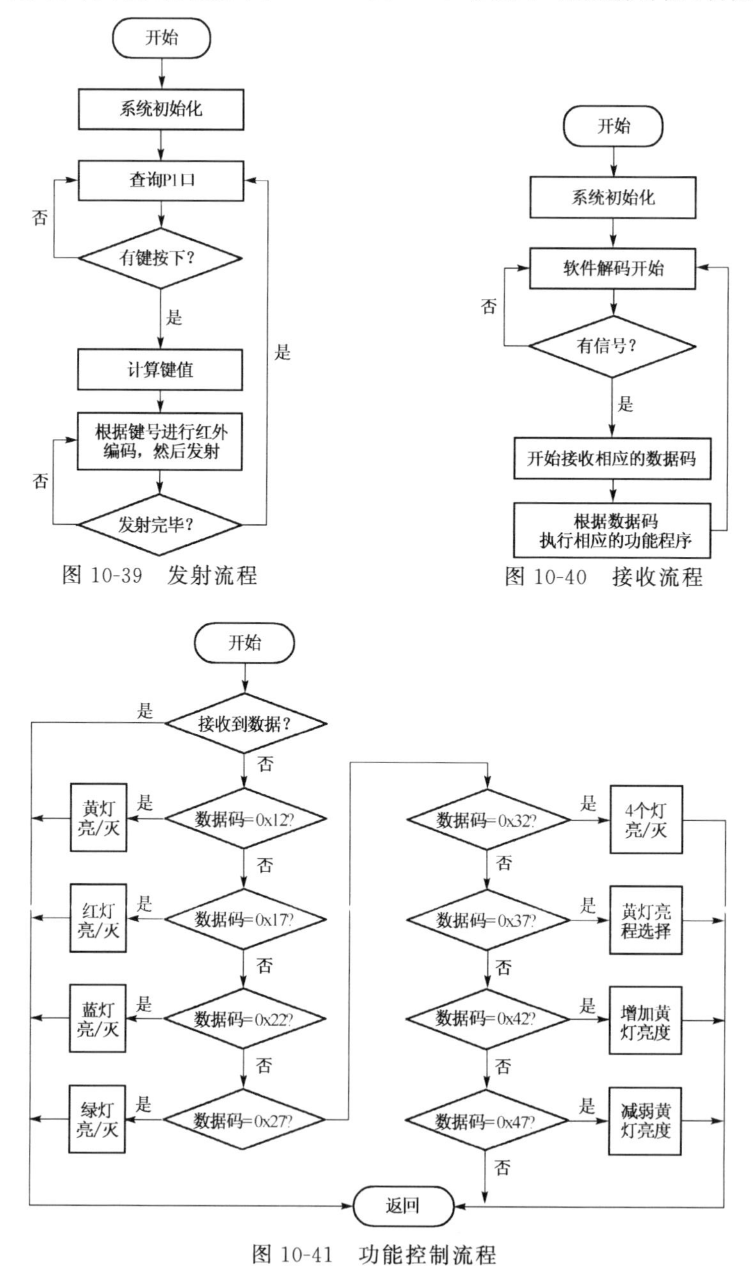


图10-39　发射流程

图10-40　接收流程

图10-41　功能控制流程

的按键状态，然后获取键值，再根据键值进行编码和发射；在接收部分，首先要确定是否有接收信号，然后进行解码，并根据控制码调用相应的功能程序；功能程序用于控制LED灯的亮灭及亮度，基本工作过程是判断解码出的控制码，根据控制码向LED驱动电路送出对应的PWM控制电平，实现LED灯亮灭控制及亮度调节。

2. 主要程序代码

1）发射部分主函数

```
void main(void)
{ count=0;
  fashe=0;
  EA=1;                            //允许 CPU 中断
  TMOD=0x11;                       //设定时器 0 和 1 为 16 位模式 1
  ET0=1;                           //定时器 0 中断允许
  P1=0xFF;
  TH0=0xFF;
  TL0=0xE6;                        //设定时值 0 为 38kHz,每隔 26μs 中断一次
  iraddr1=0x00;
  iraddr2=0xff;
  do{
    key=getkey();
    while(key)
    {  switch (key)
      {  case 1:SendIRdata(0x12); break;
        case 2:SendIRdata(0x17); break;
        case 3:SendIRdata(0x22); break;
        case 4:SendIRdata(0x27); break;
        case 5:SendIRdata(0x32); break;
        case 6:SendIRdata(0x37); break;
        case 7:SendIRdata(0x42); break;
        case 8:SendIRdata(0x47); break;
        default:break;
      }
    }
  }while(1) ;
}
```

2）发射部分数据发射函数

```
void SendIRdata(char p_irdata)
{ int i,j;
  char irdata1;                    //=p_irdata;
  TR0=1;
```

```
irdata[0]=0x00;
irdata[1]=0xff;
irdata[2]=p_irdata;
irdata[3]=~ p_irdata;
                                        //发送 9ms 的起始码
endcount=225;
Flag=1;
count=0;
fashe=1;
do{}while(count<endcount);
                                        //发送 4.5ms 的结果码
endcount=112;
Flag=0;
count=0;
fashe=0;
do{}while(count<endcount);
                                        //发送十六位地址的前八位
for (j=0;j<4;j++ )
{  irdata1=irdata[j];
  for(i=0;i<8;i++ )
  { endcount=14;
    count=0;
    fashe=1;
    do{}while(count<endcount);
    if(irdata1-(irdata1/2)*2)           //判断二进制数个位为 1 还是 0
    {  endcount=42; }                   //若为“1”,则将 endcount 赋值为 42,发射时
         else                           低电平持续时间约 1.68ms
      {  endcount=14; }                 //若为“0”,则将 endcount 赋值为 14,发射时
         count=0;                       低电平持续时间约 0.56ms
      fashe=0;
      do{}while(count<endcount);
      irdata1=irdata1>>1;
      }
  }
endcount=14;                            //10
Flag=1;
count=0;
fashe=1;
do{}while(count<endcount);
fashe=0;
Flag=0;
key=0;
TR0=0;
```

```
    delay();
  }
```

3）接收部分主函数

```
void main()
{ uint x=0;
  FLAG=0;
  count=0;
  countbit=0;
  TMOD=0x11;
  TH0=0xFF;
  TL0=0xE6;
  P1=0x00;
  EX0=1;
  ET0=1;
  IT0=1;
  show=0;
  ztai=0;
  y=0;
  EA=1;
  irdata[0]=irdata[1]=irdata[2]=irdata[3]=0;
  for(;;)
    {
    for(x=0;x<(10-y);x++)
    P1_0=0;
    for (x=0;x<y;x++)
    P1_0=1;
    if (show==1)
        { switch(irdata[2])
            { case 0x12:                    //黄灯亮灭控制
                if(ztai==1)
                    {ztai=0;y=0;}
                    else{ztai=1;
                    y=10; }
                    break;
                case 0x17:                  //红灯亮灭控制
                    P1_1=! P1_1;
                    break;
                case 0x22:                  //蓝灯亮灭控制
                    P1_2=! P1_2;
                    break;
```

```
          case 0x27:                //绿灯亮灭控制
              P1_3=! P1_3;
              break;
          case 0x32:                //所有灯亮灭控制
        if(~ ztai==1||P1_1==1||P1_2==1||P1_3==1||liang1==1)
        { ztai=0;y=0;
          P1_1=0;
          P1_2=0;
          P1_3=0;}
        else
        { ztai=1; y=10;
          P1_1=1;
          P1_2=1;
          P1_3=1;}
              break;
          case 0x37:                //黄灯亮度等间距调节
            lcishu++ ;
            if(lcishu==5) lcishu=0;
            if(lcishu==1)
            { ztai=1;y=2; }
              if(lcishu==2)
              { ztai=1;y=4; }
                if(lcishu==3)
                { ztai=1;y=6; }
                  if(lcishu==4)
                  { ztai=1;y=8; }
            break;
        case 0x42:
            ztai=1;y=y+ 1; break;
        case 0x47:
            ztai=1;y=y- 1;break;
    }
  show=0;
 }
}
}
```

### 10.4.4　系统测试

1. 电路制作

在 Protel 99SE 环境下,按照“绘制电路原理图→电气规则检查→生成网络表→规划电路板→导入网络表→元件布局与调整→布线”等步骤设计印制电路板底图。然后，用专门仪器或手工制作相应的印制板。最后，根据所设计的印制电路板组装电路。注意，元器件装配过程中应遵循“先里后外，先小后大，先轻后重”的原则，可先安装NE564，然后向外逐步安装其他元器件。

2. 联机调试

1）测试方法

(1) 红外发射部分测试。

①用示波器调试测试 555 多谐振荡器，输出 38kHz 且占空比为 1/3 的方波。

②用电视机红外遥控器和示波器检测红外一体化接收器是否能接收脉冲串信号。

(2) 红外接收部分测试。

①将硬件模块和相应的软件进行系统整体测试。

②依据设计要求，分别对红外遥控器输出的波形和控制 LED 亮度的波形进行测试。

(3) 测试红外遥控器输出的波形，红外接收器是否识别。红外接收控制器是否能执行对应的 LED 控制。

2）测试结果

(1) LED 亮度控制波形。

经测试，红外发射的输出波形如图 10-42 所示。

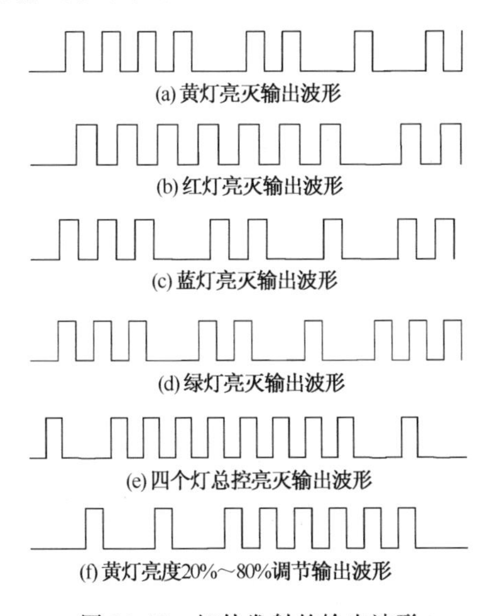


图 10-42　红外发射的输出波形

(2) LED 亮度调节情况。

用示波器接 LED，测试数据如表 10-7 所示。

**表 10-7　LED 亮度数据**

| 键盘 | LED 发光二极管 | 亮度 | 占空比 |
| --- | --- | --- | --- |
| 1 键 | 红色 | 100%或 0 | 1 或 0 |
| 2 键 | 黄色 | 100%或 0 | 1 或 0 |
| 3 键 | 绿色 | 100%或 0 | 1 或 0 |
| 4 键 | 蓝色 | 100%或 0 | 1 或 0 |
| 5 键 | 全控 | 100%或 0 | 1 或 0 |
| 6 键 | 亮度控制黄色 | | |
| 一次 | | 20% | 1/5 |
| 二次 | | 40% | 2/5 |
| 三次 | | 60% | 3/5 |
| 四次 | | 80% | 4/5 |

经测试，说明：

① 系统测试指标均达到要求。

② 按键控制红外发射码的输出波形正确。

③ 红外一体接收器能识别发射码，转换成单片机识别的 TTL，执行相应的程序。能够采用控制发射装置通过发射不同的数据码能正确选择相应的功能模块，实现对指定颜色的 LED 进行亮灭控制，能实现同时控制 4 个 LED 的亮灭。通过第一至第四次按 6 键，能够正确切换 PWM 波的占空比，使得 LED 亮度输出波的占空比分别为 1/5、2/5、3/5 和 4/5，从而能够采用控制发射装置对其中一个 LED 的亮度进行控制，且可控制亮度为可调亮度范围的 20%、40%、60%和 80%。

# 第 11 章　全国大学生电子设计竞赛作品评析

**【学习目标】**

本章主要介绍全国大学生电子设计竞赛概况，并以两个实例介绍有关赛题的解决方法。具体的学习目标如下：

(1) 了解全国大学生电子设计竞赛的概况；

(2) 掌握常见赛题的解决方法。

## 11.1　全国大学生电子设计竞赛简介

全国大学生电子设计竞赛是教育部倡导的四大学科竞赛之一，是面向大学生的群众性科技活动，目的在于推动全国普通高等学校促进信息与电子类学科面向 21 世纪课程体系和课程内容的改革，促进教育也要实现两个转变重要思想的落实，有助于高等学校实施素质教育，培养大学生的创新能力、协作精神和理论联系实际的学风；有助于学生工程实践素质的培养，提高学生针对实际问题进行电子设计制作的能力；有助于吸引、鼓励广大青年学生踊跃参加课外科技活动，为优秀人才的脱颖而出创造条件。

全国大学生电子设计竞赛的特点是与高等学校相关专业的课程体系和课程内容改革密切结合，以推动其课程教学、教学改革和实验室建设工作。竞赛的特色是与理论联系实际学风建设紧密结合，竞赛内容既有理论设计，又有实际制作，以全面检验和加强参赛学生的理论基础和实践创新能力。

全国大学生电子设计竞赛的组织运行模式为“政府主办、专家主导、学生主体、社会参与”十六字方针，以充分调动各方面的参与积极性。

全国大学生电子设计竞赛由教育部高等教育司及工业和信息化部人事司负责领导，各地竞赛事宜由地方教委(厅、局)统一领导。为保证竞赛顺利开展，组建全国及各赛区竞赛组织委员会和专家组。参赛单位以普通高等学校为参赛单位，参赛学校应成立电子竞赛工作领导小组，负责本校学生的参赛事宜，包括组队、报名、赛前准备、赛后总结等。参赛学校可以独立组织不超过 20 个参赛队。参赛队每队由三名学生组成，除研究生以外所有具有正式学籍的在校本科生、专科生都有资格参加。

竞赛时间定于竞赛举办年度的 9 月份，赛期四天(具体日期届时通知)。从 1997 年开始，每两年举办一届全国大学生电子设计竞赛，即今后凡逢单数年号时举办全国竞赛，其他时间赛区、校、系间可开展小规模竞赛或群众性科技活动。

竞赛采用全国统一命题、分赛区组织的方式，竞赛采用“半封闭、相对集中”的组织方式进行。竞赛期间学生可以查阅有关文献资料，队内学生集体商讨设计思想，确定设计方案，分工负责、团结协作，以队为基本单位独立完成竞赛任务；竞赛期间不允许任何教师或其他人员进行任何形式的指导或引导；竞赛期间参赛队员不得与队外任何人员讨论商量。参赛学校应将参赛学生相对集中在一个或几个实验室内进行竞赛，便于组织人员巡查。为保证竞赛工作，竞赛所需设备、元器件等均由各参赛学校负责提供。

各赛区负责本赛区竞赛的评审工作，需按照全国统一评分及测试标准执行，赛区在全国统一评分及测试标准基础上制定赛区的评分标准及测试细则，每位评审专家的原始评分及测试记录必须保留在赛区组委会，赛区向全国组委会推荐申请全国奖代表队时，必须将报奖队的设计报告、有赛区评审组每位评阅人签字的各项详细原始测试数据及评分记录、登记表和推荐表一并上报，否则不受理评奖。各赛区评分及测试细则需要上报全国组委会秘书处备案，以备全国评审时参考。

评奖工作采用"校为基础、一次竞赛、二级评奖"的方式进行，即竞赛建立在学校广泛开展课外科技活动的基础上，积极组织学生参加全国大学生电子设计竞赛活动，每次全国竞赛后，经各赛区级评奖(第一级评奖)后再推荐出赛区优秀参赛队参加全国评奖(第二级评奖)。各赛区组委会聘请专家组成赛区评委会，评选本赛区的一、二、三等奖，获奖比例一般不超过总参赛队数的三分之一。此外，对参赛成功者，赛区可酌情颁发"成功参赛证书"。各赛区向全国组委会推荐申报全国奖的参赛队比例由全国组委会届时通知，全国组委会在全国专家组的基础上根据实际需要聘请有关专家组成全国评委会，评选全国奖。全国设立一、二等奖。按教育部、工业和信息化部的指示精神，竞赛颁发全国统一的获奖证书(包括赛区级获奖证书)，竞赛成绩记入学生档案，对成绩优秀的参赛学生，各校根据实际情况在评选优秀学生、奖学金及推荐免试研究生时予以适当考虑。对于赛前辅导教师的辛勤工作应予以一定形式的承认，但辅导教师的工作应纳入学校教改和教学基础建设的整体中予以考虑。

## 11.2　全国大学生电子设计竞赛作品选编

### 11.2.1　2007年高职高专组优秀作品(信号发生器)

1. 题目分析

1) 设计任务

设计并制作一台信号发生器，使之能产生正弦波、方波和三角波信号，其系统框图如图11-1所示。

2) 要求

基本要求为：① 信号发生器能产生正弦波、方波和三角波三种周期性波形。② 输出信号频率在100Hz～100kHz范围内可调，输出信号频率稳定度优于$10^{-3}$。③ 在

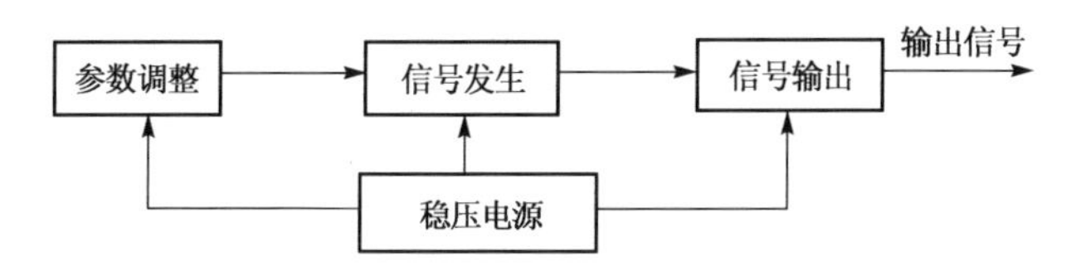


图 11-1　信号发生器框图

1kW 负载条件下，输出正弦波信号的电压峰-峰值 $V_{o\text{p-p}}$ 在 0～5V 范围内可调。④ 输出信号波形无明显失真。⑤ 自制稳压电源。

发挥部分为：

① 将输出信号频率范围扩展为 10Hz～1MHz，输出信号频率可分段调节：在 10Hz～1kHz 范围内步进间隔为 10Hz；在 1kHz～1MHz 范围内步进间隔为 1kHz；输出信号频率值可通过键盘进行设置。

② 在 50W 负载条件下，输出正弦波信号的电压峰-峰值 $V_{o\text{p-p}}$ 在 0～5V 范围内可调，调节步进间隔为 0.1V，输出信号的电压值可通过键盘进行设置。

③ 可实时显示输出信号的类型、幅度、频率和频率步进值。

④ 其他。

3）说明

设计报告正文应包括系统总体框图、核心电路原理图、主要流程图和主要的测试结果。完整的电路原理图、重要的源程序和完整的测试结果可用附件给出。

4）评分标准

评分标准如表 11-1 所示。

**表 11-1　信号发生器评分表**

| | 项　目 | 满分 |
|---|---|---|
| 设计报告 | 系统方案 | 4 |
| | 理论分析与计算 | 2 |
| | 电路与程序设计 | 6 |
| | 测试方案与测试结果 | 4 |
| | 设计报告结构及规范性 | 4 |
| | 总分 | 20 |
| 基本要求 | 实际制作完成情况 | 50 |
| 发挥部分 | 完成第(1)项 | 23 |
| | 完成第(2)项 | 13 |
| | 完成第(3)项 | 9 |
| | 其他 | 5 |
| | 总分 | 50 |

2. 作品选编

（四川信息职业技术学院作品，全国高职高专组一等奖，参赛选手潘贤荣、古广理、陈再，指导教师潘锋、曾宝国。）

本信号发生器以单片函数发生器 MAX038 为核心，采用高速 SoC 单片机 C8051F020 为主控 MCU，结合外部程控增益及缓冲放大电路，实现题目要求的三角波、正弦波和方波输出，且输出频率和幅度可调的功能；输出频率范围为 10Hz～4MHz，频率稳定度优于 $10^{-3}$；外接 50Ω 负载时，输出信号幅度为 0～5V 可调。本信号发生器具有性能优良、稳定可靠和操作界面友好的优点，完全达到甚至某些方面超过了题目所要求的指标。

1）方案设计

（1）方案比较。

根据题目的要求，本信号发生器可分解为三大部分：第一部分为一个输出频率可调，且波形种类可变信号源；第二部分为程控增益缓冲放大器，负责调节输出信号的幅度；第三部分为单片机控制单元，负责控制信号源、程控放大器及人机交互。其原理框图如图 11-2 所示。

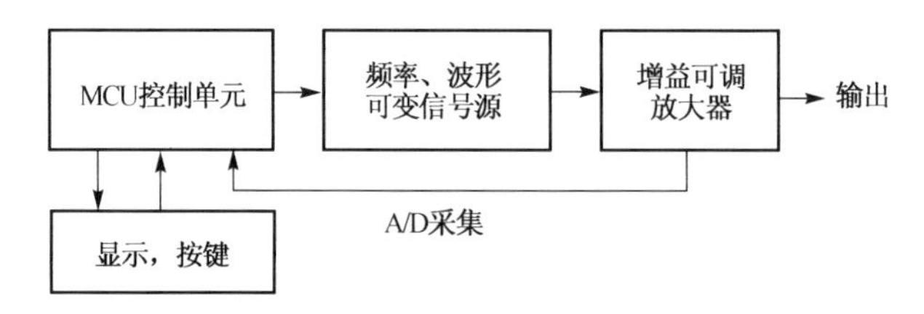


图 11-2　信号发生器原理框图

输出信号频率及波形可变的信号源一般有如下几种实现方案。

方案 1：采用模拟锁相环实现。此种方案的原理为通过改变锁相环的 N 和 R 分频器分频系数来实现输出频率的调节，但 VCO 只能输出正弦波，要输出三角波和方波，还需在 VCO 输出后接波形变换电路，且单个 VCO 的输出频率范围远达不到题目的要求，需接多个 VCO 来进行挡位切换。

方案 2：采用直接数字频率合成（DDS）芯片实现。DDS 是较为先进的一种频率合成技术，基于 DDS 技术的波形发生器具有输出频率稳定、准确，波形质量好和输出频率范围宽等一系列独特的优点。此种方案改变输出频率的方法是向 DDS 芯片写控制字，通过改变相位累加字改变输出频率。常见的 DDS 芯片，如 AD9954 等，只有正弦波输出，同方案 1 类似。要产生三种波形，也需外接波形变换电路。

方案 3：采用单片函数发生器芯片实现。通常的单片函数发生器芯片几乎整合函数发生器所有的功能，一般具有正弦波、三角波和方波输出，且输出频率和幅度及占空比可调，其频率、幅度及占空比的调节通常是靠调节引脚电压，或振荡器电容实现，如 MAX038 和 ICL8038 等。此种方案不需要外接波形变换电路即可输出三种波形，通过切换振荡器电容和改变控制引脚电压，可以达到较宽的输出频率范围和较小的频率步进。

对上面三种方案进行比较，可以看出，方案 1 和方案 2 的参考时钟均为晶体振荡器，因此频率稳定度很好，但均需外接波形变换电路，通常采用二极管电阻网络实现正弦到三角波的变换，用比较器实现正弦波到方波的变换，电路较复杂。方案 1 还须外接多个 VCO，更是增加了电路复杂程度，方案 3 对于前两种方案，最大的优点可以省掉外部波形变换电路，降低电路复杂程度。常见的函数发生器芯片，其输出频率范围和稳定度完全可以达到题目的要求，因此，从实现的难易程度及所能达到性能指标方面考虑，选择方案 3 来实现题目要求的信号发生器。

程控增益放大器一般有两种实现方式：一种是将数字电位器作为放大器的反馈网络一部分，通过调节数字电位器阻值来改变放大器增益。

另外一种是使用可变增益放大器（VGA），此种放大器一般靠内部模拟乘法器将输入信号与一直流信号相乘，通过改变直流信号电压值来改变增益。本题目要求输出具有比较强的驱动能力，若采用 VGA 来实现输出信号幅度调节，由于通常的 VGA 驱动能力不够，后面还须接一缓冲放大器，导致电路较复杂。因此，在此选择第一种方案，即将数字电位器放至缓冲放大器的反馈网络中，改变电位器值即可调节输出信号幅度。此方案的电路及控制方式均较第一种方式简单。

(2) 方案论证。

函数发生器芯片 MAXIM 公司生产的一款性能优异的函数发生器芯片 MAX038 可输出正弦波、三角波和方波三种信号，输出的信号频率和占空比可单独调节，输出频率范围为 0.1Hz～20MHz，输出频率温漂低至 200ppm/℃，完全能够满足本题目的要求，其信号发生器方案如图 11-3 所示。

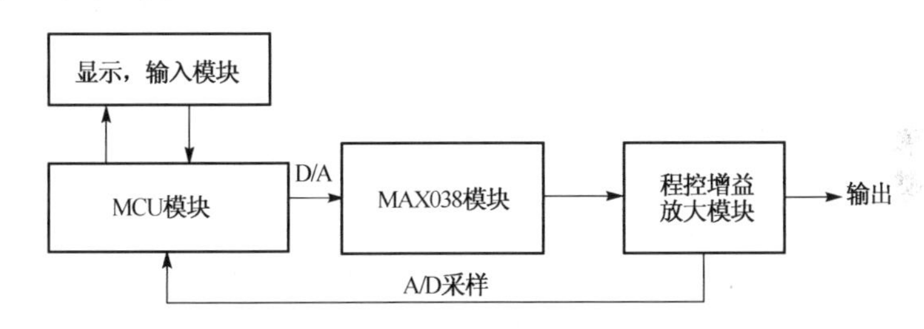


图 11-3　MAX038 信号发生器设计方案

MAX038 的频率控制可以通过三种方式来实现：改变流入 $I_{in}$ 脚的电流，改变振荡器电容值，改变 Fadj 脚的电压。其中，通过改变流入 $I_{in}$ 脚的电流可以达到较宽的频率范围，该引脚的电流在 10～400μA 时，输入电流与输出频率具有较好的线性关系，因此采用调节 $I_{in}$ 引脚的电流来调节输出频率。对每个振荡器电容，若要得到较好的性能，输出频率最大变化范围为 10 倍，因此为覆盖题目要求的 10Hz～1MHz 频率范围，一共取 6 个电容挡。

输出缓冲采用 AD811。AD811 具有很强的驱动能力，在电源电压为 15V 时，输出电流可达 100mA，能够满足题目中的在 50 电阻上输出信号幅度为 5V 的要求。输出幅度的调节通过调节 AD811 反馈网络中数字电位器实现。在本设计中，采用电阻网络型的 DAC 实现数字电位器。这里，DAC 采用 DAC0832，将 DAC0832 内部的 R-2R 电阻网络当做数字电位器，DAC0832 分辨率为 8bit，若输出的信号满幅值为 5V，则输出幅度最小步进为 0.02V。在本设计中，为满足题目要求，幅度步进为 0.1V。

2）单元电路设计

（1）MAX038 模块。

MAX038 模块核心电路如图 11-4 所示。

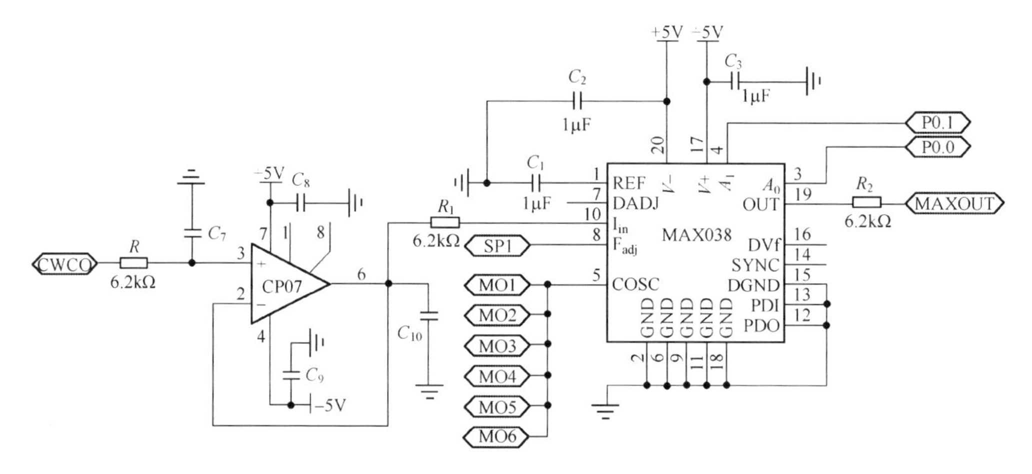


图 11-4　MAX038 模块核心电路

MAX038 的输出频率控制靠控制其 $I_{in}$ 脚的灌电流实现。具体关系为

$$F_0 = I_{in}/CF \tag{11-1}$$

在本设计中，在单片机 C8051F020 内部 DA 输出端串接 6.2kΩ 电阻，接到 MAX038 $I_{in}$ 脚，通过改变 DA 输出电压值，即可改变输出频率。MAX038 $I_{in}$ 脚电流在 10～100μA 时，输出频率与输入电流值具有较好的线形关系，因此，在每一个电容挡上，将 $I_{in}$ 脚输入电流范围控制在 10～100μA 范围内，C8051F020 内部 DA 分辨率为 12 位，完全能够满足题目的最小频率步进要求。

输出波形的选择通过改变 MAX038 的引脚 $A_0$ 和 $A_1$ 电压实现，为保证工作稳定性，$A_0$ 和 $A_1$ 均上拉至 5V。$A_1A_0=11$ 时，输出正弦波；$A_1A_0=00$ 时，输出方波；$A_1A_0=01$时，输出三角波。

在本设计中，为覆盖题目要求的输出频率范围，一共设计了 6 个电容挡，电容的切换用继电器实现。继电器使用功率三极管 8050 驱动。为保护功率三极管，在继电器驱动线圈两端接有续流二极管。

（2）程控放大模块。

程控放大部分电路如图 11-5 所示。使用 AD811 作为输出缓冲放大器，将 DAC0832 接至 AD811 的反馈端，这时，DAC0832 内部的电阻网络可以看成 AD811 反相端的输入电阻。为了使放大器增益能达到要求，在 DAC0832 内部的 $R_f$ 串接一 50kΩ

的电位器，当做 AD811 的反馈电阻。为控制方便，DAC0832 工作在直通模式，也就是写入 DAC0832 的数据直接改变其内部电阻网络的电阻值。写入 DAC0832 的控制字为 00 时，输出幅度最小，接近 0V；写入 255 时，输出幅度最大，约 5V。

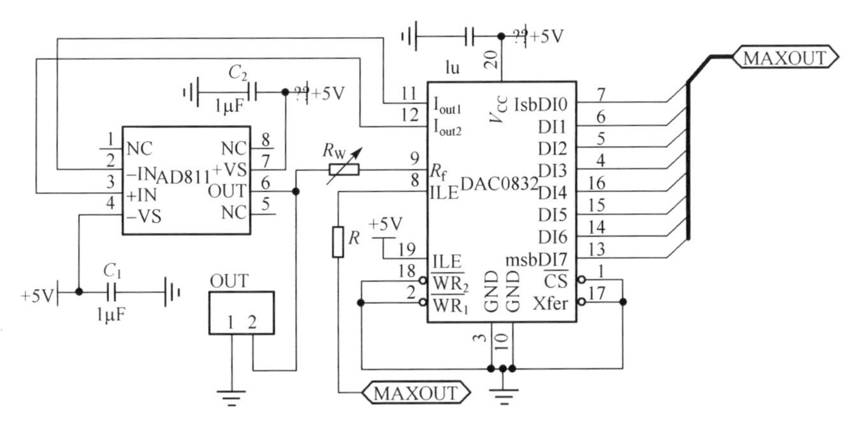


图 11-5　程控放大部分电路

(3) 单片机最小系统。

C8051F020 最小系统包括 LCD 显示、7290 显示，以及 C8051F020 外围电路。

(4) 电源模块设计。

整个系统需要＋5V、－5V、＋15V 和－15V 输出，采用四路线性稳压电源，稳压芯片使用 LM317，其输出电压可通过调节电位器来改变，增加了系统的灵活性。

3) 软件设计

软件的主要功能包括：人机交互、控制 MAX038 输出频率、采集输出信号幅值。

其中，最核心的功能是控制 MAX038 的输出频率。为实现方便，采用开环频率控制。为了达到较为精确的输出频率，先在每个频率挡取多个输出频率值，并记录每个输出频率值对应的 DA 输出值，再对 DA 输出值和输出频率值的关系进行三次曲线拟合，从而在整个输出频率范围内达到比较精确的输出频率。

人机交互采用简洁的界面，可以直接输入频率值，按频率步进加减和幅度步进加减可以实现频率的步进和幅度的步进。

程序流程图如图 11-6 所示。

4) 系统测试

(1) 测试仪器。

主要测试仪器如表 11-2 所示。

(2) 测试数据。

测试分三个内容：第一是输出频率范围的测试，第二是输出频率步进的测试，第三是输出幅度步进的测试。

根据题目要求，本设计采用 6 个挡位来实现相应的频率控制和幅度步进控制：当输入频率为10Hz～1kHz时，负载为1kΩ时正弦波频率输出覆盖范围覆盖和稳定度如表11-3所示。

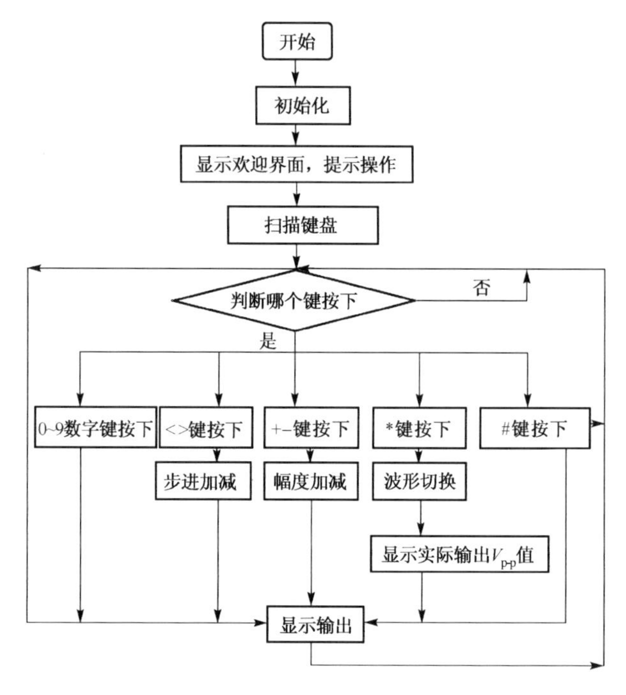


图11-6　程序流程图

**表11-2　测试仪器一览表**

| 序号 | 名　　称 | 型号、规格 |
|---|---|---|
| 1 | 双踪模拟示波器 | YB4325　20MHz |
| 2 | 频率计 | YB3371 |
| 3 | 数字万用表 | DT9205 |
| 4 | 信号发生器 | YB1636 |
| 5 | 数字示波表 | FLUKE123 |

**表11-3　输出频率范围和频率稳定度**

| 输入频率/Hz | 10 | 20 | 50 | 80 | 100 | 300 | 500 | 700 | 900 | 1000 |
|---|---|---|---|---|---|---|---|---|---|---|
| 输出频率 | 10.32 | 20.30 | 50.27 | 80.29 | 100.2 | 305.6 | 504.9 | 705.1 | 904.8 | 1007 |
| 稳定度 | $10^{-3}$ | $10^{-3}$ | $10^{-3}$ | $10^{-3}$ | $10^{-3}$ | $10^{-3}$ | $10^{-3}$ | $10^{-3}$ | $10^{-3}$ | $10^{-3}$ |
| 输入频率/kHz | 1 | 5 | 8 | 20 | 30 | 100 | 300 | 500 | 800 | 1000 |
| 输出频率 | 1.007 | 5.698 | 8.93 | 20.20 | 30.27 | 100.8 | 301.0 | 503.0 | 804.0 | 1.003 |
| 稳定度 | $10^{-3}$ | $10^{-3}$ | $10^{-3}$ | $10^{-3}$ | $10^{-3}$ | $10^{-3}$ | $10^{-3}$ | $10^{-3}$ | $10^{-3}$ | $10^{-3}$ |

频率步进测试结果如表 11-4 所示。

**表 11-4　频率步进测试结果**

| 输入频率/Hz | 10 | 20 | 30 | 40 | 50 | 820 | 830 | 840 | 850 | 860 |
|---|---|---|---|---|---|---|---|---|---|---|
| 步进率 | 10.38 | 20.39 | 30.46 | 40.38 | 50.31 | 827.4 | 836.5 | 846.1 | 857.1 | 866.0 |
| 输入频率/kHz | 1 | 2 | 3 | 4 | 5 | 988 | 989 | 990 | 991 | 992 |
| 步进率 | 1.008 | 2.102 | 3.139 | 4.187 | 5.238 | 989.0 | 990.0 | 991.0 | 992.0 | 993.0 |

幅度步进测试结果如表 11-5～表 11-7 所示，主要测试三个端点 10Hz、1kHz 和 1MHz。

**表 11-5　10Hz，1kΩ 负载时幅度步进测试结果**

| 输入幅度/V | 1.1 | 1.2 | 1.3 | 1.4 | 1.5 | 2.1 | 2.0 | 1.9 | 1.8 | 1.7 |
|---|---|---|---|---|---|---|---|---|---|---|
| 输出幅度/V | 1.11 | 1.18 | 1.29 | 1.4.0 | 1.51 | 2.09 | 1.99 | 1.91 | 1.81 | 1.69 |

**表 11-6　1kHz，1kΩ 负载时幅度步进测试结果**

| 输入幅度/V | 0.5 | 0.6 | 0.7 | 0.8 | 0.9 | 2.2 | 2.1 | 2.0 | 1.9 | 1.8 |
|---|---|---|---|---|---|---|---|---|---|---|
| 输出幅度/V | 0.49 | 0.60 | 0.71 | 0.79 | 0.89 | 2.20 | 2.10 | 1.99 | 1.90 | 1.80 |

**表 11-7　1MHz，1kΩ 负载时幅度步进测试结果**

| 输入幅度/V | 0.8 | 0.9 | 1.0 | 1.1 | 1.2 | 2.1 | 2.0 | 1.9 | 1.8 | 1.7 |
|---|---|---|---|---|---|---|---|---|---|---|
| 输出幅度/V | 0.81 | 0.90 | 1.01 | 1.11 | 1.19 | 2.09 | 1.99 | 1.88 | 1.78 | 1.67 |

（3）测试结论。

测试结果表明，本系统不仅完全达到了题目的要求，且三角波和方波的输出幅度步进可调，但受 DAC0832 内部电阻网络带宽的影响，三角波和方波在频率较高的时候失真比较明显，还需改进。完成情况如表 11-8 所示。

**表 11-8　测试结论**

| 设计要求 | 具体要求 | 完成情况 |
|---|---|---|
| 基本部分 | 输出正弦波、方波和三角波；<br>频率 100Hz～100kHz 可调；<br>输出信号稳定优于 $10^{-3}$；<br>信号波形无明显失真；<br>自制电源 | 完成 |
| 发挥部分 | 输出频率 10Hz～1MHz 可调；<br>10Hz～1kHz 以 10Hz 步进调节，1kHz～1MHz 以 1kHz 调节；<br>在 50Ω 的负载上，$V_{op\text{-}p}=0\sim5V$ 可调；<br>实现步进间隔 0.1V，通过键盘进行设置；<br>实时显示信号的类型、幅度、频率和步进 | 完成 |
| 其他 | 实现频率输出>1MHz 可调；实现正弦波、方波幅度控制输出 | |

### 11.2.2 2009 年高职高专组优秀作品(坦克打靶)

1.题目分析

1) 设计任务

设计并制作一个可以寻迹的简易坦克车,并在其上安装由电动机驱动的可以自由旋转的炮塔,在炮塔上安装激光笔以代替火炮。本题的任务是控制坦克沿靶场中预先设置的轨迹,快速寻迹行进,并同时以光电方式瞄准光靶,实现激光打靶。本题仅考核在水平面上跟踪轨迹的精确性、在水平面上打靶的精确性及完成任务的速度。靶场如图 11-7 所示(测试现场不得自带靶场,光靶刻度板可以自带)。

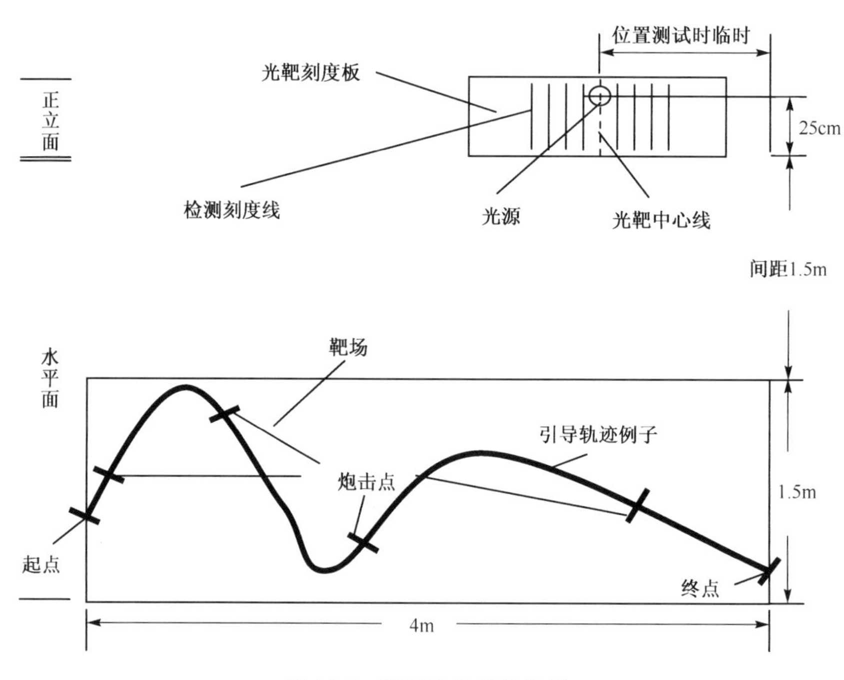


图 11-7 靶场及光靶示意图

2) 设计要求

(1) 基本要求。

① 要求坦克从起点出发,沿引导轨迹快速到达终点。坦克上应自行标示一醒目的检测基准。在寻迹跟踪的全过程中,其检测基准偏离引导轨迹边缘距离应≤2cm,一旦不满足该要求,坦克应自动给出声光报警。同时全程行驶时间不能大于 60s,时间越短越好。行驶时间达到 60s 时,必须立即自动停,并停止炮击的动作并给予声光报警。

② 在引导轨迹适当位置设置有 4 条“炮击点”黑色短线,坦克检测到“炮击点”黑色短线时需立即发出声光指示信息,并停车,在检测到“炮击点”标志 1s 内瞄准炮击。炮

击全过程必须以激光指示弹着点并伴随声光指示，持续时间≥2s，以便确切检测激光炮击点刻度位置，记录该过程中最大偏差值。

(2) 发挥部分。

① 完成本部分，炮塔增加不少于 250g 的转动惯量配重，低于 220g 发挥部分不测试。

② 全程行驶时间不能大于 40s，其余要求同基本要求第 1 条。

③ 坦克在行进过程中可以动态瞄准目标，当检测到"炮击点"黑色短线时立即炮击。炮击过程必须伴随声光指示，时间持续 2s。炮击过程中不能停车，也不允许有明显降低坦克行进速度的情况发生，全程行驶时间不能大于 40s。

坦克每瞄准炮击一次，炮塔应自动复位，当检测到"炮击点"标志时需在 2s 内瞄准炮击且不允许停车，全程行驶时间不能大于 60s。其余要求同发挥部分第二条。复位位置为火炮指向车头正前方位置，自动复位到位应当有声光指示信息。

④ 其他。

(3) 说明。

① 在白纸上绘制或粘贴引导轨迹。

② 引导轨迹宽度 2cm，可以涂墨或粘黑色胶带，引导轨迹形状在竞赛时临时指定。轨迹曲率半径不小于 30cm。"炮击点"黑色短线长 35cm。

③ 坦克行进及打靶不允许采用人工遥控。坦克外围尺寸：长度≤35cm，宽度≤25cm；坦克采用电池供电。竞赛测试过程中允许自带多套备用电池。

④ 炮塔电机尺寸不大于 5cm×5cm×5cm。

⑤ 配重体轴向厚度不大于 2cm，并便于取下称量检查。

⑥ 光靶采用电压 12V、功率≤15W 的小汽车灯泡，灯泡中心距地面 25cm。竞赛时可以自备。

⑦ 光靶刻度板长约 50cm，每间隔 1cm 刻一条竖线，光靶中心线两侧各 25 条。每 5 条刻一标记，如 1、5、10、15、20 和 25。炮击点规定在灯泡以下便于观察位置。

⑧ 发挥部分中的"其他"项指与本题目密切相关的内容。

(4) 评分标准(表 11-9)。

2. 作品选编

(四川信息职业技术学院作品，四川省高职高专组一等奖，参赛选手刘其成、廖建军、余江，指导教师陈运军、邹茂。)

本设计实现了一辆能够自动寻迹行驶、自动搜索光源并瞄准射击的模型坦克。机械部分采用了左右双电机后轮驱动，万向轮作方向控制的三轮结构。控制电路部分以 LM3S1138 芯片为核心，充分发挥了该芯片集成的 ADC 和 PWM 等功能，利用红外传感器实现了寻迹信号的采集，利用光电三极管实现了光源信号的采集，利用 L298N 实现了电动机的驱动，利用 HS12864 液晶屏实现了显示的功能。软件设计基于 Stellaris 驱动库完成，最终完成的系统功能完善，运行稳定，可扩展性强。

表 11-9 评分标准

| 项目 | 主要内容 | 满分 |
|---|---|---|
| 设计报告<br>(本科30分)<br>(高职高专10分) | 报告内容：<br>(1) 方案比较、设计与论证；<br>(2) 理论分析与计算；<br>(3) 电路图及有关设计文件；<br>(4) 测试方法与仪器，测试数据及测试结果分析 | |
| 基本要求(50分) | 完成第(1)项 | 25 |
| | 完成第(2)项 | 25 |
| 发挥部分(50分) | 完成第(1)项 | 10 |
| | 完成第(2)项 | 15 |
| | 完成第(3)项 | 17 |
| | 其他 | 8 |

1) 方案论证与比较

(1) 电机驱动方案的选择与论证。

方案1:使用继电器对电机进行开关控制和调制。缺点很明显,继电器响应慢而且机械结构容易坏。

方案2:使用三极管或者达林顿管,结合单片机输出PWM信号实现调速的目的。此方案易于实施,但控制电机转动方向较为困难。

方案3:用L298N作驱动芯片实现对电机的控制。

方案选择:采用方案3。该方案电路简单,性能稳定,可以轻松实现对电机方向的控制。

(2) 寻迹模块。

方案1:采用光敏传感器,根据白色背景和黑线反光程度的不同来判断传感器是否位于黑线上。

方案2:采用反射式红外传感器来进行探测。只要选择数量和探测距离合适的红外传感器,可以准确判断出黑线的位置。

方案选择:采用方案2。方案1受环境光的影响太大,效果不佳。红外光不易受到环境光的干扰。

(3) 寻光模块。

方案1:采用单一的光敏电阻,利用其在不同的光强下阻值不同的特点,确定小车的转向,保证其朝着光源最强的角度前进,这样的电路实现简单,但是精度不易控制。采用通常的比较器进行数据比较,最终确定光源的具体位置。

方案2:采用多个光敏三极管,在小车车头排列成为半圆状结构。根据矢量合成原理,按照各个传感器测量光强的不同,送入单片机中,然后经过AD转换,进行比较后得出结果,确定小车相对于光的位置。

方案选择:采用方案2。此方案实现较为复杂但能取得良好的效果。

2）硬件电路设计

本系统以 LM3S1138 为控制核心。整个硬件框图如图 11-8 所示。由于此次设计的功能较多，因此控制系统采用双核系统。其中，甲机主要完成声光指示、打靶、液晶显示和寻光等功能；乙机主要完成寻迹和电机驱动功能。

（1）主控制模块。

LM3S 系列单片机是美国 TI 公司的一种 32 位的混合信号处理器。它被称为混合信号处理器，主要由于其针对实际应用的需求，把许多模拟电路、数字电路和微处理器集成在一个芯片上，以提供“单片”解决方案。此次设计双机通信的实现：采用模拟串口中断通信。由于本小车应实现的功能较多，因此选择 LM3S1138，主要完成电机驱动、寻迹、寻光、打靶和液晶显示等功能。

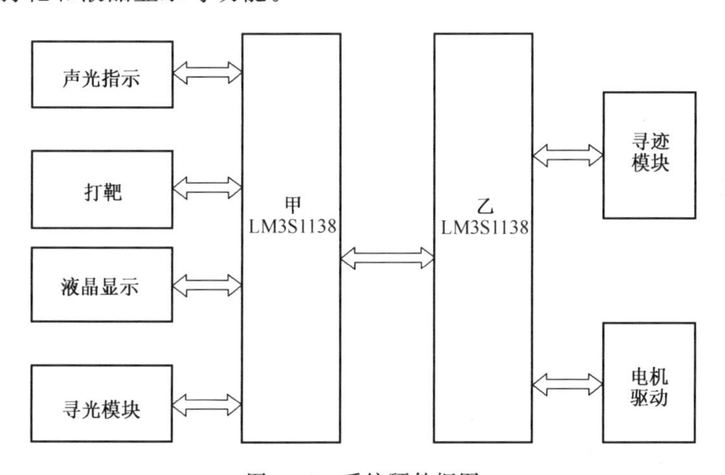


图 11-8　系统硬件框图

（2）电机驱动模块。

电机驱动芯片选用 L298N 作为驱动芯片。工作稳定电机驱动信号由单片机提供，控制芯片 L298N，通过 L298N 的输出脚与两个电机相连。

基于 L298N 的电机驱动电路如图 11-9 所示。

芯片控制方法如图 11-10 所示，引脚⑪为高时，当引脚⑩电平高于引脚⑫时，引脚⑬和引脚⑭端电机正转；引脚⑫电平高于引脚⑩时，电机倒转；引脚⑪为低时，电机自由控制。

（3）寻迹模块。

当小车在白色地面行驶时，装在车下的红外发射管发射红外线信号，经白色反射后，被接收管接收，一旦接收管接收到信号，输出端将输出低电平；当小车行驶到黑线时，红外线信号被黑色吸收，输出端将输出高电平，从而实现了通过红外线检测信号的功能。将检测到的信号送到单片机的 I/O 口，当 I/O 口检测到的信号为高电平时，表明红外光被地上的黑线吸收了，此时小车处于黑色的引线上；同理，当 I/O 口检测到的信号为低电平时，表明小车行驶在白色地面上。

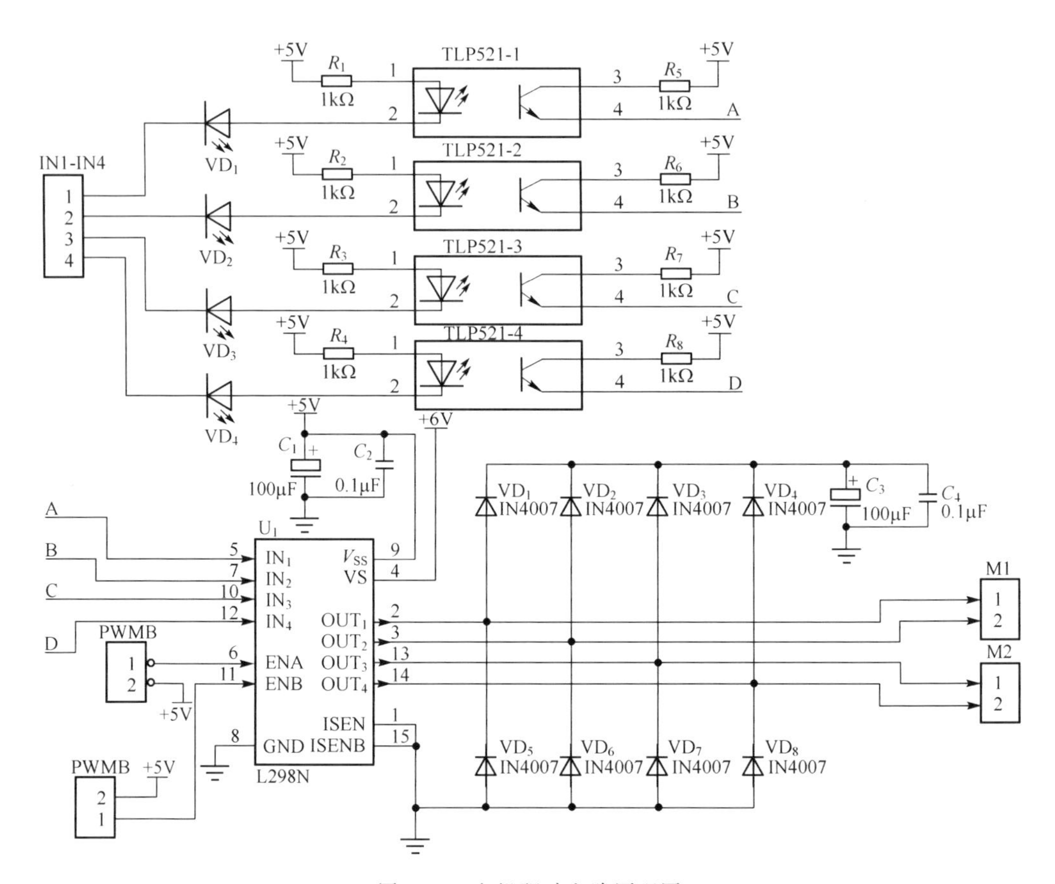


图 11-9　电机驱动电路原理图

| Inputs | | Function |
|---|---|---|
| $V_{en}$=H | C=H; D=L | Forward |
| | C=L; D=H | Reverse |
| | C=D | Fast Motor Stop |
| $V_{en}$=L | C=X; D=X | Free Running Motor Stop |

L=Low　　H=High　　X=Don't care

图 11-10　L298N 控制电机的原理

反射式红外传感器 ST188 采用高发射功率红外光电二极管和高灵敏度光电晶体管。检测距离可调整范围为 4～15mm;采用非接触检测方式。封装在矩形壳体中的是发射器 LED(由左侧的白色方块表示)和探测器装置(在右侧)。虚线表示光线从发射器 LED 中发出并反射回探测器;探测器检测到的光强大小取决于物体表面的反射率,而这一光强就是传感器的输出值。选通信号(高电平)经过三极管扩流后送到传感器的 K 脚,如果检测到黑线,传感器 C 脚输出高电平,否则输出为低电平。

基于 ST188 的寻迹模块电路原理图如图 11-11 所示。

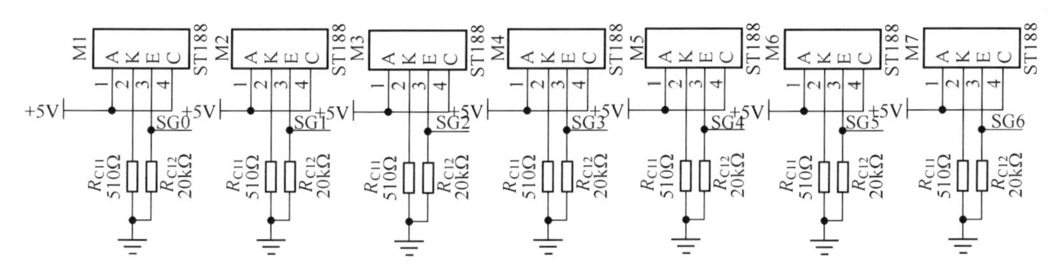


图 11-11　寻迹模块电路原理图

为了提高控制精度，要求传感器排列紧密，越紧密越好。但传感器排列紧密，传感器发射管的光线可能会从地面反射进入临近传感器的接收管。所以，不能同时开启这些传感器。传感器呈一条直线安装在小车的最前面，距离地面垂直高度约为 1cm。

(4) 寻光模块。

寻光避障模块均设计为环状传感器结构，如图 11-12 所示，共有 7 个传感器组。

光源检测模块：光电三极管 A 组到 G 组从不同方向采光，每个光电三极管的电压信号进入单片机片内的 ADC，利用 LM1138 系列内置的 ADC 模块，实现了对 7 个方向光强的采集，并对 ADC 的值进行比较。由 ADC 的值判断光强不同来确定小车的趋光方向。

(5) 显示模块。

显示模块采用段码液晶来实现，FE425 上有专门的液晶接口，可以很方便地实现电路。液晶采用 8-MUX 输入方式的 7 位半段码液晶。

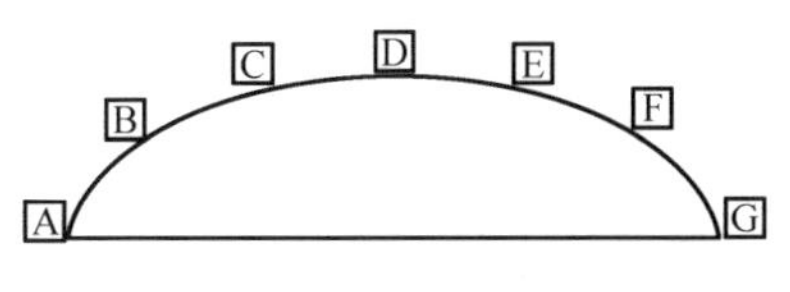


图 11-12　寻光传感器的排布

(6) 电源模块。

电源模块为后续电路提供 5V 的电压；采用 8 节 5 号电池产生 12V 的直流电压，通过 L7805 稳压到 5V。为了消除电机及单片机和其他电路之间因供电方面带来的相互影响，采用 3 路稳压电源，分别对电机、单片机及其他电路单独供电，电源模块电路如图 11-13所示。

3）软件设计

(1) 寻迹算法。

采用 PID(PD)控制算法，如果某时刻检测到黑线偏左，就要向左转弯；如果检测到黑线偏右，就要向右转。偏得越多，就要向黑线方向打越大的转角。这就是比例控制(P)。

因为小车有惯性，对小车的控制不稳定，容易出轨。为了克服惯性，除了位置信息之外，还需要知道轨迹的变化趋势。可以用黑线位置的微分值来提前得到变化趋势。用本次位置减去前次位置求出差值，就知道偏移量的变化趋势。将该差值和比例值相加后一起作为控制量，即可实现提前控制。这就是比例微分控制(PD 控制)。

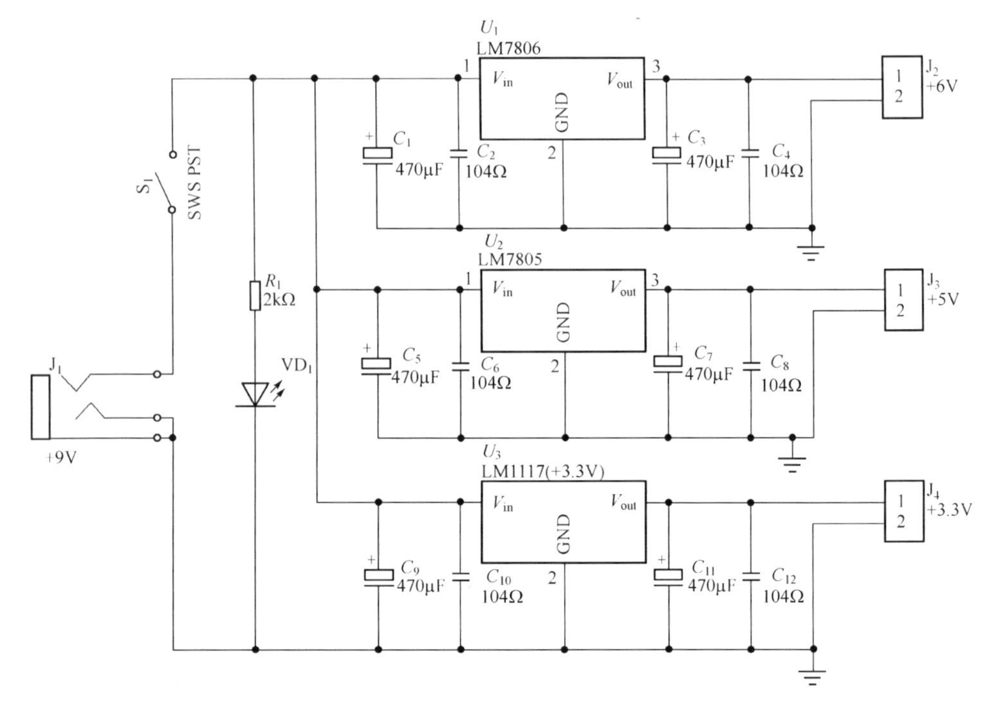


图 11-13　电源模块电路原理图

(2) 寻光算法。

题目要求坦克检测"炮击点"黑色短线时立即发出声光指示信息,并检测"炮击点"标志。1s 内瞄准射击。炮击全过程必须以激光指示弹着点并伴随声光指示,持续时间≥2s,以便确定炮击点的具体位置,记录过程中最大偏差值。

本次设计采用 7 个光敏三极管来确定光源的具体位置,三极管呈半圆形排列,中前方 3 个确定具体的位置。将三极管采集到的信号经过 A/D 转换,最终由中心的三极管确定光源具体的位置。当检测到不同强度光源时,光敏三极管的内阻发生变化,从而改变其两端的电压值,当最中央的三极管检测到的光源最强烈时,它所对应的点就是光源的所在,以此达到定位的效果。相对利用比较器的方法,运用 A/D 转换完成寻光,其寻光精度更高,效果更好,而且减少了外围电路。

(3) 整体流程。

整体流程图如图 11-14 所示。

4) 发挥部分

坦克小车按照题目要求完成移动中打靶的要求,同时可以在完成打靶后自动复位,利用在炮塔上安装一个红外传感器 ST188,利用单片机完成控制(程序设置一个变量 Flag,初值为 0。当寻光板左转时 Flag 自加,当寻光板右转时 Flag 自减,判断 Flag 的值是否为 0:如果 Flag<0,则单片机发出控制信号让电机左转;如果 Flag>0,则电机右转;Flag=0 时,电机停止。以此达到使炮塔自动复位的要求)。

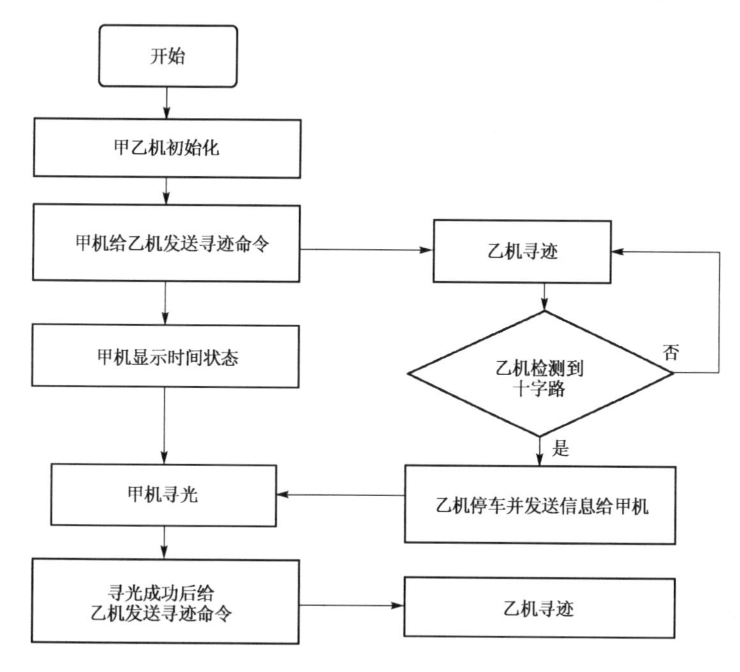


图 11-14　整体流程图

同时，坦克小车还完成了液晶显示，以及寻光精度的手动的调节(通过改变基准电压来实现调节)等扩展要求。

5) 系统测试

(1) 测试用仪表(表 11-10)。

**表 11-10　测试用仪器仪表**

| 序号 | 仪器名 | 数量 | 备注 |
|---|---|---|---|
| 1 | 万用表：DT9205 | 1 | — |
| 2 | 稳压电源：WD-5 | 1 | — |
| 3 | 比赛用轨道 | 1 | — |
| 4 | 光源 | 1 | 12V 汽车小灯泡 |

(2) 测试结果。按照要求测试小车是否能完成各种功能，以及其灵敏度和精确度。坦克小车最终出色地完成了各种功能。

6) 测试结论

本系统以两块 LM3S 系列单片机为核心，结合电机驱动芯片、红外传感器、光敏三极管及液晶显示器，非常好地完成了小车的基本功能，包括：寻迹、寻光和打靶的基本功能，并能完成显示、寻光灵敏度的调节和炮塔自动复位等其他扩展功能。采用两个 MCU 对系统进行控制的优点在于程序更加简单易实现。按照要求，小车已经很好地完成了所有题目的基本要求任务及发挥部分的要求。本作品涉及一系列光机电一体化的技术。其中，机械结构是小车能否稳定运行的基础，硬件电路决定了小车能实现的功能，而软件部分则是控制的灵魂，算法的好坏直接决定了完成任务的质量。

# 参 考 文 献


程远东. 2008.高频电子线路.北京:北京出版社

程远东,曾宝国. 2011.通信电子线路.北京:北京邮电大学出版社

高吉祥. 2007.全国大学生电子设计竞赛培训系列教程. 北京:电子工业出版社

李怀甫. 2008.电工电子技术基础(实验与实训). 北京:机械工业出版社

刘南平. 2003.现代电子设计与制作技术.北京:电子工业出版社

孙肖子等. 2006.电子设计指南.北京:高等教育出版社

田良,王尧.2002.综合电子设计与实践.南京:东南大学出版社

王静霞. 2009.单片机应用技术(C语言版).北京:电子工业出版社

王振红,张常年. 2005.综合电子设计与实践.北京:清华大学出版社

谢自美. 2003.电子线路设计·实验·测试.武汉:华中科技大学出版社

杨清学. 2003.电子装配工艺.北京:电子工业出版社

张俊谟. 2007.SoC单片机原理与应用——基于C8051F系列. 北京:北京航空航天大学出版社